IC 工程师精英课堂

CMOS 集成电路闩锁效应

温德通　编著

机 械 工 业 出 版 社

本书通过具体案例和大量彩色图片，对 CMOS 集成电路设计与制造中存在的闩锁效应（Latch-up）问题进行了详细介绍与分析。在介绍了 CMOS 集成电路寄生效应的基础上，先后对闩锁效应的原理、触发方式、测试方法、定性分析、改善措施和设计规则进行了详细讲解，随后给出了工程实例分析和寄生器件的 ESD 应用，为读者提供了一套理论与工程实践相结合的闩锁效应测试和改善方法。

本书面向从事微电子、半导体与集成电路行业的朋友，旨在给业内人士提供简单易懂并且与实际应用相结合的图书，同时也适合相关专业的本科生和研究生阅读。

图书在版编目（CIP）数据

CMOS 集成电路闩锁效应/温德通编著. —北京：机械工业出版社，2020.3（2025.1 重印）
（IC 工程师精英课堂）
ISBN 978-7-111-64587-0

Ⅰ.①C… Ⅱ.①温… Ⅲ.①CMOS 电路－静电防护－电路设计 Ⅳ.①TN432.02

中国版本图书馆 CIP 数据核字（2020）第 016442 号

机械工业出版社（北京市百万庄大街 22 号　邮政编码 100037）
策划编辑：吕　潇　责任编辑：吕　潇
责任校对：张　征　封面设计：马精明
责任印制：刘　媛
涿州市般润文化传播有限公司印刷
2025 年 1 月第 1 版第 4 次印刷
184mm×240mm · 15.5 印张 · 351 千字
标准书号：ISBN 978-7-111-64587-0
定价：99.00 元

电话服务	网络服务
客服电话：010-88361066	机　工　官　网：www.cmpbook.com
010-88379833	机　工　官　博：weibo.com/cmp1952
010-68326294	金　　书　　网：www.golden-book.com
封底无防伪标均为盗版	机工教育服务网：www.cmpedu.com

谨 以 此 书 献 给 所 有
热爱半导体行业的朋友

温德通先生具有多年半导体工艺制程和集成电路设计的产业经验，他的新作《CMOS 集成电路闩锁效应》从半导体工艺和电路设计两个角度介绍闩锁效应的理论，同时还融入“ESD 保护”方面的知识。该书从闩锁效应的测试方法、触发机理、必要条件，设计规则和改善方式等方面清晰地描述了闩锁效应的理论体系，是一部不可多得的关于 CMOS 集成电路闩锁效应方面理论知识的著作。我强烈推荐芯片设计、版图设计、物理验证、工艺研发和可靠性工程师学习。

——**谢志峰**　艾新工商学院　院长/创始人

温德通先生的《CMOS 集成电路闩锁效应》是一本不可多得的解读集成电路闩锁效应理论的经典之作。他从闩锁效应产生的背景出发，一步一步深入浅出地介绍闩锁效应的理论、分析方法、业界测试方法、失效判据、物理机理、改善方法和设计规则等，使深奥的闩锁效应理论变得通俗易懂。本书最大的特点是把业界的测试方法应用到实际工程项目分析中，配合以大量的彩色图片，实用性非常强。

——**毕杰**　ET 创芯网（EETOP）创始人兼 CEO

在设计芯片的过程中，芯片除了要满足“设计功能”，还要满足“ESD 保护”和“闩锁效应”要求，但是往往到了芯片测试环节才能发现这个“量产级别可靠性设计”的问题。如果不能满足它们的规格，轻则掩模版作废，芯片重新设计；重则在客户批量使用过程中发生问题，要对客户连带损失作出赔偿，损失惨重！“ESD 保护”和“闩锁效应”这两个课题是可靠性设计中幽灵一般的梦魇。由于其形成机制复杂，其与版图和工艺强相关，因此难以使用一般的 EDA 工具辅助仿真，只能根据电路设计和版图设计的经验，避免相关的寄生结构被触发。芯片可靠性设计能力往往成为芯片设计公司的一个隐形技术壁垒！

温德通先生所撰写的《CMOS 集成电路闩锁效应》一书是凝聚了其多年的实战经验，通过多种等效电路图清晰地描述出各种工艺结构下闩锁效应发生的机制和可能性，同时把闩锁效应的理论体系和 ESD 设计结合起来，可以迅速提高设计工程师关于闩锁效应和 ESD 设计方面的理论。推荐模拟电路设计、版图设计、半导体工艺研发和系统级芯片设计工程师学习及参考。该书的出版可以更好地普及中国芯片产业的可靠性设计思想，加快芯片设计产业的整体发展，难能可贵！

——**林峰**　深圳信炜科技有限公司　研发部副总经理

《CMOS 集成电路闩锁效应》是温德通先生继《集成电路制造工艺与工程应用》一书后，耗时近 5 年的又一部力作，更是作者深耕集成电路闩锁效应领域 10 余年的知识及经验的结晶。翻开此书，让我眼前一亮，这是我从事集成电路设计 10 余年来，见过论述闩锁效应最为全面、最为详尽、最为贴近工程应用的一部著作。作者以独特的视角，从什么是闩锁效应到其触发的机理及条件，从业界测量标准到其分析的方法与步骤，从大量的案例剖析到其改善方法及设计规则，将困扰业界多年的闩锁效应抽丝剥茧地讲述出来，此书乃是本领域的一部集大成者及经典之作，将为广大读者带来知识上的饕餮盛宴。此外，最难能可贵的是，作者绘制了大量的器件剖面及电路彩图，使读者更加直观准确地理解闩锁效应，同时也为读者带来良好的体验感。

在当前国家大力发展集成电路产业的背景下，此书的面世，将为整个集成电路行业带来良好的促进作用。我也将把此书推荐给集成电路相关专业的在校大学生及集成电路设计工程师，希望他们从中大受裨益。

——**谢永宜**　西安紫光国芯半导体有限公司　高级模拟电路设计工程师

《CMOS 集成电路闩锁效应》一书是所有一线半导体工艺研发、电路设计、版图设计和测试工程师的重要手册。作者从集成电路制造工艺出发引出闩锁效应，针对 CMOS 工艺的特定工艺平台的实际项目为例，把闩锁效应的机理进行了全方位透彻的物理分析和定性分析。阐述了闩锁效应产生的必要条件，介绍了闩锁效应的业界标准和测试方法，提出了闩锁效应的一套完善的改善方法和设计规则。

作者在书中融会贯通了他在 10 余年工作中所累积的半导体工艺与可靠性设计知识，把理论与案例结合起来，把神秘的闩锁效应做了独具特质的剖析。拜读此书，必将会快速提高集成电路行业相关工程师的闩锁效应和 ESD 设计方面的知识。该书作为国内近年来唯一专门讲解 CMOS 集成电路闩锁效应的著作，填补了该方向的空白，具有里程碑式的意义。推荐模拟电路设计、ESD 设计和版图设计工程师学习。

——**张睿君**　德州仪器公司　高级模拟芯片设计工程师

《CMOS 集成电路闩锁效应》是温德通先生的又一力作，同上一本一样出类拔萃。我从事半导体行业 20 多年了，在职业生涯中，我也阅读过一些关于闩锁效应方面的外文书籍。但是没有一本书能像温先生这本书这样，描述得那么详细，并且能结合各种半导体工艺进行分析。

闩锁效应一直是电路设计/版图设计工程师面临的非常棘手的问题。我强烈推荐所有电路设计和版图工程师阅读这本书，它可以为您提供闩锁效应的一整套理论。这本书图文并茂，通俗易懂，文中穿插了大量彩图更便于读者理解闩锁效应的物理机理。

——**许尊杰**　英麦科（厦门）微电子科技有限公司　设计总监

写作缘由与编写过程

我于2014年开始着手编写关于CMOS集成电路制造工艺、闩锁效应和ESD电路设计方面的图书，历时四年有余，在2018年完成了所有内容的谋篇布局、收集素材和编写工作，因为内容过于庞大，牵扯的知识面太广，所以后期决定把这一系列的内容改编成“CMOS集成电路三部曲”，主要内容分别是“CMOS集成电路制造工艺”“CMOS集成电路闩锁效应”和“CMOS集成电路ESD电路设计”。2018年8月，第一本书《集成电路制造工艺与工程应用》出版，在读者中获得了不错的反响。第二本书就是本书——《CMOS集成电路闩锁效应》。第三本书是关于CMOS集成电路ESD电路设计的内容，书名和具体的出版时间还没有定。

2010年11月，我加入晶门科技有限公司负责工艺和闩锁效应等方面的工作，因为当时我刚工作两年多，知识面比较窄，对闩锁效应的认知只停留在概念层面，对于实际芯片闩锁效应的触发方式、测试方法、物理机理和改善方法知之甚少，所以短期内提高自己集成电路闩锁效应的知识成为首要任务。我从那时开始收集和阅读一些关于闩锁效应的论文和书籍，但是当时市面上并没有实用性很强的系统介绍闩锁效应的论文和书籍，所以只能从极个别的论文和书籍中吸取零散的知识。其中，给我印象最深的是R. R. 特劳特曼编写的《CMOS技术中的闩锁效应 问题及其解决方法》一书，该书在闩锁效应的触发方式和改善措施方面总结得非常好，给了我很大启发和帮助，使我受益匪浅。在后期的工作中，我不断尝试各种验证闩锁效应的测试电路，以及分析各种芯片闩锁效应失效的案例，并尝试利用闩锁效应的基本理论解释实际案例。在多年的芯片项目和案例分析中，我对闩锁效应的理论认识不断加深，逐渐形成了一套与实际应用相结合的闩锁效应理论和分析方法，便有了把这套理论和方法编写成书的想法。

《CMOS集成电路闩锁效应》的整个编写过程不是按目前的成书章节顺序进行的，目前的章节顺序是按读者的阅读习惯和介绍闩锁效应的一般逻辑顺序进行排布的。最初的内容大体架构可分成四大部分，它们的内容和顺序如下：

第一部分内容包含闩锁效应发生的背景、寄生双极型晶体管的理论、闩锁效应的触发方式和改善闩锁效应的方法，该部分内容是闩锁效应的入门内容，即本书的第1章“引言”、第2章“CMOS集成电路寄生双极型晶体管”、第4章“闩锁效应的物理分析”和第8章“闩锁效应的改善方法”。

第二部分内容包含从应用层介绍闩锁效应的设计规则并进行实例分析，该部分内容是闩锁效应的进阶内容，即本书的第 9 章“闩锁效应的设计规则”和第 10 章“闩锁效应的实例分析”。

第三部分内容包含闩锁效应的分析方法、标准及测试方法、利用闩锁效应的定性分析方法分析实际项目和触发闩锁效应的必要条件，该部分内容是闩锁效应的高级内容，即本书的第 3 章“闩锁效应的分析方法”、第 5 章“闩锁效应的业界标准和测试方法”、第 6 章“定性分析闩锁效应”和第 7 章“触发闩锁效应的必要条件”。掌握了该部分内容的读者已经是闩锁效应的专业工程人员了。

第四部分内容只包含第 11 章“寄生器件的 ESD 应用”，介绍寄生 NPN 和 PNPN 结构在 ESD 方面的应用，这部分内容是闩锁效应的扩展内容，掌握了该部分内容的读者可以把自己的技能向着 ESD 电路设计方向发展。

在上述的基础上，《CMOS 集成电路闩锁效应》的具体编写过程如下：

第一部分第一步：编写第 1 章的内容，这章内容有一些来自本人已出版的《集成电路制造工艺与工程应用》的第 1 章。1.1 节介绍闩锁效应出现的背景，目的是引出闩锁效应。该节内容主要介绍集成电路制造工艺是如何从双极型工艺技术一步一步发展到 CMOS 工艺技术，首先从双极型工艺技术到 PMOS 工艺技术，再到 NMOS 工艺技术。在功耗方面，双极型工艺技术和 NMOS 工艺技术都遇到了功耗问题，最后引出低功耗的 CMOS 工艺技术，而 CMOS 工艺技术中固有的寄生 NPN 和 PNP 会相互耦合形成 PNPN 结构，在一定条件下 PNPN 结构会被触发形成低阻通路，产生大电流和高温烧毁集成电路。1.2 节介绍闩锁效应的研究概况，包括为了改善集成电路闩锁效应问题的技术，例如重掺杂外延埋层工艺降低衬底等效电阻，双阱 CMOS 可以分别调节 NW 和 PW 的掺杂浓度降低它们的等效电阻，深沟槽隔离技术降低寄生双极型晶体管的放大系数，倒阱工艺技术降低生双极型晶体管的放大系数和降低衬底等效电阻等。

第一部分第二步：编写第 2 章的内容。2.1 节是双极型晶体管原理，主要介绍双极型晶体管的工作原理，该节内容是闩锁效应物理分析的基础。2.2 节介绍 CMOS 集成电路中阱等效电阻和寄生 PNPN 结构，目的是让读者理解 CMOS 集成电路中寄生 PNPN 结构是如何形成的，以及理解等效电路架构。

第一部分第三步：编写第 4 章的内容。4.1 节主要介绍闩锁效应的触发机理分类，闩锁效应主要是由于 PW 或者 NW 衬底电流在阱等效电阻上形成欧姆压降导通寄生 NPN 或者 PNP 触发的。4.2 节主要介绍闩锁效应的触发方式，例如输出或者输入管脚的浪涌信号引起 PN 结导通、电源管脚的浪涌信号引起击穿或者穿通、电源上电顺序引起的闩锁效应、场区寄生 MOSFET、光生电流 和 NMOS 热载流子注入等。

第一部分第四步：编写第 8 章的内容，即闩锁效应的改善方法。避免触发 CMOS 集成电路中寄生 PNPN 或者 NPN 结构进入低阻闩锁态的措施，实际就是保持它们工作在高阻阻塞态的安全区。通常有三种方式实现这个目的：第一种是合理的版图布局设计；第二种是抗闩锁的工艺技术；第三种是合理的电路设计。工程技术人员可以根据实际需求选择合适的改善闩锁效应的方式。

第二部分第一步：编写第 9 章的内容。以某集成电路芯片制造企业 0.18μm 1.8V/3.3V CMOS 工艺技术平台的闩锁效应设计规则为例，通过简单分析这些设计规则的原理和作用，从而了解实际工艺中是如何制定闩锁效应设计规则的。闩锁效应设计规则可以分为两种：一种是针对 IO 电路（输入、输出和输入/输出电路）的设计规则，另一种是针对内部电路的设计规则。通过简单介绍这些闩锁效应的设计规则，希望读者能对设计工艺的闩锁效应设计规则有一个简单的认识。

第二部分第二步：编写第 10 章的内容。从 CMOS 工艺集成电路闩锁效应的实际案例入手，侧重介绍输出电路 18V PMOS 与 18V NMOS 之间的闩锁效应、内部电路 5V PMOS 与 5V NMOS 之间的闩锁效应、ISO_DNW 与 40V PMOS 之间的闩锁效应等，同时分析这些案例发生闩锁效应的物理机理。希望读者能对芯片发生闩锁效应的实际情况有一个初步了解，能把理论知识与实际案例结合起来。

第三部分第一步：编写第 3 章的内容。3.1 节介绍如何利用传输线脉冲技术和直流测量技术研究闩锁效应。传输线脉冲技术是通过 TLP 测量仪器测量 CMOS 寄生 PNPN 结构的 I-V 曲线，通过 I-V 曲线研究 PNPN 结构的特性；直流测量技术是通过加载直流电压源，利用电流和电压测量仪器测量 CMOS 寄生 PNPN 结构的 I-V 曲线，也是通过 I-V 曲线研究 PNPN 结构的特性。3.2 节介绍两种基本闩锁效应，分别是寄生 PNPN 结构和寄生 NPN 的 I-V 曲线的物理分析。

第三部分第二步：编写第 5 章的内容。在第 3 章中已经介绍了两种方式可以触发 CMOS 工艺集成电路闩锁效应：第一种是出现瞬态激励电压大于等于 V_{t1}，称为电压触发；第二种是出现瞬态激励电流大于等于自持电流 I_h，称为电流触发。闩锁效应的测试方法和条件是依据这两种触发方式而建立的，闩锁效应的测试方式也分两种：第一种是电压激励测试，称为电源过电压测试 V-test；第二种是电流激励测试，称为过电流测试 I-test。还介绍了如何对与无源元件相连的特殊管脚进行适当的测试，以及闩锁失效判断和实际测试的案例。

第三部分第三步：编写第 6 章的内容。介绍如何利用闩锁效应的业界标准对某个特定工艺平台进行分析。希望透过本章内容让读者对实际工艺的闩锁效应有进一步的了解，并可以以该工艺技术平台为基础，把这种分析方法应用到所有的工艺技术平台中，从而达到触类旁通的效果。

第三部分第四步：编写第 7 章的内容。要触发 CMOS 工艺集成电路中寄生 PNPN 结构进入低阻闩锁态，除了物理条件，例如回路增益 $\beta_n\beta_p>1$、阱等效电阻 R_n 和 R_p 足够大、形成低阻通路等，还要考虑电路偏置条件，例如电源电压大于自持电压、瞬态激励足够大和适合的偏置条件等，合适的物理条件，再加上合理的电路偏置条件才能触发 PNPN 结构的闩锁效应。

第四部分：编写第 11 章的内容。CMOS 集成电路中的寄生 NPN 和寄生 PNPN 结构的低阻闩锁态可以提供低阻通路，通过合理的设计可以把寄生 NPN 和寄生 PNPN 结构用于 ESD 电路设计。ESD NMOS 主要依靠自身寄生 NPN 提供 ESD 电流泄放通路，而寄生 PNPN 结构具有最大单位面积的 ESD 通路能力。

本书的编写过程并不是一气呵成的，编写期间修修补补，几经波折，数易书稿，所有的付出都是希望本书的内容尽量翔实和实用。分享本书的编写过程给大家，是为了给大家一个参照，让大家可以根据实际需要去阅读相关章节的内容，并能快速读懂本书。本书旨在向从事半导体行业的朋友介绍 CMOS 集成电路闩锁效应，向大家提供一本简单易懂并能解决实际工程问题的工具书。

温德通

2020 年 2 月

致 谢

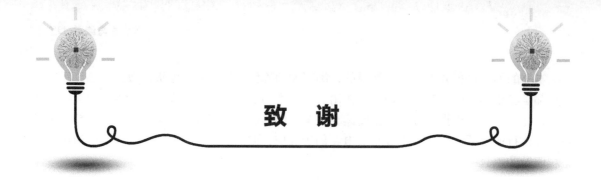

致敬每一位在一线奋战的科技工作者，为了打破技术封锁，你们不惧压力、努力奋进，你们用勤劳、智慧和勇气推动中国科技进步的精神，深深地鼓舞着年轻一辈的士气！技术战争的号角已经吹响，我辈必须团结起来，勇往直前，不畏艰难，才能夺取最后的胜利！

感谢所有帮助过我的个人和企业单位，特别是在我的学术和职业发展道路上指导过我的人，无论是短暂的只言片语还是多年的指导。

感谢我的母校西安电子科技大学，特别是微电子学院的老师，是你们孜孜不倦的教导，授予我半导体的知识，带领我进入半导体的世界。

感谢曾经在上海 SMIC 的领导和同事，特别是谢志峰博士，您除了给我提供在 SMIC 工作的机会，还在我出版第一本书《集成电路制造工艺与工程应用》时给予我莫大的帮助。也要感谢曾经一起共事的其他领导和同事，万旭东、魏峥颖、王艳生、朱赛亚、马莹、钱俊、赵海、张攀、付丰华、陈福刚、严祥成、吴旭升和赵丽丽等，感谢你们在 SMIC 工作时给我提供过指导和帮助。在 SMIC 的工作经验提升了我对半导体工艺制程的认识，让我有机会深入半导体工艺制程一线工作，能真正有机会把半导体理论知识与实际应用相结合，在 SMIC 工作所积累的知识是我半导体职业生涯的基础。

感谢曾经在晶门科技（深圳）有限公司的领导和同事，特别是我的领导 Alex Ng，您除了给我提供在晶门科技工作的机会，让我得以在工艺制程、版图物理验证、闩锁效应和 ESD 电路设计等方面发展，让我有机会负责整个公司的闩锁效应方面的工作，并有机会系统地建立一套与工程应用相结合的闩锁效应设计规则和可执行的物理验证检查脚本，在晶门科技工作所积累的知识是本书成书的关键。也要感谢一起共事的其他领导和同事，Andrew Ng、Barry Ng、Felix Lee、Ivan Chung、James Yam、KK leung、WC Chan、陈宁、顾湘屏、江瑞雪、林锋、刘勇杰、刘鸣凯、李秋贤、谭圳怡、吴木金、许尊杰、谢永宜、颜全、周惠，卓立文、张加秀和张睿军，感谢你们在工作中给我提供过指导和帮助。

感谢我所有的朋友和同学，特别是毕杰、董洁琼、何滇、姜绍达、吕潇、刘胜厚、娄永乐、孟超、邵要华、汤立奇、王彦龙、晏莎莎、占世武和张海涛，感谢你们在我编写此书的时候提供了大量宝贵的意见和建议。吕潇是本书的出版负责人，无论是在该书的编写阶段还是到最后的校对阶段，你都提出了很多宝贵的意见和建议。感谢你们为本书所付出的辛劳和汗水。

特别感谢我的家人，特别是我的妻子邓欣怡和我的孩子温天楚，感谢你们全力支持我的工作和生活，使我有时间编写完成这本书。也要感谢我的父母和其他家庭成员，是你们默默的支持和鼓励，让我有信心和毅力写完这本书。

温德通

2020 年 2 月

目 录

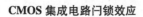

第1章 引 言

闩锁效应（Latch-up）存在于体 CMOS 集成电路中，它一直是 CMOS 集成电路可靠性的一个潜在的严重问题，随着 CMOS 工艺技术的不断发展，工艺技术日趋先进，集成电路器件的特征尺寸越来越小，并且器件间的间距也越来越小，器件密度越来越大，集成电路的闩锁效应变得越来越严重，特别是在 IO（输入、输出和输入/输出）电路中。

本章着重介绍闩锁效应出现的背景和概况。

1.1 闩锁效应概述

1.1.1 闩锁效应出现的背景[1]

最早出现的集成电路工艺技术是双极型工艺技术，它也是最早应用于实际生产的集成电路工艺技术。随着微电子工艺技术的不断发展，工艺技术日趋先进，其后又相继出现了 PMOS、NMOS、CMOS、BiCMOS 和 BCD 等工艺技术。

1947 年，贝尔实验室的 Bardeen、Shockley 和 Brattain 发明了第一只点接触晶体管。1949 年，贝尔实验室的 Shcokley 提出 pn 结和双极型晶体管理论。1951 年，贝尔实验室制造出第一只锗双极型晶体管。1956 年，德州仪器制造出第一只硅双极型晶体管。1958 年，Kilby 和 Noyce 两人各自独立发明了集成电路。1961 年，美国空军先后在计算机及民兵导弹中使用双极型集成电路。1970 年，硅平面工艺技术成熟，双极型集成电路开始大批量生产。

由于双极型工艺技术制造流程简单、制造成本低和成品率高，另外其在电路性能方面具有高速度、高跨导、低噪声、高模拟精度和强电流驱动能力等方面的优势，它一直受到设计人员的青睐，在高速电路、模拟电路和功率电路中占主导地位，但是它的缺点是集成度低和功耗大，其纵向（结深）尺寸无法跟随横向尺寸成比例缩小，所以在 VLSI（超大规模集成电路）中受到很大限制，在 20 世纪 70 年代之前，集成电路基本是双极型工艺集成电路。20 世纪 70 年代，NMOS 和 CMOS 工艺集成电路开始在逻辑运算领域逐步取代双极型工艺集成电路的统治地位，但是在模拟器件和大功率器件等领域，双极型工艺集成电路依然占据重要的地位。图 1-1 所示的是双极型工艺集成电路剖面图。VNPN 是纵向 NPN（Vertical NPN），LPNP 是横向 PNP（Lateral PNP），n + 是 N 型重掺杂有源区，p + 是 P 型重掺杂有源区，P-Base 是P 型基区，NBL（N + Buried Layer）是 N 型埋层，P-sub（P-substrate）是 P 型衬底，N-EPI（N-Epitaxial）是 N 型外延层。

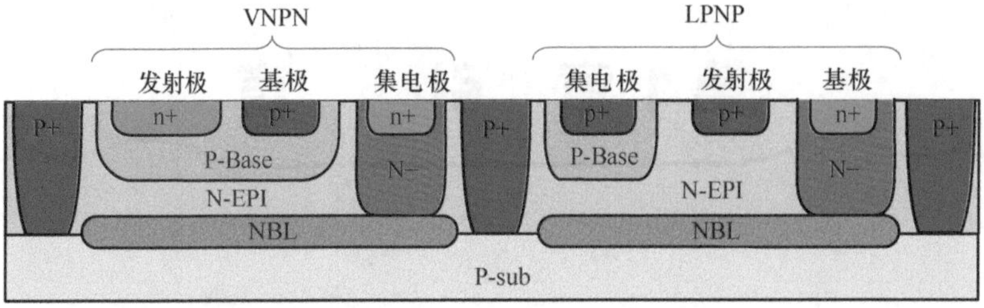

图 1-1　双极型工艺集成电路剖面图

1930 年，Lilienfeld [2] 和 Heil[3] 提出 MOSFET 结构，但是由于栅氧化层存在固定和可移动的正电荷，所以一直没能制造成功 MOSFET，直到 20 世纪 60—70 年代，半导体业界才在栅氧化层工艺上有所突破，NMOS 和 PMOS 工艺技术才相继出现。早期的 PMOS 和 NMOS 的栅极都是金属铝栅，MOSFET 的核心是金属-氧化物-半导体，它们组成电容，通过栅极形成纵向电场控制器件，所以称为金属氧化物半导体场效应晶体管。PMOS 是制造在 N 型衬底上的 P 沟道器件，NMOS 是制造在 P 型衬底上的 N 沟道器件，它们都是采用铝栅控制器件形成反型层沟道，沟道连通源极和漏极，使器件导通工作。它们都是电压控制器件，PMOS 依靠空穴导电工作，NMOS 依靠电子导电工作。图 1-2 所示的是 NMOS 和 PMOS 晶体管剖面图，N-sub（N-substrate）是 N 型衬底。图 1-3 所示的是利用 NMOS 和电阻负载设计的逻辑门电路。

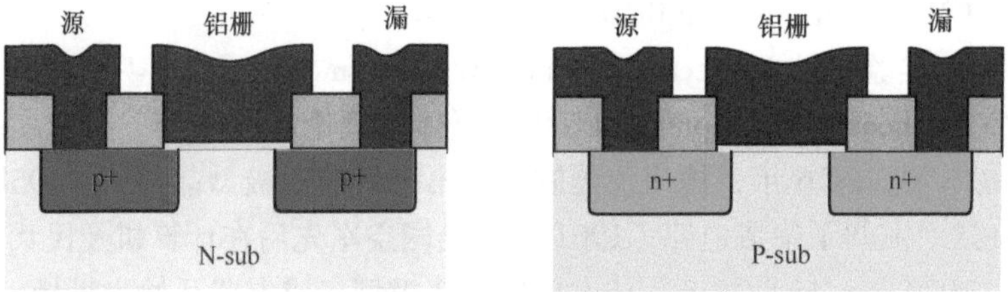

图 1-2　NMOS 和 PMOS 晶体管剖面图

因为电子比空穴具有更高的迁移率，电子的迁移率 μ_e 大于空穴的迁移率 μ_h，μ_e 大约等于 $2.5\mu_h$，因而 NMOS 的电流驱动能力大约是 PMOS 的 2 倍，所以采用 NMOS 工艺技术制造的集成电路性能比采用 PMOS 工艺技术制造的集成电路更具优势，集成电路设计人员更倾向于采用 NMOS 技术设计电路。20 世纪 70—80 年代初期，NMOS 工艺技术被广泛应用于集成电路生产，由于 NMOS 工艺技术具有更高的集成度，并且 NMOS 的光刻步骤比双极型工艺技术少很多，它不像双极型工艺技术中存在很多为了提高双极型晶体管性能的阱扩散区，如 N-EPI 和 NBL，与双极型工艺技术相比，利用 NMOS 工艺技术制造的集成电路更便宜。

随着集成电路的集成度不断提高，每颗芯片可能含有上万门器件，功耗和散热成为限制芯片性能的瓶颈。无论是双极型工艺集成电路，还是 NMOS 工艺集成电路，当器件密度从

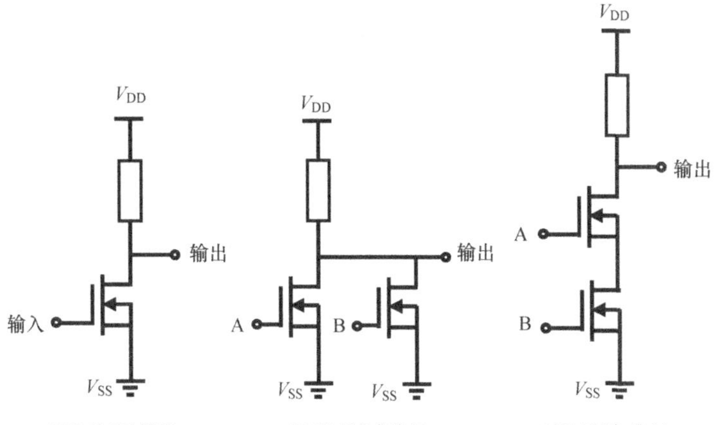

a) NMOS反相器　b) NMOS或非门　c) NMOS与非门

图1-3 利用NMOS和电阻负载设计的逻辑门电路

1000门增加到10000门，芯片功率从几百毫瓦增加到几瓦，当芯片的功耗达到几瓦时，已不能再用便宜的塑料封装，必须使用昂贵的陶瓷封装工艺技术，还要利用空气或水进行冷却，这些都限制了双极型工艺技术和NMOS工艺技术在超大规模集成电路中的应用[4]。

1963年，飞兆（仙童）半导体公司研发实验室的C. T. Sah和Frank Wanlass提交了一篇关于CMOS工艺技术的论文，这是首次在半导体业界提出CMOS工艺技术，同时他们还用了一些简单的实验数据对CMOS工艺技术进行了简单的解释[5]。CMOS是把NMOS和PMOS制造在同一个芯片上组成集成电路，CMOS工艺技术是利用互补对称电路来配置连接PMOS和NMOS从而形成逻辑电路，该电路的静态功耗几乎接近为零，该理论能很好地解决超大规模集成电路的功耗问题，这一发现为CMOS工艺技术的发展奠定了理论基础。图1-4所示的是利用PMOS和NMOS组成的CMOS反相器电路。该电路只有在输入端口由低电平（V_{SS}）向高电平（V_{DD}）或者由高电平（V_{DD}）向低电平（V_{SS}）转变的瞬间，NMOS和PMOS才会同时导通，在V_{DD}与V_{SS}间产生电流，从而产生功耗。当输入端口为低电平时只有PMOS导通，当输入端口为高电平时只有NMOS导通，V_{DD}与V_{SS}之间都不会产生电流，所以静态功耗为零。

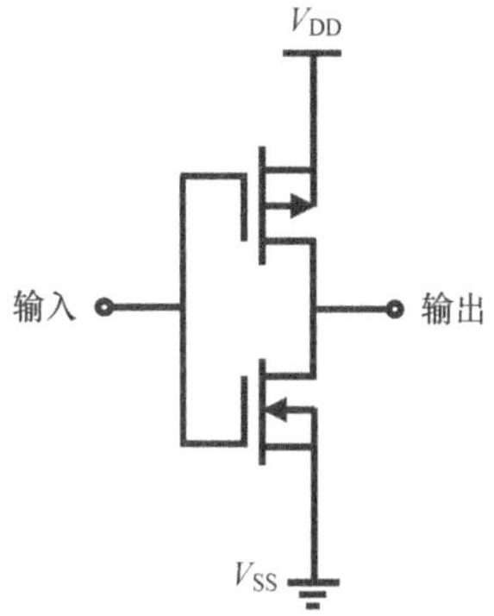

图1-4 CMOS工艺反相器电路

1963年6月18日，Walass为CMOS工艺技术申请了专利，但是几天之后，他就离开了仙童，因为仙童宣布在没有确切的实验数据之前，没有采用新技术的计划，所以Walass没有机会去完成CMOS工艺技术项目。

1966年，美国RCA（美国无线电）公司研制出首颗CMOS工艺门阵列（50门）集成电路。当时用 CMOS 工艺技术制造的集成电路的集成度并不高，而且速度也很慢，CMOS 也很容易发生自毁现象。研究发现 CMOS 电路中存在寄生的 NPN 和 PNP（双极型晶体管），它们形成 PNPN 结构，它们在一定的触发条件下会开启，并形成正反馈回路导致电源和地之间形成低阻通路烧毁电路，半导体业界称这种 PNPN 结构为闩锁结构，由 PNPN 结构形成低阻通路烧毁电路的现象称为闩锁效应。图 1-5 所示的是 CMOS 反相器电路中寄生 PNPN 闩锁结构，当输出端口出现浪涌信号时，该信号会导致寄生双极型晶体管 PNP 或者 NPN 导通，并形成导通电流，该电流流经电阻 R_p 或者 R_n 形成正反馈，导致另外一个寄生的双极型晶体管导通，那么此时两个寄生双极型晶体管同时导通，并形成低阻通路烧毁集成电路。至此，CMOS 集成电路闩锁效应正式引起了半导体业界的注意。

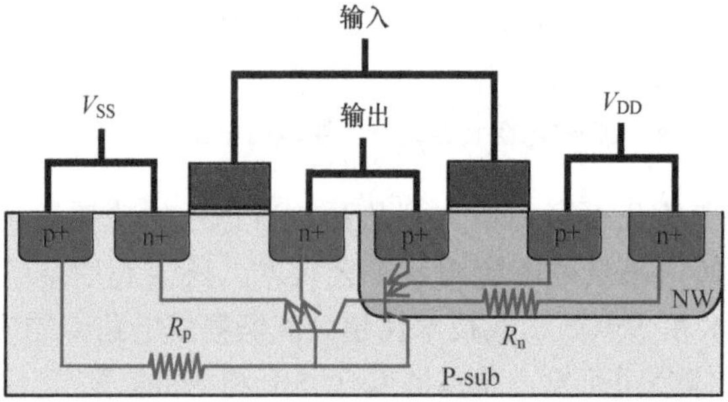

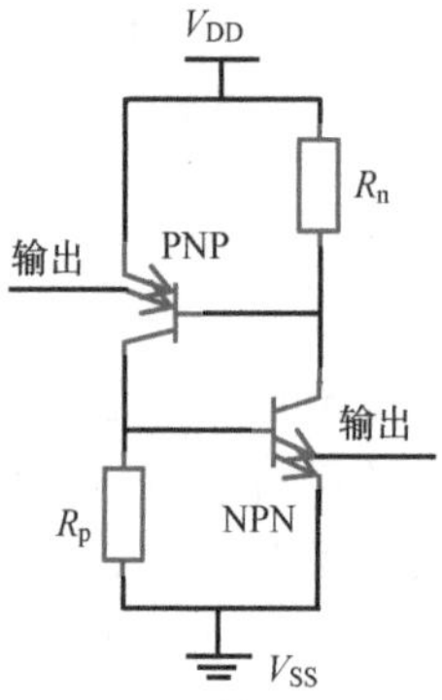

图 1-5　CMOS 工艺反相器中寄生 PNPN 结构

1.1.2　闩锁效应简述

闩锁效应是指体 CMOS 集成电路中所固有的寄生 NPN 和寄生 PNP 组成的电路在一定的条件下被触发而形成低阻通路，从而产生大电流，并且由于正反馈电路的存在而形成闩锁，导致 CMOS 集成电路无法正常工作，甚至烧毁芯片。

在正常情况下，这些寄生的双极型晶体管组成的电路都是截止的，即高阻阻塞态，在高阻阻塞态下，这些电路具有很高的阻抗，漏电流非常小。但是在一定的触发条件下，寄生双极型晶体管组成的电路会被触发进入低阻闩锁态。如果触发条件去除后，这些寄生双极型晶体管仍然能保持低阻闩锁态，那么此时低阻闩锁态是可持续的，电压信号足以提供足够大的电流维持低阻闩锁态，这种现象称为自持。如果触发条件去除后，寄生双极型晶体管从低阻闩锁态恢复到高阻阻塞态，那么低阻闩锁态是暂时的不可持续的，电压信号不足以提供足够大的电流维持低阻闩锁态，寄生双极型晶体管组成的电路不具有自持，这种现象称为低阻闩锁态只是暂时的。

根据闩锁的路径特点，可以把闩锁效应分成三种：第一种是当闩锁的路径是从输出节点到地或者电源时，称之为“输出”闩锁；第二种是当闩锁的路径是从输入节点到地或者电源时，称之为“输入”闩锁；第三种是当闩锁的路径是从地到电源时，称之为“主”闩锁。“输出”闩锁或者“输入”闩锁发生后不一定能触发“主”闩锁。输出或者输入节点只在瞬态过程中才提供电流，而瞬态激励消失后，电流也消失，那么“输出”闩锁或者“输入”闩锁是暂时的，“主”闩锁是一个更为严重的问题，因为它在时间上是持续的，很容易烧毁芯片。图1-6所示的是CMOS工艺反相器中的“主”闩锁和“输出”闩锁电路图。

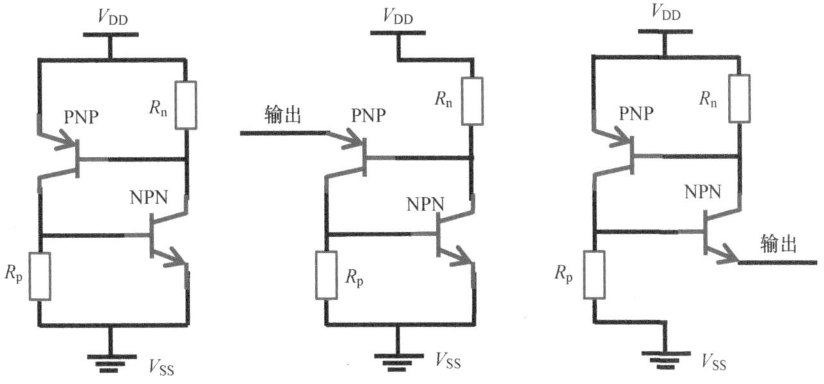

图1-6　CMOS工艺反相器中的“主”闩锁和“输出”闩锁电路图

当PW衬底存在衬底电流 I_p 或者NW衬底存在衬底电流 I_n 时，该电流会在阱等效电阻上形成正反馈电压，从而导通寄生NPN和寄生PNP，触发PNPN结构形成低阻通路，一旦PNPN结构被导通，PNPN结构自身的正反馈机制会使它保持在低阻闩锁态。图1-7所示的是PNPN形成低阻闩锁态的物理机理。当PW衬底存在衬底电流 I_p，PW衬底电流 I_p 在PW衬底等效电阻 R_p 上形成电压差，导致PW衬底的电压升高了 I_pR_p，如果 $I_pR_p>0.6V$，电压差加在NMOS源极、PW衬底和NW形成的寄生NPN发射结上，导致它正偏，而它的集电结反偏，那么NPN正向导通。正向导通的NPN在 V_{DD} 与 V_{SS} 之间形成通路，该通路产生NW衬底电流 I_n，NW衬底电流 I_n 在NW衬底等效电阻 R_n 上形成压差，导致NW衬底的电压降低了 I_nR_n，如果 $I_nR_n>0.6V$，电压差加在PMOS源极与NW衬底和PW形成的寄生PNP发射结上，导致它正偏，而它的集电结反偏，那么PNP正向导通，实际上压降 I_nR_n 是NPN导通后在PNP上形成正反馈。PNP导通形成的电流 I_p 会反馈给NPN的发射极，使NPN的发射极正偏，从而使NPN导通，NPN导通形成的电流 I_n 也会反馈给PNP的发射极，使PNP的发射极正偏，从而使PNP导通，NPN和PNP之间相互形成正反馈回路，所以它们形成一个闭环系统，NPN和PNP同时导通，并形成闩锁效应PNPN低阻通路。打破闭环系统的方法是减小 V_{DD} 的电压，使NPN或者PNP导通之后形成的电流的反馈电压 I_pR_p 或者 I_nR_n 小于0.6V，从而使寄生双极型晶体管工作在截止区，这样寄生PNPN结构就会进入截止状态。

电路一旦发生闩锁效应，就会产生大电流，假如没有限流机制（例如串联一个足够大

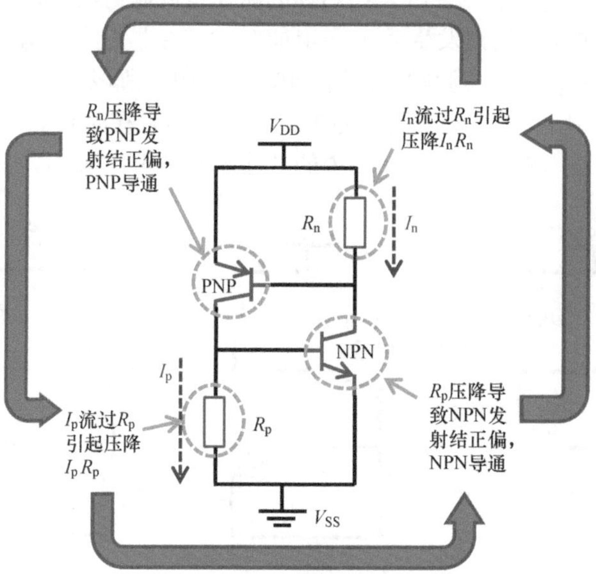

图 1-7　PNPN 形成低阻闩锁态的物理机理

的电阻)，低阻闩锁态产生大电流可能将 PN 结或者铝线烧毁，因此就算低阻闩锁态是暂时的，如果没有限流机制，也会造成电路永久失效，这种情况也可以认为电路发生了闩锁效应。对于具有自持能力的闩锁效应，无论闩锁效应有没有造成芯片损毁，它都会导致 CMOS 集成电路无法正常工作；对于不具有自持能力的闩锁效应，低阻闩锁态只是暂时的，但是如果它的低阻闩锁态会产生大电流烧毁集成电路，那么它也是闩锁效应的一种形式。

闩锁效应最易发生在易受外部干扰的 IO 电路，也偶尔发生在内部电路。

1.2　闩锁效应的研究概况[6]

虽然 CMOS 工艺集成电路已被证实具有低功耗的优点，并且美国 RCA 公司在 1966 年成功研制出首颗 CMOS 工艺门阵列集成电路，但是 RCA 公司的 Gallace 和 Pujol 发现 CMOS 工艺集成电路中寄生的双极型晶体管会形成 PNPN 结构，在一定条件下会被触发导通，形成低阻通路，并产生大电流烧毁集成电路[7]，该问题直接影响了 CMOS 工艺技术的商业化，CMOS 工艺技术早在 1963 年就被提出来，但是 CMOS 工艺集成电路的闩锁效应问题一直都没有很好地解决，所以 20 世纪 70 年代集成电路企业都是仅仅利用 NMOS 或者 PMOS 工艺技术制造集成电路，直到半导体业界有了比较完善的闩锁效应的理论和应对策略后，CMOS 工艺集成电路才开始普及应用。

20 世纪 70 年代前期，随着技术的不断发展，研究人员发现制造在硅蓝宝石上（Silicon-on-Sapphire，SoS）的 CMOS 工艺集成电路可以抵抗相当高强度的辐射而不发生闩锁效应，因为 SoS CMOS 工艺集成电路可以通过 SoS 衬底和深槽氧化物打破 PNPN 结构，所以其不存在闩锁效应，该优势使 SoS CMOS 工艺集成电路在人造卫星、导弹、航空航天等电子领域具有非常大的潜力。但是 SoS 工艺集成电路太昂贵，没有办法普及民用。图 1-8 所示的是 SoS CMOS 集成电路。

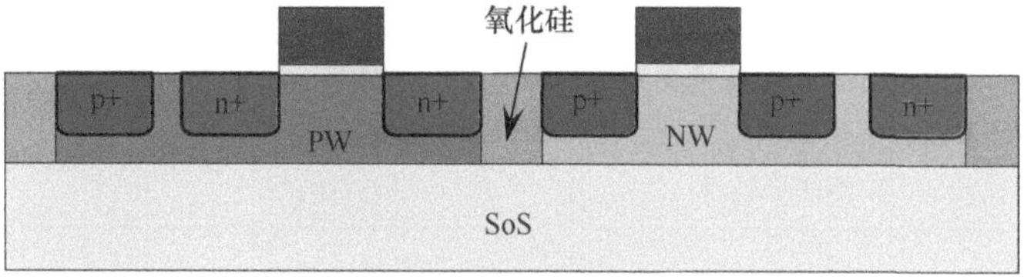

图 1-8 SoS CMOS 集成电路

CMOS 工艺集成电路具有高集成度、强抗干扰能力、高速度、低静态功耗、宽电源电压范围、无比例逻辑设计和宽输出电压幅度等优点，这些都是 CMOS 集成电路潜在的商业价值，早期半导体业界投入了大量资源去研究 CMOS 集成电路闩锁效应，许多改善闩锁效应的措施被提出，并应用于实际的工艺制程中，例如外延技术、倒阱、NBL、双保护环、双阱工艺、深沟槽、STI 和 Salicide 等，见表 1-1。

表 1-1 关于 CMOS 闩锁效应的重要贡献

	时间	描 述	物理机理
1	1967 年	Poll 和 Leavy 展示了关于“瞬态辐射能导致 CMOS 闩锁效应”的研究成果，证明太空辐射环境能导致 CMOS 闩锁效应[8,9]	辐射能在衬底产生电子空穴对导致 CMOS 闩锁效应
2	1976 年	Dawes 和 Derbenwick 证明掺金可以改善 CMOS 闩锁效应[11]	掺金可以提供复合中心，降低寄生双极型晶体管的放大系数
3	1978 年	Estreich 等人证明用重掺杂外延埋层工艺可以改善 CMOS 闩锁效应[12-16]	重掺杂外延埋层工艺降低衬底等效电阻
4	1979 年	Adams 和 Sokel 证明利用中子辐射可以控制 CMOS 闩锁效应，研究表明核辐射可以改变寄生双极型晶体管的放大系数[10]	降低寄生双极型晶体管的放大系数
5	1980 年	Estreich 发表了关于“CMOS 工艺集成电路闩锁效应的物理学理论和建模”的论文，在闩锁效应理论方面取得了重大进展。该论文提供了 CMOS 闩锁效应的分析模型和表征方法[16]	建立 CMOS 工艺集成电路闩锁效应的物理学理论和建模
6	1982 年	Parillo 证明双阱 CMOS 在抑制闩锁效应方面的优势[17]	双阱 CMOS 可以分别调节 NW 和 PW 的掺杂浓度，降低它们的等效电阻
7	1982 年	Rung 等人证明深沟槽隔离技术抑制 CMOS 闩锁效应的优势[18]	降低寄生双极型晶体管的放大系数

（续）

	时间	描　述	物理机理
8	1983 年	Troutman 证明保护环可以改善 CMOS 闩锁效应[19]	收集少数载流子，降低生双极型晶体管的放大系数
9	1984 年	Troutman 将倒阱工艺技术集成到 IBM 0.8μm CMOS DRAM 和逻辑工艺技术中，是首次将倒阱工艺技术集成到商业的 CMOS 工艺技术	倒阱工艺技术降低寄生双极型晶体管的放大系数和降低衬底等效电阻

CMOS 发展至今已经经历了 60 多年，虽然许多改善闩锁效应的措施被应用于实际的工艺制程中，但是闩锁效应依然是一个威胁 CMOS 集成电路可靠性的重要因素，主要原因如下。

1）在实际工艺中，各大企业的首要目标是追求芯片利润的最大化，希望把单个功能芯片的面积做到最小，最直接的做法是压缩器件的间距，这是与改善闩锁效应的理论相背离的，因为器件的间距越小，越容易发生闩锁效应。

2）因为要追求芯片性能的最优化，所以当改善闩锁效应的措施与芯片性能相背离时，会首先考虑优化芯片性能，其次才是改善闩锁效应，所以缺少特别有效地针对抑制 CMOS 寄生双极型晶体管的工艺技术。

3）CMOS 集成电路中寄生双极型晶体管的性能随着版图的变化而变化，提取寄生双极型晶体管的参数和模型是一个非常庞大的工程，权衡商业价值利弊，芯片生产企业没有特别提取寄生双极型晶体管的参数和模型，所以缺少特别针对每个工艺技术平台的寄生双极型晶体管的参数和模型，因此设计工程师不能添加寄生双极型晶体管的参数到电路仿真中，在设计阶段没有办法准确验证芯片是否存在闩锁效应，以及没有办法评估发生闩锁效应的概率。

半导体业界改善闩锁效应的常规做法是由半导体芯片生产加工厂商（Foundry）制定的一系列通用的改善闩锁效应设计规则，但是这些设计规则都是通过牺牲芯片面积的方式获得足够的改善闩锁效应窗口，从而保证芯片能够抵御足够大的外部激励，而不被触发闩锁效应。

1.3 小　结

本章主要介绍了闩锁效应出现的背景和概况。

早期的双极型工艺、PMOS 工艺和 NMOS 工艺集成电路都不会发生闩锁效应现象。闩锁效应是以体 CMOS 工艺为基础的集成电路特有的现象，无论是一般的常规体 CMOS 工艺集成电路，还是从 CMOS 工艺衍生出来的 BiCMO、BCD 和 HV-CMOS 等，都会发生闩锁效应。

无论是落后的亚微米 CMOS 工艺，还是先进的纳米 CMOS 工艺，甚至是 FinFET 工艺，闩锁效应依然是影响 CMOS 集成电路可靠性的一个重要问题，业界依然没有一套效率很高，以及很准确的评估芯片在研发阶段发生闩锁效应的方法。

参考文献

[1] 温德通. 集成电路制造工艺与工程应用 [M]. 北京：机械工业出版社，2018.

[2] LILIENFELD J E. US Patent No. 1745175 [P]. 1930.

[3] HEIL O. UK Patent No. 439457 [P]. 1930.

[4] 斯蒂芬·A. 坎贝尔. 微电子制造科学原理与工程技术 [M]. 2版. 曾莹，译. 北京：电子工业出版社，2003.

[5] WANLASS F M, SAB C T. Nanowatt Logic Hsing Field Effect Metal Oxide Semiconductor Triodes [C]. 1963 Int. Solid State Circuit Conference, 1963.

[6] STEVEN H VOLDMAN. Latchup [M]. New Jersey: Wiley, 2008.

[7] GALLACE L J, PUJOL H L. Reliability considerations for COS/MOS devices [Z]. RCA Technical Note ST-6418, RCA Corporation, Somerville, 1975.

[8] POLL R A, LEAVY J F. Study of transient radiation induced latchup [R]. General Atomic Division Final Report (Contract N0014-66-C-0347), No. GA-7969, 1967.

[9] LEAVY J F, POLL R A. Radiation-induced integrated circuit latchup [J]. IEEE Transactions on Nuclear Science, 1969, 16: 96-103.

[10] ADAMS J R, SOKEL R J. Neutron irradiation for prevention of latchup in CMOS integrated circuits [J]. IEEE Transactions on Nuclear Science, 1979, 26: 5069-5073.

[11] DAWES W R JR, DERBENWICK G F. Prevention of CMOS latchup by gold doping [J]. IEEE Transactions on Nuclear Science, 1976, 23: 2027-2030.

[12] ESTREICH D B, OCHOA A JR, DUTTEN R W. An analysis of latchup prevention in CMOS IC's using an epitaxialburied layer process [C]. International Electron Device Meeting (IEDM) Technical Digest, 1978: 230-234.

[13] ESTREICH D B, DUTTEN R W. Modeling latchup in CMOS integrated circuits [C]. 1978 Asilomar Conference on Circuits, Systems, and Computer Digest, Monterey, CA, 1978: 489-492.

[14] ESTREICH D B, DUTTEN R W. Latchup in CMOS integrated circuits [C]. 1978 Government Microcircuit Applications Conference (GOMAC) Digest of Papers, Monterey, CA, 1978: 110-111.

[15] ESTREICH D B. Latchup and radiation integrated circuit (LURIC): a test chip for CMOS latchup investigation [R]. Sandia Laboratories Report SAND78-1540, Albuquerque, NM, 1978.

[16] ESTREICH D B. The physics and modeling of latch-up and CMOS integrated circuits. Technical Report No. G-201-9 [R]. Integrated Circuits Laboratory, Stanford Electronic Laboratories, Stanford University, Stanford, CA, 1980.

[17] PARILLO L, et al. Twin-tub CMOS-a technology for VLSI circuits [C]. International Electron Device Meeting (IEDM) Technical Digest, 1980: 752-755.

[18] RUNG R D, MOMOSE H, NAGABUKO Y. Deep trench isolated CMOS devices [C]. International Electron Device Meeting (IEDM) Technical Digest, 1982: 237-240.

[19] TROUTMAN R R. Epitaxial layer enhancement of n-well guard rings for CMOS circuits [J]. IEEE Electron Device Letters, 1983, 4: 438-440.

第 2 章　CMOS 集成电路寄生双极型晶体管

CMOS 工艺集成电路的闩锁效应是由寄生双极型晶体管 NPN 和 PNP 形成的 PNPN 结构引起的，可以利用双极型晶体管原理去分析 PNPN 结构，双极型晶体管原理是理解和分析闩锁效应的物理基础。

本章侧重介绍双极型晶体管原理和 CMOS 工艺集成电路中的寄生双极型晶体管，以及阱等效电阻。

2.1　双极型晶体管原理[1]

2.1.1　双极型晶体管的工艺结构

双极型晶体管工作时，半导体中的电子和空穴两种载流子都起作用，按照结构不同，双极型晶体管分为 NPN 型和 PNP 型。对于 NPN 型，起主导作用的是电子，对于 PNP 型，起主导作用的是空穴。在性能方面，NPN 型要优于 PNP 型，因为电子的迁移率是空穴的 2.5 倍。

双极型晶体管有三个掺杂浓度不同的扩散区和两个 PN 结。按掺杂浓度不同，可以把这些掺杂区分为重掺杂的发射区，轻掺杂的基区和收集区，从这三个区接出三根引线作为三个电极，它们对应的电极称为发射极（Emmiter）、基极（Base）和集电极（Collector）。收集区与基区交界处的 PN 结称为集电结，发射区与基区交界处的 PN 结称为发射结。虽然 NPN 双极型晶体管的发射区和收集区都是 N 型，但是发射区的掺杂浓度比收集区大，并且收集区的面积比发射区的大，因此它们是非对称的。图 2-1 所示的是 NPN 和 PNP 的简化结构图和电路符号。

2.1.2　双极型晶体管的工作原理

NPN 和 PNP 是互补的晶体管，只需分析一种类型即可，以 NPN 为例分析双极型晶体管理论，得到的基本原理也适用于 PNP。根据双极型晶体管集电结和发射结的偏置情况可以把工作模式分为四种：第一种是双极型晶体管工作在正向有源模式；第二种是双极型晶体管工作在饱和模式；第三种是双极型晶体管工作在倒置模式；第四种是双极型晶体管工作在截止模式。

1）正向有源：双极型晶体管的发射结正偏和集电结反偏。工作在正向有源区的双极型晶体管具有电流放大功能，它的放大系数是 β，β 是集电极电流与基极电流的比，β 是一个

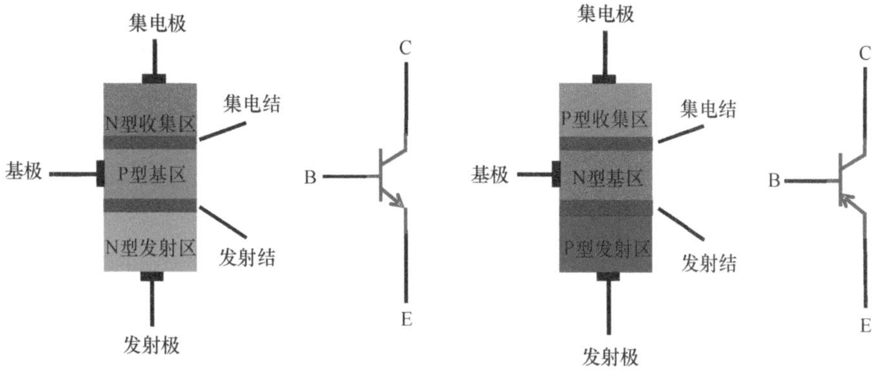

a) NPN　　b) PNP

图 2-1　双极型晶体管简化结构图和电路符号

非常关键的参数，通常双极型晶体管设计和制造工艺参数的变动都是为了获得足够大的 β。正向有源是一种常用的工作区。

2）饱和：双极型晶体管的发射结和集电结都正偏，它相当于两个并联的二极管。

3）倒置：双极型晶体管发射结反偏和集电结正偏。与正向有源相比，它们的角色倒置了。工作在倒置区的双极型晶体管也具有电流放大功能，不过其放大系数会比正向有源小几倍。实际应用中也很少会把双极型晶体管偏置在倒置区。

4）截止：双极型晶体管的发射结和集电结都反偏，其漏电流非常微弱，就像开路的开关。

双极型晶体管的四种工作模式下集电结和发射结外加偏置电压的情况见表 2-1。

表 2-1　双极型晶体管的四种工作模式

工作模式	发射结	集电结
正常、正向有源	正偏	反偏
饱和	正偏	正偏
倒置	反偏	正偏
截止	反偏	反偏

根据双极型晶体管的电极被输入和输出共用的情况，可以把双极型晶体管分为三种电路连接方式：第一种是共基极接法（基极作为公共电极）；第二种是共发射极接法（发射极作为公共电极）；第三种是共集电极接法（集电极作为公共电极）。图 2-2 所示的是双极型晶体管三种电路连接方式的电路图，以及正常工作条件下电源接法和电流方向。

以双极型晶体管的共基极接法为例简单介绍它的工作原理，当 NPN 的发射结正偏和集电结反偏，其工作在正向有源模式，图 2-3 所示的是 NPN 的能带图和载流子运动情况，图 2-3a 是零偏时 NPN 的能带图，图 2-3b 是正向有源模式的能带图。发射结正偏，发射结的空间电荷区变窄，其内建电势降低，载流子很容易越过该势垒高度，发射区的多数载流子

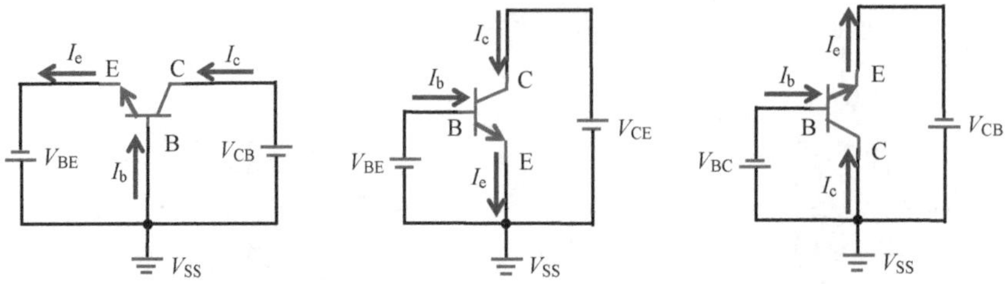

a) 共基极接法　　b) 共发射极接法　　c) 共集电极接法

图 2-2　双极型晶体管三种电路连接方式的电路图

电子不断越过该势垒扩散到基区，形成扩散电子电流 I_{EN}。类似的，基区的空穴也会越过该势垒扩散到发射区，形成扩散空穴电流为 I_{EP}。但是由于发射区的杂质浓度比基区的高几百倍，杂质浓度直接影响电子流和空穴流，与电子流相比空穴流非常小，通常可以忽略，所以发射极电流 $I_E \approx I_{EN}$。

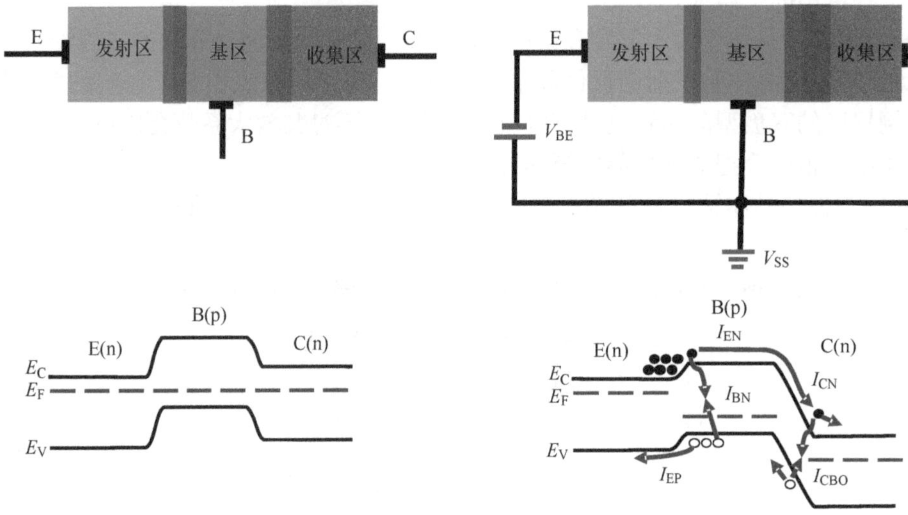

a) 零偏时NPN管的能带图　　b) NPN共基极接法正向有源的能带图以及电子和空穴运动情况

图 2-3　NPN 的能带图和载流子运动情况

NPN 的 P 型基区对电子呈现势垒，它不会收集电子，从发射区注入基区的电子形成浓度梯度，在发射结附近浓度最高，在基区内部电子以扩散的形式到达集电结边界。在扩散过程中，有很小一部分电子会与基区中的空穴复合，形成复合电流 I_{BN}，同时接在基区的电源 V_{BE}的正端则不断从基区拉走电子。电子复合的数目与电源从基区抽走的电子数目相等，电源抽走电子的目的是制造出相同数目的空穴，就使基区的空穴浓度基本保持不变。那么这样就形成了基极电流 I_B，基极电流就是电子在基区与空穴复合形成的空穴电流，基极的电流 $I_B \approx I_{BN}$。复合越多，到达集电结的电子越少，为了减小电子在扩散过程中与空穴复合的数量，常把基区做得很薄，并希望基区掺杂的浓度很低，使大部分电子都能到达集电结。

因为集电结反偏，集电结的空间电荷区变宽，它的内建电势增强，集电结势垒高度变高，所以电场很强，使得收集区的电子和基区的空穴很难越过集电结的势垒，但是基区扩散到集电结边界的电子会被强电场加速进入收集区，最后被收集区收集，形成集电极漂移电子流 I_{CN}。基区中少数载流子电子和收集区中少数载流子空穴在反向电场的作用下形成反向漂移电流，这部分电流取决于少数载流子浓度，称为反向饱和电流 I_{CBO}。通常 I_{CBO} 非常小，它并不会对电流的放大作用有贡献，而且它的数值随温度变化很大，这样很容易造成晶体管工作不稳定，所以要设法在双极型晶体管的工艺制造过程中减小 I_{CBO} 的数值。图 2-4 所示的是正向有源状态下 NPN 中载流子的传输过程。

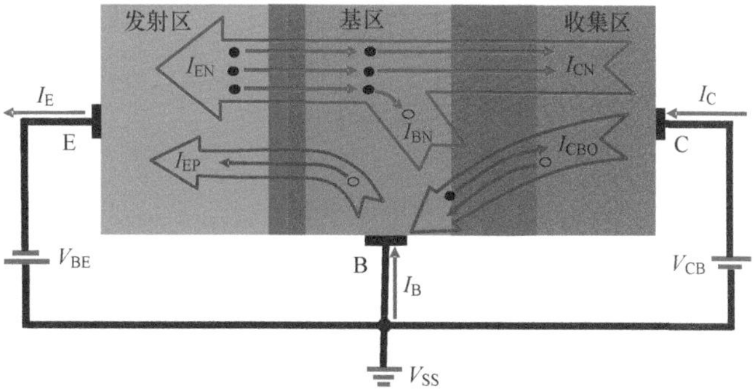

图 2-4　正向有源状态下 NPN 中载流子的传输过程

根据传输过程可知：

$$I_E = I_B + I_C \tag{2-1}$$

和

$$I_C = I_{CN} + I_{CBO} \tag{2-2}$$

集电结收集的电子流是发射结发射的总电子流的一部分，常用一系数 α 来表示，那么 α = 传输到集电极的电流/发射极注入电流，即

$$\alpha = I_{CN}/I_E$$

通常 $I_C >> I_{CBO}$

那么

$$\alpha \approx I_C/I_E \tag{2-3}$$

α 为电流放大系数。它只与管子的结构尺寸和掺杂浓度有关，与外加电压无关，一般 $\alpha = 0.9 \sim 0.99$。

设定 $\beta = I_C/I_B$

根据式（2-1），可得 $\beta = I_C/(I_E - I_C)$

根据式（2-3），可得 $\beta = \alpha I_E/(1-\alpha)I_E$

最终得到 $\beta = \alpha/(1-\alpha)$

β 是另一个电流放大系数。同样，它也只与管子的结构尺寸和掺杂浓度有关，与外加电压无关，一般 $\beta >> 1$。

2.1.3 双极型晶体管的击穿电压

双极型晶体管两个 PN 结的反向击穿电压有以下三种：第一种是发射极开路时的 BV_{CBO}；第二种是集电极开路时的 BV_{EBO}；第三种是基极开路时的 BV_{CEO}。图 2-5 所示的是 NPN 管两个 PN 结击穿电压的测量方式。

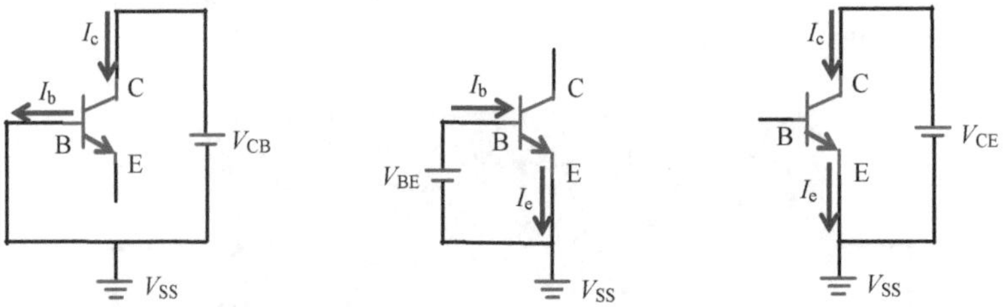

a) BV_{CBO}接法　　b) BV_{EBO}接法　　c) BV_{CEO}接法

图 2-5　NPN 两个 PN 结击穿电压的测量方式

1）BV_{CBO}是发射极开路时，集电极与基极之间的反向击穿电压，其值一般为几十伏 ~ 几百伏。

2）BV_{EBO}是集电极开路时，发射极与基极之间的反向击穿电压，其值一般为几伏 ~ 十几伏。

3）BV_{CEO}是基极开路时，集电极与发射极之间的穿通电压，其值一般为十几伏 ~ 几十伏。

这三个击穿电压的关系如下：$BV_{CBO} > BV_{CEO} > BV_{EBO}$。

图 2-6 所示的是 NPN 共射极接法对不同 R_b 的 I-V 曲线。$R_{b1} \approx 0$，$R_{b1} < R_{b2} < R_{b3}$，R_{b3} 非常大。图 2-6a 是 BV_{CBO}和 BV_{CEO} I-V 曲线，图 2-6b 是共射极接法对不同 R_b 的 I-V 曲线。

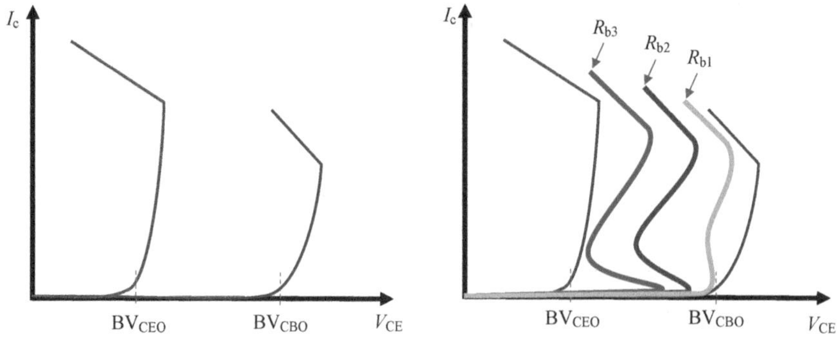

a) BV_{CBO}和BV_{CEO} I-V 曲线　　b) 共射极接法对不同R_b的 I-V 曲线

图 2-6　NPN 共射极接法对不同 R_b 的 I-V 曲线

图 2-7 所示的是 NPN 共射极的不同接法的电路图。

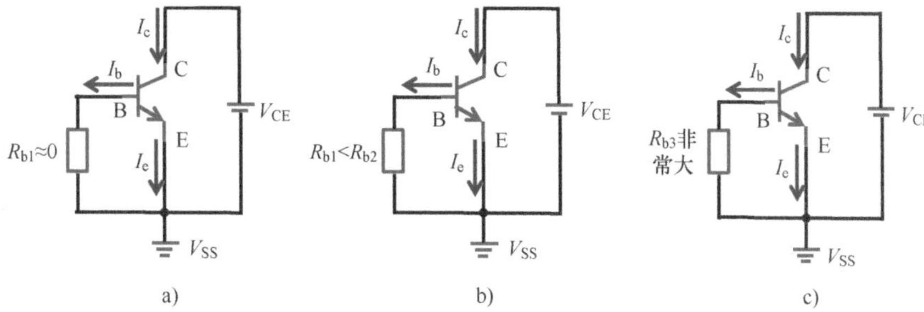

图 2-7　NPN 共射极的不同接法的电路图

2.1.4　利用双极型晶体管分析 PNPN 的闩锁效应[2]

为了定性地分析 CMOS 工艺集成电路中寄生 PNPN 结构如何发生闩锁效应，假设 PNPN 结构导通，NPN 和 PNP 都工作在正向有源，忽略漏电流。图 2-8 所示的是寄生 PNPN 结构导通时的电流。

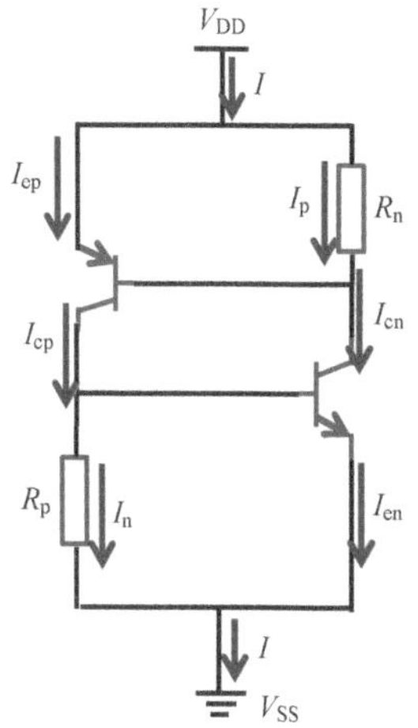

图 2-8　寄生 PNPN 结构导通时的电流

此时 NPN 和 PNP 都工作在正向有源，那么：

对于 PNP：

$$I_{cp}=\alpha_p I_{ep} \tag{2-4}$$

对于 NPN：

$$I_{cn}=\alpha_n I_{en} \tag{2-5}$$

由电源提供的总电流如下式：

$$I=I_{cp}+I_{cn}$$

$$I=\alpha_p I_{ep}+\alpha_n I_{en}$$

$$I=\alpha_p(I-I_p)+\alpha_n(I-I_n) \tag{2-6}$$

式（2-6）左右提取 I 再相减得到

$$I[\alpha_p+\alpha_n-1-\alpha_p(I_p/I)-\alpha_n(I_n/I)]=0 \tag{2-7}$$

对于一个非无效解的情况：

$$\alpha_p+\alpha_n-1-\alpha_p(I_p/I)-\alpha_n(I_n/I)=0 \tag{2-8}$$

用 β_n 和 β_p 表示式（2-8），可以得到

$$\beta_n=\alpha_n/(1-\alpha_n)\Rightarrow\alpha_n=\beta_n/(1+\beta_n)$$

$$\beta_p=\alpha_p/(1-\alpha_p)\Rightarrow\alpha_p=\beta_p/(1+\beta_p)$$

$$\beta_n\beta_p=1+\beta_p(\beta_n+1)(I_p/I)+\beta_n(\beta_p+1)(I_n/I) \tag{2-9}$$

式（2-9）指出几个重要效应。要使闩锁效应发生，式（2-9）右边必须大于 1，也就是 $\beta_n\beta_p>1$。如果这个式 $\beta_n\beta_p<1$，那么闩锁效应就不会发生。

可见，减小 NPN 的 β_n 或者减小 PNP 的 β_p，使 $\beta_n\beta_p<1$ 都可以防止闩锁效应。

2.2 CMOS 集成电路中的寄生效应

2.2.1 CMOS 中的阱电阻

CMOS 工艺集成电路是利用 N 型阱和 P 型阱形成 PN 结进行电性隔离的，NMOS 制造在 PW 里面，PMOS 制造在 NW 里面，为了形成隔离的 NMOS，可以通过 DNW 把 PW 与 P_sub 隔离。图 2-9 所示的是 CMOS 工艺中 PMOS 和 NMOS。图 2-10 所示的是 CMOS 工艺中 ISO-NMOS 剖面图。因为 HV-CMOS 工艺是从 CMOS 工艺衍生出来的，所以在 HV-CMOS 工艺中，除了提供低压 NMOS 和 PMOS，还要提供高压器件 FDMOS 或者 DDDMOS，高压器件包括 HVPMOS 和 HVNMOS，HVNMOS 制造在 HVPW 里面，HVPMOS 制造在 HVNW 里面，如果要形成隔离的 ISO-HVNMOS，也要把 ISO-HVNMOS 制造在 ISO-HVPW 里面，并通过 HVDNW 把 ISO-HVPW 与 P_sub 隔离。图 2-11 所示的是 HV-CMOS 工艺中 HVPMOS 和 HVNMOS，图 2-12 所示的是 HV-CMOS 工艺中 ISO-HVNMOS 剖面图。因为 BCD 工艺也是从 CMOS 工艺衍生出来的，所以在 BCD 工艺中，除了低压 NMOS、低压 PMOS 和双极型晶体管，还要提供高压功率器件 DMOS，高压功率器件包括 NLDMOS 和 PLDMOS，它们都制造在 HVNW 里面，同时 HVNW 正下方还有 NBL 层。图 2-13 所示的是 BCD 工艺中 NLDMOS 和 PLDMOS 剖面图。

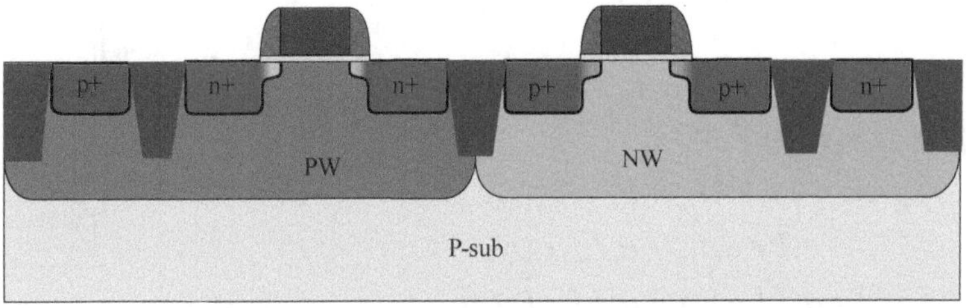

图 2-9　CMOS 工艺中 PMOS 和 NMOS 剖面图

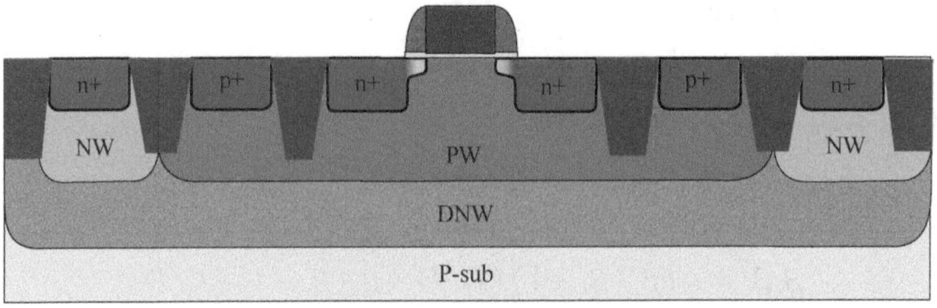

图 2-10　CMOS 工艺中 ISO-NMOS 剖面图

在这些工艺技术中，这些不同类型的阱都是有电阻的，它们都是通过离子掺杂或者扩散

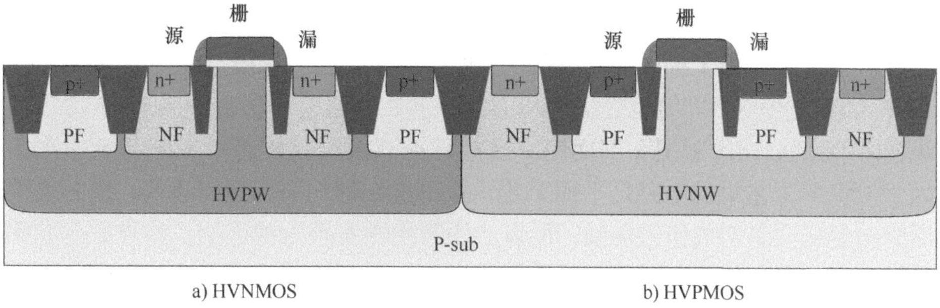

图 2-11　HV-CMOS 工艺中 HVPMOS 和 HVNMOS 剖面图

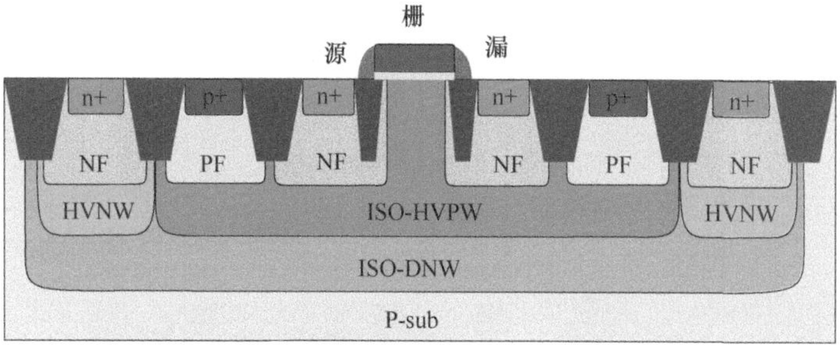

图 2-12　HV-CMOS 工艺中 ISO-HVNMOS 剖面图

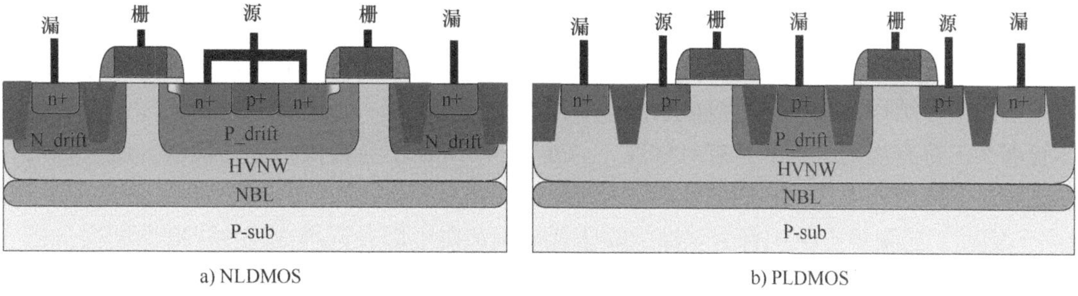

图 2-13　BCD 工艺中 NLDMOS 和 PLDMOS 剖面图

工艺形成的，没有简单的公式能够计算它们的方块电阻，虽然可以利用欧文曲线（Irwin's graphs）[3]得到理想高斯型扩散的方块电阻，但是实际的扩散并不严格遵守这些理想曲线。在实际应用中，扩散层的方块电阻通常是测量 WAT（晶圆接受测试）结构得到的，而不是由计算得到。但是这些阱的尺寸是随着器件尺寸的变化而变化，所以很难去设计各种各样不同尺寸的 WAT 测试结构去测量这些阱的方块电阻。

2.2.2 CMOS 中的寄生双极型晶体管

在 CMOS 工艺中，除了提供 MOS 器件，也会提供标准的双极型晶体管单元库，通常包含横向 PNP 和纵向 NPN，同时也会提供相应的模型做电路设计仿真。图 2-14 所示的是横向 PNP 和纵向 NPN 剖面图的版图和剖面图。这些标准双极型晶体管单元库并不像图 2-1 那么简单，因为 CMOS 工艺集成电路是平面工艺，并不能在四周引出金属连线，而是需要在表面淀积金属统一形成金属连线作为连接，所以会跟简化图有很大的区别。另外，这些标准单元库的器件尺寸都是固定的，所以放大系数也是固定的，不能通过任意改变它们的器件尺寸去获得不同放大系数。

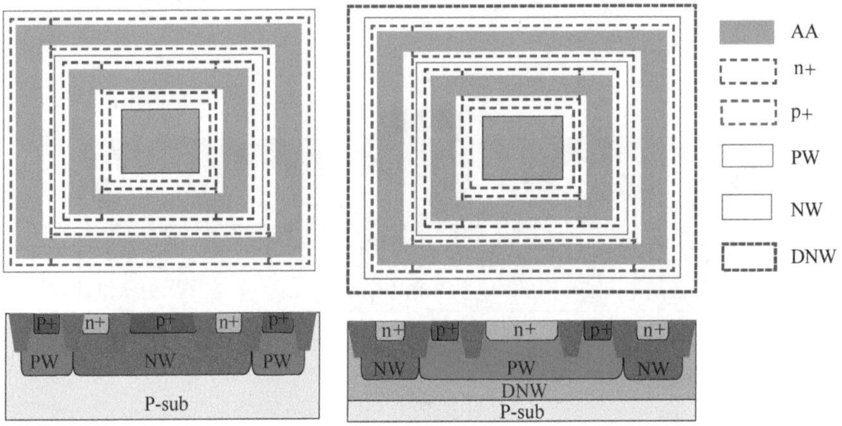

图 2-14 横向 PNP 和纵向 NPN 剖面图的版图和剖面图

在 CMOS 实际工艺中，除了这些标准的双极型晶体管单元库，还会有很多非理想的寄生双极型晶体管结构，这些寄生双极型晶体管结构的几何图形并不会像标准单元库的双极型晶体管那么工整有规则，也不具有对称性，另外 Foundry 也不会提供相应的模型，所以也没有办法利用电路仿真去评估它们的性能。

CMOS 工艺集成电路中寄生双极型晶体管结构和阱电阻共同构成寄生 PNPN 结构，在一定触发条件下，寄生 PNPN 结构会被触发形成低阻通路烧毁集成电路。NMOS 源漏有源区、PW 和 NW 会形成 NPN，PMOS 源漏有源区、NW 和 PW 会形成 PNP，它们通过 PW 电阻 R_p 和 NW 电阻 R_n 构成寄生 PNPN 结构。图 2-15 所示的是 NMOS 与 PMOS 之间形成的寄生 PNPN 结构和电路简图。不同的 NW 之间可以通过 PW 形成 NPN，该 NPN 也会与 PMOS 形成的 PNP 通过 PW 电阻 R_p 和 NW 电阻 R_n 构成 PNPN 结构。图 2-16 所示的是 PMOS 与 NW 之间形成的 PNPN 结构和电路简图。DNW、PW 和 NW 会形成 NPN，该 NPN 也会与 PMOS 形成的 PNP 通过 PW 电阻 R_p 和 NW 电阻 R_n 构成 PNPN 结构。图 2-17 所示的是 PMOS 与 DNW 之间形成的 PNPN 结构和电路简图。

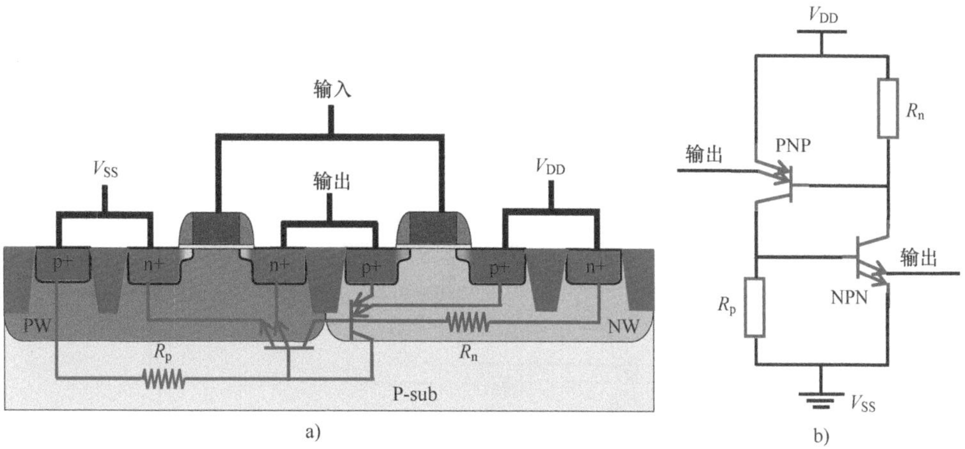

图 2-15　NMOS 与 PMOS 之间形成的 PNPN 结构和电路简图

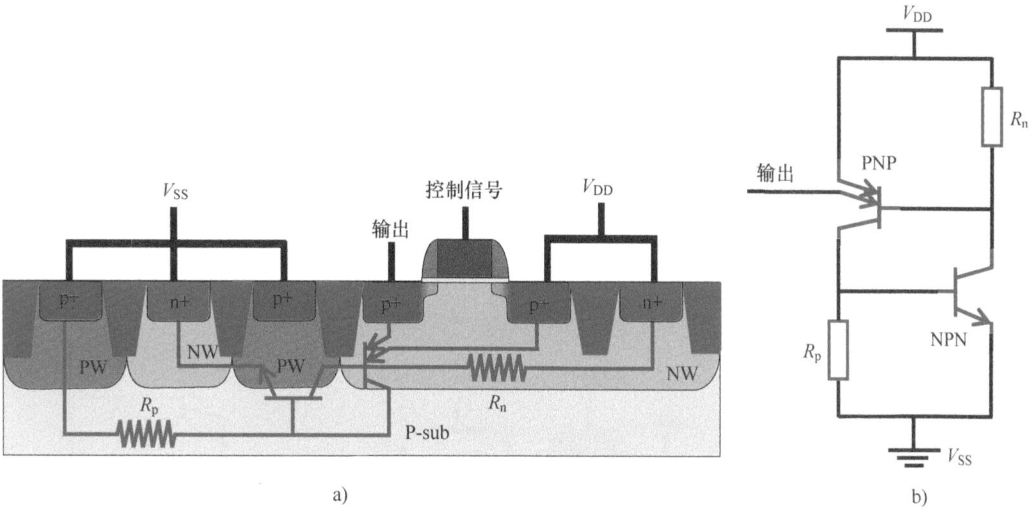

图 2-16　PMOS 与 NW 之间形成的 PNPN 结构和电路简图

除了 MOS 之间或者 MOS 与阱之间会形成寄生 PNPN 结构，二极管与 MOS 之间，以及二极管与阱之间也会形成寄生 PNPN 结构。N 型二极管和 NW 会形成 NPN，PMOS 源漏有源区、NW 和 PW 会形成 PNP，它们通过 PW 电阻 R_p 和 NW 电阻 R_n 构成 PNPN 结构。图 2-18 所示的是 N 型二极管与 PMOS 之间形成的 PNPN 结构和电路简图。P 型二极管和 PW 会形成 PNP，NMOS 源漏有源区、PW 和 NW 会形成 NPN，它们通过 PW 电阻 R_p 和 NW 电阻 R_n 构成 PNPN 结构。图 2-19 所示的是 P 型二极管与 NMOS 之间形成的 PNPN 结构和电路简图。P 型二极管和 PW 会形成 PNP，不同的 NW 之间可以通过 PW 形成 NPN，它们通过 PW 电阻 R_p 和 NW 电阻 R_n 构成 PNPN 结构。图 2-20 所示的是 P 型二极管与 NW 之间形成的 PNPN 结构和电路

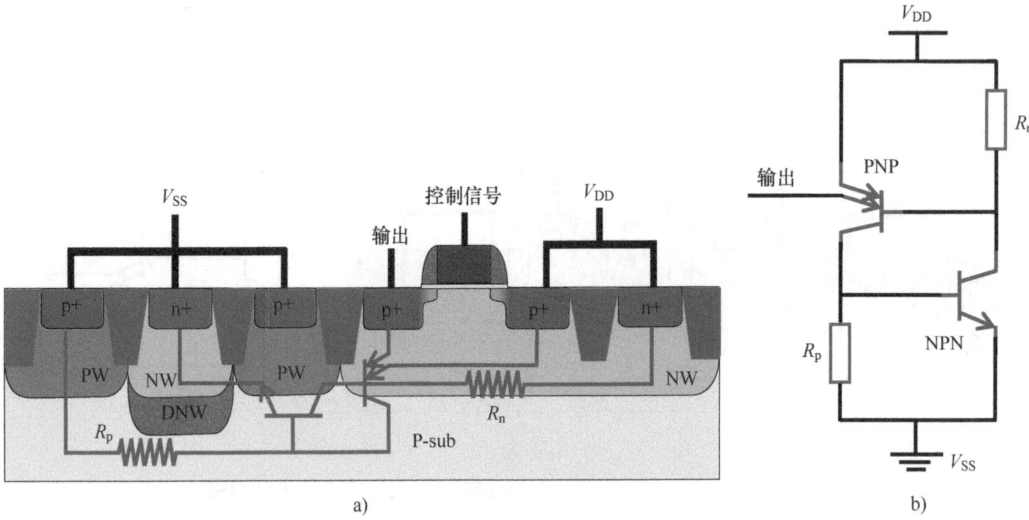

图 2-17　PMOS 与 DNW 之间形成的 PNPN 结构和电路简图

简图。DNW、PW 和 NW 会形成 NPN，该 NPN 也会与 P 型二极管形成的 PNP 通过 PW 电阻 R_p 和 NW 电阻 R_n 构成 PNPN 结构。图 2-21 所示的是 P 型二极管与 DNW 之间形成的 PNPN 结构和电路简图。

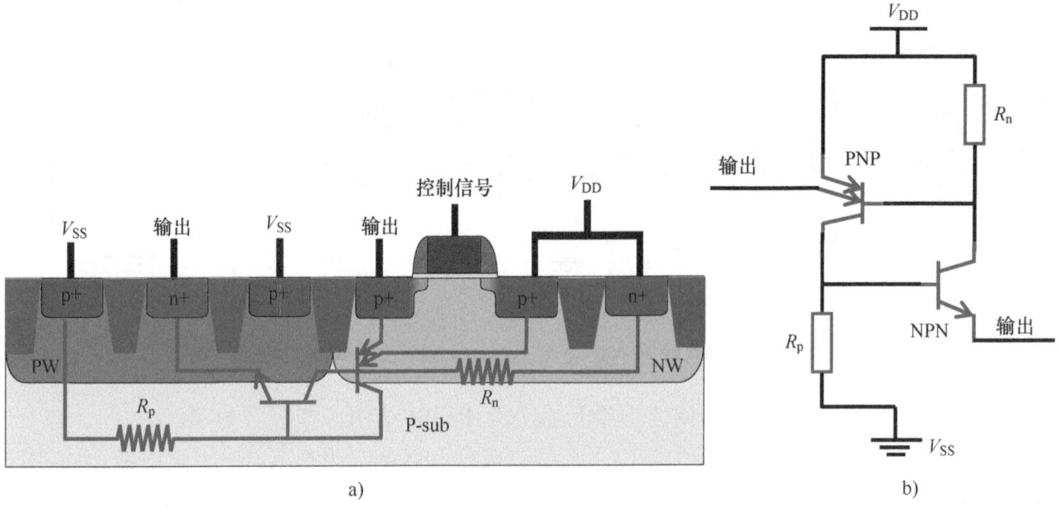

图 2-18　N 型二极管与 PMOS 之间形成的 PNPN 结构和电路简图

2.2.3　HV-CMOS 中的寄生双极型晶体管

因为 HV-CMOS 工艺是从 CMOS 工艺衍生出来的，所以在 HV-CMOS 工艺中，除了提供

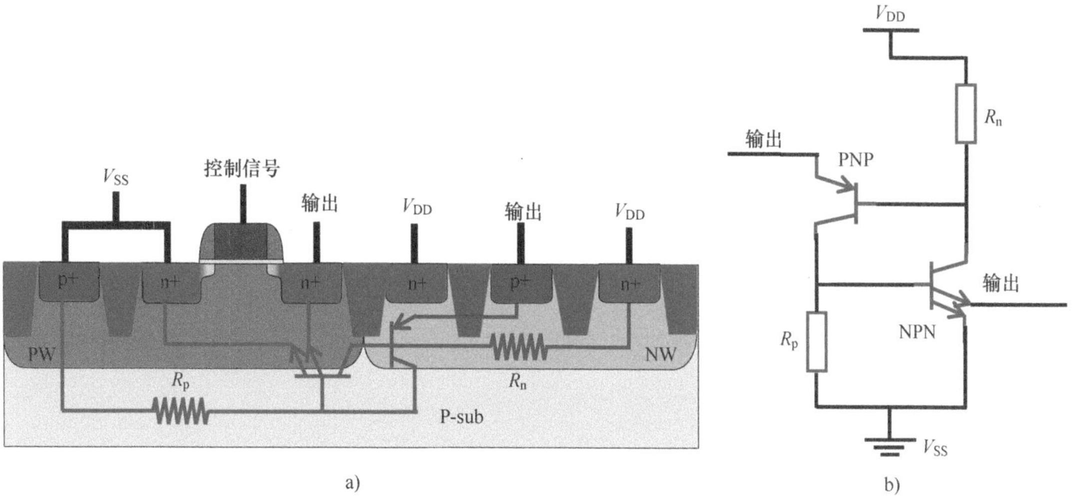

图 2-19　P 型二极管与 NMOS 之间形成的 PNPN 结构和电路简图

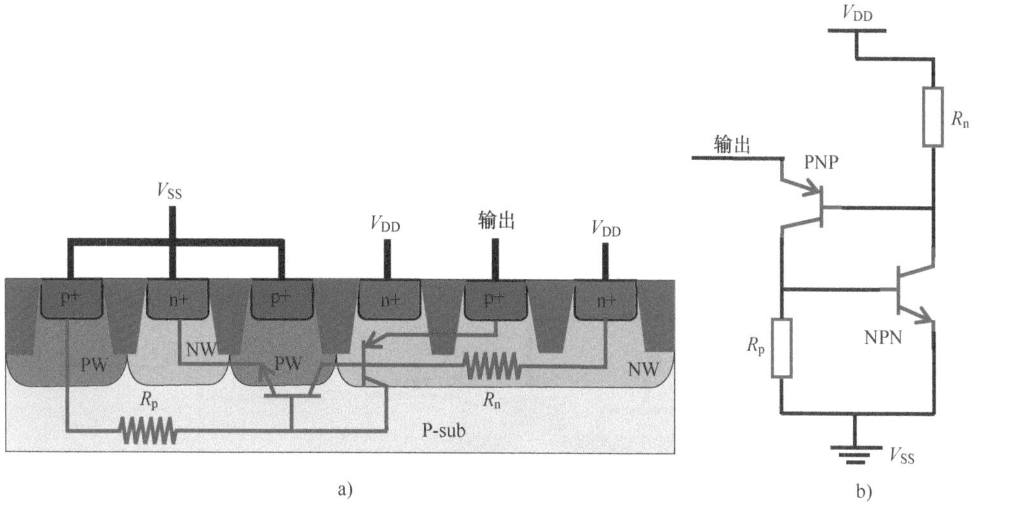

图 2-20　P 型二极管与 NW 之间形成的 PNPN 结构和电路简图

MOS 器件和标准的双极型晶体管单元库，还会提供 FDMOS 或者 DDDMOS。Foundry 通常也只提供这些器件的相应的模型做电路设计仿真，不会提供寄生双极型晶体管的模型，所以也没有办法利用电路仿真去评估寄生双极型晶体管的性能。

以某工艺技术平台为例，提供低压 NMOS 和 PMOS，为了与衬底 P-sub 形成隔离，低压器件是设计在 DNW 里面的，同时提供 HVNMOS 和 HVPMOS，没有提供隔离的高压器件。该技术的衬底 P-sub 是偏置在 VDDL，VDDL 是负的高压电源。

HV-CMOS 形成寄生双极型晶体管的类型与 CMOS 类似，低压 CMOS 也会形成 PNPN 结

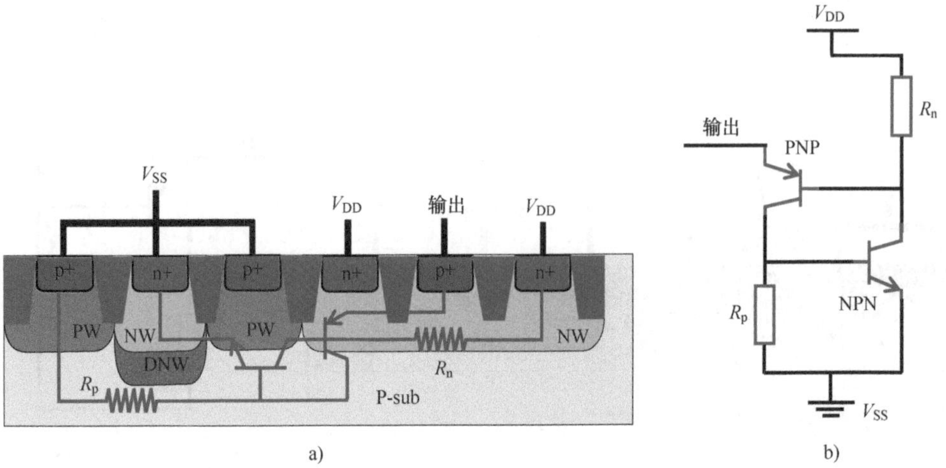

图 2-21 P 型二极管与 DNW 之间形成的 PNPN 结构和电路简图

构，这些 PNPN 结构是在 DNW 里面的。NMOS 源漏有源区、PW 和 NW 会形成 NPN，PMOS 源漏有源区、NW 和 PW 会形成 PNP，它们通过 PW 电阻 R_p 和 NW 电阻 R_n 构成 PNPN 结构。图 2-22 所示的是 NMOS 与 PMOS 之间形成的 PNPN 结构和电路简图。虽然不同的 DNW 之间可以通过 HVPW 形成 NPN，但是 HVPW 是连接到负电压 V_{DDL} 的，该寄生 NPN 会一直工作在截止状态，所以不用考虑由该寄生 NPN 组成的 PNPN 结构的闩锁问题。

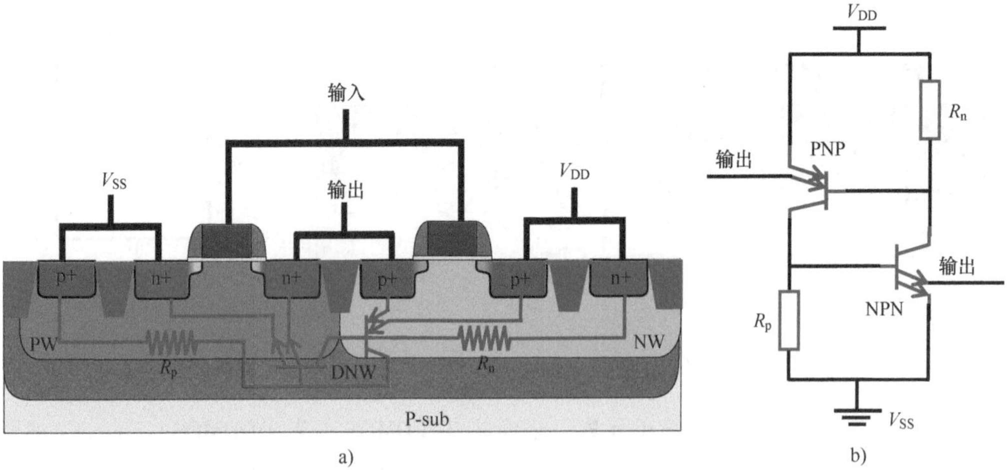

图 2-22 NMOS 与 PMOS 之间形成的 PNPN 结构和电路简图

另外二极管与 MOS 之间也会形成 PNPN 结构和 CMOS 类似，这些 PNPN 结构是在 DNW 里面的。N 型二极管和 NW 会形成 NPN，PMOS 源漏有源区、NW 和 PW 会形成 PNP，它们通过 PW 电阻 R_p 和 NW 电阻 R_n 构成 PNPN 结构。图 2-23 所示的是 N 型二极管与 PMOS 之间形成的 PNPN 结构和电路简图。P 型二极管和 PW 会形成 PNP，NMOS 源漏有源区、PW 和 NW 会形成 NPN，它们通过 PW 电阻 R_p 和 NW 电阻 R_n 构成 PNPN 结构。图 2-24 所示的是 P 型二极管与 NMOS 之间形成的 PNPN 结构和电路简图。

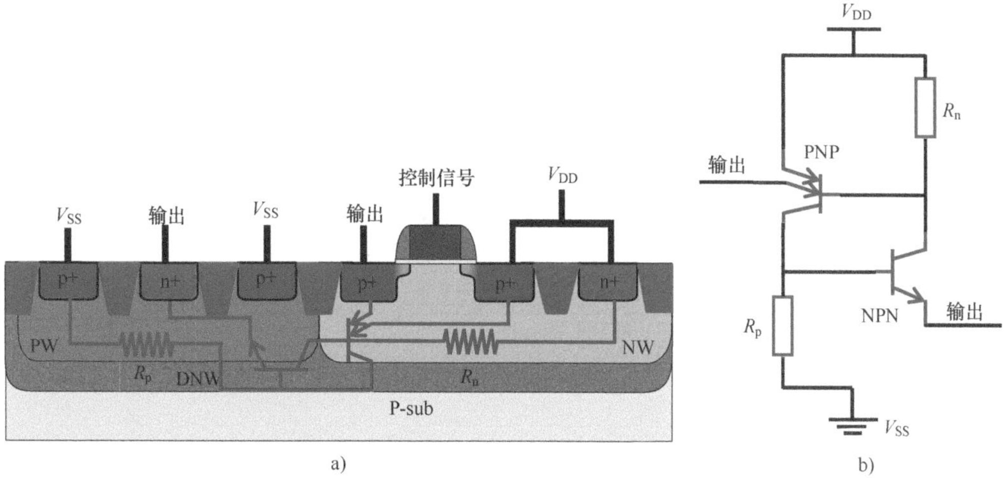

图 2-23　N 型二极管与 PMOS 之间形成的 PNPN 结构和电路简图

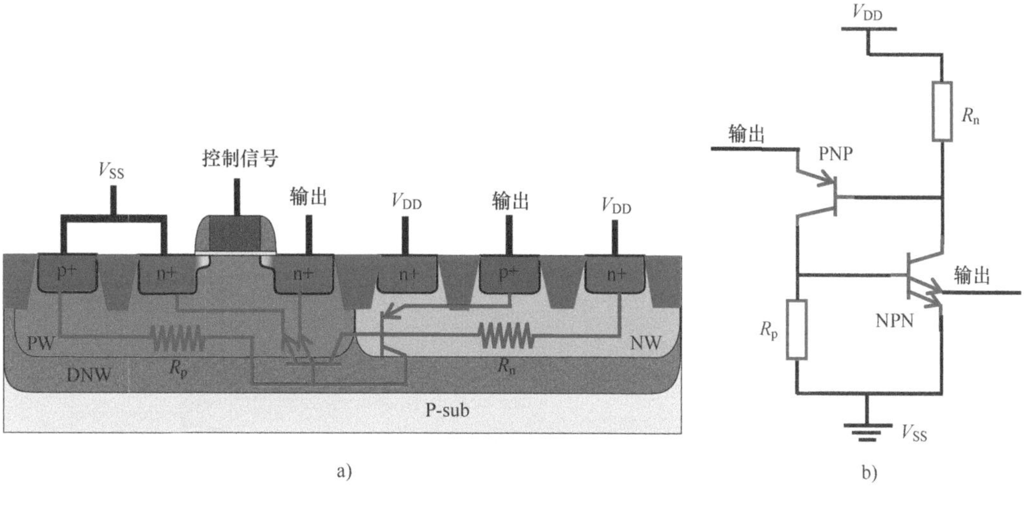

图 2-24　P 型二极管与 NMOS 之间形成的 PNPN 结构和电路简图

除了 LV CMOS 会形成 PNPN 结构外，HV CMOS 也会形成 PNPN 结构。HVNMOS 源漏有源区、HVPW 和 HVNW 会形成 NPN，HVPMOS 源漏有源区、HVNW 和 HVPW 会形成 PNP，它们通过 HVPW 电阻 R_p 和 HVNW 电阻 R_n 构成 PNPN 结构。图 2-25 所示的是 HVNMOS 与 HVPMOS 之间形成的 PNPN 结构和电路简图。虽然不同的 HVNW 之间可以通过 HVPW 形成

NPN，但是 HVPW 是连接到负电压 V_{DDL} 的，该寄生 NPN 会一直工作在截止状态，所以不用考虑由该寄生 NPN 组成的 PNPN 结构的闩锁问题。

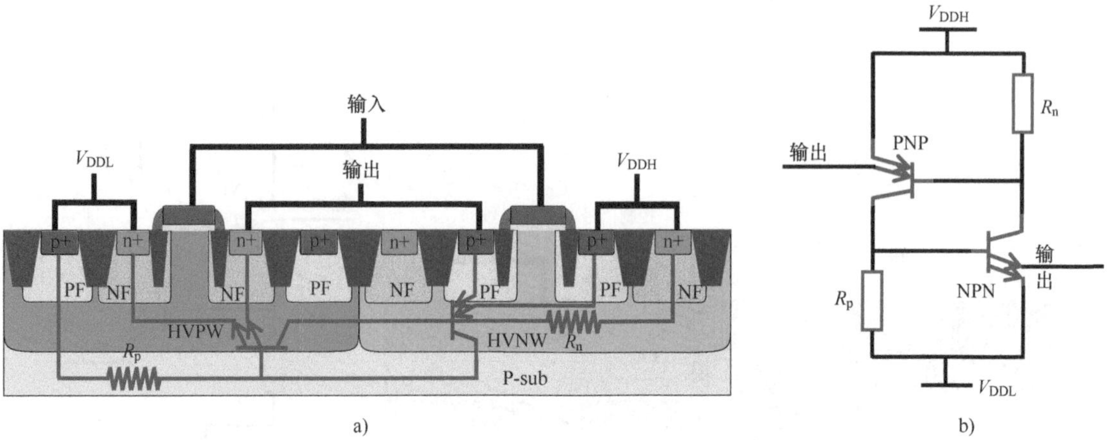

图 2-25　HVNMOS 与 HVPMOS 之间形成的 PNPN 结构和电路简图

高压二极管与高压 MOS 之间也会形成 PNPN 闩锁结构。高压 N 型二极管和 HVNW 会形成 NPN，HVPMOS 源漏有源区、HVNW 和 HVPW 会形成 PNP，它们通过 HVPW 电阻 R_p 和 HVNW 电阻 R_n 构成 PNPN 结构。图 2-26 所示的是高压 N 型二极管与 HVPMOS 之间形成的 PNPN 结构和电路简图。高压 P 型二极管和 HVPW 会形成 PNP，HVNMOS 源漏有源区、HVPW 和 HVNW 会形成 NPN，它们通过 HVPW 电阻 R_p 和 HVNW 电阻 R_n 构成 PNPN 结构。图 2-27 所示的是高压 P 型二极管与 HVNMOS 之间形成的 PNPN 结构和电路简图。

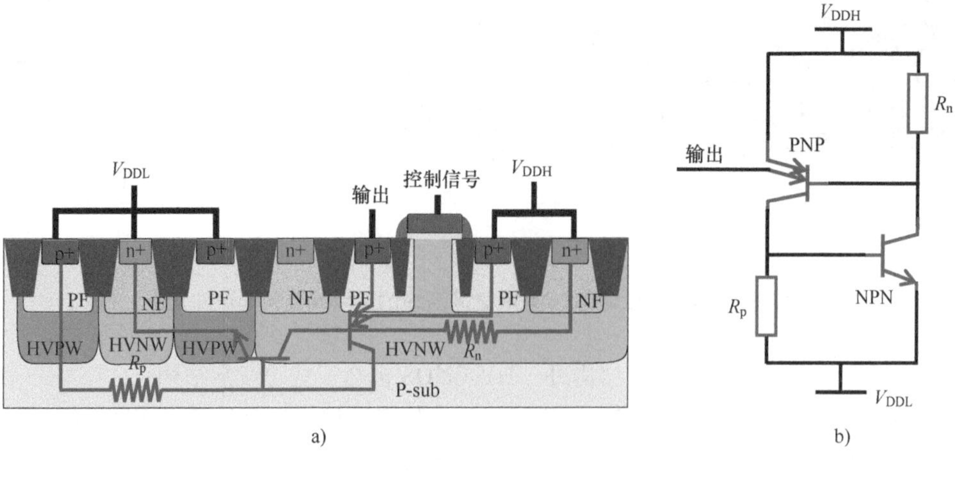

图 2-26　高压 N 型二极管与 HVPMOS 之间形成的 PNPN 结构和电路简图

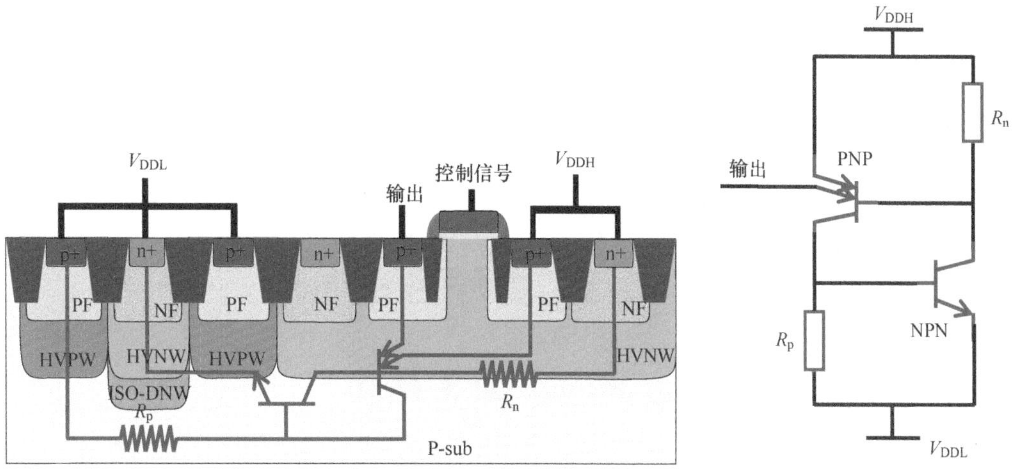

a)　　　　　　b)

图 2-27　高压 P 型二极管与 HVNMOS 之间形成的 PNPN 结构和电路简图

低压与高压之间也会形成 PNPN 闩锁结构。高压 N 型二极管和 DNW 会形成 NPN，PMOS 源有源区、DNW 和 HVPW 会形成 PNP，它们通过 HVPW 电阻 R_p 和 DNW 电阻 R_n 构成 PNPN 结构。图 2-28 所示的是高压 N 型二极管与 PMOS 之间形成的 PNPN 结构和电路简图。低压 P 型二极管和 HVPW 会形成 PNP，HVNMOS 源有源区、HVPW 和 HVNW 会形成 NPN，它们通过 HVPW 电阻 R_p 和 DNW 电阻 R_n 构成 PNPN 结构。图 2-29 所示的是低压 P 型二极管与 HVNMOS 之间形成的 PNPN 结构和电路简图。

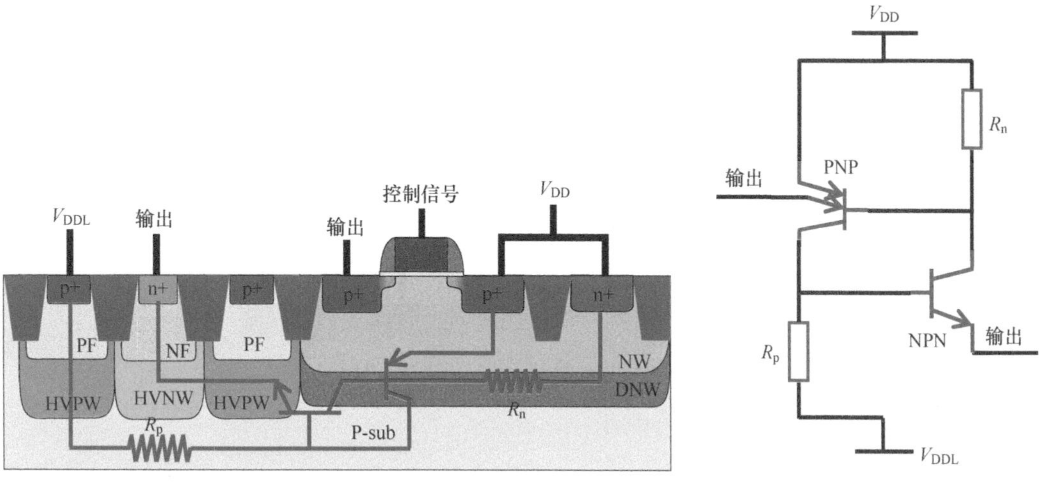

a)　　　　　　b)

图 2-28　高压 N 型二极管与 PMOS 之间形成的 PNPN 结构和电路简图

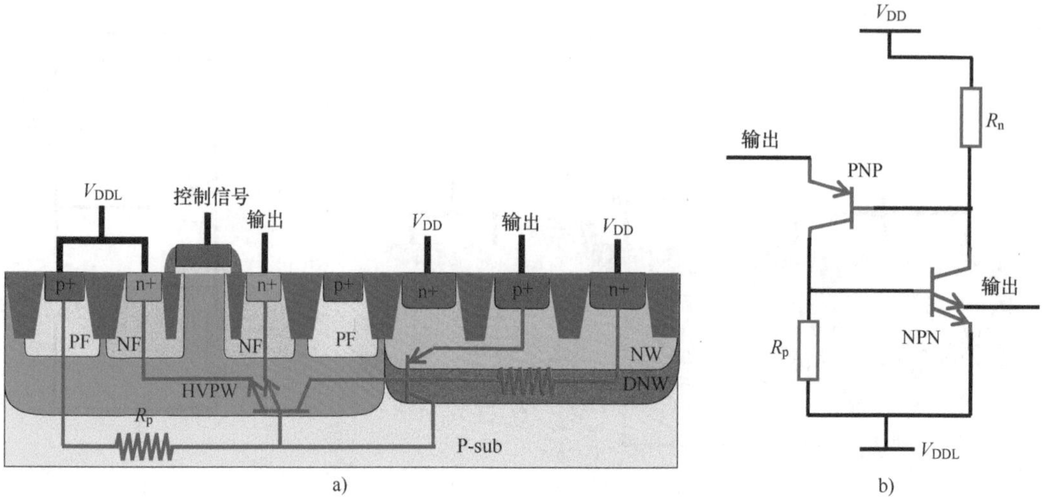

图 2-29　低压 P 型二极管与 HVNMOS 之间形成的 PNPN 结构和电路简图

2.2.4　BCD 中的寄生双极型晶体管

与 HV-CMOS 类似，BCD 工艺也是从 CMOS 工艺衍生出来的，它除了提供 MOS 器件和标准的双极型晶体管单元库，还会提供 DMOS。通常也只提供这些器件的相应的模型做电路设计仿真，不会提供寄生双极型晶体管的模型，所以也没有办法利用电路仿真去评估它们的性能。

BCD 工艺技术的器件结构非常复杂，不像 CMOS 和 HV-CMOS 那么简单，DMOS 会分很多不同工作电压区间的器件，另外还分纵向和横向的器件，受章节内容篇幅限制，没有办法列出所有的寄生 PNPN 结构，仅以某工艺技术平台中两个特定结构的 NLDMOS 和 PLDMOS 为例去列举可能形成的寄生 PNPN 结构。图 2-30 所示的是 NLDMOS 与 PLDMOS 剖面图。除了提供这两个 DMOS，还提供低压 NMOS 和 PMOS。低压 CMOS 之间，或者 MOS 与二极管之间的 PNPN 结构，可以参考图 2-15 ~ 图 2-21，这里不再重复介绍。

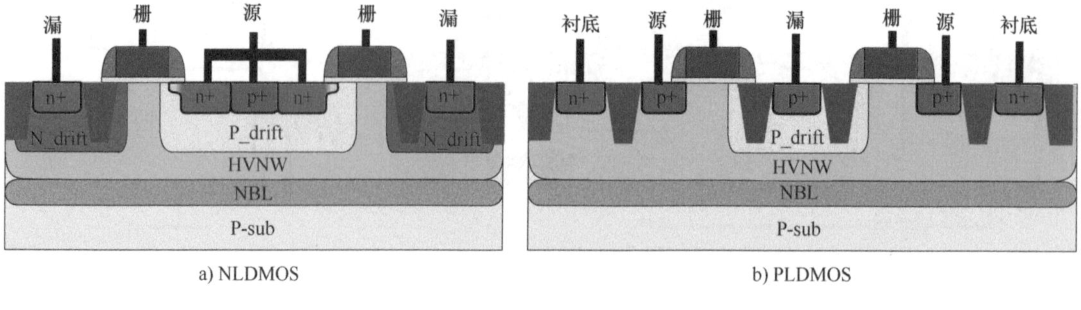

图 2-30　NLDMOS 与 PLDMOS 剖面图

除了低压部分会形成 PNPN 结构外，DMOS 也会形成 PNPN 结构。NLDMOS 漏有源区、HVPW 和 HVNW 会形成 NPN，PLDMOS 源漏有源区、HVNW 和 HVPW 会形成 PNP，它们通过 HVPW 电阻 R_p 和 HVNW 电阻 R_n 构成 PNPN 结构。图 2-31 所示的是 HVNMOS 与HVPMOS 之间形成的 PNPN 结构剖面图。图 2-32 所示的是 HVNMOS 与 HVPMOS 之间形成的 PNPN 结构的电路简图。

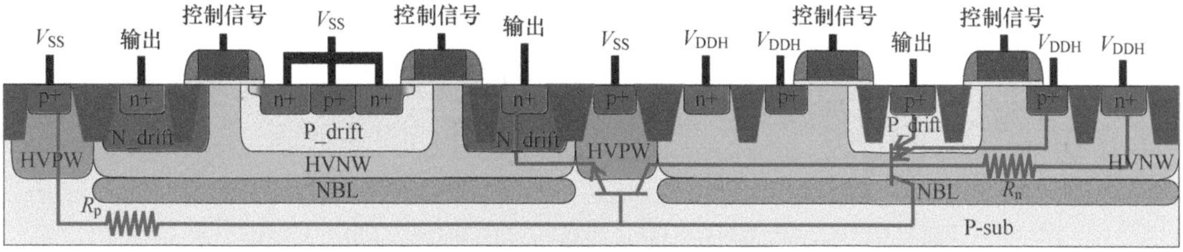

图 2-31　HVNMOS 与 HVPMOS 之间形成的 PNPN 结构的剖面图

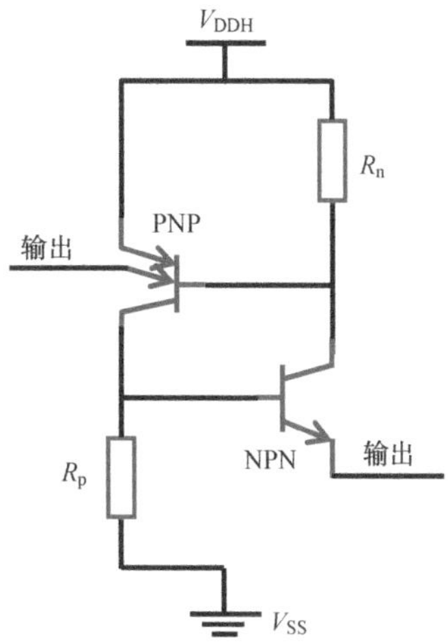

图 2-32　HVNMOS 与 HVPMOS 之间形成的 PNPN 结构的电路简图

低压 CMOS 与 DMOS 之间也会形成 PNPN 闩锁结构。PMOS 源有源区、NW 和 HVPW 会形成 PNP，NLDMOS 漏有源区、HVPW 和 NW 会形成 NPN，它们通过 HVPW 电阻 R_p 和 NW 电阻 R_n 构成 PNPN 结构。图 2-33 所示的是 PMOS 与 NLDMOS 之间形成的 PNPN 结构的剖面图。图 2-34 所示的是 PMOS 与 NLDMOS 之间形成的 PNPN 结构的电路简图。NMOS 管和 HVNW 会形成 NPN，PLDMOS源有源区、HVNW 和 HVPW 会形成 PNP，它们通过 HVPW 电阻 R_p 和 HVNW 电阻 R_n 构成 PNPN 结构。图 2-35 所示的是 NMOS 与 PLDMOS 之间形成的 PNPN 结构的剖面图。图 2-36 所示的是 NMOS 与 PLDMOS 之间形成的 PNPN 结构的电路简图。低压 N 型二极管和 HVNW 会形成 NPN，PLDMOS 源有源区、HVNW 和 HVPW 会形成 PNP，它们通过 HVPW 电阻 R_p 和 HVNW 电阻 R_n 构成 PNPN 结构。图 2-37 所示的是低压 N

型二极管与 PLDMOS 之间形成的 PNPN 结构的剖面图。图 2-38 所示的是低压 N 型二极管与 PLDMOS 之间形成的 PNPN 结构的电路简图。

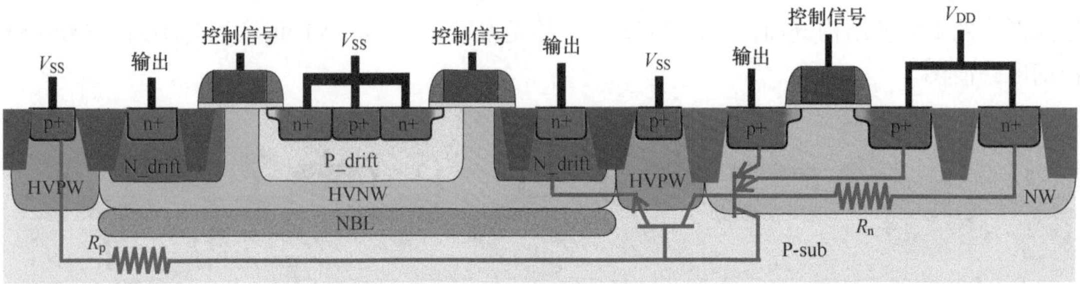

图 2-33　PMOS 与 NLDMOS 之间形成的 PNPN 结构的剖面图

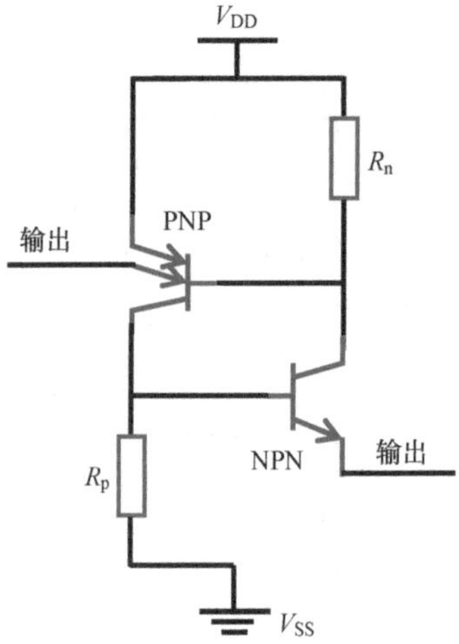

图 2-34　PMOS 与 NLDMOS 之间形成的 PNPN 结构的电路简图

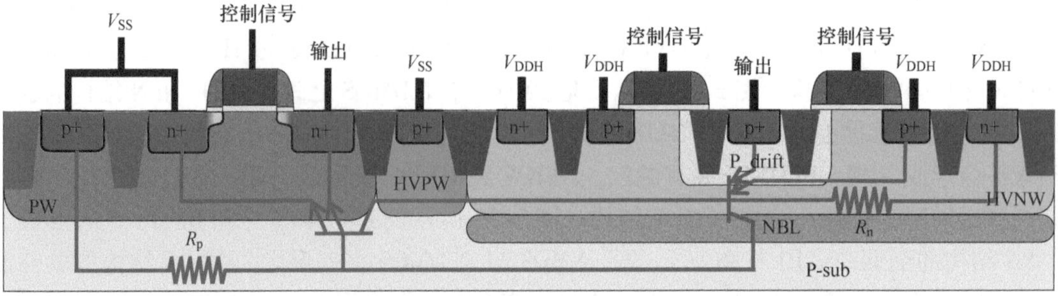

图 2-35　NMOS 与 PLDMOS 之间形成的 PNPN 结构的剖面图

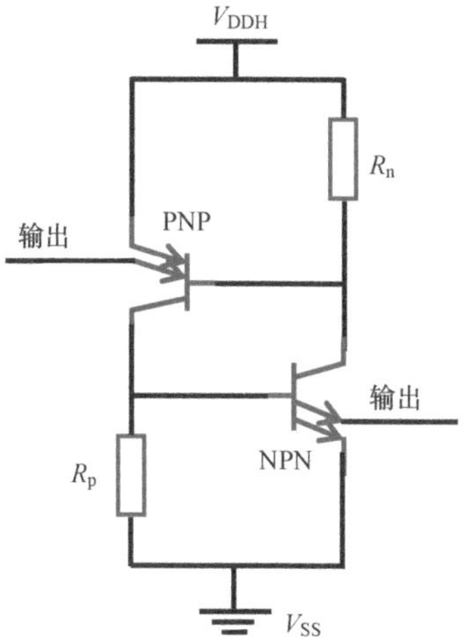

图 2-36　NMOS 与 PLDMOS 之间形成的 PNPN 结构的电路简图

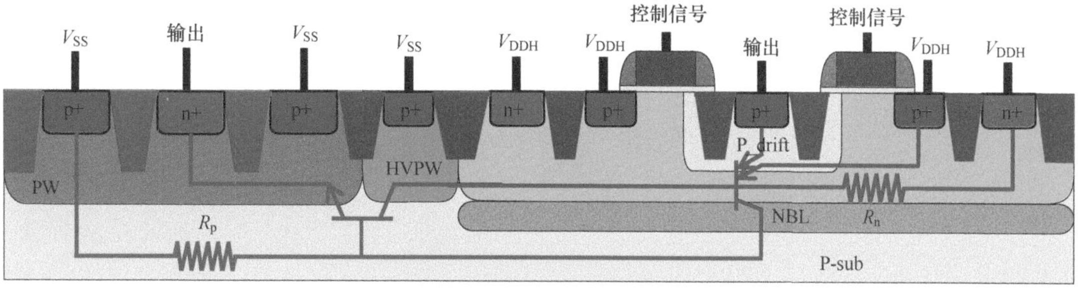

图 2-37　低压 N 型二极管与 PLDMOS 之间形成的 PNPN 结构的剖面图

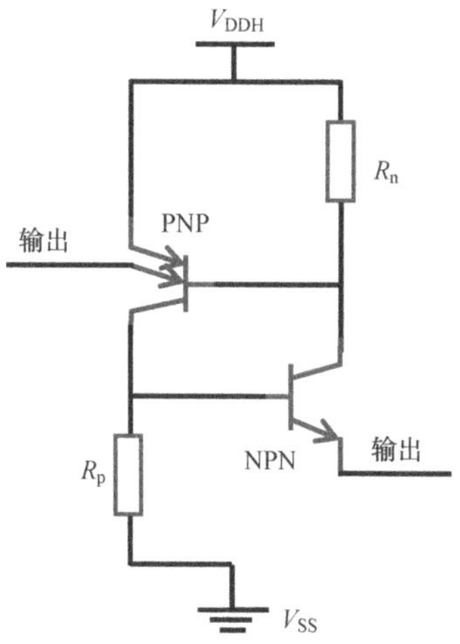

图 2-38　低压 N 型二极管与 PLDMOS 之间形成的 PNPN 结构的电路简图

2.3 小　结

本章内容主要介绍了双极型晶体管原理，以及 CMOS、HV-CMOS 和 BCD 工艺技术平台的寄生 PNPN 结构。

虽然理论上可以提取版图中寄生双极型晶体管的参数，再通过的寄生双极型晶体管的模型进行电路仿真，并利用触发闩锁效应的条件 $\beta_n\beta_p \geqslant 1$，就可以判断版图潜在的发生闩锁效应的风险和概率，但是每种工艺技术平台的寄生双极型晶体太多，版图千变万化，如果要建立它们的精确模型，需要投入很大资源，权衡收益和投入，收效太少，目前业界尚没有一个 Foundry 这样做。

参考文献

[1] 施敏，伍国钰. 半导体器件物理［M］. 3 版. 耿莉，张瑞智，译. 西安：西安交通大学出版社，2013.
[2] 斯蒂芬·A. 坎贝尔. 微电子制造科学原理与工程技术［M］. 2 版. 曾莹，译. 北京：电子工业出版社，2003.
[3] IRIN J C. Resistivity of Bulk Silicon and Diffused Layers in Silicon［J］. Bell Syst. Tech.，1962，41（2）：387-410.

第 3 章 闩锁效应的分析方法

要了解 CMOS 集成电路中寄生 PNPN 结构的物理机理，必须要有一种有效的分析方法，目前业界比较常用的分析方法有三种：第一种是传输线脉冲技术；第二种是直流测量技术；第三种是标准的闩锁效应测试机台。

本章侧重介绍闩锁效应的分析方法、PNPN 闩锁效应的物理机理和 NPN 闩锁效应的物理机理。

3.1 闩锁效应的分析技术

闩锁效应的分析方法有三种：第一种是传输线脉冲技术，通过 TLP 测量仪器测量 CMOS 寄生 PNPN 结构的 *I-V* 曲线，通过 *I-V* 曲线研究 PNPN 结构的特性；第二种是直流测量技术，通过加载直流电压源，利用电流和电压测量仪器测量 CMOS 寄生 PNPN 结构的 *I-V* 曲线，也是通过 *I-V* 曲线研究 PNPN 结构的特性；第三种是直接利用标准的闩锁效应测试机台加载电流激励或者电源激励触发寄生 PNPN 结构，从测试结果可以判断是否发生闩锁效应。本节内容不对第三种分析方法做介绍，在第 5 章会对这种分析方法进行介绍。

3.1.1 传输线脉冲技术

1985 年 Intel 公司的员工 T. J. Maloney 和 N. Khurana 首先利用传输线脉冲来测量器件的 *I-V* 曲线[1]。TLPG（Transmission Line Pulse Generator）是传输线脉冲发生器的简称，图 3-1 所示的是 TLPG 的简单原理简图。业界通常把利用 TLPG 系统测试所得的器件 *I-V* 曲线称为 TLP *I-V* 曲线，TLPG 是一种集成电路 ESD（静电放电）防护技术的研究测试分析手段。与传统的 ESD 测试模式（HBM、MM 和 CDM）不同，TLPG 利用传输线脉冲原理产生的波形是静电模拟方波，而传统的 ESD 测试模式发出的则是 RC 模式的脉冲波形。TLPG 通过调节脉冲模拟方波的宽度和幅值，间接地模拟了这些静电脉冲方波的损伤能力。图 3-2 所示的是 TLP 脉冲方波和典型的 TLP *I-V* 曲线，图 3-2a 是 TLPG 的脉冲阶梯波。根据要求设定 TLPG 的脉冲方波是逐渐增加的阶梯波。TLPG 可以通过每次施加一个脉冲，同时在示波器上观测器件上的电流值，以及通过传输线反射回来的电压值，一直施加不同幅值的脉冲方波直到测量到器件的反向漏电流大于设定值，判定为失效。那么就可以模拟器件在 ESD 静电脉冲方波的过程中完整的 *I-V* 曲线，把这种曲线称为 TLP *I-V* 曲线。通过 TLP *I-V* 曲线可以研究器件在 ESD 过程中的响应情况，包括器件的开启和关断过程，可以把得到的相关实验数据应用到集成电路 ESD 防护设计，提升集成电路 ESD 防护设计的准确性。

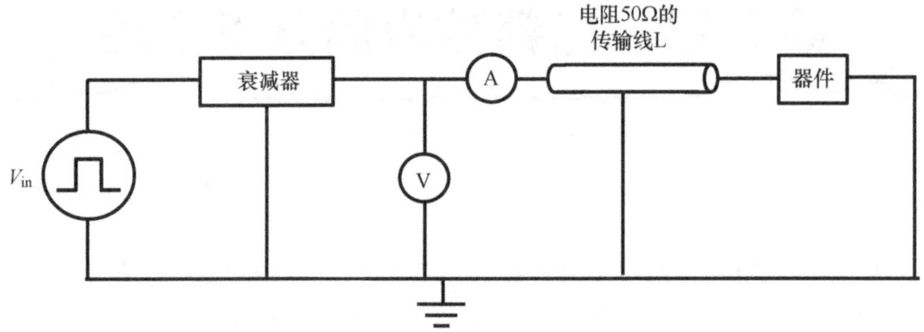

图 3-1 TLPG 的简单原理简图

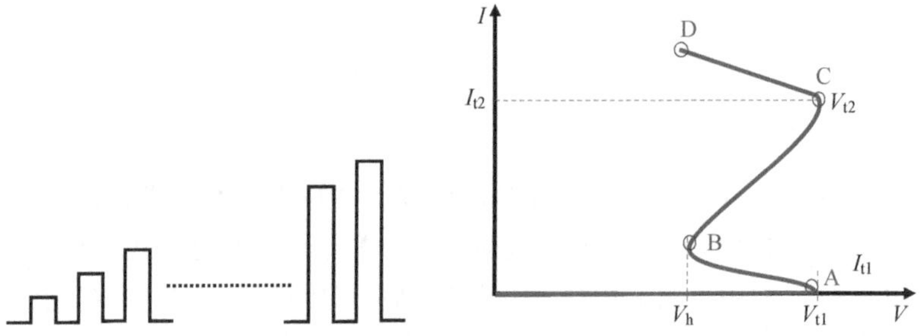

a) b)

图 3-2 TLP 脉冲方波和典型的 TLP *I-V* 曲线

对于一定面积的半导体器件，它都有一个最大功耗，最大功耗的临界点是热击穿，它对应的电压是二次击穿电流 I_{t2}，它是器件能承受的最大 ESD 电流，热击穿的本质是处于电场中的介质，由于电介质损耗而产生热量，就是电势能转化为热量，当外加电压足够高时，就可能从散热与发热的热平衡状态转入不平衡状态，电势能产生的热量比传递散失的要多，介质的温度将会越来越高，直至出现永久性损坏。二次击穿电流是从半导体器件的寄生 PNPN 的 TLP *I-V* 曲线得来的，图 3-2b 是典型的 TLP *I-V* 曲线。因为半导体器件寄生 PNPN 结构在雪崩击穿后会有骤回效应（snap back effect），雪崩击穿对应的电压是 V_{t1}，对应的电流是 I_{t1}，雪崩击穿后寄生 PNPN 会开启工作。PNPN 开启后，虽然 TLP 脉冲的幅度是逐渐增加的，但是实际测试所得的电压值是在减小，因为寄生 PNPN 已经导通放电，所以最终通过传输线反射回来的实际电压值在减小。通常利用该器件寄生 PNPN 的工作区间 BC 段来泄放 ESD 电流。器件在寄生 PNPN 结构的工作区间内仍不会被损伤，然而器件的寄生 PNPN 工作区间是有其极限存在，这极限就是的二次击穿（热击穿），热击穿对应的电压是 V_{t2}，对应的电流是 I_{t2}，当器件因为外加电压大于 V_{t2} 而进入二次击穿区后，器件会因为处于非热平衡状态，而持续发热造成永久性的损坏。当器件的 ESD 电流超过此值时，器件无法恢复原来特性。虽然 TLPG 是为 ESD 测试特别定制的，但是它也可以作为分析闩锁效应的方法，因为它能很直观地反映器件寄生 PNPN 在静电放电方面的物理特性，对于研究器件寄生 PNPN 是非常有帮助的。

3.1.2　直流测量技术

直流测量技术是根据闩锁效应的特点，通过外加电压偏置条件，使 CMOS 中的寄生双极型晶体管从截止状态到正向有源再到截止状态，寄生双极型晶体管的导通电流在阱等效电阻上形成正反馈电压使寄生 PNPN 结构从截止状态到导通再到截止状态，同时测得一系列的电压和电流值，它们的值构成回滞曲线。

直流测量技术有两种连接方式分析闩锁效应：一种是两端接法；一种是四端接法。图 3-3 所示的是 CMOS 反向器的电路结构和寄生 PNPN 结构，它包含两个横向的寄生 NPN 和两个纵向的寄生 PNP，R_p 是 PW 衬底的等效电阻，R_n 是 NW 衬底的等效电阻，它们可以形成两端接法的 PNPN 结构和四端接法的 PNPN 结构。图 3-3b 是两端接法的 PNPN 结构，图 3-3c 是四端接法的 PNPN 结构。

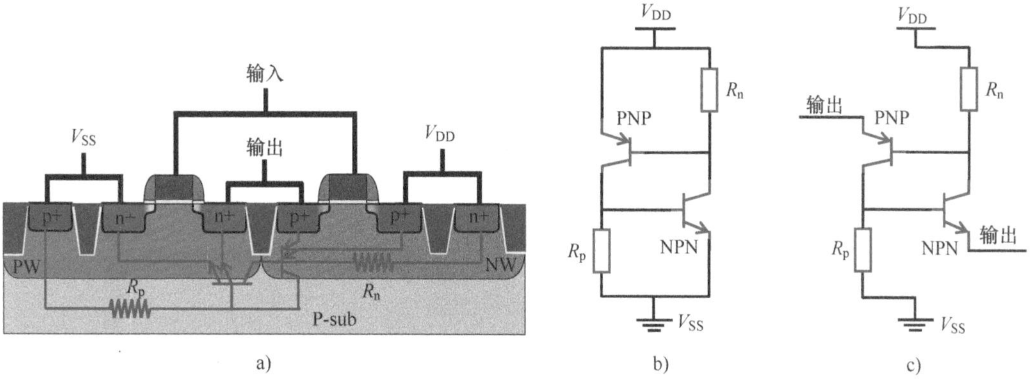

图 3-3　CMOS 反向器的电路结构和寄生 PNPN 结构

对于两端接法的 PNPN 结构，V_{SS} 接 PW，V_{DD} 接 NW，它们形成 PN 结。它的测量方法是 V_{SS} 端接地，V_{DD} 端接电源，不断提高加载在 V_{DD} 端的电源电压，V_{DD} 端的电压是反向加载在该 PN 结上。当 V_{DD} 端的电压大于该 PN 结的击穿电压时，寄生 PNPN 结构会被触发，从而测得寄生 PNPN 结构从截止状态到正向有源再到截止状态的整个过程的 I-V 曲线。图 3-4 所示的两端接法的回滞曲线。

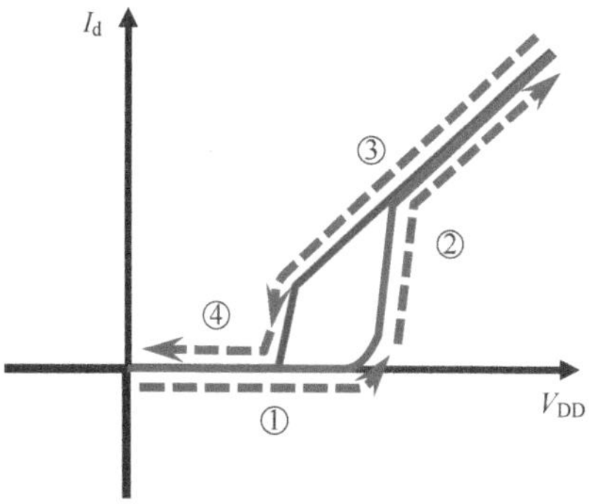

图 3-4　两端接法的回滞曲线

当 V_{DD} 电压小于该 PN 结的击穿电压时，V_{DD} 与 V_{SS} 之间的电流等于该反偏 PN 结的反向漏电流，漏电流很小，几乎可以忽略不计，测得的曲线是图 3-4 所示的①段。

当 V_{DD} 电压大于等于该 PN 结的击穿电压时，V_{DD} 与 V_{SS} 之间的电流等于该反偏 PN 结的击穿电流 I_d，电流 I_d 很大，图 3-5 所示的是 NW 和 PW 之间的击穿电流 I_d 的示意图，I_d 流经 NW 的等效电阻 R_n 和 P_W 的等效电阻 R_p，并形成压降导致寄生 PNP 和寄生 NPN 导通，如果 $I_dR_p>0.6V$ 和 $I_dR_n>0.6V$，PNP 和 NPN 导通后，PNPN 结构形成闩锁效应的低阻通路，图 3-6 所示的是 PW 与 NW 之间的击穿电流导致 PNPN 导通的物理机理，图 3-4 所示的②段是测得的曲线。

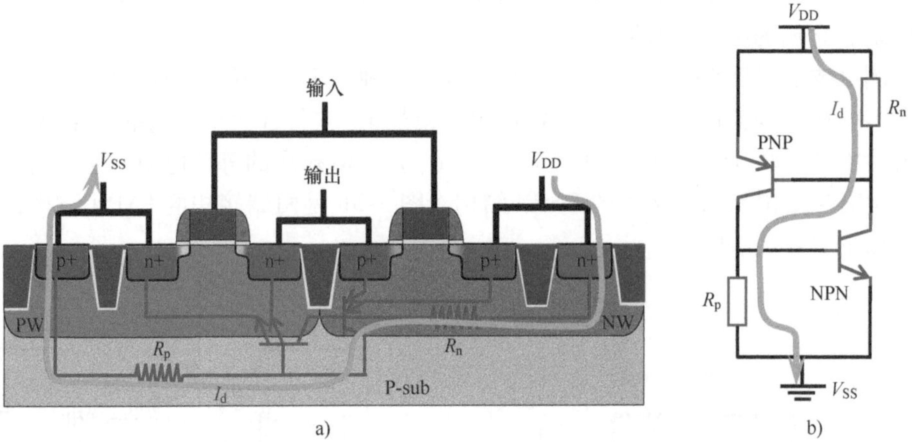

图 3-5　NW 和 PW 之间的击穿电流 I_d 的示意图

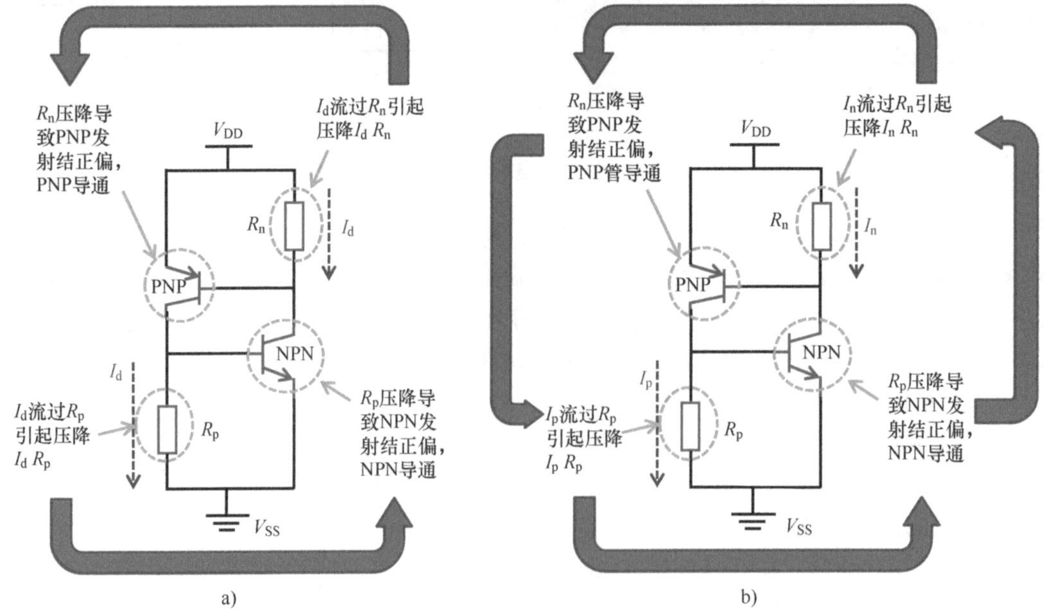

图 3-6　击穿电流导致 PNPN 导通的物理机理

为了关闭 PNPN 结构形成闩锁效应的低阻通路，不断减小 V_{DD} 的电压。随着 V_{DD} 的减小，PNPN 结构的低阻通路依然存在，电流依然很大，当 V_{DD} 小到足以使 NPN 或者 PNP 导通之后形成的电流的正反馈电压 I_pR_p 或者 I_nR_n 小于 0.6V 时，闩锁效应的闭环系统的平衡会被打破，NPN 和 PNP 马上进入截止状态，PNPN 结构的闩锁效应被解除，V_{DD} 与 V_{SS} 之间的电流迅速减小到零。图 3-4 中③和④段是测得的曲线。

对于四端接法的 PNPN 结构，有两种测量方法：一种是加载负向激励电压触发寄生 NPN，寄生 NPN 形成正反馈触发 PNPN 结构；另外一种是加载正向激励电压触发寄生 PNP，寄生 PNP 形成正反馈触发 PNPN 结构。

对于加载负向激励电压触发的情况，把 PNPN 结构的四端分开，PW 接 V_{SS}，NMOS 源接 V_n，NW 接 V_{DD}，PMOS 源接 V_p。V_{SS} 是地，V_{DD} 是芯片的电源电压，V_p 的电压等于 V_{DD}，V_n 加载负向激励电压信号。也就是其他三端接到了固定电压，调节 V_n 从 0V 逐渐向负向不断变得更负，可以测量到 PNPN 结构从截止状态到触发状态变化过程的电流电压关系。当 PNPN 结构被触发后，调节 V_n 从负电压逐渐向正电压不断变大，可以测量到 PNPN 结构从触发状态到截止状态变化过程的电流电压关系。图 3-8 所示的是 PNPN 结构加负向激励电压触发的对应的 I-V 曲线。

对于调节 V_n 从 0V 逐渐向负向不断变得更负的情况：

V_n 从 0V 逐渐向负向不断变得更负，在 $V_n > -0.6V$ 的条件下，NPN 的发射结没有正偏，PNPN 结构的四端电流几乎为零。测得的曲线是图 3-8a 所示的①段是 V_n 的电流 I_n，图 3-8b 所示的①段是 V_p 的电流 I_p。

随着 V_n 不断变得更负，当 $V_n \leqslant -0.6V$ 时，寄生 NPN(n+/PW/NW) 发射结正偏，NPN 导通，V_n、V_{DD} 和 V_{SS} 的电流开始逐渐增大，此时 V_p 的电流依然几乎为零。图 3-7 所示的是 PNPN 结构加载负向激励电压触发的示意图。I_d 是流过 NW 的电流，当 $I_dR_n > 0.6V$ 时，PNP 开始导通，因为 NPN 也在导通状态，此时 PNPN 结构形成低阻通路，V_p 的电流几乎等于 V_n 的电流，此时 V_{DD} 和 V_{SS} 的电流比较小，而 V_p 和 V_n 的电流最大。这时在 V_n 加载负向激励电压信号使寄生 PNPN 结构从截止状态到导通状态的过程。测得的曲线是图 3-8a 所示的②段

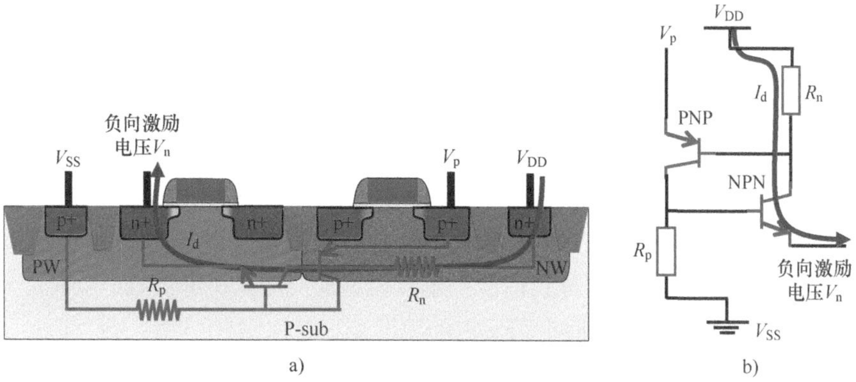

图 3-7 PNPN 结构加负向激励电压触发的示意图

即 V_n 的电流 I_n 和图 3-8b 所示的②段即 V_p 的电流 I_p。

对于 PNPN 结构导通后，调节 V_n 从负电压逐渐向正电压不断变大的情况：

PNPN 结构导通后，V_n 从负电压逐渐向正电压不断变大。I_p 是 PW 的电流，在 $I_pR_p+V_n>0.6V$ 的条件下，寄生 NPN(n+/PW/NW) 的发射结依然正偏，NPN 导通，PNPN 结构依然导通。测得的曲线是图 3-8a 所示的③段即 V_n 的电流 I_n 和图 3-8b 所示的③段即 V_p 的电流 I_p。

随着 V_n 从负电压逐渐向正电压不断变大，当 $I_pR_p+V_n<0.6V$ 时，寄生 NPN(n+/PW/NW) 的发射结不再正偏，NPN 截止，PNPN 结构从导通状态进入截止状态，V_n、V_{DD} 和 V_p 的电流突然变小为零，这是加载在 V_n 的激励电压信号从负电压逐渐向正电压不断变大使寄生 PNPN 结构从导通状态到截止状态的过程。测得的曲线是图 3-8a 所示的④段即 V_n 的电流 I_n 和图 3-8b 所示的④段即 V_p 的电流 I_p。

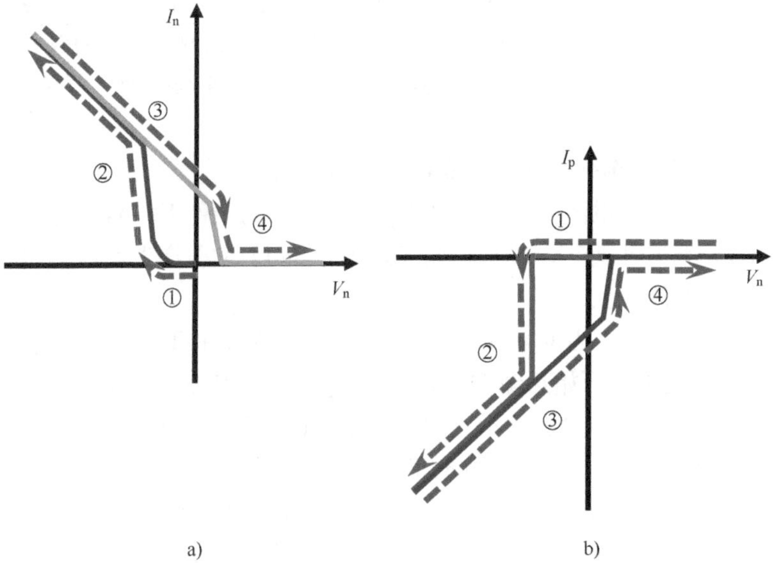

图 3-8　PNPN 结构加负向激励电压触发的对应的 *I-V* 曲线

对于加载正向激励电压触发的情况，也把 PNPN 结构的四端分开，电压的偏置条件与加载负向激励电压触发的情况类似。V_n 的电压等于 V_{SS}，V_p 加载正向激励电压信号。也就是其他三端接到了固定电压，调节 V_p 从 0V 逐渐向正向不断变大，可以测量到 PNPN 结构从截止状态到触发状态变化过程的电流电压关系。当 PNPN 结构被触发后，调节 V_p 从正电压逐渐向负电压不断变小，可以测量到 PNPN 结构从触发状态到截止状态变化过程的电流电压关系。图 3-10 所示的是 PNPN 结构加正向激励电压触发的对应的 *I-V* 曲线。

对于调节 V_p 从 0V 逐渐向正向不断变大的情况：

图 3-9 所示的是 PNPN 结构加正向激励电压触发的示意图。在 $V_p<0.6V$ 的条件下，PNPN 结构的四端电流几乎为零。测得的曲线是图 3-10a 所示的①段即 V_n 的电流 I_n 和图 3-10b

所示的①段即 V_p 的电流 I_p。

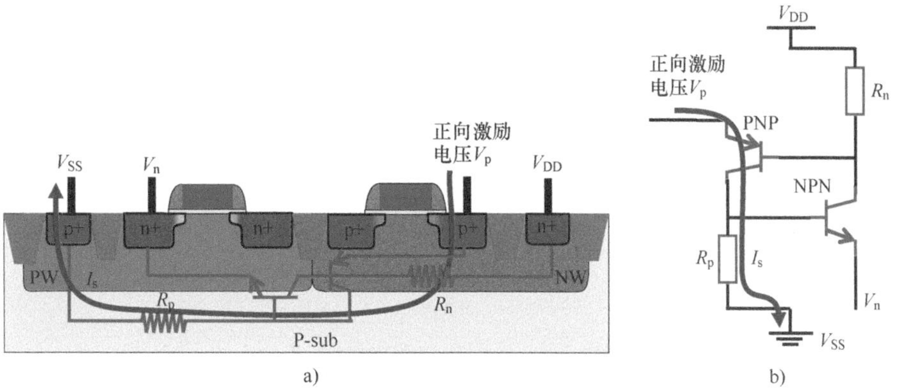

图 3-9 PNPN 结构加正向激励电压触发的示意图

随着 V_p 不断变大，当 $V_p \geq 0.6V$ 时，寄生 PNP(P+/NW/PW) 发射结正偏，PNP 导通，V_p、V_{DD}和 V_{SS}的电流开始逐渐增大，此时 V_n 的电流依然几乎为零。I_s 是流过 PW 的电流，当 $I_pR_p \geq 0.6V$ 时，NPN 开始导通，因为 PNP 也在导通状态，此时 PNPN 结构形成低阻通路，V_p 的电流几乎等于 V_n 的电流，此时 V_{DD}和 V_{SS}的电流比较小，而 V_p 和 V_n 的电流最大。这是在 V_p 加载正向激励电压信号使寄生 PNPN 结构从截止状态到导通状态的过程。测得的曲线是图 3-10a 所示的②段即 V_n 的电流 I_n 和图 3-10b 所示的②段即 V_p 的电流 I_p。

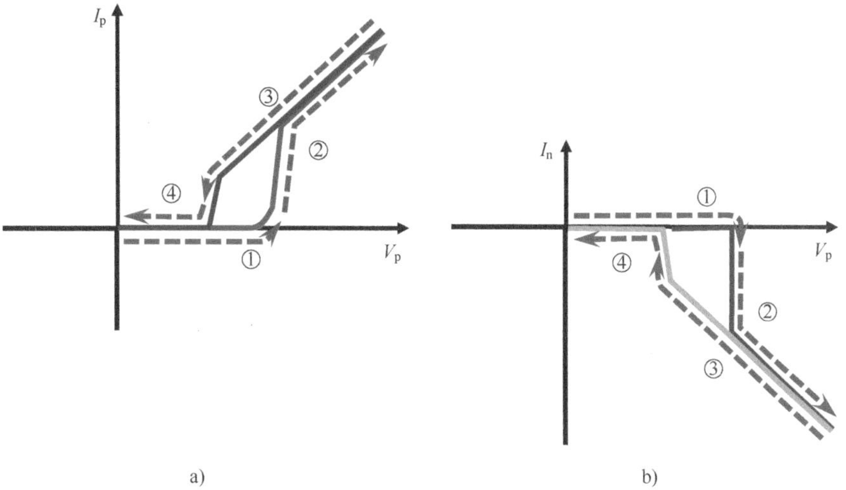

图 3-10 PNPN 结构加正向激励电压触发的对应的 *I*-*V* 曲线

对于 PNPN 结构导通后，调节 V_p 从正电压逐渐向负电压不断变小的情况：

PNPN 结构导通后，V_p 从正电压逐渐向 0V 不断变小。I_d 是 NW 的电流，在 $V_p - I_dR_n > 0.6V$ 的条件下，寄生 PNP(P+/NW/PW) 的发射结依然正偏，PNP 导通，PNPN 结构依然导通。测得的曲线是图 3-10a 所示的③段即 V_n 的电流 I_n 和图 3-10b 所示的③段即 V_p 的电流 I_p。

随着 V_p 从正电压逐渐向 0V 不断变小，当 $V_p - I_d R_n < 0.6V$ 时，寄生 PNP(P+/NW/PW) 的发射结不再正偏，PNP 截止，PNPN 结构从导通状态进入截止状态，V_n、V_{DD} 和 V_p 的电流突然变小为零。这是加载在 V_p 的激励电压信号从正向逐渐向 0V 不断变小使寄生 PNPN 结构从导通状态到截止状态的过程。测得的曲线是图 3-10a 所示的④段即 V_n 的电流 I_n 和图 3-10b 所示的④段即 V_p 的电流 I_p。

3.2 两种结构的闩锁效应简介

通常闩锁效应是指 CMOS 集成电路中寄生 PNPN 结构会在一定的条件下被触发而形成低阻通路，并产生大电流的现象，但是在实际应用中除了寄生 PNPN 结构会发生闩锁效应，单个 NMOS 自身寄生 NPN 也会发生闩锁效应，寄生 NPN 也具有正反馈机制，寄生 NPN 也会导致 CMOS 工艺集成电路无法正常工作，甚至烧毁芯片。

3.2.1 PNPN 闩锁效应

在 CMOS 典型的反相器电路中包含 PMOS 和 NMOS，PMOS 的源极和 NW 一起接电源电压 V_{DD}，NMOS 的源极和 PW 一起接地 V_{SS}，它们的栅接一起作为输入，它们的漏极接一起作为输出。图 3-11 所示的是 CMOS 反相器的电路和器件剖面图。它们构成 CMOS 反相器的同时，也不可避免地形成相应的寄生双极晶体管结构。PMOS 的源和漏 P 型有源区，NW 扩散区和 P 型衬底会形成纵向寄生的 PNP 结构，NMOS 的源和漏 N 型有源区、PW 扩散区和 PMOS 的 NW 扩散区会形成横向寄生的 NPN 结构，它们通过阱电阻耦合形成 PNPN 结构。

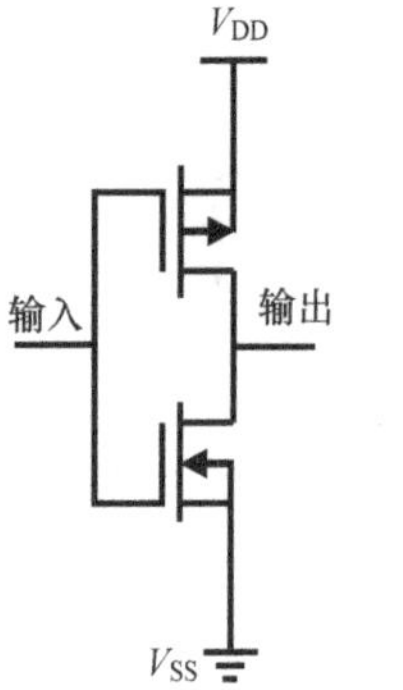

a) CMOS反相器的电路

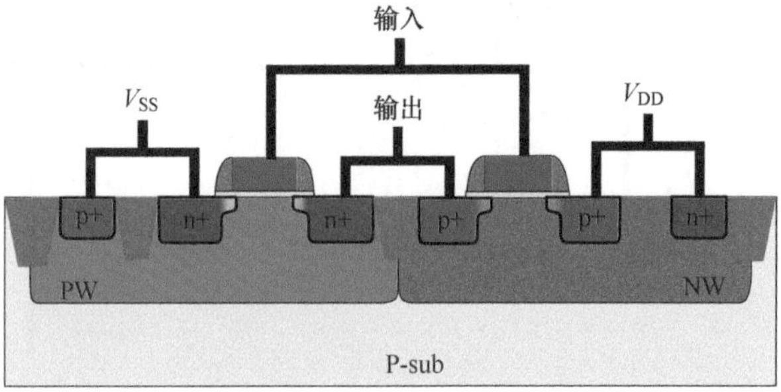

b) 器件剖面图

图 3-11 CMOS 反相器的电路和器件剖面图

为了更好地理解 CMOS 集成电路寄生 PNPN 结构形成闩锁效应的物理机理，需要把 CMOS 的寄生 PNPN 结构也画出来，但是要把其中的一些次要的寄生电阻忽略掉，这样有助于分析。图 3-12 所示 CMOS 反相器的寄生 PNPN 结构的器件等效电路简图。该寄生 PNPN 结构由两个纵向的 PNP 和两个横向的 NPN 组成，即 PMOS 的源（漏）极、NW 和 PW 分别为纵向 PNP 的发射极、基极和集电极；NMOS 的漏（源）极、PW 和 NW 分别为横向 NPN 的发射极、基极及集电极。这种寄生的横向 NPN 和纵向 PNP 通过电阻 R_p（R_p 是 P 阱电阻和 P 型衬底电阻的并联值）和 N 阱电阻 R_n 耦合。栅作为输入并不是闩锁效应的源头，可以忽略。

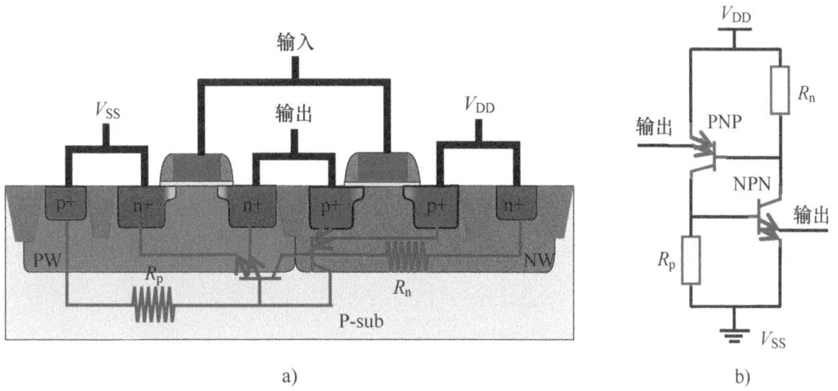

图 3-12　CMOS 反相器的寄生 PNPN 结构的器件等效电路简图

当输出端没有信号时，输出端是不起作用的，可以忽略由输出端构成的寄生双极型晶体管，图 3-13 所示的是忽略输出引脚后的简化等效电路。简化后的 PNPN 结构只包含两个双极型晶体管，它们可以通过阱电阻耦合形成正反馈回路，导致 PNPN 结构的电性极不稳定。它具有两个不同的状态：一个是高阻阻塞态；另一个是低阻闩锁态。

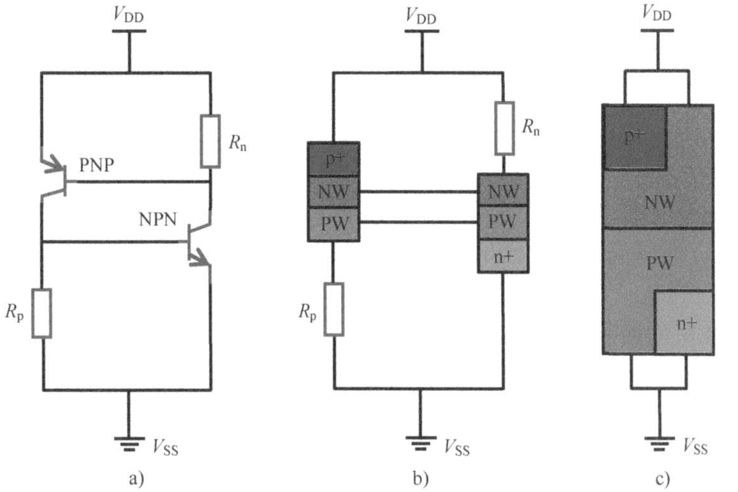

图 3-13　PNPN 结构的简化等效电路图和等效模型图

PNPN 结构的初始状态是高阻阻塞态，此时它的漏电流很小，漏电流等于 NW 与 PW 之间反偏 PN 结的漏电流。

芯片可能会受到各种各样的激励，在特定的激励条件下，寄生的 PNPN 结构可能会脱离高阻阻塞态进入危险的低阻闩锁态，低阻闩锁态就是在电源 V_{DD}和地 V_{SS}之间形成低阻通路，从而形成大电流或者电过载（Electrical Over Stress，EOS）使芯片产生永久性的破坏，或者引起系统错误。如果 PNPN 结构脱离高阻阻塞态进入低阻闩锁态后具有自持能力，自持能力就是一旦 NPN 和 PNP 导通后，在 V_{DD}和 V_{SS}之间形成低阻通路形成大电流，并且产生正反馈回路使 NPN 和 PNP 一直导通，在电源 V_{DD}和地 V_{SS}之间一直保持低阻通路，除非移除电源，否则低阻通路一直存在。

为了更直观表达 PNPN 结构发生闩锁效应的物理机理，从 PNPN 结构直流 *I-V* 曲线的角度解释其闩锁效应。图 3-14 所示的是 PNPN 结构的直流 *I-V* 曲线，绘制该直流 *I-V* 曲线的方法是首先通过直流测量技术量测得到一系列的电流和电压值，再通过取点的方式从量测的数据中抓取需要的电流和电压值组成 *I-V* 曲线。因为 NPN 和 PNP 是共享基极和集电极，基极和集电极是由 NW 和 PW 组成，V_{DD}与 V_{SS}之间实际是由二极管（NW 和 PW 组成的二极管）和两个电阻 R_n 和 R_p 组成。

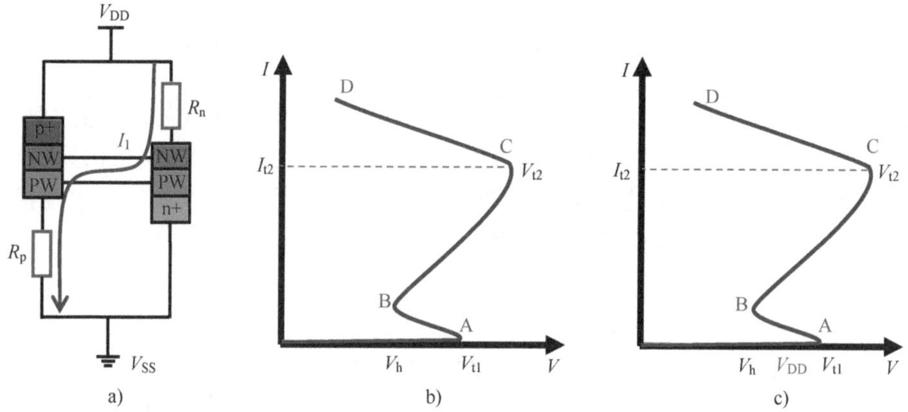

图 3-14　PNPN 结构的雪崩电流和直流 *I-V* 曲线

当加载在 V_{DD}的电压小于 V_{t1}时，PNPN 结构会一直处于高阻阻塞态，其电流是二极管的反向偏置漏电流，所以高阻阻塞态的漏电流非常小。

当加载在 V_{DD}的电压大于 V_{t1}时，PNPN 结构会开启导通，从而进入 BC 段工作区间，形成低阻通路。AB 段的曲线实际上是不存在的，PNPN 结构导通后直接进入 BC 段。V_{t1}是 NW 和 PW 之间的 PN 结（双极型晶体管的 C-B 结）产生雪崩击穿所需电压的临界点，I_1 为雪崩电流非常大，它流过 R_n 和 R_p 形成压降，使 NPN 和 PNP 的发射结正偏，NPN 和 PNP 同时导通。B 点为维持 PNPN 结构持续开启的最小电压 V_h，电压 V_h 称为自持电压，在 BC 段 NPN 和 PNP 同时开启并且形成正反馈回路，PNPN 结构工作在低阻闩锁态，电流随着电压升高而升高，BC 段实际是 PNPN 结构的稳定工作区间。C 点 V_{t2}为热击穿（Thermal Breakdown）的临界点，热击穿的本质是处于电场中的介质，由于电介质损耗而产生热量，就是电势能转化为热量，当外加电压足够高时，就可能从散热与发热的热平衡状态转入非热平衡状态，电势能产生的热量比传递散失的要多，介质的温度将会越来越高，直至出现永久性损坏，PNPN 结构烧毁形成开路。

当加载在 V_{DD}的电压大于 V_{t2}时，PNPN 结构的工作状态进入 CD 段，寄生的双极型晶体管由热平衡状态转入非热平衡状态，并激发大量热电子，硅电阻随着温度升高而减低，*I-V* 曲线表现负阻态，温度继续升高，直至 PNPN 结构永久性损坏。

当 PNPN 结构被触发后，如果 $V_h \leq V_{DD}$，也就是电源电压 V_{DD}大于等于 PNPN 结构的自持电压，V_{DD}可以提供 PNPN 结构一直处于低阻闩锁态所需的电流，PNPN 结构导通后形成的电流在 R_n 和 R_p 形成压降，使 NPN 和 PNP 的发射结正偏，PNPN 结构一直维持在低阻闩锁态。

当 PNPN 结构被触发后，如果 $V_h > V_{DD}$，也就是电源电压 V_{DD}小于 PNPN 结构的自持电压，V_{DD}不足以提供 PNPN 结构一直处于闩锁态所需的电流，PNPN 结构不会发生闩锁效应，PNPN 结构会在触发条件消失后重新恢复到高阻阻塞态。

从 PNPN 结构的 *I-V* 曲线可以看出，有两种方式可以使 PNPN 工作状态进入 BC 段的闩锁态：第一种是出现瞬态激励电压大于等于 V_{t1}，从而产生雪崩击穿电流，使 PNPN 结构进入闩锁态，这种方式称为电压触发；第二种是出现瞬态激励电流，该电流大于等于 B 点对应的电流 I_h，使 PNPN 结构进入闩锁态，这种方式称为电流触发。

3.2.2　NPN 闩锁效应

在 CMOS 集成电路中，不仅寄生的 PNPN 结构会发生闩锁效应，单个 NMOS 自身寄生 NPN 也会发生闩锁效应。图 3-15 所示的是 NMOS 寄生 NPN 的剖面图和等效电路图。

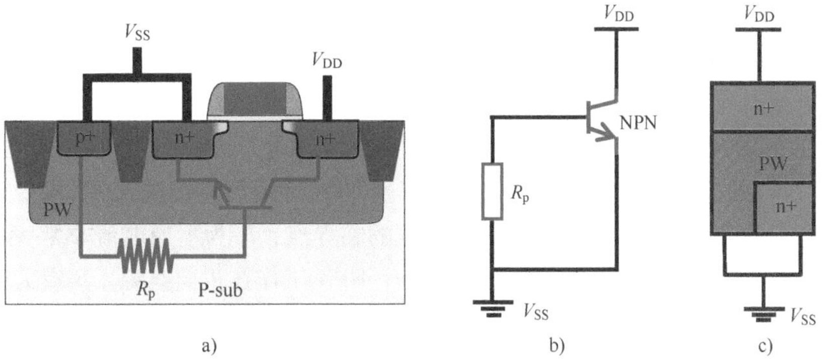

图 3-15　NMOS 寄生 NPN 的剖面图和等效电路图

由于 NMOS 衬底的电流会在 R_p 形成正反馈回路，导致该寄生 NPN 电性极不稳定，它也具有两个不同的状态：一个是高阻阻塞态；另一个是低阻闩锁态。

寄生 NPN 的初始状态是高阻阻塞态，此时它的漏电流非常小，漏电流相当于漏端与 PW

之间反偏的 PN 结漏电流。

芯片可能会受到各种各样的激励，在特定的激励条件下，寄生 NPN 可能会脱离高阻阻塞态进入危险的低阻闩锁态，与 PNPN 结构类似寄生 NPN 也会在电源电压 V_{DD}和地端 V_{SS}形成低阻通路，从而产生大电流或者 EOS，使芯片产生永久性的破坏，或者引起系统错误。如果寄生 NPN 脱离高阻阻塞态进入低阻闩锁态后具有自持能力，那么 V_{DD}和 V_{SS}之间形成低阻通路的同时，正反馈回路会使电路一直保持低阻通路，除非移除电源，这就是寄生 NPN 的闩锁效应。

为了更直观表达 NPN 发生闩锁效应的物理机理，从寄生 NPN I-V 曲线的角度解释其闩锁效应。图 3-16 是寄生 NPN 的直流 I-V 曲线，绘制该直流 I-V 曲线的方法也是通过抓取直流测量技术量测的电流和电压值绘制而成的。V_{DD}与 V_{SS}之间实际是由二极管（NW 和 PW 之间的 PN 结）和 R_n 串联组成。

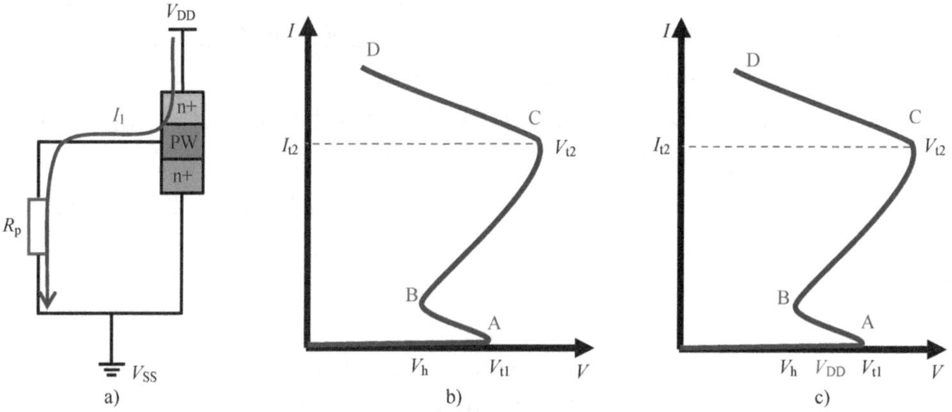

图 3-16　寄生 NPN 的雪崩电流和直流 I-V 曲线

当加载在 V_{DD}的电压小于 V_{t1}时，寄生 NPN 会一直处于高阻阻塞态，其电流是二极管的反向偏置漏电流，所以高阻阻塞态的漏电流非常小。

当加载在 V_{DD}的电压大于 V_{t1}时，寄生 NPN 会开启导通，从而进入 BC 段工作区间，形成低阻通路。AB 段的曲线实际上是不存在的，寄生 NPN 导通后直接进入 BC 段。V_{t1}是 N 型有源区和 PW 之间的 PN 结产生雪崩击穿所需电压的临界点，I_1 为雪崩电流非常大，它流过 R_n 形成压降，使寄生 NPN 的发射结正偏，导致寄生 NPN 工作在正向有源。B 点为维持 NPN 持续开启的最小电压 V_h，电压 V_h 是寄生 NPN 的自持电压。在 BC 段寄生 NPN 开启并形成正反馈回路，寄生 NPN 工作在低阻闩锁态，电流随着电压升高而升高，BC 段实际是寄生 NPN 的稳定工作区间。C 点 V_{t2}为热击穿的临界点，热击穿的原理跟 PNPN 结构是一样的。寄生 NPN 进入非热平衡状态后，介质的温度将会越来越高，直至出现永久性损坏，寄生 NPN 烧毁形成开路。

当加载在 V_{DD}的电压大于 V_{t2}，寄生 NPN I-V 曲线进入 CD 段，寄生的双极型晶体管由热平衡状态转入非热平衡状态，并激发大量热电子，硅电阻随着温度升高而减低，I-V 曲线表现负阻态，温度继续升高，直至寄生 NPN 永久性损坏。

当寄生 NPN 结构被触发后，如果 $V_h \leqslant V_{DD}$，也就是电源电压 V_{DD}大于等于寄生 NPN 的自持电压，V_{DD}可以提供寄生 NPN 一直处于低阻闩锁态所需的电流，寄生 NPN 导通后形成的电流在 R_n 形成压降，使 NPN 的发射结正偏，寄生 NPN 一直维持在低阻闩锁态。

当寄生 NPN 结构被触发后，如果 $V_h > V_{DD}$，也就是电源电压 V_{DD}小于寄生 NPN 的自持电压，V_{DD}不足以提供寄生 NPN 一直处于闩锁态所需的电流，NPN 不会发生闩锁效应，寄生 NPN 会在触发条件消失后重新恢复到高阻阻塞态。

与 PNPN 类似，从寄生 NPN I-V 曲线可以看出，有两种方式可以使寄生 NPN 工作状态进入 BC 段的闩锁态：第一种是出现瞬态激励电压大于等于 V_{t1}，从而产生雪崩击穿电流，使寄生 NPN 进入闩锁态，这种方式称为电压触发；第二种是出现瞬态激励电流，该电流大于等于 B 点对应的电流 I_h，使寄生 NPN 进入闩锁态，这种方式称为电流触发。

3.3　小　　结

本章内容主要介绍了分析 CMOS 工艺集成电路闩锁效应的两种方法，以及寄生 PNPN 结构和寄生 NPN 发生闩锁效应的原理。

虽然有三种分析 CMOS 工艺集成电路闩锁效应的方法，传输线脉冲技术通常是研究寄生 PNPN 结构和 NPN 在静电放电层面的物理机理，而直流测量技术可以分析寄生 PNPN 结构和 NPN 在直流状态下的性能，标准的闩锁效应测试是为了评估芯片每个管脚抵御闩锁效应的能力。

参考文献

T J MALONEY，N KHURANA. Transmission Line Plising Techniques for Circuit Modeling of ESD Phenomena ［C］. EOS/ESD Symposium Proceedings，EOS-7，1985.

第 4 章 闩锁效应的物理分析

CMOS 工艺集成电路中电源、地、输入和输出管脚可能会遭受各种浪涌信号和静电脉冲信号，它们构成多种触发方式，各种触发方式都可能产生衬底电流，只要这些衬底电流足够大，都有可能触发寄生 NPN 和 PNPN 结构，并导致闩锁效应。

本章侧重介绍闩锁效应的触发分类和触发方式。

4.1 闩锁效应的触发机理分类

为了更好地理解触发闩锁效应类型，可以把它们分为三类：第一类是 NW 衬底电流触发；第二类是 PW 衬底电流触发；第三类是 NW 和 PW 衬底电流同时触发。

4.1.1 NW 衬底电流触发

CMOS 工艺集成电路受到触发激励源的影响，在 NW 衬底可能瞬间出现大量电子，电子被 NW 收集，形成 NW 衬底电流 I_n，该电流会在 NW 衬底的等效电阻 R_n 上形成压降，并反馈到寄生 PNP 的发射结上，如果 $I_nR_n > 0.6V$，寄生 PNP 导通，从而形成电源 V_{DD} 到 V_{SS} 的通路，并产生电流 I_p，该电流会在 PW 衬底的等效电阻 R_p 上形成压降，并反馈到寄生 NPN 的发射结上，如果 $I_pR_p > 0.6V$，寄生 NPN 导通，此时寄生的 PNP 和 NPN 同时导通，PNPN 结构形成低阻通路，并发生闩锁效应。若闩锁被触发后总电流小于自持电流，那么闩锁是暂时的，一旦触发激励源消失，PNPN 结构将恢复到高阻阻塞态。若闩锁被触发后总电流大于自持电流，那么闩锁是持续的，触发激励源消失后，PNPN 结构依然保持低阻通路，并保持在低阻闩锁态。图 4-1 所示的是电子被 NW 收集的示意图。图 4-2 所示的是 NW 衬底电流触发 PNPN 结构闩锁效应的触发机制。

4.1.2 PW 衬底电流触发

与 NW 衬底电流触发的情况类似，触发激励源也可能会使 CMOS 工艺集成电路 PW 衬底瞬间出现大量空穴，空穴被 PW 收集，形成 PW 衬底电流 I_p，如果该电流在 PW 衬底的等效电阻 R_p 上形成的正反馈电压大于 0.6V，也可能使 NPN 导通，同时导通的 NPN 也会产生电流 I_n，并在 NW 衬底的等效电阻 R_n 上形成的正反馈，如果该正反馈电压大于 0.6V，也可能使 PNP 导通，从而触发闩锁效应。判断闩锁是暂时或者持续的条件也与 NW 衬底电流触发的情况相同。图 4-3 所示的是空穴被 PW 收集的示意图。

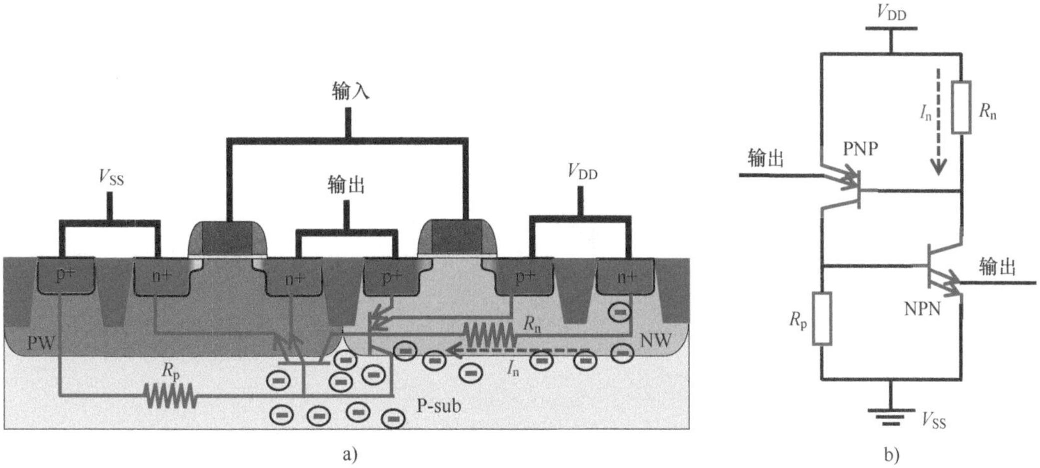

图 4-1　电子被 NW 收集

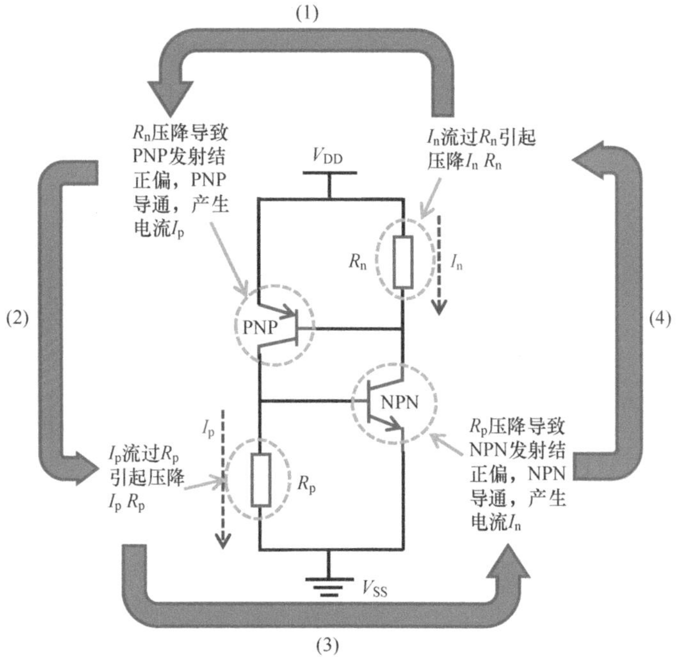

图 4-2　NW 衬底电流触发 PNPN 结构闩锁效应的触发机制

4.1.3　NW 和 PW 衬底电流同时触发

触发激励源也可能会使 CMOS 工艺集成电路 PW 衬底和 NW 衬底同时瞬间出现大量空穴和电子，电子被 NW 收集，形成 NW 衬底电流 I_n，该电流会在 NW 衬底的等效电阻 R_n 上形

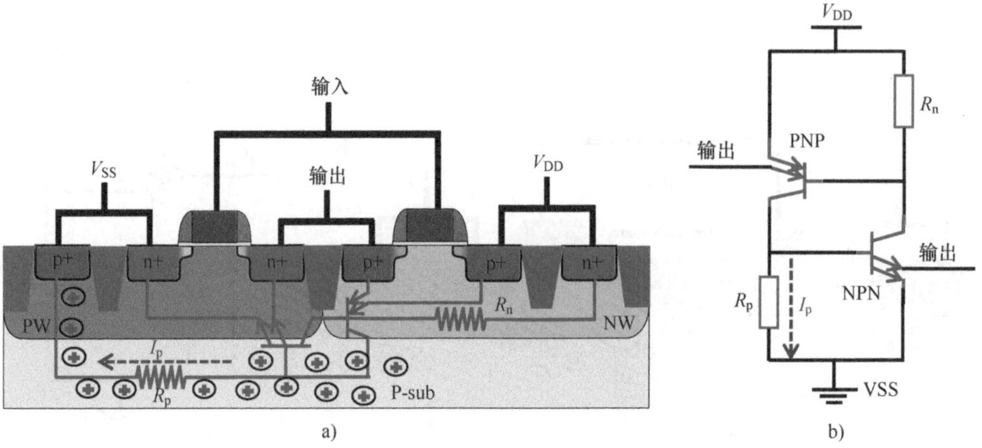

图 4-3　空穴被 PW 收集

成压降，并反馈到寄生 PNP 的发射结上，如果 $I_nR_n > 0.6V$，寄生 PNP 导通，空穴被 PW 收集，形成 PW 衬底电流 I_p，如果该电流在 PW 衬底的等效电阻 R_p 上形成的正反馈电压大于 0.6V，也可能使 NPN 导通，此时寄生的 PNP 和 NPN 同时导通，PNPN 结构形成低阻通路，并发生闩锁效应。判断闩锁是暂时或者持续的条件也与 NW 衬底电流触发的情况相同。图 4-4 所示的是电子被 NW 收集和空穴被 PW 收集的示意图。

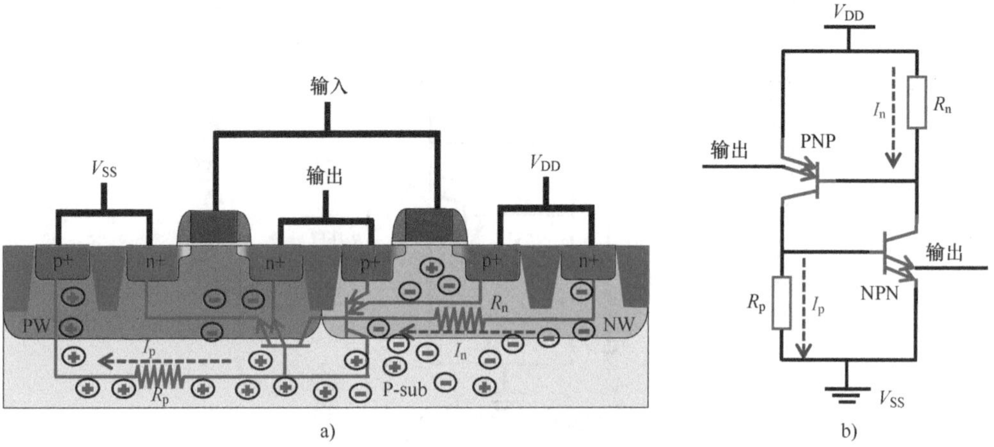

图 4-4　电子被 NW 收集和空穴被 PW 收集

4.2　闩锁效应的触发方式[1]

图 4-5 所示的是带有电源、地、输入和输出管脚的电路简图，这些管脚会遭受各种各样

的瞬态激励或者 ESD 脉冲，导致相应的电路被导通或者击穿，从而产生瞬态电流，如果这些瞬态电流足够大，有可能触发 CMOS 工艺集成电路的寄生 NPN 或者寄生 PNPN 结构的闩锁效应。例如浪涌信号出现在输出或者输入管脚，就可能导通寄生 PN 结，产生瞬态电流。或者浪涌信号出现在电源管脚导致 NW 和 PW 之间的 PN 结雪崩击穿、NW 到 NMOS 的 n + 有源区的穿通、漏极雪崩击穿等，都会产生瞬态电流。

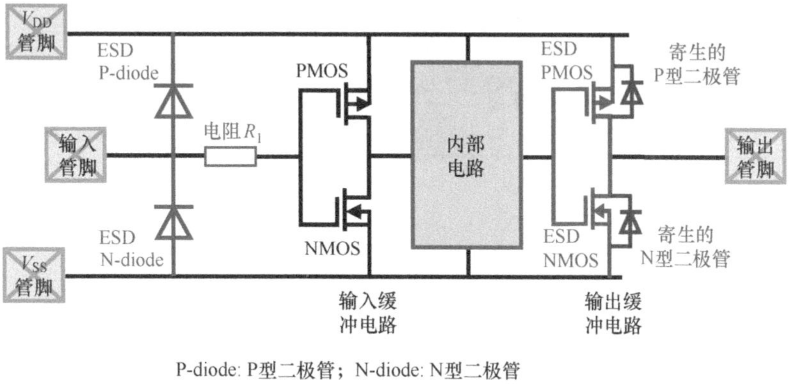

图 4-5　带有电源、地、输入和输出管脚的电路简图

4.2.1　输出或者输入管脚的浪涌信号引起 PN 结导通

1. 输出管脚信号的上冲/下冲

图 4-5 所示输出管脚是用 ESD P/NMOS 做 ESD 保护的，当输出管脚的瞬态电压突然下冲，并比连接到 PW 电压 V_{SS} 低 0.6V 时，连接输出管脚的 NMOS 漏极 n + 有源区与 PW 之间的 PN 结正偏，也就是寄生 NPN 发射结正偏，寄生 NPN 导通，NMOS 漏极 n + 有源区将电子注入到 PW 衬底中，电子在 PW 衬底中是少子，依据双极型晶体管原理，这些注入的电子有一部分会与空穴复合，有一部分会扩散到 PW 与 NW 之间反偏 PN 结边界附近，这部分电子会被加载在 PW 与 NW 之间的强电场加速进入收集区，最后被收集区收集，也就是被 NW 收集，形成 I_n 电流，该电流会在 NW 衬底的等效电阻 R_n 上形成欧姆压降 I_nR_n，如果 $I_nR_n >$ 0.6V，PMOS 源极 p + 有源区与 NW 之间的 PN 结正偏，也就是寄生 PNP 的发射结正偏，寄生 PNP 导通，此时 PNP 和 NPN 同时导通，PNPN 结构形成低阻通路，并发生闩锁效应。图 4-6 所示的是输出管脚 NMOS 漏极 n + 有源区将电子注入到 PW 衬底。

图 4-7 所示的是输出管脚信号的下冲引起“输出”闩锁和“主”闩锁。“输出”闩锁是在瞬态激励出现时被触发，触发引起的低阻通路可能产生瞬间大电流，并烧毁芯片，而瞬态激励消失后，“输出”闩锁也消失。“主”闩锁是在瞬态激励出现时被触发，触发引起的低阻通路也会产生瞬间大电流，并烧毁芯片，如果瞬态激励消失后，“主”闩锁也消失，那么“主”闩锁不具有自持能力，如果瞬态激励消失后，“主”闩锁依然存在，那么“主”闩锁具有自持能力。

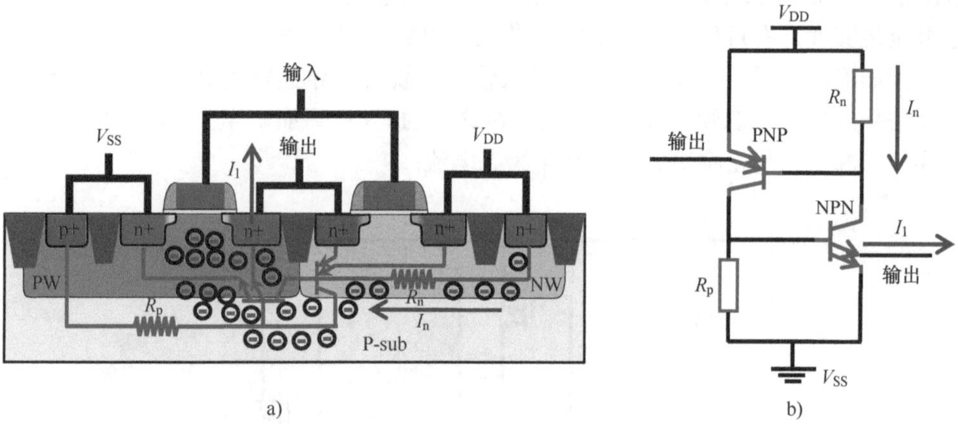

图 4-6　输出管脚 NMOS 漏极 n + 有源区将电子注入到 PW 衬底

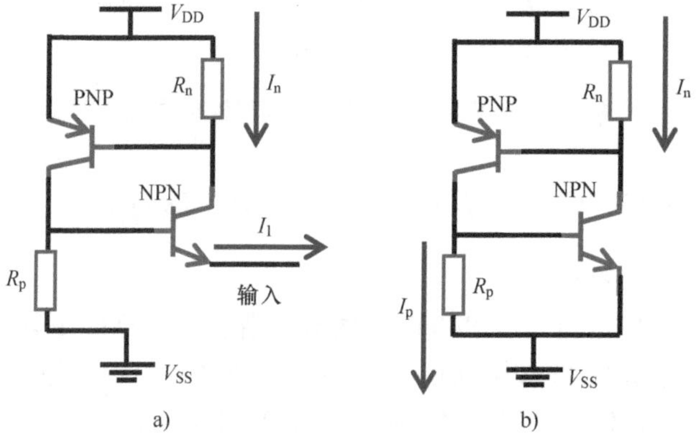

图 4-7　输出管脚信号的下冲引起“输出”闩锁和“主”闩锁

与输出管脚的瞬态电压突然下冲类似，当输出管脚的瞬态电压突然上升，并比 NW 电压高 0.6V 时，连接输出管脚的 PMOS 漏极 p + 有源区与 NW 之间的 PN 结正偏，也就是寄生 PNP 发射结正偏，寄生 PNP 导通，PMOS 漏极 p + 有源区将空穴注入到 NW 衬底中，空穴在 NW 衬底中是少子，依据双极型晶体管原理，这些注入的空穴有一部分会与电子复合，有一部分会扩散到 PW 与 NW 之间反偏 PN 结边界附近，这部分空穴会被加载在 PW 与 NW 之间的强电场加速进入集电区，最后被集电区收集，也就是被 PW 收集，形成 I_p 电流，该电流会在 PW 衬底的等效电阻 R_p 上形成欧姆压降 I_pR_p，如果 $I_pR_p > 0.6V$，连接输出管脚的 NMOS 源极 n + 有源区与 PW 之间的 PN 结正偏，也就是寄生 PNP 的发射结正偏，寄生 PNP 导通，此时 PNP 和 NPN 同时导通，PNPN 结构形成低阻通路，并发生闩锁效应。图 4-8 所示的是输出管脚 PMOS 漏极 p + 有源区将空穴注入到 NW 衬底。

输出管脚信号的上冲也会引起“输出”闩锁和“主”闩锁，图 4-9 所示的是输出管脚

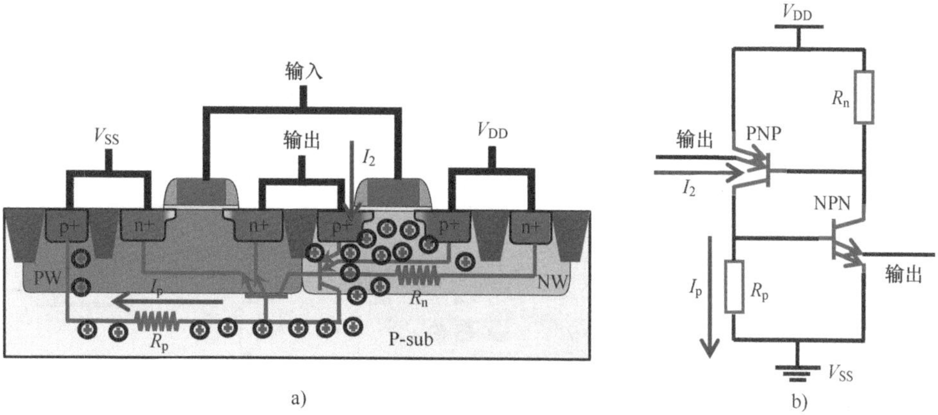

图 4-8　输出管脚 PMOS 漏极 p + 有源区将空穴注入到 NW 衬底

信号的上冲引起的“输出”闩锁和“主”闩锁。

2. 输入管脚信号的上冲/下冲

图 4-5 所示输入管脚是用 ESD P/N-diode 做 ESD 保护的，当输入管脚的瞬态电压突然下冲，并比连接到 PW 电压 VSS 低 0.6V 时，连接输出管脚的 ESD N-diode 导通，由 ESD N-diode 与 NW 形成的寄生 NPN 导通，N-diode 将电子注入到 PW 衬底中，电子在 PW 衬底中是少子，依据双极型晶体管原理，这些注入的电子有一部分会与空穴复合，有一部分会扩散到 PW 与 NW 之间反偏 PN 结边界附近，这部分电子会被加载在 PW 与 NW 之间的强电场加速进入集电区，最后被集电区收集，也就是被 NW 收集，形成 I_n 电流，该电流会在 NW 衬底的等效电阻 R_n 上形成欧姆压降 I_nR_n，如果 $I_nR_n > 0.6V$，连接输入管脚的 PMOS 源极 p + 有源区与 NW 之间的 PN 结正偏，也就是寄生 PNP 的发射结正偏，寄生 PNP 导通，此时 PNP 和 NPN 同时导通，PNPN 结构形成低阻通路，并发生闩锁效应。图 4-10 所示的是输入管脚 N-diode将电子注入到 PW 衬底。

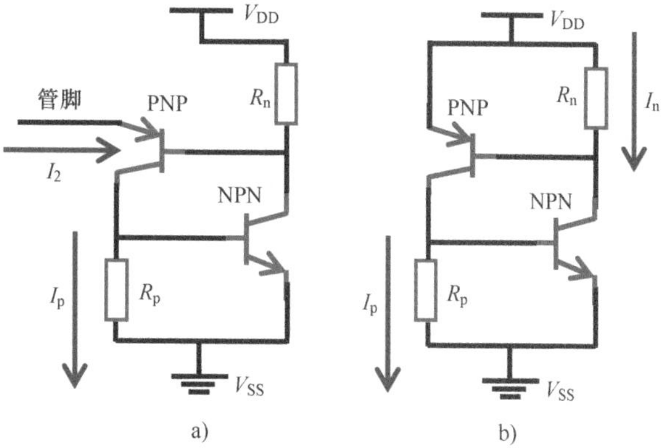

图 4-9　输出管脚信号的上冲引起“输出”闩锁和“主”闩锁

与输入管脚的瞬态电压突然下冲类似，当输入管脚的瞬态电压突然上升，并比 NW 电压高 0.6V 时，连接输出管脚的 P-diode 导通，由 ESD P-diode 与 PW 形成的寄生 PNP 导通，P-diode 将空穴注入到 NW 衬底中，空穴在 NW 衬底中是少子，依据双极型晶体管原理，这些注入的空穴有一部分会与电子复合，有一部分会扩散到 PW 与 NW 之间反偏 PN 结边界附近，这部分空穴会被加载在 PW 与 NW 之间的强电场加速进入收集区，最后被收集区收集，

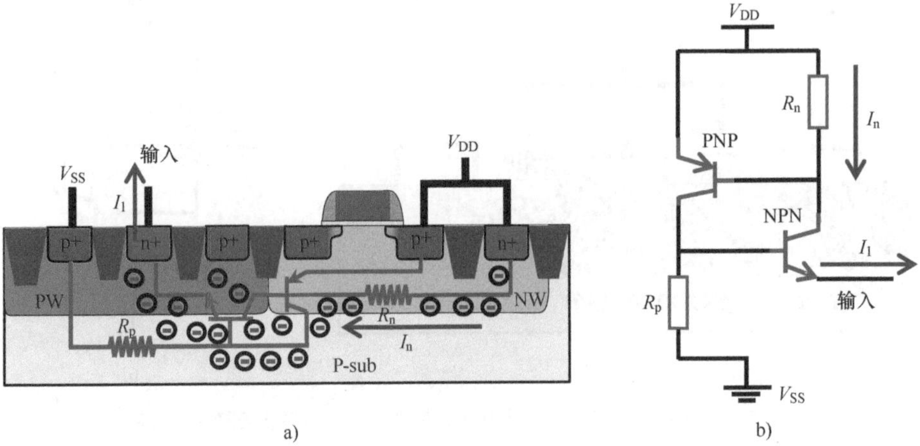

图 4-10　输入管脚 N-diode 将电子注入到 PW 衬底

也就是被 PW 收集，形成 I_p 电流，该电流会在 PW 衬底的等效电阻 R_p 上形成欧姆压降 I_pR_p，如果 $I_pR_p>0.6V$，连接输入管脚的 NMOS 源极 n+有源区与 PW 之间的 PN 结正偏，也就是寄生 NPN 的发射结正偏，寄生 NPN 导通，此时 PNP 和 NPN 同时导通，PNPN 结构形成低阻通路，并发生闩锁效应。图 4-11 所示的是输入管脚 P-diode 将空穴注入到 NW 衬底。

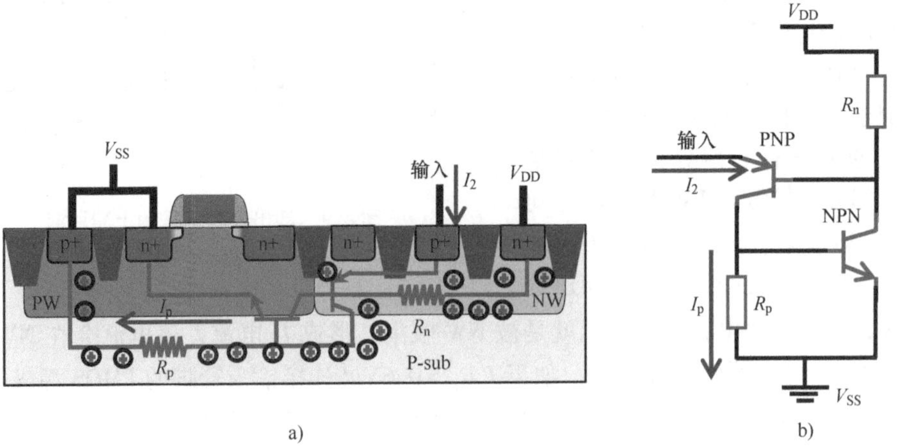

图 4-11　输入管脚 P-diode 将空穴注入到 NW 衬底

4.2.2　电源管脚的浪涌信号引起击穿或者穿通

1. NW 和 PW 之间的 PN 结雪崩击穿

对于 CMOS 工艺集成电路，正常情况下电源电压全部都加载在 NW 和 PW 之间反偏的 PN 结上，如果电源管脚出现瞬间很大的浪涌信号，有可能引起该 PN 结雪崩击穿，产生的电流同时流过 NW 和 PW 的两个等效旁路电阻，形成正反馈，如果正反馈电压 $I_pR_p>0.6V$ 和 $I_nR_n>0.6V$，那么寄生 NPN 和 PNP 会同时导通，并形成闩锁效应。图 4-12 所示的是 NW 和 PW 之间的 PN 结雪崩击穿。

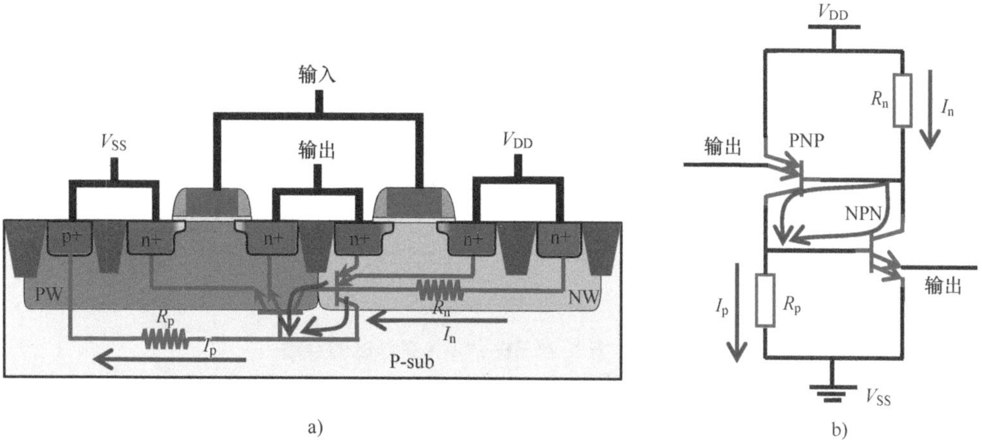

图 4-12　NW 和 PW 之间的 PN 结雪崩击穿

2. 从 NW 到 PW 的 n + 有源区的穿通

如果 NW 距离 PW 的 n + 有源区距离很近，电源管脚出现瞬间浪涌信号，除了会使 NW 和 PW 之间的 PN 结发生雪崩击穿，还会使该 PN 结的耗尽区与 PW 的 n + 有源区穿通，从而产生的电流 I_n 流过 NW 旁路电阻 R_n，并产生欧姆压降 I_nR_n，如果该反馈电压 $I_nR_n>0.6V$，那么 PMOS 源极 P + 有源区与 NW 之间的 PN 结正偏，由 PMOS 源极 P + 有源区与 PW 形成的寄生 PNP 导通，PMOS 源极 P + 有源区将空穴注入到 NW 衬底中，空穴在 NW 衬底中是少子，依据双极型晶体管原理，这些注入的空穴有一部分会与电子复合，有一部分会扩散到 PW 与 NW 之间反偏 PN 结边界附近，这部分空穴会被加载在 PW 与 NW 之间的强电场加速进入收集区，最后被收集区收集，也就是被 PW 收集，形成 I_p 电流，该电流会在 PW 衬底的等效电阻 R_p 上形成欧姆压降 I_pR_p，如果 $I_pR_p>0.6V$，连接输入管脚的 PMOS 漏极 p + 有源区与 NW 之间的 PN 结正偏，也就是寄生 PNP 的发射结正偏，寄生 PNP 导通，此时 PNP 和 NPN 同时导通，PNPN 结构形成低阻通路，并发生闩锁效应。图 4-13 所示的是 NW 到 PW 的 n + 有源区的穿通。

3. 从 P-sub 衬底到 NW 的 p + 有源区的穿通

如果 NW 的结深很浅，P-sub 衬底到 NW 的 p + 有源区距离很近，电源管脚出现瞬间浪涌信号也会使 NW 与 P-sub 之间 PN 结的耗尽区与 NW 的 p + 有源区穿通，从而产生的电流 I_p 流过 PW 旁路电阻 R_p，并产生欧姆压降 I_pR_p，如果该反馈电压 $I_pR_p>0.6V$，PMOS 源极 p + 有源区与 NW 之间的 PN 结正偏，也就是寄生 PNP 发射结正偏，寄生 PNP 导通，PMOS 源极 p + 有源区将空穴注入到 NW 衬底中，空穴在 NW 衬底中是少子，依据双极型晶体管原理，这些注入的空穴有一部分会与电子复合，有一部分会扩散到 PW 与 NW 之间反偏 PN 结边界附近，

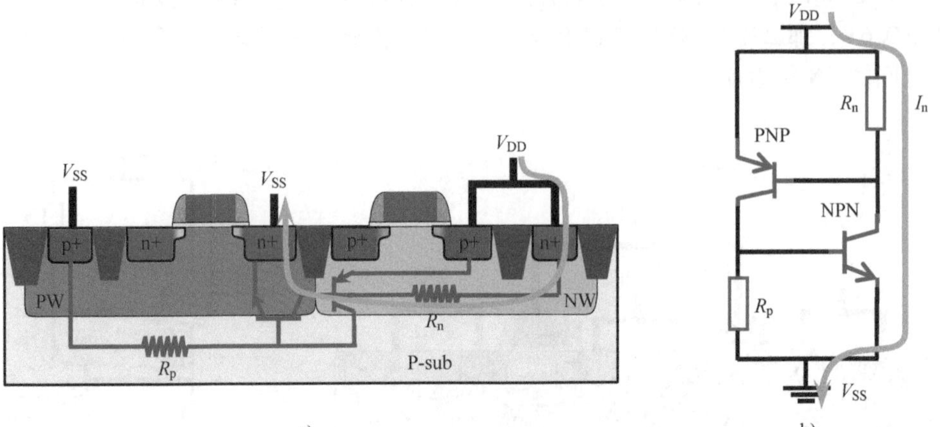

图 4-13　NW 到 PW 的 n + 有源区的穿通

这部分空穴会被加载在 PW 与 NW 之间的强电场加速进入收集区，最后被收集区收集，也就是被 PW 收集，形成 I_p 电流，该电流会在 PW 衬底的等效电阻 R_p 上形成欧姆压降 I_pR_p，如果 $I_pR_p > 0.6V$，连接输出管脚的 PMOS 漏极 p + 有源区与 NW 之间的 PN 结正偏，也就是寄生 PNP 的发射结正偏，寄生 PNP 导通，此时 PNP 和 NPN 同时导通，PNPN 结构形成低阻通路，并发生闩锁效应。图 4-14 所示的是输出管脚 PMOS 漏极 p + 有源区将空穴注入到 NW 衬底。

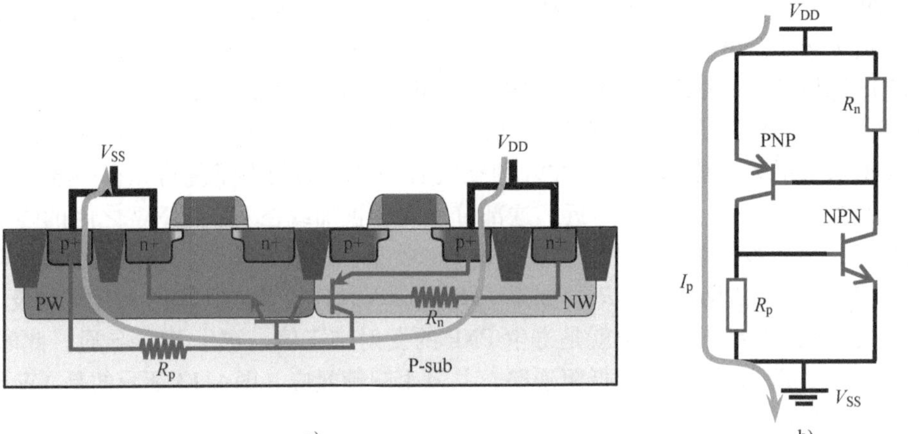

图 4-14　P-sub 到内部 p + 有源区的穿通

4. NMOS 漏极雪崩击穿

通常把 ESD NMOS 作为电源 ESD 钳位保护电路，在该电路中，NMOS 的漏极接电源 V_{DD}，NMOS 的衬底 PW 和源极接地 V_{SS}。如果 V_{DD} 管脚的瞬态 ESD 脉冲电压大于 NMOS 漏极的雪崩击穿电压时，NMOS 漏极雪崩击穿会在 PW 衬底内产生电子空穴对，电子被漏极收集，空穴在 PW 衬底是多数载流子，会被 PW 衬底收集形成衬底电流 I_b，并在 PW 衬底等效

电阻上形成压降 $V_b = I_b R_p$。如果反馈电压 $V_b > 0.6V$，该反馈电压导致 PW 衬底与 NMOS 源极 n+有源区之间的 PN 结正偏，并使 NMOS 自身寄生 NPN 导通，如果 R_p 足够大，在瞬态 ESD 脉冲电压消失后，寄生 NPN 依然导通，它也会形成闩锁效应。图 4-15 所示的是 NMOS 雪崩击穿。

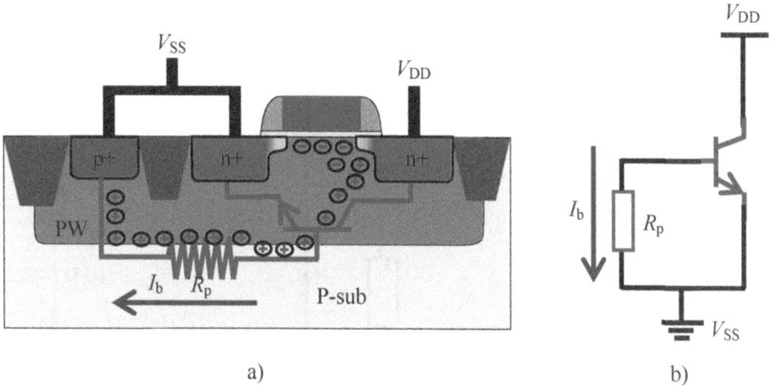

图 4-15　NMOS 雪崩击穿

如果 NMOS 附近存在 PMOS，NMOS 漏极的雪崩击穿也会引起 NMOS 与 PMOS 之间的 PNPN 结构发生闩锁效应。NMOS 漏极雪崩击穿会在 PW 衬底内产生电子空穴对，空穴在 PW 衬底是多数载流子，会被 PW 衬底收集形成衬底电流 I_p，并在 PW 衬底等效电阻上形成压降 $I_p R_p$。如果反馈电压 $I_p R_p > 0.6V$，NMOS 源极 n+有源区与 PW 衬底之间的 PN 结正偏，并使 NMOS 与 NW 的寄生 NPN 导通。而电子会被 NW 收集形成电流 I_n，在 NW 的等效电阻上产生欧姆压降 $I_n R_n$，如果 $I_n R_n > 0.6V$，NW 衬底与 PMOS 源极 p+有源区的 PN 结正偏，PMOS 与 PW 的寄生 PNP 导通，此时寄生 NPN 和 PNP 同时导通，PNPN 结构形成低阻通路，形成闩锁效应。图 4-16 所示的是 NMOS 雪崩击穿导致 PNPN 结构导通。

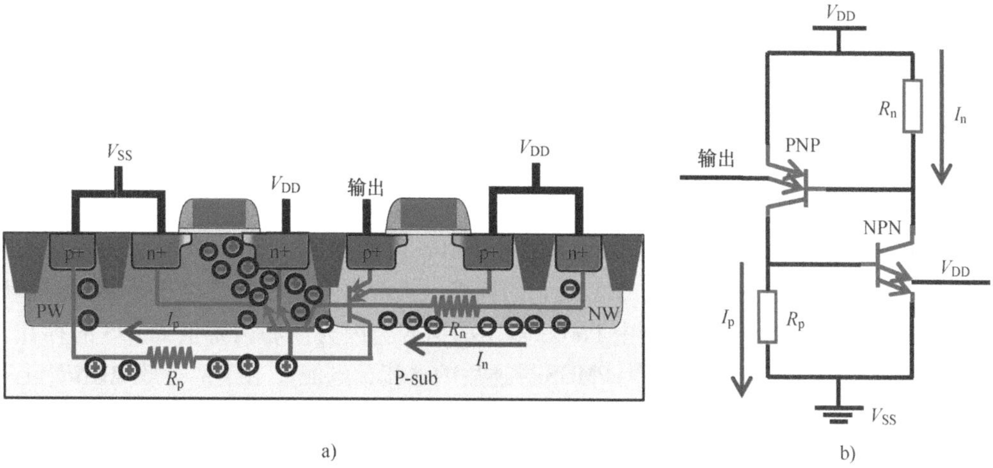

图 4-16　NMOS 雪崩击穿导致 PNPN 结构导通

4.2.3 电源上电顺序引起的闩锁效应

芯片非正常的上电顺序会触发正常的 ESD 保护电路的二级管或者是寄生的二极管，从而触发寄生 NPN 和寄生 PNP，导致闩锁效应。图 4-17 所示的是电源的 ESD 保护电路，当 V_{DDH2} 先于 V_{DDH1} 上电时，V_{DDH2} 与 V_{DDH1} 之间的 ESD P-diode 会被导通，V_{DDH2} 把空穴注入到衬底中，如果该 ESD P-diode 距离其他的 NMOS 足够近，它们形成的 PNPN 结构就有可能被触发。

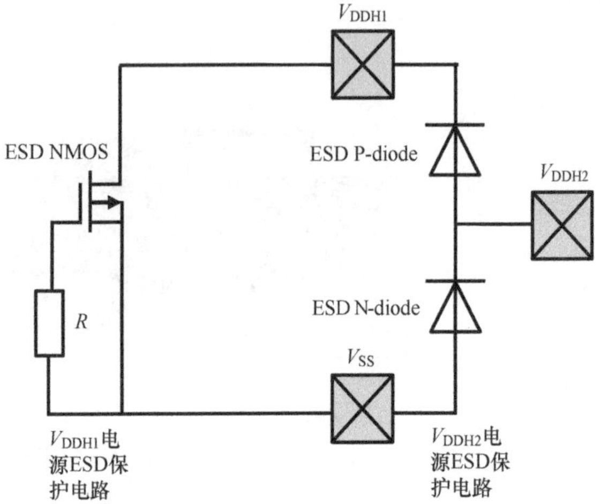

图 4-17　两个电源的 ESD 保护电路

4.2.4 场区寄生 MOSFET

就像寄生晶体管是 CMOS 固有的一样，场区寄生 MOSFET 也是 CMOS 固有的。在 CMOS 工艺中，Poly 层和金属层都可以作为互连线，Poly 层和金属层就可以作为场区寄生 MOSFET 的栅极，互连层与衬底之间的隔离氧化层作为栅氧化层，被 poly 层和金属层覆盖区域的衬底受到互连层电压的影响，场区隔离氧化层与衬底的边界聚集电荷，当互连层电压足够大时隔离氧化层下的衬底就会反型并产生沟道，从而把互连层两边的有源区连起来，形成电流通路。

对于正的 Poly 层和金属层偏压，场区寄生 NMOS 可能导通。图 4-18 所示的是场区寄生 NMOS。NMOS 的漏极是它的源极，NW 是它的漏极，当金属互连线的电压足够大时，该场区寄生 NMOS 导通，CMOS 反向器中 NMOS 输出的信号会因为该场区寄生 NMOS 的存在，而把信号传递到 V_{DD}，I_n 是该场区寄生 NMOS 导通后的电流，电流 I_n 在 NW 等效电阻 R_n 上产生欧姆压降 I_nR_n，如果该反馈电压 $I_nR_n>0.6V$，那么 PMOS 源极 p+有源区与 PW 之间的 PN 结正偏，PMOS 与 PW 的寄生 PNP 导通。寄生 PNP 在 V_{DD} 与 V_{SS} 形成通路，并产生电流 I_p，电流 I_p 在 PW 等效电阻 R_p 上产生欧姆压降 I_pR_p，如果该反馈电压 $I_pR_p>0.6V$，那么 NMOS 源极 n+有源区与 PW 之间的 PN 结正偏，NMOS 与 NW 的寄生 NPN 导通，此时寄生 NPN 和 PNP 同时导通，形成闩锁效应。

对于负的 Poly 层和金属层偏压，场区寄生 PMOS 可能导通。图 4-19 所示的是场区寄生 PMOS。PMOS 的漏极是它的源极，PW 是它的漏极，当金属互连线的负电压足够大时，该场区寄生 PMOS 导通，CMOS 反向器中 PMOS 输出的信号会因为该场区寄生 PMOS 的存在，而把信号传递到 V_{SS}，I_p 是该场区寄生 PMOS 导通后的电流，电流 I_p 在 PW 等效电阻 R_p 上产生欧姆压降 I_pR_p，如果该反馈电压 $I_pR_p>0.6V$，那么 NMOS 源极 n+有源区与 NW 之间的 PN 结正偏，NMOS 与 NW 的寄生 NPN 导通。寄生 NPN 在 V_{DD} 与 V_{SS} 形成通路，并产生电流 I_n，电流 I_n 在 NW 等效电阻 R_n 上产生欧姆压降 I_nR_n，如果该反馈电压 $I_nR_n>0.6V$，那么 PMOS

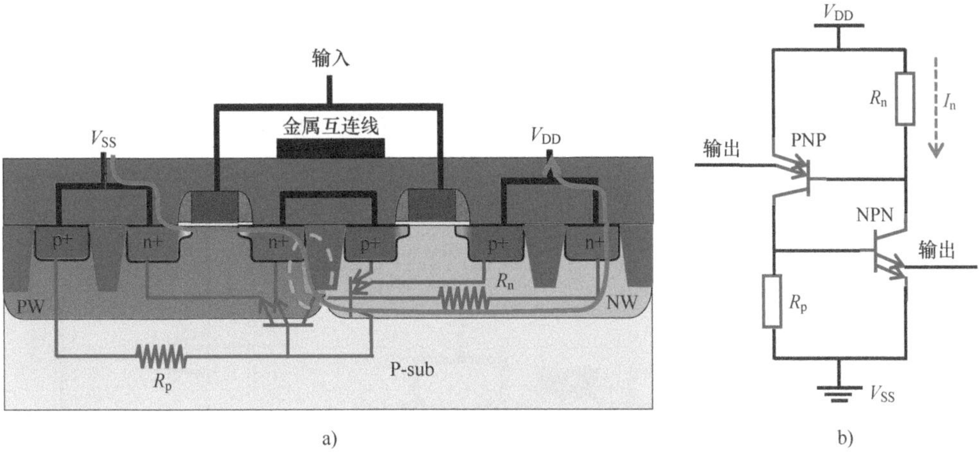

a)　　b)

图 4-18　场区寄生 NMOS

源极 p + 有源区与 NW 之间的 PN 结正偏，PMOS 与 PW 的寄生 PNP 导通，此时寄生 NPN 和 PNP 同时导通，形成闩锁效应。

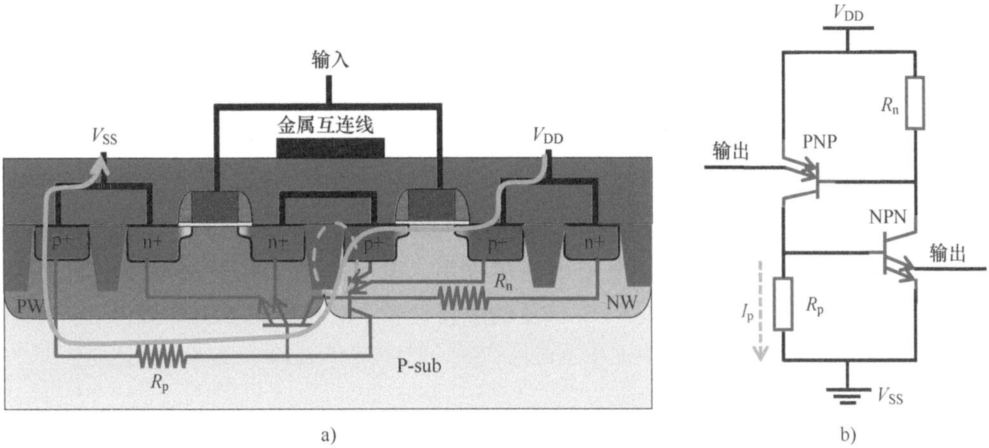

a)　　b)

图 4-19　场区寄生 PMOS

4.2.5　光生电流

各种形式的辐射均能在 CMOS 工艺集成电路的整个衬底中产生电子空穴对，光生空穴在 P 型衬底是多数载流子，被 PW 收集形成电流 I_p，并在 PW 等效电阻 R_p 上形成欧姆压降 I_pR_p，如果该电压 $I_pR_p>0.6V$，那么 NMOS 源极 n + 有源区与 PW 实际的 PN 结正偏，NMOS 与 NW 的寄生 NPN 导通。光生电子在 P 型衬底是少数载流子，根据双极型晶体管工作原理，这些光生电子有一部分会与空穴复合，还有一部分会扩散到 PW 与 NW 的边界附近，并被强电场加速进入收集区，最后被收集区收集，也就是被 NW 收集，形成 NW 电流 I_n，并在 NW 等效电阻 R_n 上形成欧姆压降 I_nR_n，如果该电压 $I_nR_n>0.6V$，那么 PMOS 源极 p+有源区与 NW 实际的 PN 结正偏，PMOS 与 PW 的寄生 PNP 导通。此时寄生 NPN 和 PNP 同时导通，形成闩锁效应。图 4-20 所示的是 CMOS 工艺集成电路内的光生电流。

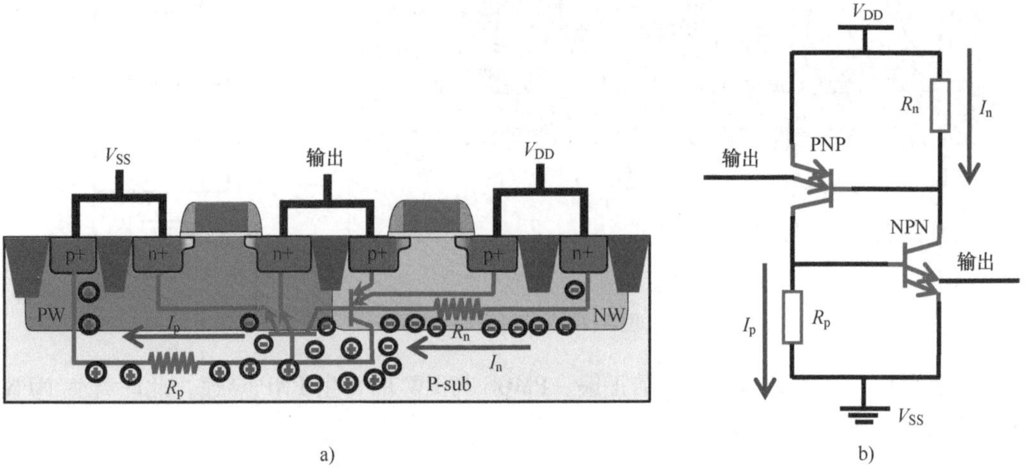

图 4-20　CMOS 工艺集成电路内的光生电流

4.2.6　NMOS 热载流子注入

NMOS 热载流子注入效应在衬底内产生电子空穴对，空穴在 PW 是多数载流子，会被连接到 V_{SS}的 PW 接触收集形成衬底电流 I_b，同时热空穴会到达源极，每一个到达源极的空穴都会引起大量电子注入衬底，这些电子被漏端收集。电流 I_b 在 PW 衬底等效电阻上形成压降 $V_b=I_bR_p$。如果反馈电压 $V_b>0.6V$，该反馈电压导致 PW 衬底与 NMOS 源极 n+有源区之间的 PN 结正偏，并使 NMOS 自身寄生 NPN 导通，形成闩锁效应。图 4-21 所示的是 NMOS 热载流子注入。

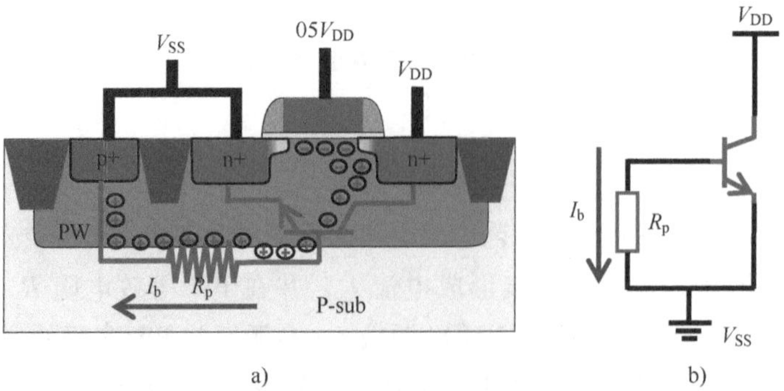

图 4-21　NMOS 热载流子注入

如果 NMOS 附近存在 PMOS，NMOS 热载流子注入也会引起 NMOS 与 PMOS 之间的 PNPN 结构发生闩锁效应。NMOS 热载流子注入会在 PW 衬底内产生电子空穴对，空穴在 PW 衬底是多数载流子，会被 PW 衬底收集形成衬底电流 I_p，并在 PW 衬底等效电阻上形成压降 I_pR_p，电流 I_p 在 PW 等效电阻 R_p 上产生欧姆压降 I_pR_p，如果该反馈电压 $I_pR_p>0.6V$，那么 NMOS 源极 n+有源区与 NW 之间的 PN 结正偏，NMOS 与 NW 的寄生 NPN 导通。热电子会被 NW 收集形成电流，同时寄生 NPN 在 V_{DD}与 V_{SS}形成通路，也会产生电流，它们的总电流为 I_n，电流 I_n 在 NW 等效电阻 R_n 上产生欧姆压降 I_nR_n，如果该反馈电压 $I_nR_n>0.6V$，那么 PMOS 源极 p+有源区与 NW 之间的 PN 结正偏，PMOS 与 PW 的寄生 PNP 导通，此时寄生 NPN 和 PNP 同时导通，形成闩锁效应。图 4-22 所示的是 NMOS 热载流子注入导致 PNPN 结构导通。

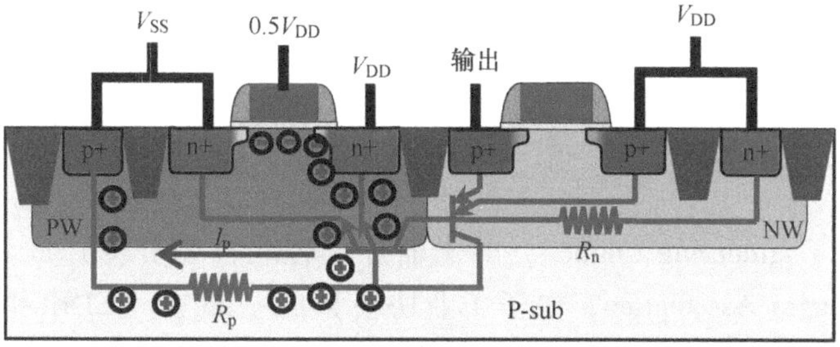

a)

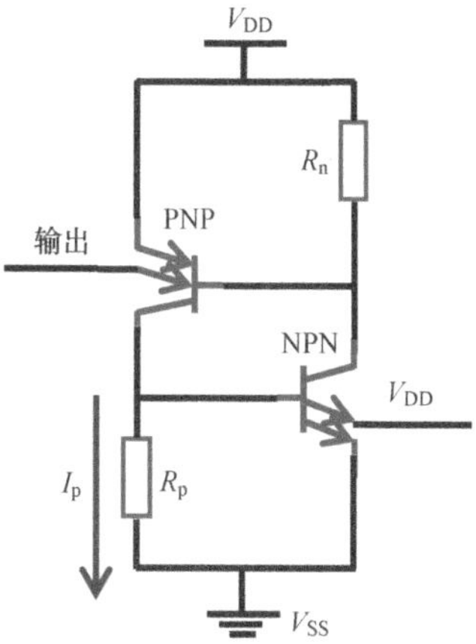

b)

图 4-22　NMOS 热载流子注入导致 PNPN 结构导通

4.3　小　　结

本章介绍了 CMOS 工艺集成电路闩锁效应的触发分类和触发方式。

正常情况下，CMOS 是通过沟道传递电流，衬底不会出现大量电流。但是各种形式的浪涌信号和 ESD 脉冲信号会造成衬底出现大量的空穴或者电子，它们被 PW 或者 NW 收集形成电流，并在 PW 或者 NW 的等效电阻上形成欧姆压降，使寄生 NPN 和 PNP 导通，导致闩锁效应。本质上来说，闩锁效应的问题是衬底出现大量空穴或者电子的问题。

参考文献

特劳特曼 R R. CMOS 技术中的闩锁效应　问题及其解决方法［M］. 嵇光大，卢文豪，译. 北京：科学出版社，1996.

第 5 章　闩锁效应的业界标准和测试方法

虽然 CMOS 工艺集成电路闩锁效应已被半导体业界所熟悉，但是要准确地去测量和衡量它，需要制定业界通用的标准和测试方法，本章内容会介绍闩锁效应的业界标准和测试方法。

本书第 3 章已经介绍了有两种方式可以触发 CMOS 工艺集成电路闩锁效应：第一种是出现瞬态激励电压大于等于 V_{t1}，称为电压触发；第二种是出现瞬态激励电流大于等于自持电流 I_h，称为电流触发。闩锁效应的测试方法和条件是依据这两种触发方式而建立的，闩锁效应的测试方式也分两种：第一种是电压激励测试，称为电源过电压测试——V-test；第二种是电流激励测试，称为过电流测试——I-test。

5.1　JEDEC 概述

JEDEC（Joint Electron Device Engineering Council，电子器件工程联合委员会）成立于 1958 年，是 EIA（Electronic Industries Association，电子工业协会）的一部分。JEDEC 的成立目的是为新兴的半导体产业制定开放性世界通用标准。JEDEC 是一个全球性非营利学术组织，它的会员遍布全球，不隶属于任何一个国家或政府。1999 年，JEDEC 成为一家独立协会，并更名为 JEDEC 固态技术协会（JEDEC Solid State Technology Association）。在过去 60 余年的时间里，JEDEC 所制定的标准为全行业所接受和采纳。

JEDEC 的主要职责包括产品规范（术语、定义以及符号）、机械外形（无封装分离、倒装芯片以及芯片尺寸）、产品质量与可靠性（闩锁效应的测试方法和标准）、设计要求（为各类封装尺寸与偏差确定指导准则和方法）等。

对于集成电路闩锁效应的测试，JEDEC 固态技术协会制定了一份标准的文件去规范测试方法和流程，目前该文件的最新版本是 JESD78E。制定该标准文件的目的是建立一套集成电路闩锁特性的测试方法和检验闩锁测试失效的判据。因为闩锁效应不但会导致芯片功能异常，而且会产生大电流烧毁芯片，它严重影响了产品的可靠性和无故障率，所以检验芯片的闩锁特性是非常重要。该测试方法和流程可应用于所有以 CMOS、BCD、HV-CMOS 和 BiCMOS 等工艺为基础生产的集成电路。

闩锁效应的测试实际是通过注入电流脉冲于非电源管脚（输入/输出、输出、输入等）或者施加过电压脉冲于电源管脚评估芯片抵御闩锁效应的能力，闩锁效应的测试可以分为电源过压测试 V-test 和过电流测试 I-test。

5.2 闩锁效应的测试[1]

V-test 和 I-test 是针对芯片管脚类型所定义的两种闩锁效应测试方式的分类，表 5-1 是测试闩锁效应的分类。

过电流测试 I-test 分为正向 I-test 和负向 I-test，要求在给定的条件内，注入或抽取的电流值大于等于 100mA。不过也可以根据产品的需求选择注入或抽取更大的电流值，芯片能抵御注入或抽取的电流值越大，代表芯片抵御闩锁效应的能力越强。对于电源过压测试 V-test选取 $1.5V_{max}$（V_{max}是芯片电源的最大工作电压）或者 MSV（Maximum Stress Voltage，最大电压应力，也称为最大允许的工作电压）中较小的值。

表 5-1　测试闩锁效应的分类

测试类型	触发测试条件
I-test	正向 I-test，大于等于正向的 100mA
	负向 I-test，大于等于负向的 100mA
V-test	$1.5V_{max}$或者 MSV（选取较小的值）

为了更好地理解测试的过程，先引入一些必要的定义，表 5-2 是相关定义。

表 5-2　相关定义

定　义	描　述
DUT	Device Under Test，即接受测试的器件
接地管脚（GND）	DUT 的公共管脚或零电势管脚。接地管脚不进行闩锁测试。通常把接地管脚称为 VSS 管脚
电源管脚（或管脚组）（Vsupply）	DUT 所有的供电和外部电压源管脚（地管脚除外），包括正和负电压管脚
输入管脚（Input pins）	所有地址（Address）、数据输入控制（data-in Control）、参考电压（V_{ref}）以及类似管脚
输入/输出管脚（bi-directional pins）	可以作为输入、输出或高阻态运行的器件管脚
无连接脚（“No Connect” pins）	无内部连接的管脚，可以作为外部引线支撑而不会干扰器件功能。所有“空”脚在闩锁测试过程中置于开路（悬空）状态
输出管脚（Output pins）	在 DUT 正常工作时，产生输出信号或电压电平以完成正常功能的器件管脚。输出管脚要进行闩锁测试，但在其他管脚测试时置于开路（悬空）状态
被预置管脚（Preconditioned pins）	通过给 DUT 施加控制信号后，被置于某确定状态或条件（输入、输出、高阻等）的器件管脚
逻辑高（Logic-high）	用于表示逻辑状态的两个逻辑电平范围中较正的电平

（续）

定　义	描　述
逻辑低（Logic-low）	用于表示逻辑状态的两个逻辑电平范围中较负的电平
最大电源电压（Maximum V_{supply}）	DUT 的最大电源电压
电源电流（I_d）	DUT 按要求进行偏置时，通过每个电源管脚（或管脚组合）的总电流
标称电源电流（I_n）	测量按测试条件偏置的 DUT 得到的每个电源管脚（或管脚组）的直流（DC）电源电流值

5.2.1 电源过电压测试 V-test

V-test 是施加过电压脉冲于被测电源管脚的闩锁测试。V-test 的对象是所有电源管脚。表 5-3 是 V-test 的测试条件和失效判据。

1. 测试条件

1）所有输出管脚置于悬空状态；

2）对于输入和输入/输出管脚有两种偏置，一种是置于最大逻辑高电平，另一种是置于最小逻辑低电平；

3）其他电源管脚置于最大工作电压；

4）触发条件是 $1.5V_{max}$ 或者 MSV（选取较小的值）。

表 5-3　V-test 的测试条件和失效判据

测试类型	输入管脚的偏置条件	电源的偏置条件	触发测试条件	失效判据
电源过压测试	最大逻辑高电平	最大工作电压	$1.5V_{max}$ 或者 MSV（选取较小的值），电流限制条件①	如果 $\|I_n\| \leq 25$mA，则采用 $\|I_n\|$ +25mA 或者
	最小逻辑低电平			如果 $\|I_n\| \geq 25$mA，则采用 $>1.4\|I_n\|$

① 电流控制在 $\leq(I_n+100$mA）或 $\leq 1.5I_n$，取其中较大的值。

图 5-1 所示是电源（V_{supply}）过电压闩锁测试的等效电路，对多个电源的芯片进行 V-test，分别是 $V_{supply1}$ 电源过压测试和 $V_{supply2}$ 电源过压测试。图 5-1a 是只施加 $1.5V_{supply1}$ 给 $V_{supply1}$ 电源管脚，$V_{supply2}$ 电压保持不变，移除触发源后，测量 $V_{supply1}$ 和 $V_{supply2}$ 的电流，依据闩锁效应失效判据判断是否发生闩锁效应。图 5-1b 是只施加 $1.5V_{supply2}$ 给 $V_{supply2}$ 电源管脚，$V_{supply1}$ 电压保持不变，移除触发源后，测量 $V_{supply1}$ 和 $V_{supply2}$ 的电流，依据闩锁效应失效判据判断是否发生闩锁效应。

图 5-2 所示是 V-test 的波形图，它是理想状态下的波形图。依据电流限制条件，如果触发 $1.5V_{max}$ 或者 MSV 需要的电流超出表注①的电流值，那么实际是不会出现 $1.5V_{max}$ 或者 MSV 那么高的电压。TOS（Trigger Over Stress）是触发过冲，TOS 约等于 5% ×1.5 × V_{max} 或者 5% MSV。T_1 是测量 I_n，T_2 是进行电压脉冲触发，T_3 是测量 I_{supply} 的值。

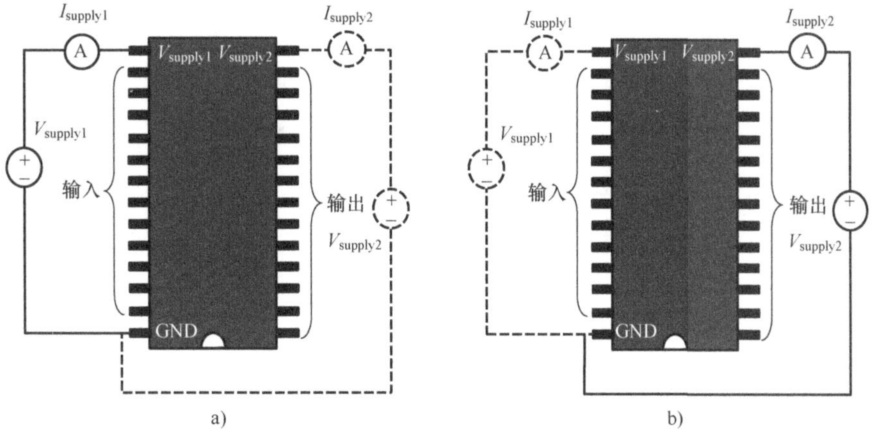

图 5-1　电源 V_{supply} 过电压闩锁测试的等效电路

2. V-test 的测试步骤

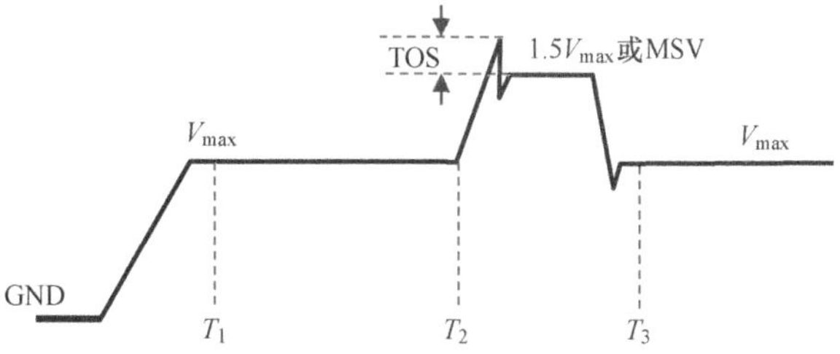

图 5-2　V-test 的波形图

1）器件应根据表 5-3 和图 5-2 进行电源 V_{supply} 过电压测试。

2）将 DUT 按图 5-1 进行偏置。所有输出管脚置于悬空状态。所有输入管脚，包括在输入和输入/输出管脚，都置于最大逻辑高电平。用于预置其他管脚状态的输入管脚要置于规定的状态（需在逻辑高电平下预置 DUT 的管脚就应置于逻辑高电平下进行闩锁测试，需在逻辑低电平下预置 DUT 的管脚就应置于逻辑低电平下进行测试）。使 DUT 处于稳定状态，此时测量每个电源管脚的 I_n。

3）对待测电源 V_{supply} 管脚（或管脚组合）施加电源触发源。

4）去除触发源后，将被测管脚恢复到施加触发源之前的状态，并测量每个 V_{supply} 管脚的 I_{supply}。如果任意一个 I_{supply} 大于或等于失效判据，那么发生闩锁，说明 DUT 未能通过闩锁测试。

5）如果没有发生闩锁，在经过必要的冷却时间后，将所有输入管脚，包括在输入和输入/输出管脚，都置于最小逻辑低电平。用于预置其他管脚状态的输入管脚要置于规定的状态。重复步骤 2）~3）。

6）重复步骤 2）~5），直至每个电源 V_{supply} 管脚（或管脚组合）都通过测试。

V-test 模拟的实际情况是当芯片开始通电时、芯片正常工作时或者发生 ESD 静电放电时，出现浪涌电压在电源管脚导致 NW 和 PW 之间的 PN 结雪崩击穿、从 NW 到 PW 的 n+有源区的穿通、从 P 型衬底到 NW 的 p+有源区的穿通和漏极雪崩击穿等，从而形成击穿电流，当电流足够大，触发寄生 NPN 和 PNP，导致闩锁效应。

5.2.2 过电流测试 I-test

I-test 是施加正向和负向电流脉冲于被测管脚的闩锁测试。I-test 测试的对象是所有非电源管脚（输入/输出、输出、输入等）。表 5-4 是 I-test 测试的测试条件和失效判据。

1. 测试条件

1）所有不接受测试的输出管脚置于悬空状态；

2）对于输入和输入/输出管脚有两种偏置，一种是置于最大逻辑高电平，另一种是置于最小逻辑低电平；

3）电源管脚置于最大工作电压；

4）触发条件参考表 5-4。

表 5-4 I-test 的测试条件和失效判据

测试类型	未测试输入管脚的偏置条件	电源的偏置条件	触发测试条件	失效判据
正向 I-test	最大逻辑高电平	最大工作电压	+100mA，电压限制条件①	如果 $\|I_n\| \leqslant 25mA$，则采用 $\|I_n\|+25mA$
	最小逻辑低电平			
负向 I-test	最大逻辑高电平	最大工作电压	−100mA，电压限制条件②	如果 $\|I_n\| \geqslant 25mA$，则采用 $>1.4\|I_n\|$
	最小逻辑低电平			

① 如果 $V_{min} \geqslant 0$，电压控制 $V_{max}+0.5(V_{max}-V_{min})$；如果 $V_{min}<0$，电压控制在 $\leqslant 1.5V_{max}$。

② 如果 $V_{min} \geqslant 0$，电压控制 $V_{min}-0.5(V_{max}-V_{min})$；如果 $V_{min}<0$，电压控制在 $\geqslant -0.5V_{max}$。

图 5-3 所示是 I-test 的等效电路，它包含两个电源 $V_{supply1}$ 和 $V_{supply2}$。图 5-3a 是施加正向 I-test 给输入管脚或者输出管脚，移除触发源后，测量 $V_{supply1}$ 和 $V_{supply2}$ 的电流，依据闩锁效应失效判据判断是否发生闩锁效应。图 5-3b 是施加负向 I-test 测试给输入管脚或者输出管脚，移除触发源后，测量 $V_{supply1}$ 和 $V_{supply2}$ 的电流，依据闩锁效应失效判据判断是否发生闩锁效应。

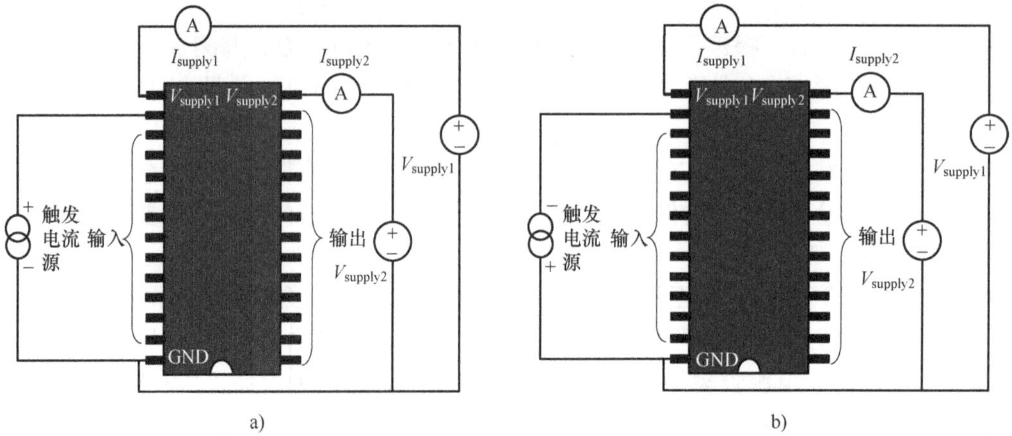

图 5-3 I-test 的等效电路

图 5-4 所示是正向 I-test 的波形图。图 5-4a 是定义输入管脚为最大逻辑高电平是的正向 I-test 的波形图，图 5-4b 是定义输入管脚为最小逻辑低电平是的正向 I-test 的波形图。依据触发电压限制条件，如果触发 +100mA 需要的电压超出表 5-4 中的注释①的电压值，那么实际是不会出现 +100mA 那么大的电流。对于测试管脚的电压，TOS 大约等于 5% ×1.5 × V_{max} 或者 5% MSV，对于测试管脚的电流，TOS 是触发过冲电流。T_1 是测量 I_n，T_2 是进行电流脉冲触发，T_3 是测量 I_{supply} 的值。

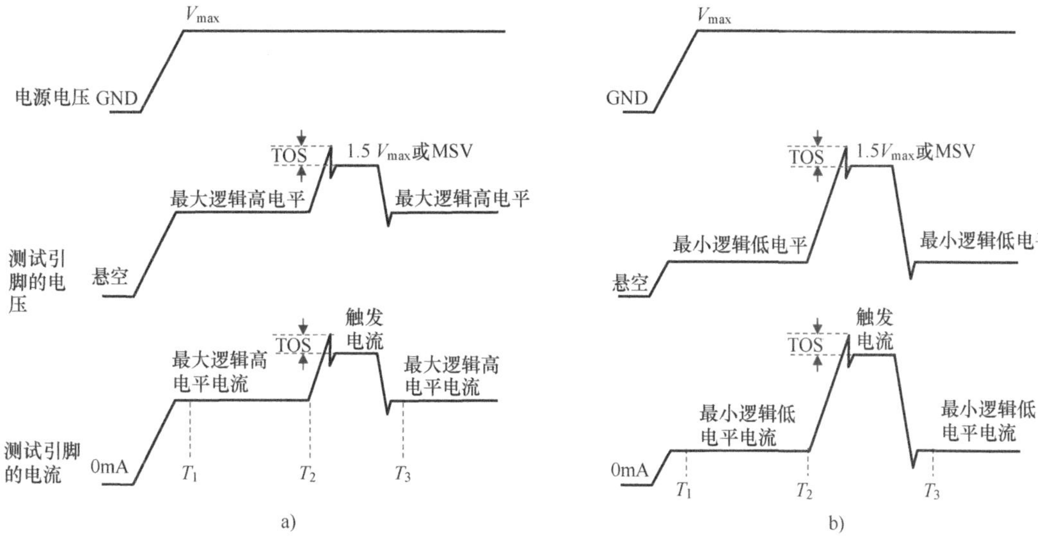

图 5-4　正向 I-test 的波形图

2. 正向 I-test 的测试步骤

1）器件应根据表 5-4 和图 5-4 进行正向 I-test 测试。

2）将 DUT 按图 5-3 进行偏置。所有非待测输出管脚置于悬空状态。所有输入管脚，包括所有输入和输入/输出管脚，都置于最大逻辑高电平。而用于预置其他管脚状态的输入管脚要置于规定的状态（需在逻辑高电平下预置 DUT 的管脚就应置于逻辑高电平下进行闩锁测试；需在逻辑低电平下预置 DUT 的管脚就应置于逻辑低电平下进行测试）。使 DUT 处于稳定状态。

3）对待测管脚置于逻辑高状态。测量每个电源 V_{supply} 管脚的标称电源电流 I_n。然后，对待测管脚施加正向触发电流。

4）去除触发源后，将被测管脚恢复到施加触发源之前的状态，并测量每个 V_{supply} 管脚的 I_{supply}。如果任意一个 I_{supply} 大于或等于失效判据，那么发生闩锁，说明 DUT 未能通过闩锁测试。

5）如果闩锁没有发生，在经过必要的冷却时间后，对所有待测管脚重复步骤 3）~4）。

6）所有非待测输出管脚置于悬空状态。将所有输入管脚，包括所有输入和输入/输出管脚，都置于最小逻辑低电平，而用于预置其他管脚状态的输入脚要置于规定的状态，重复步骤 3）~5）。

图 5-5 所示是负向 I-test 的波形图。图 5-5a 是定义输入管脚为最大逻辑高电平时的负向 I-test 的波形图，图 5-5b 是定义输入管脚为最小逻辑低电平是的负向 I-test 的波形图。对于测试管脚的电压，TOS 大约等于 5% ×($-0.5\times V_{max}$) 或者 5% MSV，对于测试管脚的电流，TOS 是触发过冲电流。T_1 是测量输入 I_n，T_2 是进行电流脉冲触发，T_3 是测量 I_{supply} 的值。

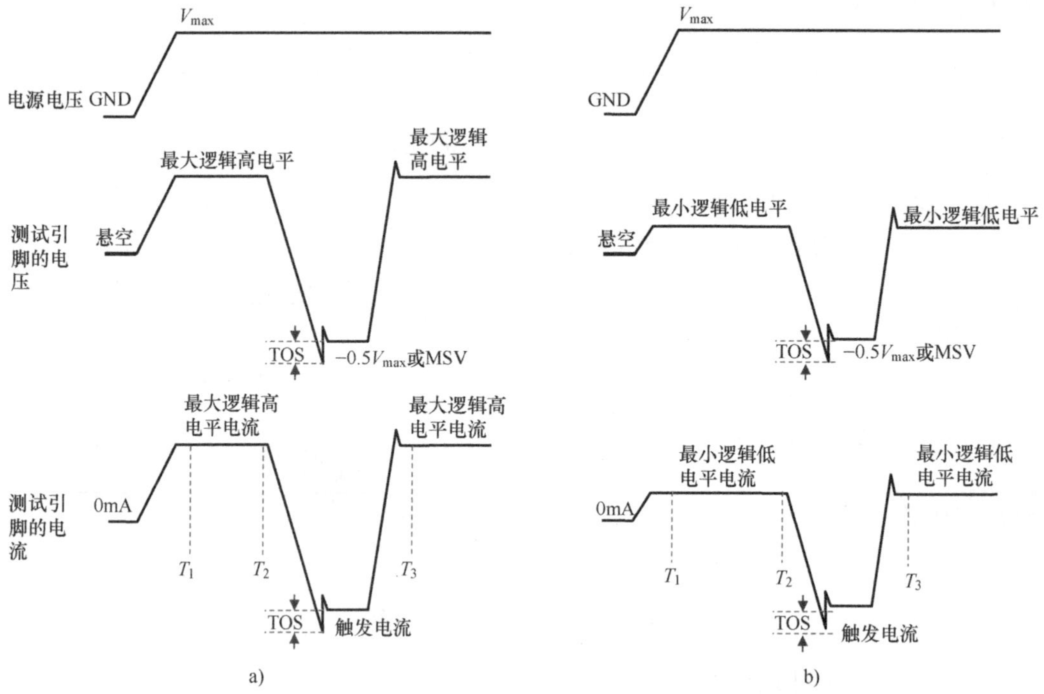

图 5-5　负向 I-test 的波形图

3. 负向 I-test 的测试步骤

1）器件应根据表 5-4 和图 5-5 进行负向 I-test。

2）将 DUT 按图 5-3 进行偏置。所有非待测输出管脚置于悬空状态。所有输入管脚，包括所有输入和输入/输出管脚，都置于最大逻辑高电平。而用于预置其他管脚状态的输入脚要置于规定的状态。使 DUT 处于稳定状态。

3）对待测管脚置于逻辑低状态。测量每个电源 V_{supply} 管脚的标称电源电流。然后，对待测管脚施加负向触发电流。

4）去除触发源后，将被测管脚恢复到施加触发源之前的状态，并测量每个 V_{supply} 管脚的 I_{supply}。如果任意一个 I_{supply} 大于或等于失效判据，那么发生闩锁，说明 DUT 未能通过闩锁测试。

5）如果闩锁没有发生，在经过必要的冷却时间后，对所有待测管脚重复步骤 3）~4）。

6）所有非待测输出管脚置于悬空状态。将所有输入管脚，包括所有输入和输入/输出管脚，都置于最小逻辑低电平，而用于预置其他管脚状态的输入脚要置于规定的状态，重复步骤 3）~5）。

I-test 测试实际模拟的情况是浪涌电压出现在非电源管脚（输入/输出、输出、输入等），浪涌电压超出电源电压与地之间的范围，在该管脚连接电路中产生电流，当电流足够大，触发寄生 NPN 和 PNP，导致闩锁效应。

5.3　与无源元件相连的特殊管脚

5.3.1　特殊性质的管脚

复杂的 CMOS 工艺集成电路中含有相当数量的特殊性质的管脚，在闩锁效应测试时需要进行相应的工程判断，对于那些不会在地或电源电压之间发生摆动的、不属于数字输入、输出或输入/输出的管脚，一般都认为它们是非电源类管脚，所以只进行过电流测试 I-test。有些管脚可能是按电源类的规则命名的，而实际上它们并不是电源管脚，所以它们属于非电源类管脚，应只进行过电流测试 I-test。

对于很多与无源元件连接的管脚，这些管脚和引入闩锁的外部电压没有直接相连，如只与外部无源元件相连：电阻、电容和电感等。正常的情况下，这些无源元件是稳定的，并且在闩锁测试时，需要将无源元件与相应的管脚相接。对这些管脚进行按标准进行闩锁测试是不合理的，应根据实际应用进行量化测试：

1）是否可以对只连接到无源元件的管脚或者串联无源元件的管脚免除测试或是降低应力水平试验？

2）是否需要考虑瞬间事件如静电放电（ESD）触发闩锁的可能性。因为实际应用中 ESD 有可能引入闩锁，因此不应该对某个管脚免除所有闩锁应力试验。

对于数字差分输入管脚，它比较特殊：当考虑输入端置于高电平或置于低电平时，差分输入的两个管脚不能同时为高电平或低电平。当所有输入置于高电平时，差分输入的正输入端应保持在高电平，而负输入端保持在低电平。当所有输入置于低电平时，正输入端应保持在低电平而负输入端保持在高电平。

5.3.2　特殊管脚的案例

图 5-6 所示是芯片某个管脚通过电阻接地。通常该管脚的电位固定在 0V，不会有其他浪涌信号会出现在该管脚，所以触发闩锁的可能性非常很小，可以不进行闩锁测试。如果非要很精确地去考虑闩锁效应问题，应考虑不同的地端回跳可能引起很小的触发电流，需要根据它回跳的大小评估可能引起的触发电流，触发电流大小等于地的回跳电压除以电阻值。

图 5-7 所示是芯片某个管脚通过电阻接电源。与前一个案例很相似，通常该管脚的电位固定在电源电压，不会有其他浪涌信号会出现在该管脚，所以触发闩锁的可能性非常很小，可以不进行闩锁测试。如果非要很精确地去考虑闩锁效应问题，可以把它当作电源进行

V-test，需要根据 V-test 评估可能引起触发电流，触发电流大小等于 $1.5V_{max}$ 或者 MSV（较大的值）除以电阻值。

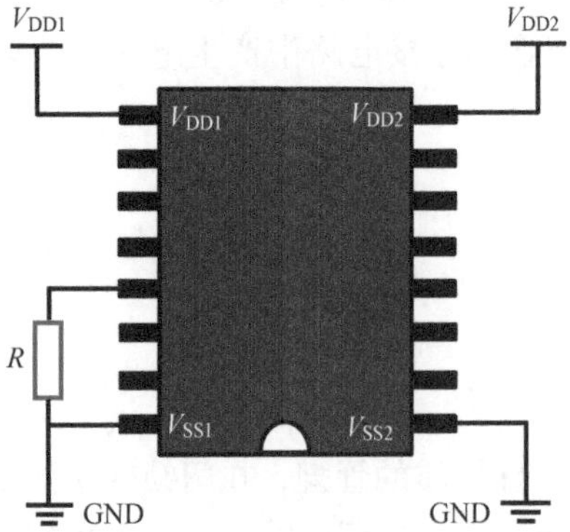

图 5-6　芯片某个管脚通过电阻接地

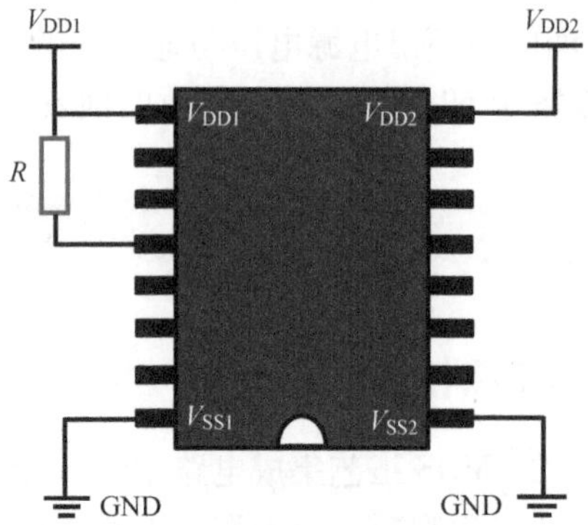

图 5-7　芯片某个管脚通过电阻接电源

图 5-8 所示是芯片某个管脚存在一个串联电阻。串联在该管脚的电阻会减小注入电流，从而提高该管脚抵御闩锁的能力。进行闩锁测试时，需要依据加载在该管脚的电压值除以电阻值计算出注入的触发电流。

图 5-9 所示是芯片某两个管脚之间用电阻连接。通常不会有其他浪涌信号会出现在这两个管脚，所以触发闩锁的可能性非常很小，可以不进行闩锁测试。

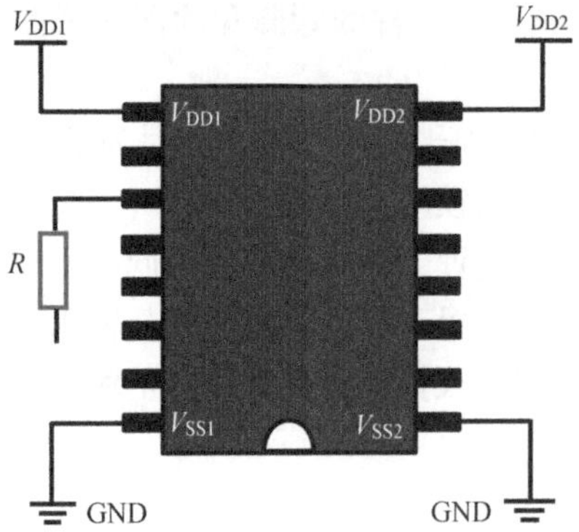

图 5-8　芯片某个管脚存在一个串联电阻

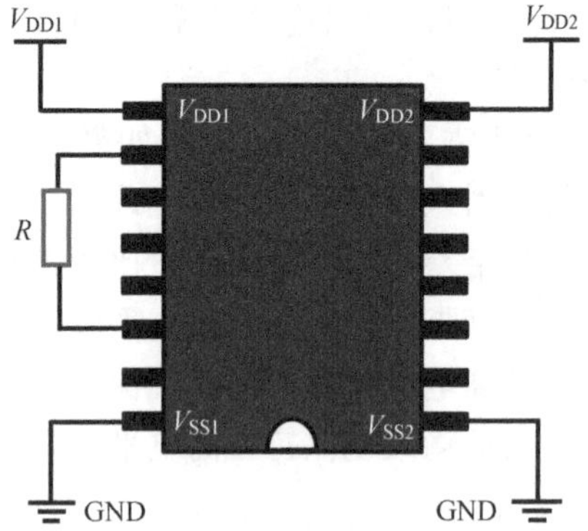

图 5-9　芯片某两个管脚之间用电阻连接

图 5-10 所示是芯片某个管脚通过电容接地。与图 5-6 案例很相似，通常该管脚的电位固定在 0V，不会有其他浪涌信号会出现在该管脚，并且电容会阻止直流电流注入，地回跳对该管脚的影响也是非常小，所以触发闩锁的可能性非常很小，可以不进行闩锁测试。

图 5-11 所示是芯片某个管脚通过电容接电源。与图 5-7 案例很相似，通常该管脚的电位固定在电源电压，不会有其他浪涌信号会出现在该管脚，就算浪涌电压出现在电源对该管脚的影响也是非常小，所以触发闩锁的可能性非常很小，可以不进行闩锁测试。

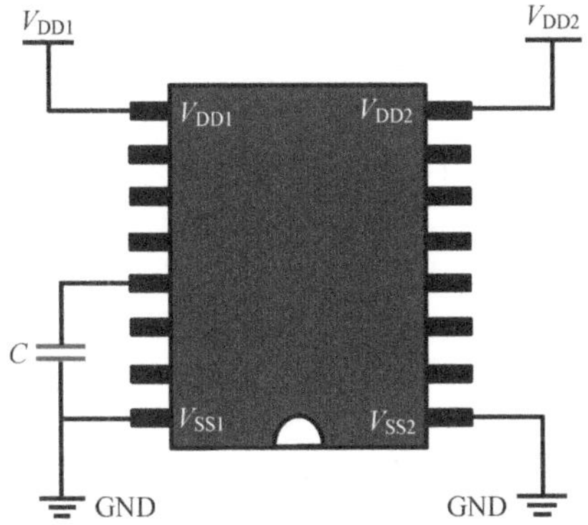

图 5-10　芯片某个管脚通过电容接地

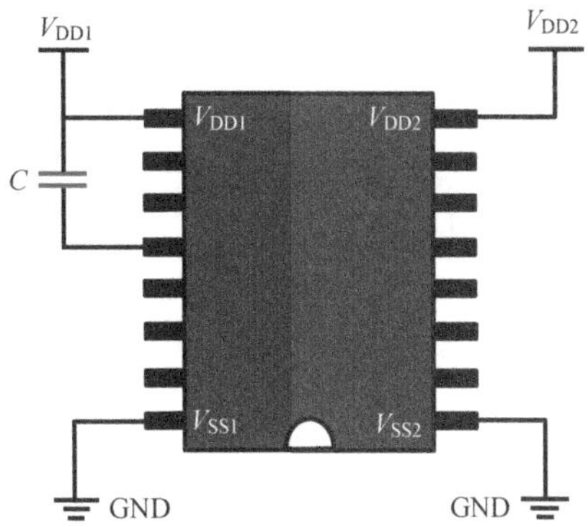

图 5-11　芯片某个管脚通过电容接电源

图 5-12 所示是芯片某个管脚存在一个串联电容。与图 5-8 案例很相似，串联在该管脚的电容会阻止直流电流注入，从而提高该管脚抵御闩锁的能力，连接该管脚的瞬变电压会引起触发电流，所以还是需要进行闩锁测试。进行闩锁测试时，可以不带电容进行测试，但是需要通过假设信号端在最坏情况下的电压瞬变值，从而计算出触发电流的值。

图 5-13 所示是芯片某两个管脚之间用电阻连接。与图 5-9 案例很相似，通常不会有其他浪涌信号会出现在这两个管脚，所以触发闩锁的可能性非常很小，可以不进行闩锁测试。

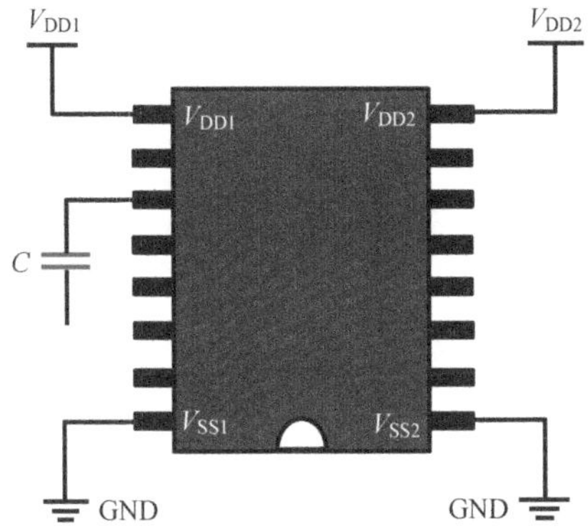

图 5-12　芯片某个管脚存在一个串联电容

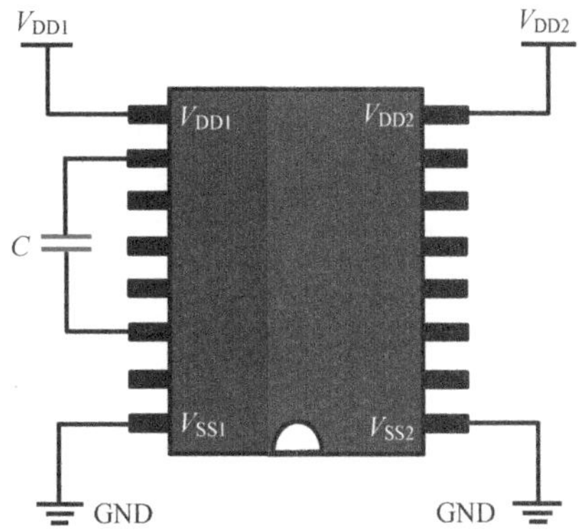

图 5-13　芯片某两个管脚之间用电阻连接

5.4　闩锁失效判断

芯片经由闩锁测试后，要判断其是否已被闩锁所损伤，以便决定是否要再进一步测试下去。通常有三种方法判定该芯片是否已被闩锁所损坏，它们分别如下：

1）绝对漏电流：当芯片经由闩锁测试后，其经测试的管脚或者电源管脚反偏漏电流超过 10μA。漏电流会随所加的反偏电压大小增加而增加，通常测量漏电流所加的反偏电压是

1.1V_{DD}（V_{DD}是电源电压）。

2）相对 *I-V* 曲线偏移：当芯片经由闩锁测试后，其经测试的管脚或者电源管脚的 *I-V* 特性曲线偏移量超过20%。

3）功能验证：当芯片经由闩锁测试后，加载电源和相关的预置信号管脚，测试其功能是否仍符合产品规格。

5.5 实际案例

以某一电源电压是1.8V/3.3V 芯片为例介绍闩锁测试的实际情况。它有两个电源管脚 V_{DD} =1.8V 和 V_{DDH} =3.3V，还有3.3V 的输入和输出管脚。需要对电源管脚 V_{DD} =1.8V 和 V_{DDH} = 3.3V 电源进行过电压测试 V-test，以及对3.3V 的输入和输出管脚进行过电流测试 I-test。

5.5.1 过电压测试 V-test 案例

对 V_{DD} =1.8V 和 V_{DDH} =3.3V 电源分别进行过电压测试 V-test。V_{DD}管脚的 V-test 测试的激励电压 =1.5V_{DD} =1.5 ×1.8V =2.7V。表5-5 是 V_{DD}管脚 V-test 的测试数据，V_{s1}是 V_{DD}的数据，V_{s2}是 V_{DDH}的数据。从表5-5 的数据可知 V_{DD}管脚过电压测试 V-test 没有违反失效判据，另外验证芯片绝对漏电流、相对 *I-V* 曲线偏移和功能验证等都没有异常，所以 V_{DD}管脚 V-test 结论是没有失效的。

表5-5　V_{DD}管脚 V-test 的测试数据

激励电压/V	测试结果	触发电压/V	实际触发电压/V	实际触发电流/mA	类型	V_{s1}/V	I_{s1}/mA	V_{s2}/V	I_{s2}/mA
	通过				触发前	1.793	1.026	3.295	1.104
2.7		2.7	2.689	1.215	触发			3.289	1.346
					触发后	1.796	1.152	3.297	1.126

表5-6 是 V_{DDH}管脚 V-test 的测试数据。V_{DDH}管脚的 V-test 测试的激励电压 =1.5V_{DDH} = 1.5 ×3.3V =4.95V，V_{s1}是 V_{DD}的数据，V_{s2}是 V_{DDH}的数据。从表5-6 的数据可知 V_{DDH}管脚 V-test 没有违反失效判据，另外验证芯片绝对漏电流、相对 *I-V* 曲线偏移和功能验证等都没有异常，所以 V_{DDH}管脚 V-test 结论是没有失效的。

表5-6　V_{DDH}管脚 V-test 的测试数据

激励电压/V	测试结果	触发电压/V	实际触发电压/V	实际触发电流/mA	类型	V_{s1}/V	I_{s1}/mA	V_{s2}/V	I_{s2}/mA
	通过				触发前	1.794	1.023	3.297	1.111
4.95		4.95	4.928	1.537	触发	1.796	1.361		
					触发后	1.798	1.146	3.293	1.421

5.5.2　过电流测试 I-test 案例

选取某一输入管脚为例，进行过电流测试 I-test。首先进行负向 I-test，触发电流是 -100mA，输入管脚的钳位电压 = $-0.5V_{DDH} = -0.5\times3.3V = -1.65V$。表 5-7 是输入管脚负向过电流测试 I-test 的测试数据，V_{s1}是 V_{DD}的数据，V_{s2}是 V_{DDH}的数据，实际触发电压 = -1.648V，几乎等于最大触发电压 -1.65V，由于测试精度的原因没有完全等于 -1.65V，由于触发电压被限制≥ -1.65V，实际触发电流只有 -50.105mA。从表 5-7 的数据可知输入管脚 I-test 没有违反失效判据。另外验证芯片绝对漏电流、相对 I-V 曲线偏移和功能验证等都没有异常，所以输入管脚负向 I-test 结论是没有失效的。

表 5-7　输入管脚负向 I-test 的测试数据

激励电流/mA	测试结果	触发电压/V	实际触发电压/V	实际触发电流/mA	类型	V_{s1}/V	I_{s1}/mA	V_{s2}/V	I_{s2}/mA
	通过				触发前	1.793	1.026	3.295	1.123
-100		-1.65	-1.648	-50.105	触发	1.795	1.356	3.289	1.237
					触发后	1.796	1.152	3.297	1.215

进行正向 I-test，触发电流是 100mA，输入管脚的钳位电压 = $1.5V_{DDH} = 1.5\times3.3V = 4.95V$。表 5-8 是输入管脚正向 I-test 的测试数据，V_{s1}是 V_{DD}的数据，V_{s2}是 V_{DDH}的数据，实际触发电压 =4.516V，没有达到最大触发电压 4.95V，因为实际触发电流达到了 99.223mA，几乎等于最大触发电流 100mA，所以不需要继续提高实际触发电压。从表 5-8 的数据可知输入管脚 I-test 违反了失效判据，触发后依然存在大电流，闩锁效应被触发。

表 5-8　输入管脚正向 I-test 的测试数据

激励电流/mA	测试结果	触发电压/V	实际触发电压/V	实际触发电流/mA	类型	V_{s1}/V	I_{s1}/mA	V_{s2}/V	I_{s2}/mA
	失效				触发前	1.793	1.026	3.295	1.123
100		4.95	4.516	99.223	触发	1.795	1.237	3.289	91.304
					触发后	1.796	1.215	3.297	50.612

5.6　小　结

本章内容主要介绍了 CMOS 工艺集成电路的业界标准和测试方法。

闩锁效应的测试方法包含过电压测试 V-test 和过电流测试 I-test，它提供了测试条件、测试流程和失效判据，通过 ATE（Automatic Test Equipment，自动化测试设备）很容易实现自动化流程，能快速识别芯片每个管脚抵御闩锁的能力。并不是所有的管脚都需要执行相同的测试标准，对于与无源元件相连的特殊管脚，要分析实际的情况，根据实际情况进行相应量级的闩锁测试。

参考文献

JEDEC Solid State Technology Association. IC Latch-Up Test：JESD78E ［S］. JEDEC Solid State Technology Association, 2016.

第 6 章 定性分析闩锁效应

本章内容以实际 CMOS 工艺为例，对寄生 PNPN 结构闩锁效应进行定性分析，希望通过本章内容让读者对实际工艺的闩锁效应有进一步的了解，并可以以该工艺技术平台为基础，把这种分析方法应用到所有的工艺技术平台中，从而达到触类旁通的效果。

6.1 实际工艺定性分析

寄生 PNPN 结构的闩锁效应与其工作电压成正比，工作电压越高，发生闩锁效应的概率也越高。LV CMOS 工艺的电源电压比较低，亚微米以及深亚微米以下的工艺平台，其核心电路的电源电压通常在 0.8 ~ 1.8V，IO 电路的电源电压通常在 2.5 ~ 5V，所以闩锁效应并不严重。HV-CMOS 工艺的电源电压很高，其电源电压与工艺特征尺寸没有直接关系，其电源电压是根据应用场景而定的，其核心电路的电源电压通常在 1.2 ~ 1.8V，IO 电路需要驱动高压信号的，其电源电压在 13.5 ~ 40V，所以 IO 电路的闩锁效应异常严重。

为了凸显闩锁效应的问题，选择 HV-CMOS 0.18μm 1.8V/13.5V 工艺技术平台为例进行闩锁效应定性分析，其核心器件的电源电压是 1.8V，高压器件的电源电压是 13.5V。

为了便于理解那些电路和器件存在闩锁风险，需要先构建一个简单 ESD 电路保护网络，然后分析该电路中哪些器件会连接到管脚，并且它们相互之间如何形成寄生 PNPN 结构。图 6-1 所示的是 ESD 电路保护网络示意图，它包含 1.8V 的输入/输出电路和 13.5V 的输入/输出电路，上半部分是两个 13.5V 电路，下半部分是两个 1.8V 电路。

13.5V 电路包含 GGNMOS ESD 电源保护电路、二极管 ESD 保护电路、输入缓冲电路、输出缓冲电路、B2B ESD 保护电路和内部电路。用 NM 表示 13.5V NMOS，用 PM 表示 13.5V PMOS，PD 表示 13.5V P-diode，ND 表示 13.5V N-diode。需要用 ESD 器件的电路，会加上 ESD 作为前缀。

与 13.5V 电路一样，1.8V 电路也包含这些电路，13.5V 电路和 1.8V 电路之间的地用 B2B ESD 保护电路连起来。用 NLM 表示 1.8V NMOS，用 PLM 表示 1.8V PMOS，PLD 表示 1.8V P-diode，NLD 表示 1.8V N-diode。

B2B ESD 保护电路有两种：一种是两个背靠背头尾相连的 ESD P 型二极管；一种是 ESD P 型二极管和 ESD N 型二极管并联。只有 1.8V 电路之间用来第二种 B2B ESD 保护电路，其他三种都是第一种 B2B ESD 保护电路。

把图 6-1 中可能构成 PNPN 结构，并且存在闩锁风险的器件分成下面五种类型：

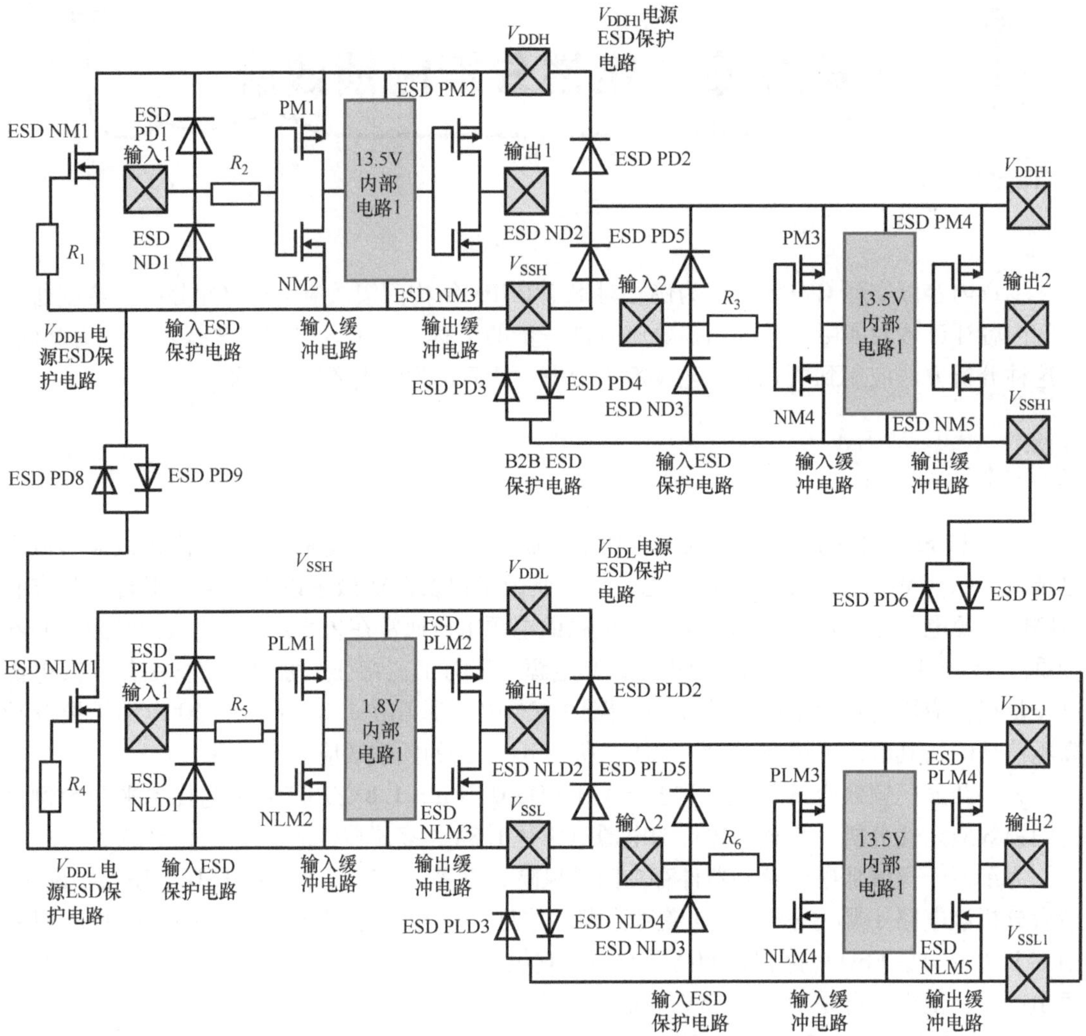

图 6-1　ESD 电路保护网络示意图

① 第一种是 MOS 之间的闩锁效应，它们是 13.5V NMOS/1.8V NMOS 与 13.5V PMOS/1.8V PMOS 之间会构成 PNPN 结构。例如输出缓冲电路包含这些器件，并且它们连接到管脚。

② 第二种是二极管之间的闩锁效应，它们是 13.5V N-diode/1.8V N-diode 与 13.5V P-diode/1.8V P-diode 之间会构成 PNPN 结构。例如输入 ESD 保护电路和 B2B ESD 保护电路包含这些器件，并且它们连接到管脚。

③ 第三种是二极管与 MOS 器件之间的闩锁效应，它们是 13.5V N-diode/1.8V N-diode 与 13.5V PMOS/1.8V PMOS 之间，以及 13.5V NMOS/1.8V NMOS 与 13.5V P-diode/1.8V P-diode 之间会构成 PNPN 结构，这种类型是前面两种情况的混合。

④ 第四种是N型阱与1.8V PMOS/13.5V PMOS之间的闩锁效应，它们是1.8V P-diode/13.5V P-diode的衬底HVNW/NW与13.5V PMOS/1.8V PMOS之间会构成PNPN结构。例如输出缓冲电路中的13.5V PMOS和1.8V PMOS，以及B2B ESD保护电路中的1.8V P-diode/13.5V P-diode的衬底HVNW/NW，它们连接到管脚。

⑤ 第五种是N型阱与1.8V P-diode/13.5V P-diode之间的闩锁效应，它们是1.8V P-diode/13.5V P-diode的衬底HVNW/NW与1.8V P-diode/13.5V P-diode之间会构成PNPN结构。例如输入ESD保护电路中的1.8V P-diode/13.5V P-diode，以及B2B ESD保护电路中的1.8V P-diode/13.5V P-diode的衬底HVNW/NW，它们连接到管脚。

6.1.1　MOS器件之间的闩锁效应

MOS器件之间的闩锁效应是CMOS工艺集成电路中最典型的，NMOS与PMOS之间寄生PNPN很容易被触发形成低阻通路。图6-1中输入缓冲电路、输出缓冲电路、内部电路都存在寄生PNPN结构，它们都有被触发的风险，这里仅仅以输出缓冲电路为例进行分析。

13.5V和1.8V输出缓冲电路包含四种MOS器件，分别是1.8V NMOS和1.8V PMOS，以及13.5V NMOS和13.5V PMOS，它们有四种组合可以构成PNPN结构。

1）1.8V NMOS和1.8V PMOS之间形成PNPN的闩锁结构；

2）13.5V NMOS和13.5V PMOS之间形成PNPN的闩锁结构；

3）1.8V NMOS和13.5V PMOS之间形成PNPN的闩锁结构；

4）13.5V NMOS和1.8V PMOS之间形成PNPN的闩锁结构。

图6-2所示的是1.8V NMOS和1.8V PMOS的版图和剖面图。图6-3所示的是13.5V NMOS和13.5V PMOS的版图和剖面图。

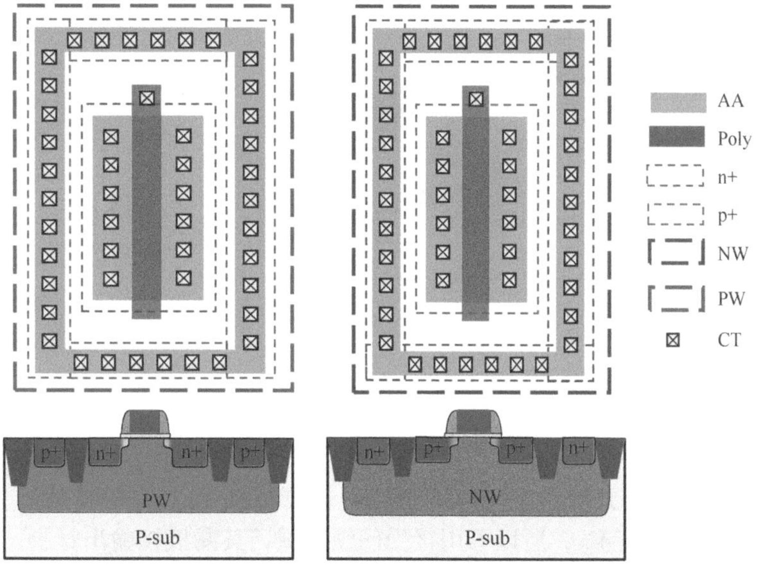

图6-2　1.8V NMOS和1.8V PMOS的版图和剖面图

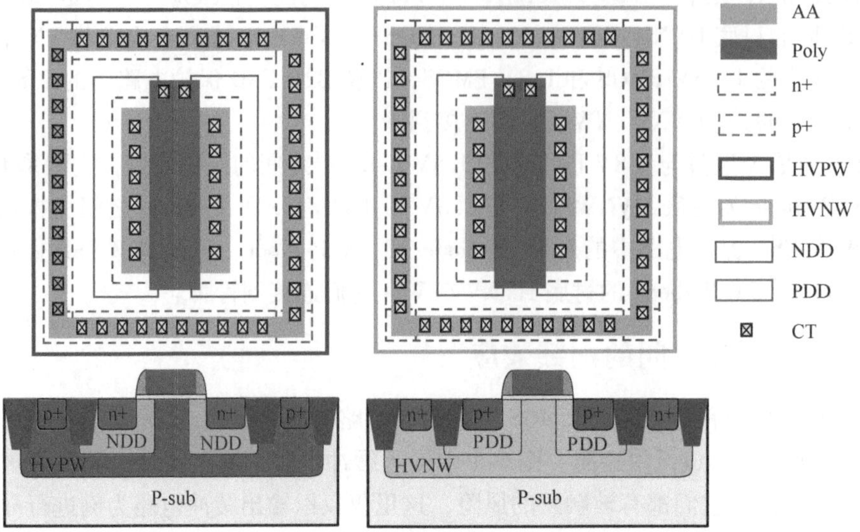

图 6-3　13.5V NMOS 和 13.5V PMOS 的版图和剖面图

1. 1.8V NMOS 和 1.8V PMOS 之间的闩锁结构

图 6-4 所示的是 1.8V NMOS 和 1.8V PMOS 形成 PNPN 结构的等效电路图。1.8V NMOS 的源漏有源区和 NW 之间会形成两个寄生横向的 NPN，1.8V PMOS 的源漏有源区和 PW 之间会形成两个寄生纵向的 PNP，它们通过 PW 电阻 R_p 和 NW 电阻 R_n 构成 PNPN 的闩锁结构。

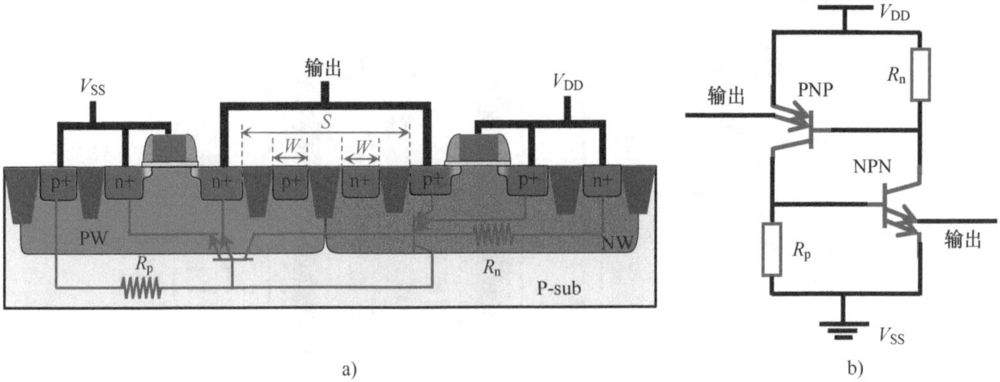

图 6-4　1.8V NMOS 和 1.8V PMOS 形成 PNPN 结构的等效电路图

（*S* 是 NMOS 有源区与 PMOS 有源区的间距；*W* 是阱接触的宽度）

为了使器件始终处于关闭状态，1.8V NMOS 的栅极接 V_{SS}，1.8V PMOS 的栅极接 V_{DD}。1.8V NMOS 的衬底和源接 V_{SS}，所以不用接受闩锁测试，其漏极接输出管脚，要接受 I-test。1.8V PMOS 的衬底和源接 V_{DD}，要接受 V-test，其漏极接输出管脚，要接受 I-test。

表 6-1 是接受 +100mA I-test 的条件和测试结果，输出管脚分别接最大逻辑高电平和最小逻辑低电平进行测试，$S=2\mu m$ 和 $S=5\mu m$ 都没有发生闩锁现象。没有闩锁现象，说明在 1.8V 电源电压和 +100mA 电流的条件下，不足以触发这个版图的闩锁效应。如果把环型的阱接触拿掉，使阱等效电阻变大，并且减小这两个器件的间距，这样有可能触发闩锁效应。

表 6-1　+100mA I-test 的条件和测试结果

测试类型	+100mA I-test	
测试条件	1）$V_{DD}=1.8V$，$V_{SS}=0V$ 2）电流激励加载在输出管脚 3）加载电流激励前后，输出管脚电压 $V_{out}=1.8V$（最大高电平） 4）加载电流激励时，脉冲信号 $V_{out}=1.5V_{max}=1.5\times1.8V=2.7V$	1）$V_{DD}=1.8V$，$V_{SS}=0V$ 2）电流激励加载在输出管脚 3）加载电流激励前后，输出管脚电压 $V_{out}=0V$（最小低电平） 4）加载电流激励时，脉冲信号 $V_{out}=1.5V_{max}=1.5\times1.8V=2.7V$
$S=2\mu m$（$W=0.4\mu m$）	没有闩锁现象	没有闩锁现象
$S=5\mu m$（$W=1.5\mu m$）	没有闩锁现象	没有闩锁现象

图 6-5 所示的是 +100mA I-test 时电流的流向图。+100mA I-test 时出现比 V_{DD} 高的电压脉冲信号在输出管脚，会导通寄生 PNP，在 PW 衬底形成收集电流 I_p。图 6-6 所示的是 +100mA I-test 时的等效电路简图，图 6-6a 是两个寄生横向的 NPN 和两个寄生纵向的 PNP 组成的 PNPN 结构，假设注入电流 I_1，在 PW 衬底的收集电流是 I_p。为了使分析变得简单，把图 6-6a 拆分成图 6-6b 和图 6-6c 两种情况。图 6-6b 是拿掉接到 V_{DD} 的 1.8V PMOS 源极和接到输出的 1.8V NMOS 漏极，PNP 由接到输出的 1.8V PMOS 漏极、NW 和 PW 组成，NPN 由接到 V_{SS} 的 1.8V NMOS 源极、PW 和 NW 组成。图 6-6c 是拿掉接到输出的 1.8V PMOS 漏极和接到输出的 1.8V NMOS 漏极，PNP 由接到 V_{DD} 的 1.8V PMOS 源极、NW 和 PW 组成，NPN 由接到 V_{SS} 的 1.8V NMOS 源极、PW 和 NW 组成。

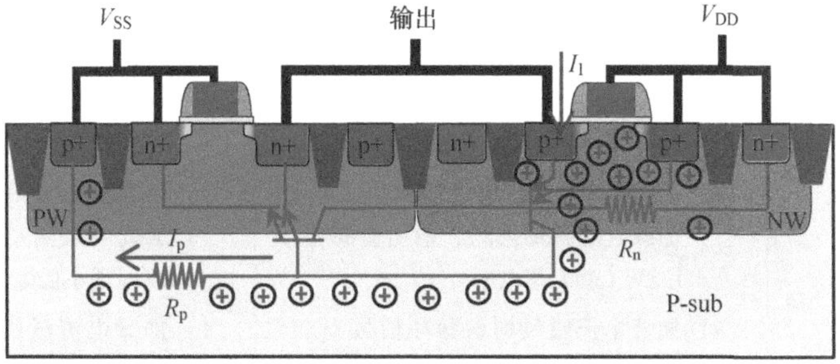

图 6-5　+100mA I-test 时电流的流向图

图 6-7 所示的是 +100mA I-test 没有发生闩锁现象的物理分析，是对图 6-6b 和图 6-6c

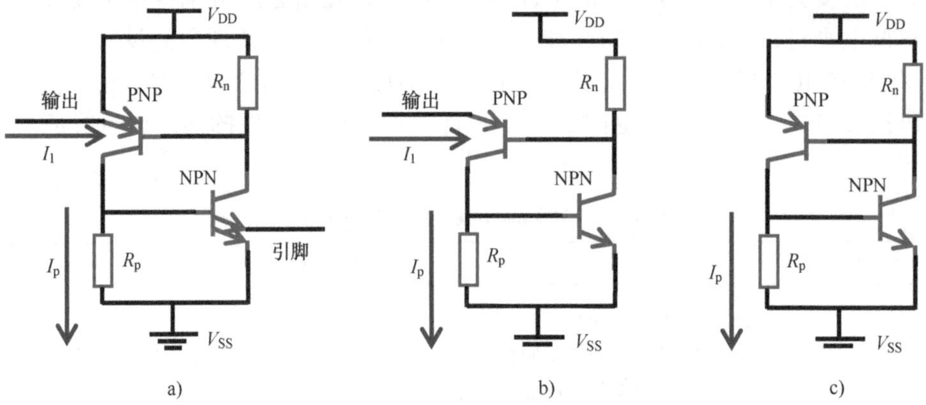

图 6-6　+100mA I-test 时的等效电路简图

两种情况的分析过程。测试结果没有发生闩锁现象，说明 $I_pR_p<0.6V$ 或者 $I_nR_n<0.6V$，也就是 +100mA I-test 触发后，NPN 或者 PNP 没有导通，如果其中一个寄生双极型晶体管没有导通，也就不会发生闩锁现象。图 6-7a 和图 6-7b 是 NPN 没有导通的情况，$I_pR_p<0.6V$，该电压不足以使 NPN 发射结正偏，NPN 没有导通，电流 I_n 几乎为 0，脉冲电流消失后，PNP 重新工作在截止状态或者始终处于截止状态。图 6-7c 和图 6-7d 是 PNP 没有导通的情况，虽然 +100mA I-test 触发后，$I_pR_p \geqslant 0.6V$，NPN 被导通，但是 $I_nR_n<0.6V$，该电压不足以使 PNP 发射结正偏，PNP 没有导通，脉冲电流消失后，PNP 重新工作在截止状态或者始终处于截止状态。

表 6-2 是接受 -100mA I-test 的条件和测试结果，输出管脚分别接最大逻辑高电平和最小逻辑低电平进行测试，$S=2\mu m$ 和 $S=5\mu m$ 都没有发生闩锁现象。没有闩锁现象，说明在 1.8V 电源电压和 -100mA 电流的条件下，不足以触发这个版图的闩锁效应。如果把环型的阱接触拿掉，使阱等效电阻变大，并且减小这两个器件的间距，这样有可能触发闩锁效应。

表 6-2　-100mA I-test 的条件和测试结果

测试类型	-100mA I-test	
测试条件	1）$V_{DD}=1.8V$，$V_{SS}=0V$ 2）电流激励加载在输出管脚 3）加载电流激励前后，输出管脚电压 $V_{out}=1.8V$（最大高电平） 4）加载电流激励时，脉冲信号 $V_{out}=-0.5V_{max}=-0.5\times1.8V=-0.9V$	1）$V_{DD}=1.8V$，$V_{SS}=0V$ 2）电流激励加载在输出管脚 3）加载电流激励前后，输出管脚电压 $V_{out}=0V$（最小低电平） 4）加载电流激励时，脉冲信号 $V_{out}=-0.5V_{max}=-0.5\times1.8V=-0.9V$
$S=2\mu m$（$W=0.4\mu m$）	没有闩锁现象	没有闩锁现象
$S=5\mu m$（$W=1.5\mu m$）	没有闩锁现象	没有闩锁现象

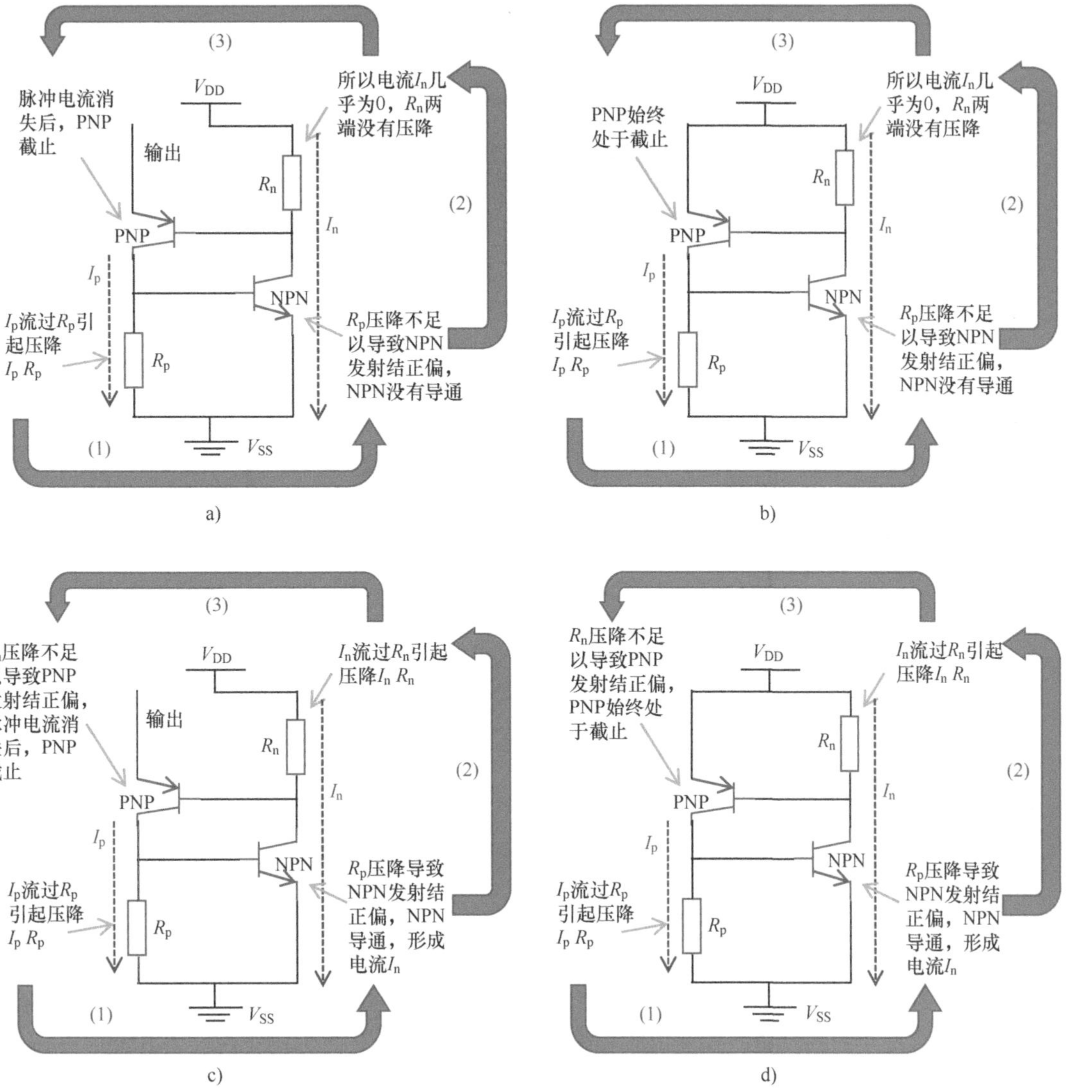

图 6-7　+100mA I-test 没有发生闩锁现象的物理分析

图 6-8 所示的是 −100mA I-test 时电流的流向图。−100mA I-test 时出现比 V_{SS} 低的电压脉冲信号在输出管脚，会导通寄生 NPN，在 NW 衬底形成收集电流 I_n。图 6-9 所示的是 −100mA I-test 测试时的等效电路简图，图 6-9a 是两个寄生横向的 NPN 和两个寄生纵向的 PNP 组成的 PNPN 结构，假设注入电流 I_2，在 NW 衬底的收集电流是 I_n。为了使分析变得简单，把图 6-9a 拆分成图 6-9b 和图 6-9c 两种情况。图 6-9b 是拿掉接到 V_{SS} 的 1.8V NMOS 源极和接到输出的 1.8V PMOS 漏极，PNP 由接到 V_{DD} 的 1.8V PMOS 源极、NW 和 PW 组成，NPN 由接到输出的 1.8V NMOS 漏极、PW 和 NW 组成。图 6-9c 是拿掉接到输出的 1.8V PMOS 漏极和接到输出的 1.8V NMOS 漏极，PNP 由接到 V_{DD} 的 1.8V PMOS 源极、NW 和 PW

组成，NPN 由接到 V_{SS} 的 1.8V NMOS 源极、PW 和 NW 组成。

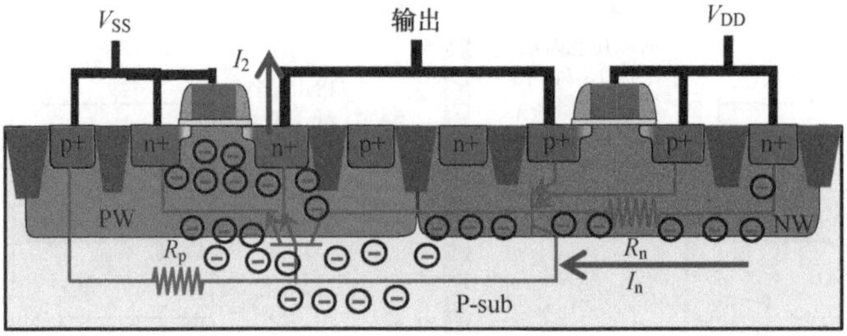

图 6-8 －100mA I-test 时电流的流向图

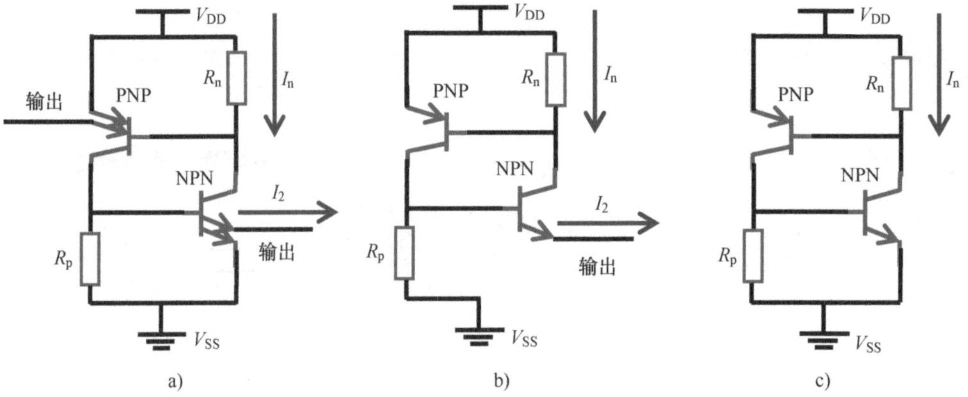

图 6-9 －100mA I-test 时的等效电路简图

图 6-10 所示的是 －100mA I-test 没有发生闩锁现象的物理分析，是对图 6-9b 和图 6-9c 两种情况的分析过程。测试结果是没有发生闩锁现象，说明 $I_pR_p<0.6V$ 或者 $I_nR_n<0.6V$，也就是 +100mA I-test 触发后，NPN 或者 PNP 没有导通，如果其中一个寄生双极型晶体管没有导通，也就不会发生闩锁现象。图 6-10a 和图 6-10b 是 PNP 没有导通的情况，－100mA I-test 触发后，$I_nR_n<0.6V$，该电压不足以使 PNP 发射结正偏，PNP 没有导通，电流 I_p 几乎为 0，脉冲电流消失后，NPN 重新工作在截止状态或者始终处于截止状态。图 6-10c 和图 6-10d 是 NPN 没有导通的情况，$I_nR_n\geq0.6V$，PNP 被导通，但是 $I_pR_p<0.6V$，该电压不足以使 NPN 发射结正偏，NPN 没有导通，脉冲电流消失后，NPN 重新工作在截止状态或者始终处于截止状态。

表 6-3 是接受 $1.5V_{max}$ V-test 的条件和测试结果，$S=2\mu m$ 和 $S=5\mu m$ 都没有发生闩锁现象。没有闩锁现象，说明在 $1.5V_{max}$ 的条件下，不足以击穿 NW 与 PW 之间的 PN 结，以及不足以使 n+ 到 NW 或者 p+ 到 PW 之间的穿通，没有击穿或者穿通现象，就不会在 NW 或者 PW 产生电流，也不会触发寄生 PNPN 结构。1.8V NMOS 和 1.8V PMOS 之间的击穿或者穿通高达 10V，所以在遵守正常的版图设计规则，无论怎么改变版图的尺寸，$1.5V_{max}$ V-test 测试都不会触发闩锁现象。

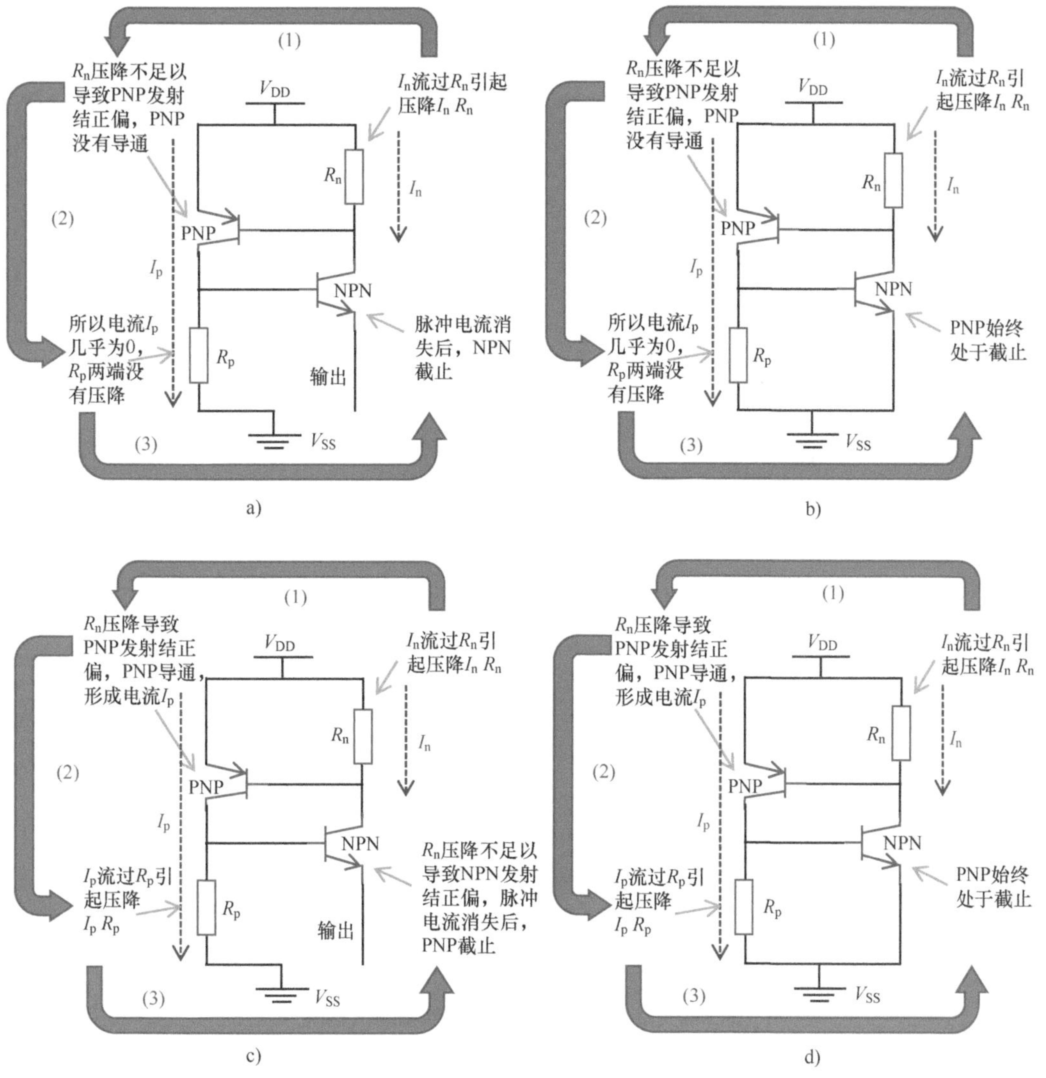

图 6-10　−100mA I-test 没有发生闩锁现象的物理分析

表 6-3　1.5V_{max} V-test 的条件和测试结果

测试类型	1.5V_{max} V-test
测试条件	1）V_{DD} = 1.8V，V_{SS} = 0V 2）电压激励加载在 V_{DD} 管脚 3）加载电压激励前后，V_{DD} = 1.8V（电源电压） 4）电压脉冲：V_{DD} = 1.5V_{max} = 1.5 × 1.8V = 2.7V
S = 2μm（W = 0.4μm）	没有闩锁现象
S = 5μm（W = 1.5μm）	没有闩锁现象

2. 13.5V NMOS 和 13.5V PMOS 之间的闩锁结构

图 6-11 所示的是 13.5V NMOS 和 13.5V PMOS 形成 PNPN 结构的等效电路图。13.5V NMOS 的源漏有源区和 HVNW 之间会形成两个寄生横向的 NPN，13.5V PMOS 的源漏有源区和 HVPW 之间会形成两个寄生纵向的 PNP，它们通过 HVPW 电阻 R_p 和 HVNW 电阻 R_n 构成 PNPN 的闩锁结构。

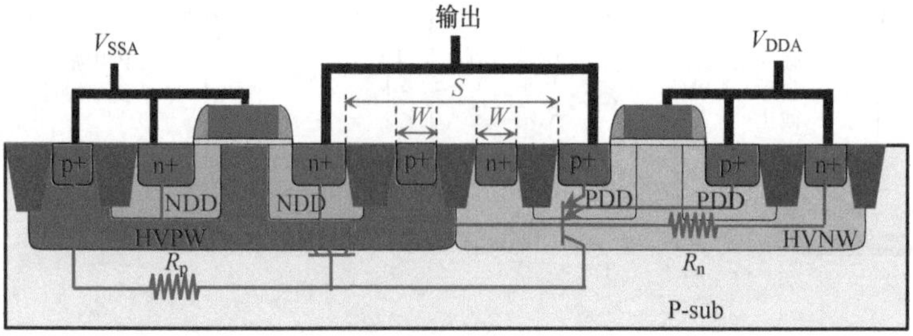

a)

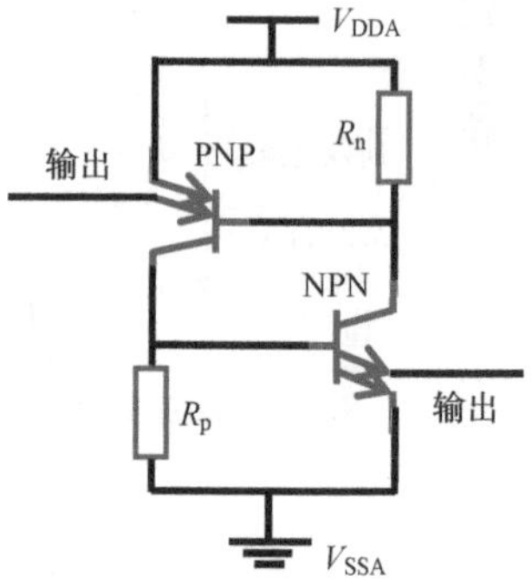

b)

图 6-11　13.5V NMOS 和 13.5V PMOS 形成 PNPN 结构的等效电路图

为了使器件始终处于关闭状态，13.5V NMOS 的栅极接 V_{SSA}，13.5V PMOS 的栅极接 V_{DDA}。13.5V NMOS 的衬底和源接 V_{SSA}，所以不用接受闩锁测试，其漏极接输出管脚，要接受 I-test 测试。13.5V PMOS 的衬底和源接 V_{DDA}，要接受 V-test，其漏极接输出管脚，要接受 I-test。

表 6-4 是接受 +100mA I-test 的条件和测试结果，输出管脚分别接最大逻辑高电平和最小逻辑低电平进行测试，$S=10\mu m$ 或者更小的间距都会发生闩锁现象，$S=16\mu m$ 或者更大的间距没有发生闩锁现象。要提高 13.5V NMOS 和 13.5V PMOS 之间的寄生 PNPN 结构抵御闩锁效应的能力，必须使它们的间距大于 16μm。

表 6-4　+100mA I-test 的条件和测试结果

测试类型	+100mA I-test	
测试条件	1）$V_{DDA}=13.5V$，$V_{SSA}=0V$ 2）电流激励加载在输出管脚 3）加载电流激励前后，输出管脚电压 $V_{out}=13.5V$（最大高电平）； 4）加载电流激励时，脉冲信号 $V_{out}=1.5V_{max}=1.5\times13.5V=20.25V$	1）$V_{DDA}=13.5V$，$V_{SSA}=0V$ 2）电流激励加载在输出管脚 3）加载电流激励前后，输出管脚电压 $V_{out}=0V$（最小低电平）； 4）加载电流激励时，脉冲信号 $V_{out}=1.5V_{max}=1.5\times13.5V=20.25V$
$S=4\mu m$（$W=0.4\mu m$）	有闩锁现象	有闩锁现象
$S=10\mu m$（$W=3\mu m$）	有闩锁现象	有闩锁现象
$S=16\mu m$（$W=5\mu m$）	没有闩锁现象	没有闩锁现象
$S=22\mu m$（$W=5\mu m$）	没有闩锁现象	没有闩锁现象

图6-12所示的是+100mA I-test时电流的流向图。+100mA I-test时出现比V_{DDA}高的电压脉冲信号在输出管脚，会导通寄生PNP，在HVPW衬底形成收集电流I_p。图6-13所示的是+100mA I-test时的等效电路简图，图6-13a是两个寄生横向的NPN和两个寄生纵向的PNP组成的PNPN结构，假设注入电流I_1，在HVPW衬底的收集电流是I_p。为了使分析变得简单，把图6-13a拆分成图6-13b和图6-13c两种情况。图6-13b是拿掉接到V_{DDA}的13.5V PMOS源极和接到输出的13.5V NMOS漏极，PNP由接到输出的13.5V PMOS漏极、HVNW和HVPW组成，NPN由接到V_{SSA}的13.5V NMOS源极、HVPW和HVNW组成。图6-13c是拿掉接到输出的13.5V PMOS漏极和接到输出的13.5V NMOS漏极，PNP由接到V_{DDA}的13.5V PMOS源极、HVNW和HVPW组成，NPN由接到V_{SSA}的13.5V NMOS源极、HVPW和HVNW组成。

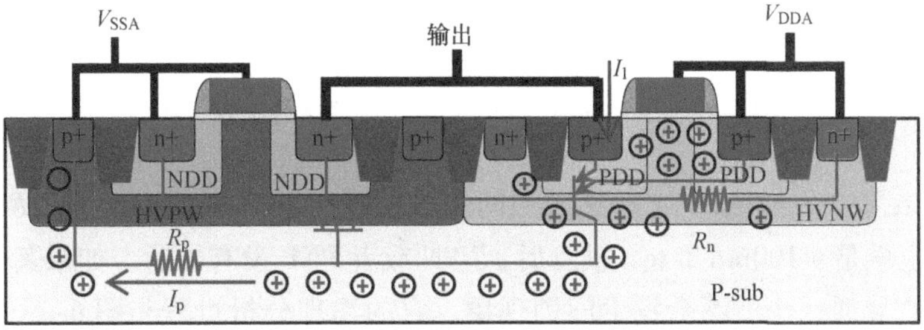

图6-12　+100mA I-test时电流的流向图

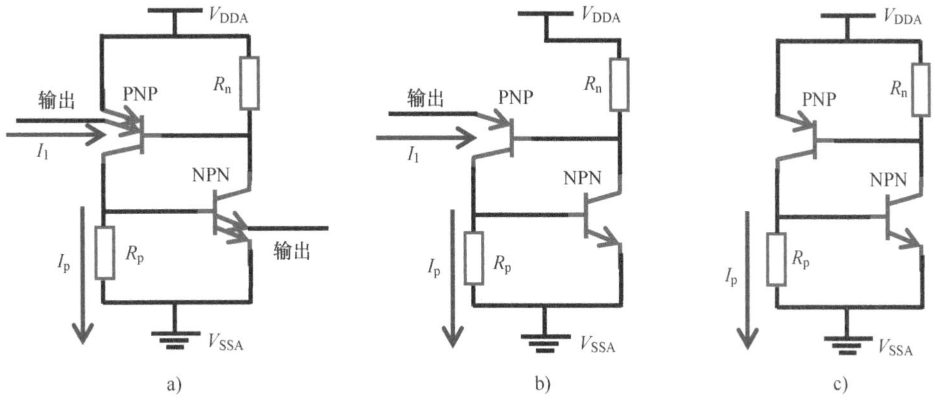

图6-13　+100mA I-test时的等效电路简图

图6-14所示的是+100mA I-test发生闩锁现象的物理分析，是对图6-13b和图6-13c两种情况的分析过程。测试结果中$S=10\mu m$或者更小的间距都会发生闩锁现象，说明图6-14a和图6-14b中$I_pR_p>0.6V$，导致NPN发射结正偏，形成电流I_n，同时$I_nR_n>0.6V$，PNP和NPN同时导通，PNPN结构形成低阻通路。

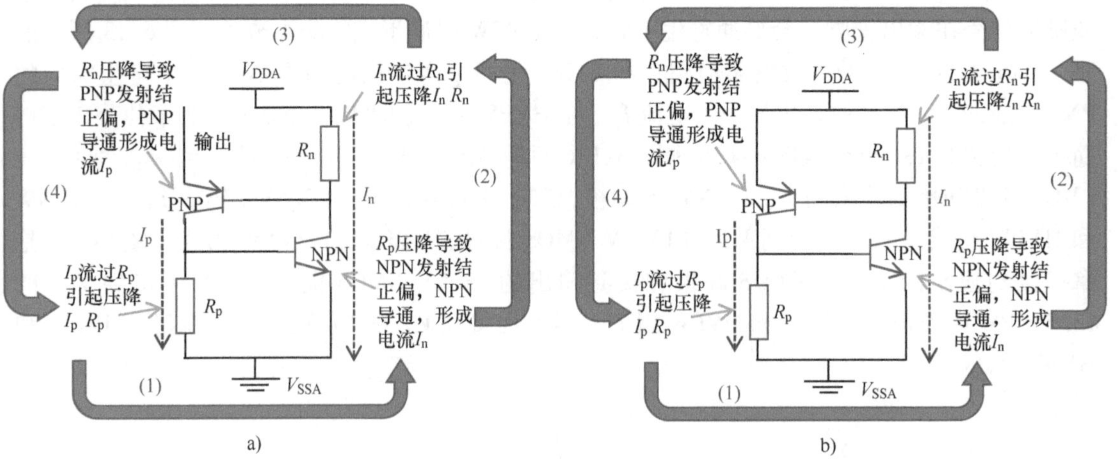

图 6-14　+100mA I-test 发生闩锁现象的物理分析

对于测试结果中 $S=16\mu m$ 或者更大的间距没有发生闩锁现象，说明 $I_pR_p<0.6V$ 或者 $I_nR_n<0.6V$，也就是 +100mA I-test 触发后，NPN 或者 PNP 没有导通，如果其中一个寄生双极型晶体管没有导通，也就不会发生闩锁现象。它的物理分析过程与图 6-7 +100mA I-test 没有发生闩锁现象的物理分析是一样的，这里不再重复。

表 6-5 是接受 -100mA I-test 测试的条件和测试结果，输出管脚分别接最大逻辑高电平和最小逻辑低电平进行测试，$S=16\mu m$ 或者更小的间距都会发生闩锁现象，$S=22\mu m$ 或者更大的间距没有发生闩锁现象。要提高 13.5V NMOS 和 13.5V PMOS 之间的寄生 PNPN 结构抵御闩锁效应的能力，必须使它们的间距大于 $22\mu m$。

表 6-5　-100mA I-test 的条件和测试结果

测试类型	-100mA I-test	
测试条件	1）$V_{DDA}=13.5V$，$V_{SSA}=0V$ 2）电流激励加载在输出管脚 3）加载电流激励前后，输出管脚电压 $V_{out}=13.5V$（最大高电平） 4）加载电流激励时，脉冲信号 $V_{out}=-0.5V_{max}=-0.5\times13.5V=-6.75V$	1）$V_{DDA}=13.5V$，$V_{SSA}=0V$ 2）电流激励加载在输出管脚 3）加载电流激励前后，输出管脚电压 $V_{out}=0V$（最小低电平） 4）加载电流激励时，脉冲信号 $V_{out}=-0.5V_{max}=-0.5\times13.5V=-6.75V$
$S=4\mu m$（$W=0.4\mu m$）	有闩锁现象	有闩锁现象
$S=10\mu m$（$W=3\mu m$）	有闩锁现象	有闩锁现象
$S=16\mu m$（$W=5\mu m$）	有闩锁现象	有闩锁现象
$S=22\mu m$（$W=5\mu m$）	没有闩锁现象	没有闩锁现象

图 6-15 所示的是 -100mA I-test 时电流的流向图。-100mA I-test 时出现比 V_{SSA} 低的电压脉冲信号在输出管脚，会导通寄生 NPN，在 HVNW 衬底形成收集电流 I_n。图 6-16 所示的是 -100mA I-test 时的等效电路简图，图 6-16a 是两个寄生横向的 NPN 和两个寄生纵向的 PNP 组成的 PNPN 结构，假设注入电流 I_2，在 HVNW 衬底的收集电流是 I_n。为了使分析变得简单，把图 6-16a 拆分成图 6-16b 和图 6-16c 两种情况。图 6-16b 是拿掉接到 V_{SSA} 的 13.5V NMOS 源极和接到输出的 13.5V PMOS 漏极，PNP 由接到 V_{DDA} 的 13.5V PMOS 漏极、HVNW 和 HVPW 组成，NPN 由接到输出的 13.5V NMOS 漏极、HVPW 和 HVNW 组成。图 6-16c 是拿掉接到输出的 13.5V PMOS 漏极和接到输出的 13.5V NMOS 漏极，PNP 由接到 V_{DDA} 的 13.5V PMOS 源极、HVNW 和 HVPW 组成，NPN 由接到 V_{SSA} 的 13.5V NMOS 源极、HVPW 和 HVNW 组成。

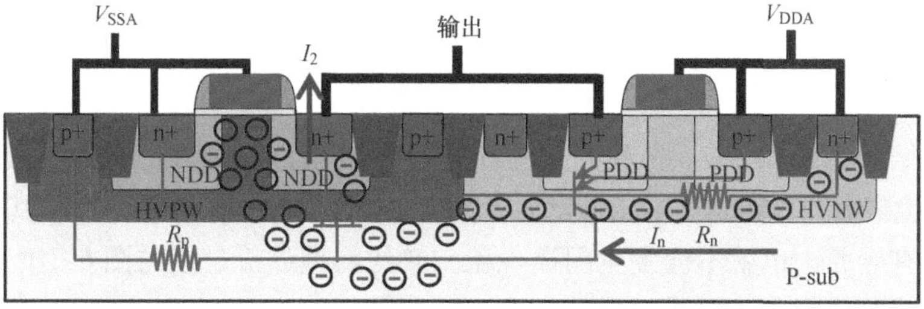

图 6-15　-100mA I-test 时电流的流向图

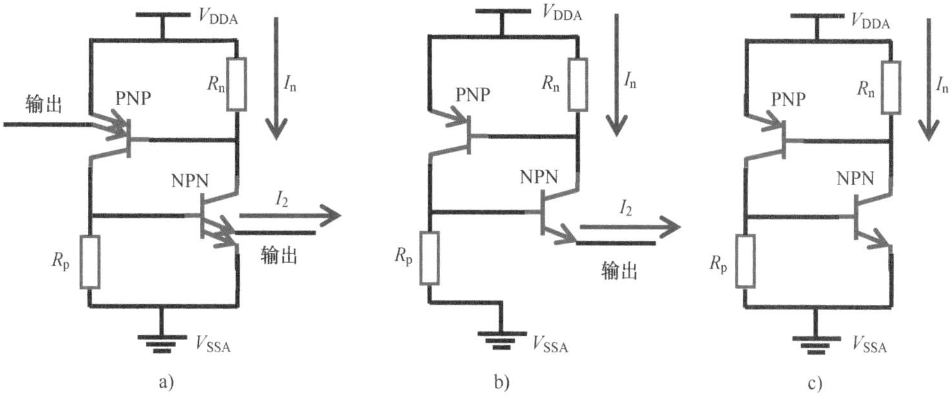

图 6-16　-100mA I-test 时的等效电路简图

图 6-17 所示的是 -100mA I-test 发生闩锁现象的物理分析，是对图 6-16b 和图 6-16c 两种情况的分析过程。测试结果中 $S=16\mu m$ 或者更小的间距都会发生闩锁现象，说明图 6-17a 和图 6-17b 中 $I_nR_n>0.6V$，导致 PNP 发射结正偏，形成电流 I_p，同时 $I_pR_p>0.6V$，PNP 和 NPN 同时导通，PNPN 结构形成低阻通路。

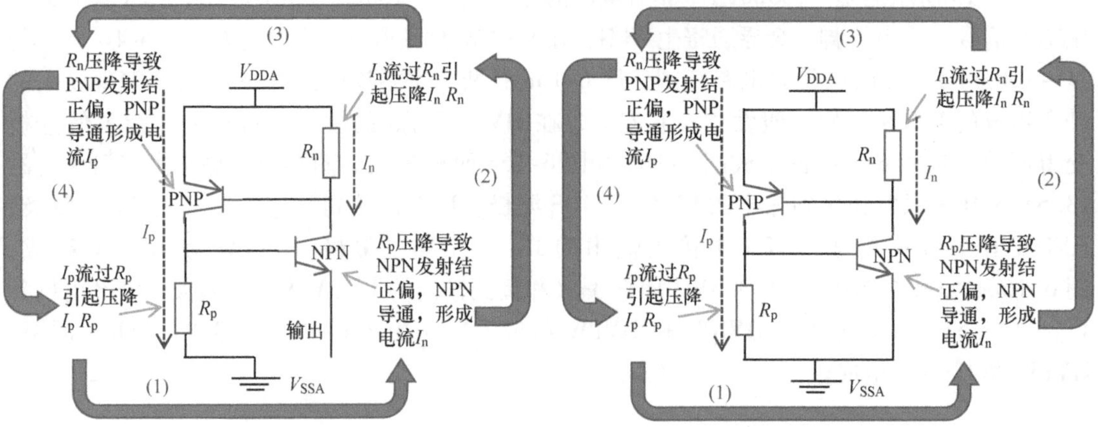

a)　　　　　　　　b)

图 6-17　-100mA I-test 发生闩锁现象的物理分析

对于测试结果中 $S=22\mu m$ 或者更大的间距没有发生闩锁现象，说明 $I_pR_p<0.6V$ 或者 $I_nR_n<0.6V$，也就是 -100mA I-test 触发后，NPN 或者 PNP 没有导通，如果其中一个寄生双极型晶体管没有导通，也就不会发生闩锁现象。它的物理分析过程与图 6-10　-100mA I-test 没有发生闩锁现象的物理分析是一样的，这里不再重复。

表 6-6 是接受 $1.5V_{max}$ V-test 测试的条件和测试结果，最小的间距 $S=4\mu m$ 没有发生闩锁现象。没有闩锁现象，说明在 $1.5V_{max}$ 的条件下，不足以击穿 HVNW 与 HVPW 之间的 PN 结，以及不足以使 n+到 HVNW 或者 p+到 HVPW 之间的穿通，没有击穿或者穿通现象，就不会在 HVNW 或者 HVPW 产生电流，也不会触发寄生 PNPN 结构。13.5V NMOS 和 13.5V PMOS 之间的击穿或者穿通高达 30V，所以在遵守正常的版图设计规则，无论怎么改变版图的尺寸，$1.5V_{max}$ V-test 都不会触发闩锁现象。

表 6-6　$1.5V_{max}$ V-test 的条件和测试结果

测试类型	$1.5V_{max}$ V-test
测试条件	1）$V_{DDA}=13.5V$，$V_{SSA}=0V$ 2）电压激励加载在 V_{DDA} 管脚 3）加载电压激励前后，$V_{DDA}=13.5V$（电源电压） 4）加载电压激励时，$V_{DDA}=1.5V_{max}=1.5\times13.5V=20.25V$
$S=4\mu m$（$W=0.4\mu m$）	没有闩锁现象
$S=10\mu m$（$W=3\mu m$）	没有闩锁现象
$S=16\mu m$（$W=5\mu m$）	没有闩锁现象
$S=22\mu m$（$W=5\mu m$）	没有闩锁现象

3. 1.8V NMOS 和 13.5V PMOS 之间的闩锁结构

图 6-18 所示的是 1.8V NMOS 和 13.5V PMOS 形成 PNPN 结构的等效电路图。1.8V NMOS 的源漏有源区和 HVNW 之间会形成两个寄生横向的 NPN，13.5V PMOS 的源漏有源区和 PW 之间会形成两个寄生纵向的 PNP，它们通过 PW 电阻 R_p 和 HVNW 电阻 R_n 构成 PNPN 的闩锁结构。

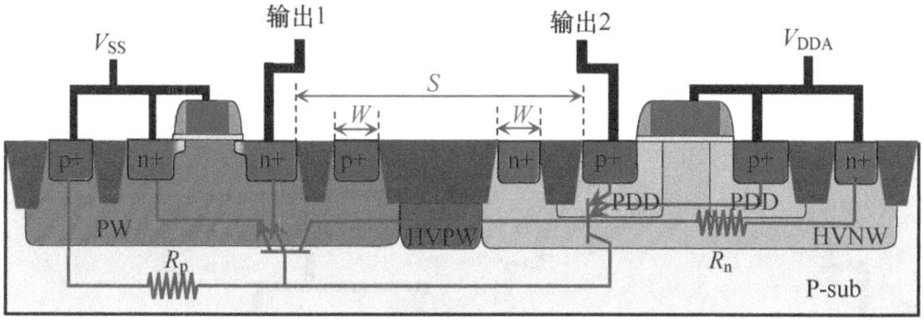

a)

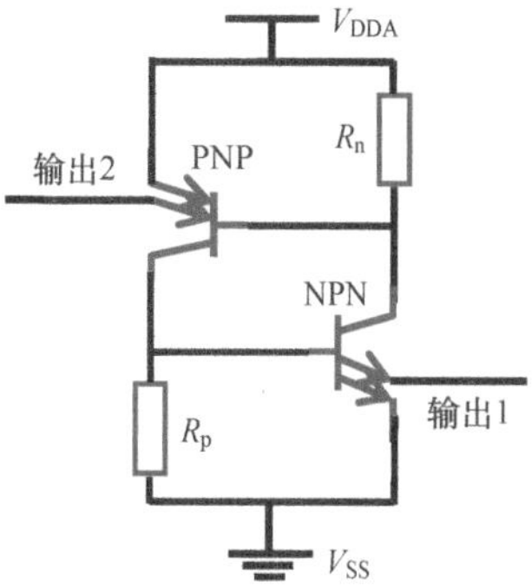

b)

图 6-18　1.8V NMOS 和 13.5V PMOS 形成 PNPN 结构的等效电路图

为了使器件始终处于关闭状态，1.8V NMOS 的栅极接 V_{SS}，13.5V PMOS 的栅极接 V_{DDA}。1.8V NMOS 的衬底和源接 V_{SS}，所以不用接受闩锁测试，其漏极接输出管脚，要接受 I-test。13.5V PMOS 的衬底和源接 V_{DDA}，要接受 V-test，其漏极接输出管脚，要接受 I-test。

表 6-7 是接受 +100mA I-test 的条件和测试结果，输出管脚分别接最大逻辑高电平和最小逻辑低电平进行测试，$S=4\mu m$ 的间距会发生闩锁现象，$S=10\mu m$ 或者更大的间距没有发生闩锁现象。要提高 1.8V NMOS 和 13.5V PMOS 之间的寄生 PNPN 结构抵御闩锁效应的能力，必须使它们的间距大于 10μm。

表 6-7　+100mA I-test 的条件和测试结果

测试类型	+100mA I-test	
测试条件	1）$V_{DDA}=13.5V$，$V_{SS}=0V$ 2）电流激励加载在输出管脚 3）加载电流激励前后，输出管脚电压 $V_{out}=13.5V$（最大高电平） 4）加载电流激励时，脉冲信号 $V_{out}=1.5V_{max}=1.5\times13.5V=20.25V$	1）$V_{DDA}=13.5V$，$V_{SS}=0V$ 2）电流激励加载在输出管脚 3）加载电流激励前后，输出管脚电压 $V_{out}=0V$（最小低电平） 4）加载电流激励时，脉冲信号 $V_{out}=1.5V_{max}=1.5\times13.5V=20.25V$
$S=4\mu m$（$W=0.4\mu m$）	有闩锁现象	有闩锁现象
$S=10\mu m$（$W=3\mu m$）	没有闩锁现象	没有闩锁现象
$S=16\mu m$（$W=5\mu m$）	没有闩锁现象	没有闩锁现象
$S=22\mu m$（$W=5\mu m$）	没有闩锁现象	没有闩锁现象

图 6-19 所示的是 +100mA I-test 时电流的流向图。+100mA I-test 时出现比 V_{DDA} 高的电压脉冲信号在输出管脚，会导通寄生 PNP，在 PW 衬底形成收集电流 I_p。图 6-20 所示的是 +100mA I-test 时的等效电路简图，图 6-20a 是两个寄生横向的 NPN 和两个寄生纵向的 PNP 组成的 PNPN 结构，假设注入电流 I_1，在 PW 衬底的收集电流是 I_p。为了使分析变得简单，把图 6-20a 拆分成图 6-20b 和图 6-20c 两种情况。图 6-20b 是拿掉接到 V_{DDA} 的 13.5V PMOS 源极和接到输出的 1.8V NMOS 漏极，PNP 由接到输出的 13.5V PMOS 漏极、HVNW 和 PW 组成，NPN 由接到 V_{SSA} 的 1.8V NMOS 源极、PW 和 HVNW 组成。图 6-20c 是拿掉接到输出的 13.5V PMOS 漏极和接到输出的 1.8V NMOS 漏极，PNP 由接到 V_{DDA} 的 13.5V PMOS 源极、HVNW 和 PW 组成，NPN 由接到 V_{SSA} 的 1.8V NMOS 源极、PW 和 HVNW 组成。

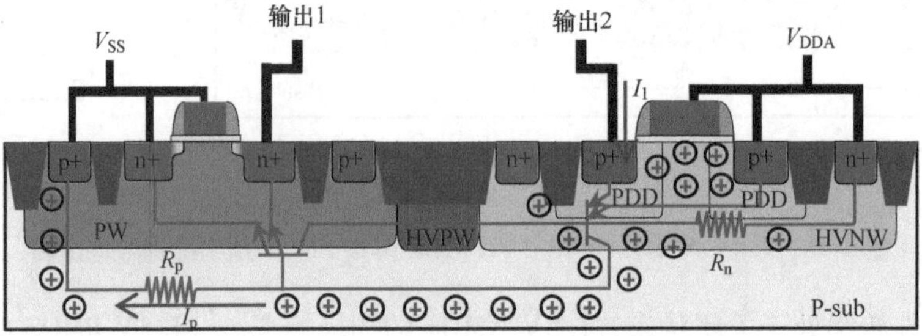

图 6-19 +100mA I-test 时电流的流向图

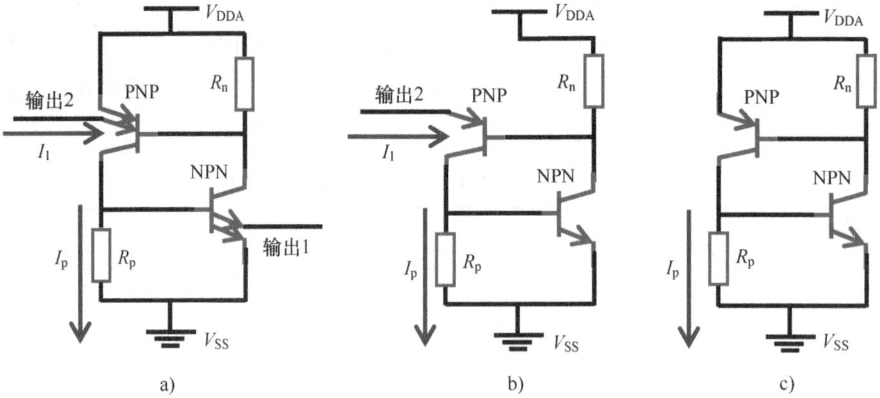

图 6-20 +100mA I-test 时的等效电路简图

图 6-21 所示的是 +100mA I-test 发生闩锁现象的物理分析，是对图 6-20b 和图 6-20c 两种情况的分析过程。测试结果中 $S = 4\mu m$ 的间距都会发生闩锁现象，说明图 6-21a 和图 6-21b 中 $I_pR_p > 0.6V$，导致 NPN 发射结正偏，形成电流 I_n，同时 $I_nR_n > 0.6V$，PNP 和 NPN 同时导通，PNPN 结构形成低阻通路。

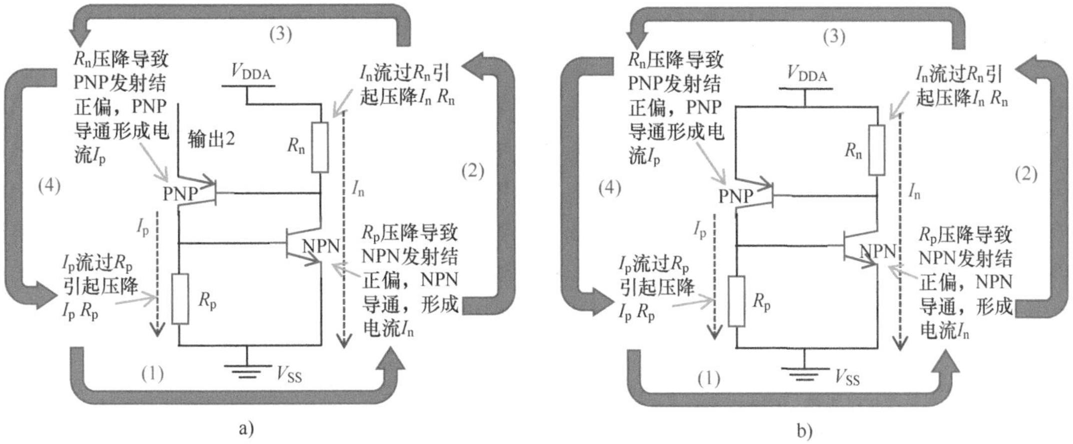

图 6-21　+100mA I-test 发生闩锁现象的物理分析

对于测试结果中 $S=10\mu m$ 或者更大的间距没有发生闩锁现象，说明 $I_p R_p<0.6V$ 或者 $I_n R_n<0.6V$，也就是 +100mA I-test 触发后，NPN 或者 PNP 没有导通，如果其中一个寄生双极型晶体管没有导通，也就不会发生闩锁现象。它的物理分析过程与图 6-7　+100mA I-test 没有发生闩锁现象的物理分析是一样的，这里不再重复。

表 6-8 是接受 −100mA I-test 的条件和测试结果，输出管脚分别接最大逻辑高电平和最小逻辑低电平进行测试，$S=10\mu m$ 或者更小的间距都会发生闩锁现象，$S=16\mu m$ 或者更大的间距没有发生闩锁现象。要提高 1.8V NMOS 和 13.5V PMOS 之间的寄生 PNPN 结构抵御闩锁效应的能力，必须使它们的间距大于 $16\mu m$。

表 6-8　−100mA I-test 的条件和测试结果

测试类型	−100mA I-test	
测试条件	1）$V_{DDA}=13.5V$，$V_{SS}=0V$ 2）电流激励加载在输出管脚 3）加载电流激励前后，输出管脚电压 $V_{out}=1.8V$（最大高电平） 4）加载电流激励时，脉冲信号 $V_{out}=-0.5V_{max}=-0.5\times1.8V=-0.9V$	1）$V_{DDA}=13.5V$，$V_{SS}=0V$ 2）电流激励加载在输出管脚 3）加载电流激励前后，输出管脚电压 $V_{out}=0V$（最小低电平） 4）加载电流激励时，脉冲信号 $V_{out}=-0.5V_{max}=-0.5\times1.8V=-0.9V$
$S=4\mu m$（$W=0.4\mu m$）	有闩锁现象	有闩锁现象
$S=10\mu m$（$W=3\mu m$）	有闩锁现象	有闩锁现象
$S=16\mu m$（$W=5\mu m$）	没有闩锁现象	没有闩锁现象
$S=22\mu m$（$W=5\mu m$）	没有闩锁现象	没有闩锁现象

图 6-22 所示的是 −100mA I-test 时电流的流向图。−100mA I-test 时出现比 V_{SS} 低的电压脉冲信号在输出管脚，会导通寄生 NPN，在 HVNW 衬底形成收集电流 I_n。图 6-23 所示的是 −100mA I-test 时的等效电路简图，图 6-23a 是两个寄生横向的 NPN 和两个寄生纵向的 PNP 组成的 PNPN 结构，假设注入电流 I_2，在 HVNW 衬底的收集电流是 I_n。为了使分析变得简单，把图 6-23a 拆分成图 6-23b 和图 6-23c 两种情况。图 6-23b 是拿掉接到 V_{SS} 的 1.8V NMOS 源极和接到输出的 13.5V PMOS 漏极，PNP 由接到 V_{DDA} 的 13.5V PMOS 漏极、HVNW 和 PW 组成，NPN 由接到输出的 1.8V NMOS 漏极、PW 和 HVNW 组成。图 6-23c 是拿掉接到输出的 13.5V PMOS 漏极和接到输出的 1.8V NMOS 漏极，PNP 由接到 V_{DDA} 的 13.5V PMOS 源极、HVNW 和 PW 组成，NPN 由接到 V_{SS} 的 1.8V NMOS 源极、PW 和 HVNW 组成。

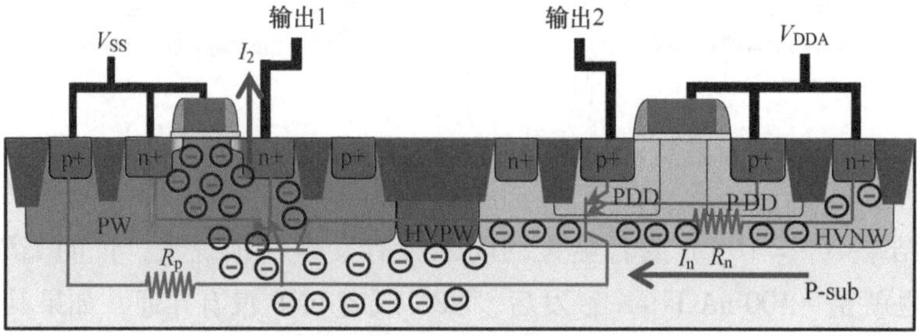

图 6-22　−100mA I-test 时电流的流向图

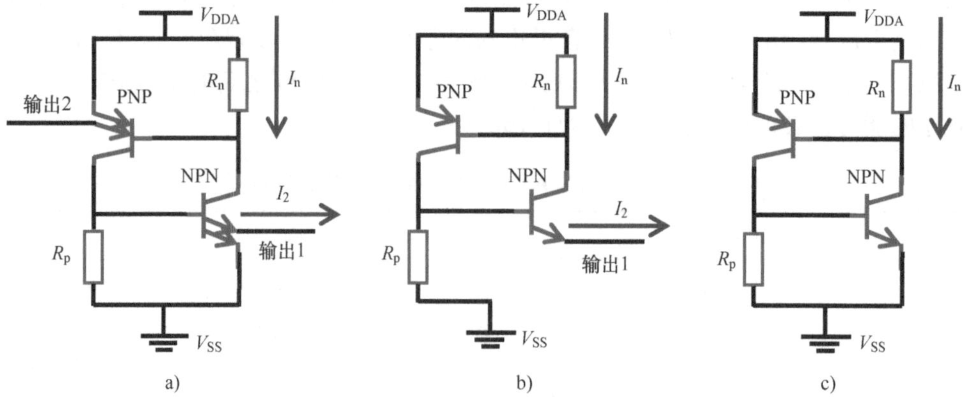

图 6-23　−100mA I-test 时的等效电路简图

图 6-24 所示的是 −100mA I-test 测试发生闩锁现象的物理分析，是对图 6-23b 和图 6-23c 两种情况的分析过程。测试结果中 $S=10\mu m$ 或者更小的间距都会发生闩锁现象，说明图 6-24a 和图 6-24b 中 $I_nR_n>0.6V$，导致 NPN 发射结正偏，形成电流 I_p，同时 $I_pR_p>0.6V$，PNP 和 NPN 同时导通，PNPN 结构形成低阻通路。

对于测试结果中 $S=16\mu m$ 或者更大的间距没有发生闩锁现象，说明 $I_pR_p<0.6V$ 或者 $I_nR_n<0.6V$，也就是 −100mA I-test 触发后，NPN 或者 PNP 没有导通，如果其中一个寄生双

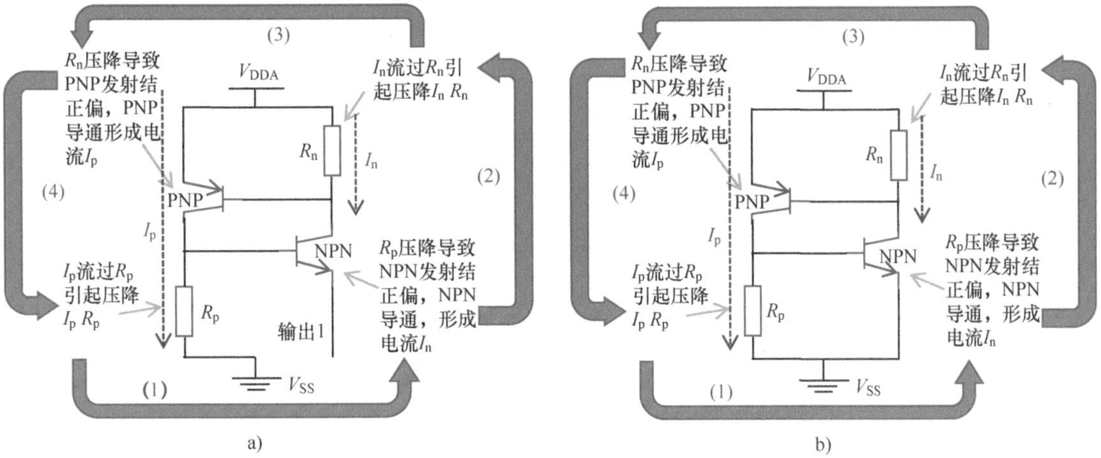

图 6-24　－100mA I-test 发生闩锁现象的物理分析

极型晶体管没有导通，也就不会发生闩锁现象。它的物理分析过程与图 6-10 －100mA I-test 没有发生闩锁现象的物理分析是一样的，这里不再重复。

表 6-9 是接受 1.5V_{max} V-test 的条件和测试结果，最小的间距 $S=4\mu m$ 没有发生闩锁现象。1.8V NMOS 和 13.5V PMOS 1.5V_{max} V-test 测试没有闩锁现象的原因与 13.5V NMOS 和 13.5V PMOS 是一样的，所以在遵守正常的版图设计规则，无论怎么改变版图的尺寸，1.5V_{max} V-test 测试都不会触发闩锁现象。

表 6-9　1.5V_{max} V-test 的条件和测试结果

测试类型	1.5V_{max} V-test
测试条件	1）$V_{DDA}=13.5V$，$V_{SS}=0V$ 2）电压激励加载在 V_{DDA} 管脚 3）加载电压激励前后，$V_{DDA}=13.5V$（电源电压） 4）加载电压激励时，$V_{DDA}=1.5V_{max}=1.5\times13.5V=20.25V$
$S=4\mu m$（$W=0.4\mu m$）	没有闩锁现象
$S=10\mu m$（$W=3\mu m$）	没有闩锁现象
$S=16\mu m$（$W=5\mu m$）	没有闩锁现象
$S=22\mu m$（$W=5\mu m$）	没有闩锁现象

4. 13.5V NMOS 和 1.8V PMOS 之间的闩锁结构

图 6-25 所示的是 13.5V NMOS 和 1.8V PMOS 形成 PNPN 结构的等效电路图。13.5V NMOS 的源漏有源区和 NW 之间会形成两个寄生横向的 NPN，1.8V PMOS 的源漏有源区和 PW 之间会形成两个寄生纵向的 PNP，它们通过 HVPW 电阻 R_p 和 NW 电阻 R_n 构成 PNPN 的闩锁结构。

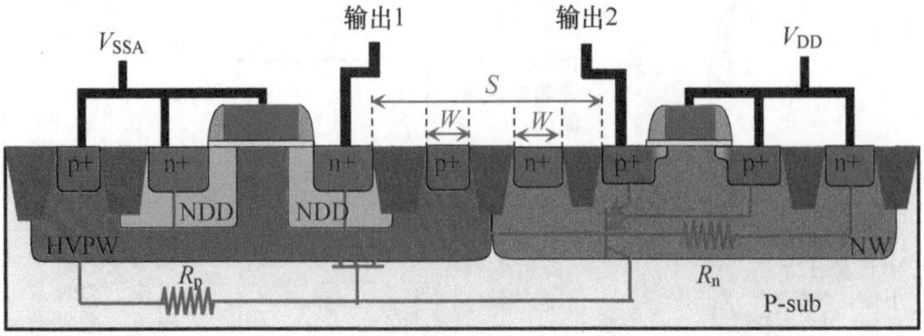

a)

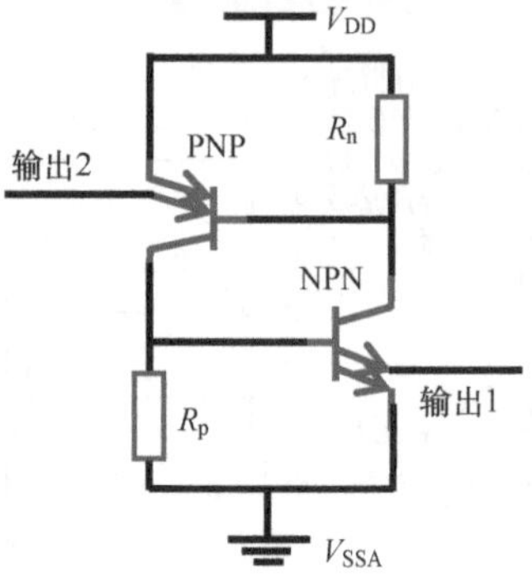

b)

图 6-25　13.5V NMOS 和 1.8V PMOS 形成 PNPN 结构的等效电路图

为了使器件始终处于关闭状态，13.5V NMOS 的栅极接 V_{SS}，1.8V PMOS 的栅极接 V_{DD}。13.5V NMOS 的衬底和源接 V_{SS}，所以不用接受闩锁测试，其漏极接输出管脚，要接受I-test。1.8V PMOS 的衬底和源接 V_{DD}，要接受 V-test，其漏极接输出管脚，要接受 I-test。

表6-10 是接受 +100mA I-test 的条件和测试结果，输出管脚分别接最大逻辑高电平和最小逻辑低电平进行测试，$S=4\mu m$ 没有发生闩锁现象。没有发生闩锁现象，说明在 1.8V 电源电压和 +100mA 电流的条件下，不足以触发这个版图的闩锁效应。如果把环型的阱接触拿掉，使阱等效电阻变大，并且减小这两个器件的间距，有可能触发闩锁效应。

表 6-10　+100mA I-test 的条件和测试结果

测试类型	+100mA I-test	
测试条件	1）$V_{DD}=1.8V$，$V_{SSA}=0V$ 2）电流激励加载在输出管脚 3）加载电流激励前后，输出管脚电压 $V_{out}=1.8V$（最大高电平） 4）加载电流激励时，脉冲信号 $V_{out}=1.5V_{max}=1.5\times1.8V=2.7V$	1）$V_{DD}=1.8V$，$V_{SSA}=0V$ 2）电流激励加载在输出管脚 3）加载电流激励前后，输出管脚电压 $V_{out}=0V$（最小低电平） 4）加载电流激励时，脉冲信号 $V_{out}=1.5V_{max}=1.5\times1.8V=2.7V$
$S=4\mu m$（$W=0.4\mu m$）	没有闩锁现象	没有闩锁现象
$S=10\mu m$（$W=3\mu m$）	没有闩锁现象	没有闩锁现象
$S=16\mu m$（$W=5\mu m$）	没有闩锁现象	没有闩锁现象

图 6-26 所示的是 +100mA I-test 时电流的流向图。+100mA I-test 时出现比 V_{DD}高的电压脉冲信号在输出管脚，所以会导通寄生 PNP，在 HVPW 衬底形成收集电流 I_p。图 6-27 所示的是 +100mA I-test 时的等效电路简图，图 6-26a 是两个寄生横向的 NPN 和两个寄生纵向的 PNP 组成的 PNPN 结构，假设注入电流 I_1，在 HVPW 衬底的收集电流是 I_p。为了使分析

变得简单，把图 6-27a 拆分成图 6-27b 和图 6-27c 两种情况。图 6-27b 是拿掉接到 V_{DD} 的 1.8V PMOS 源极和接到输出的 13.5V NMOS 漏极，PNP 由接到输出的 1.8V PMOS 漏极、NW 和 HVPW 组成，NPN 由接到 V_{SSA} 的 13.5V NMOS 源极、HVPW 和 NW 组成。图 6-27c 是拿掉接到输出的 1.8V PMOS 漏极和接到输出的 13.5V NMOS 漏极，PNP 由接到 VDD 的 1.8V PMOS 源极、NW 和 HVPW 组成，NPN 由接到 V_{SSA} 的 13.5V NMOS 源极、HVPW 和 NW 组成。

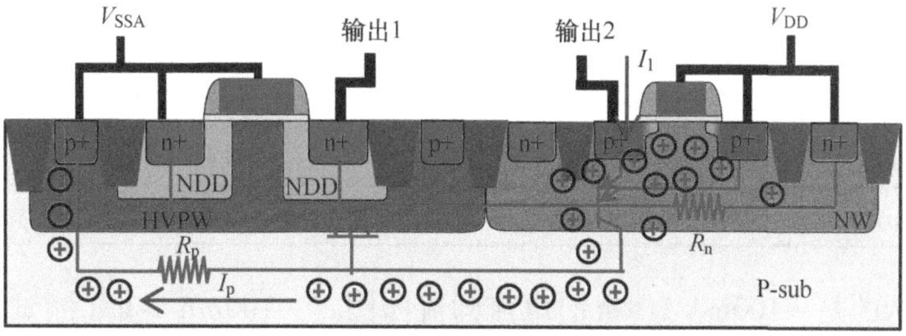

图 6-26　+100mA I-test 时电流的流向图

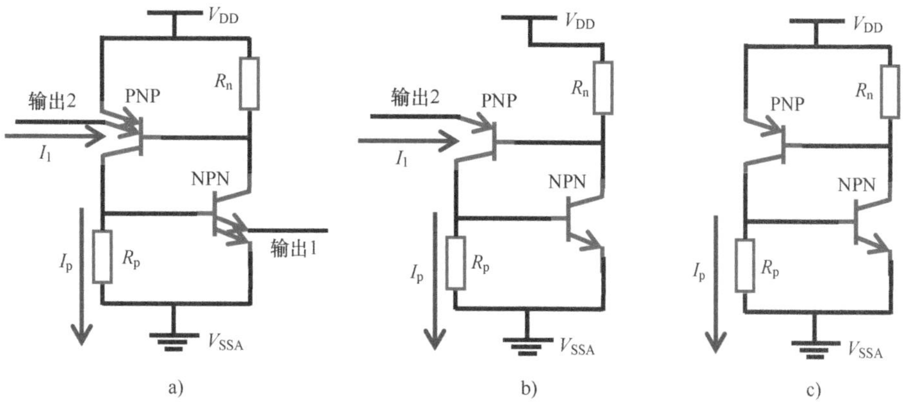

图 6-27　+100mA I-test 时的等效电路简图

测试结果没有发生闩锁现象，说明 $I_pR_p<0.6V$ 或者 $I_nR_n<0.6V$，也就是 +100mA I-test 触发后，NPN 或者 PNP 没有导通，如果其中一个寄生双极型晶体管没有导通，也就不会发生闩锁现象。它的物理分析过程与图 6-7 +100mA I-test 没有发生闩锁现象的物理分析是一样的，这里不再重复。

表 6-11 是接受 -100mA I-test 的条件和测试结果，输出管脚分别接最大逻辑高电平和最小逻辑低电平进行测试，$S=4\mu m$ 没有发生闩锁现象。没有发生闩锁现象，说明在 1.8V 电源电压和 -100mA 电流的条件下，不足以触发这个版图的闩锁效应。如果把环型的阱接触拿掉，使阱等效电阻变大，并且减小这两个器件的间距，有可能触发闩锁效应。

表 6-11　−100mA I-test 的条件和测试结果

测试类型	−100mA I-test	
测试条件	1）$V_{DD}=1.8V$，$V_{SSA}=0V$ 2）电流激励加载在输出管脚 3）加载电流激励前后，输出管脚电压 $V_{out}=1.8V$（最大高电平） 4）加载电流激励时，脉冲信号 $V_{out}=-0.5V_{max}=-0.5\times1.8V=-0.9V$	1）$V_{DD}=1.8V$，$V_{SSA}=0V$ 2）电流激励加载在输出管脚 3）加载电流激励前后，输出管脚电压 $V_{out}=0V$（最小低电平） 4）加载电流激励时，脉冲信号 $V_{out}=-0.5V_{max}=-0.5\times1.8V=-0.9V$
$S=4\mu m$（$W=0.4\mu m$）	没有闩锁现象	没有闩锁现象
$S=10\mu m$（$W=3\mu m$）	没有闩锁现象	没有闩锁现象
$S=16\mu m$（$W=5\mu m$）	没有闩锁现象	没有闩锁现象

图 6-28 所示的是 −100mA I-test 时电流的流向图。−100mA I-test 测试时出现比 V_{SSA} 低的电压脉冲信号在输出管脚，会导通寄生 NPN，在 NW 衬底形成收集电流 I_n。图 6-29 所示的是 −100mA I-test 时的等效电路简图，图 6-29a 是两个寄生横向的 NPN 和两个寄生纵向的 PNP 组成的 PNPN 结构，假设注入电流 I_2，在 NW 衬底的收集电流是 I_n。为了使分析变得简单，把图 6-29a 拆分成图 6-29b 和图 6-29c 两种情况。图 6-29b 是拿掉接到 V_{SS} 的 13.5V NMOS 源极和接到输出的 1.8V PMOS 漏极，PNP 由接到 V_{DD} 的 1.8V PMOS 漏极、NW 和 HVPW 组成，NPN 由接到输出的 13.5V NMOS 漏极、HVPW 和 NW 组成。图 6-29c 是拿掉接到输出的 1.8V PMOS 漏极和接到输出的 13.5V NMOS 漏极，PNP 由接到 V_{DD} 的 1.8V PMOS 源极、NW 和 HVPW 组成，NPN 由接到 V_{SSA} 的 13.5V NMOS 源极、HVPW 和 NW 组成。

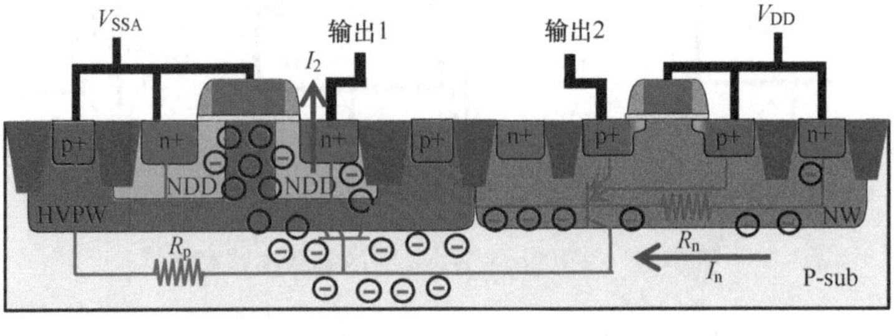

图 6-28　−100mA I-test 时电流的流向图

测试结果没有发生闩锁现象，说明 $I_pR_p<0.6V$ 或者 $I_nR_n<0.6V$，也就是 −100mA I-test 触发后，NPN 或者 PNP 没有导通，如果其中一个寄生双极型晶体管没有导通，也就不会发生闩锁现象。它的物理分析过程与图 6-10 −100mA I-test 没有发生闩锁现象的物理分析是一样的，这里不再重复。

表 6-12 是接受 $1.5V_{max}$ V-test 的条件和测试结果，$S=4\mu m$ 没有发生闩锁现象。没有闩锁现象，说明在 $1.5V_{max}$ 的条件下，不足以击穿 NW 与 HVPW 之间的 PN 结，以及不足以使

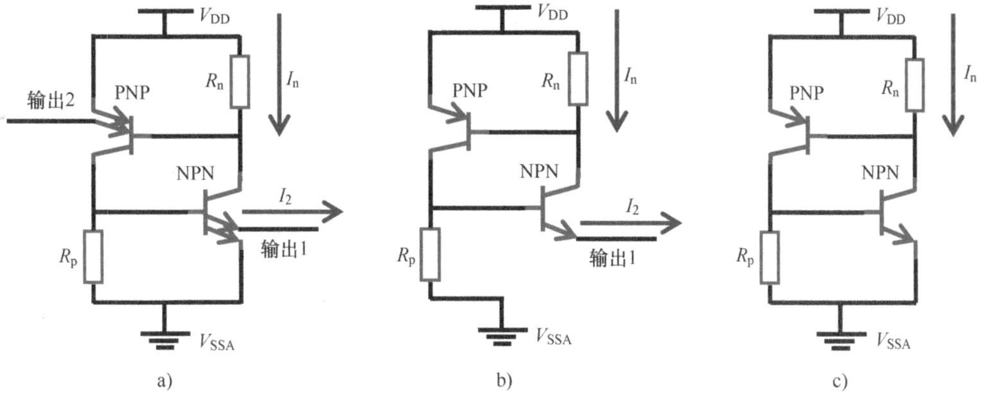

图 6-29　−100mA I-test 时的等效电路简图

n+到 NW 或者 p+到 HVPW 之间的穿通，没有击穿或者穿通现象，就不会在 NW 或者 HVPW 产生电流，也不会触发寄生 PNPN 结构。13.5V NMOS 和 1.8V PMOS 之间的击穿或者穿通高达 10V，所以在遵守正常的版图设计规则，无论怎么改变版图的尺寸，$1.5V_{max}$ V-test 测试都不会触发闩锁现象。

表 6-12　$1.5V_{max}$ V-test 的条件和测试结果

测试类型	$1.5V_{max}$ V-test
测试条件	1）$V_{DD}=1.8V$，$V_{SSA}=0V$ 2）电压激励加载在 V_{DD} 管脚 3）加载电压激励前后，$V_{DD}=1.8V$（电源电压） 4）电压脉冲：$V_{DD}=1.5V_{max}=1.5\times1.8V=2.7V$
$S=4\mu m$（$W=0.4\mu m$）	没有闩锁现象
$S=10\mu m$（$W=3\mu m$）	没有闩锁现象
$S=16\mu m$（$W=5\mu m$）	没有闩锁现象

6.1.2　二极管之间的闩锁效应

二极管之间的闩锁效应在 CMOS 工艺集成电路中比较特殊的，通常发生在电源 ESD 保护电路之间，或者输入/输出与电源 ESD 保护电路，N 型二极管与 P 型二极管之间寄生的 PNPN 很容易被触发形成低阻通路，从而损伤芯片。例如图 6-1 中两个电压值相同的电源 V_{DDH} 与 V_{DDH1} 用二极管做 ESD 保护、地之间用 B2B 做 ESD 保护、输入缓冲电路用二极管做 ESD 保护等。

13.5V 和 1.8V 包含四种二极管，分别是 1.8V N-diode 和 1.8V P-diode，以及 13.5V N-diode 和 13.5V P-diode，它们有四种组合可以构成 PNPN 结构。

1）1.8V N-diode 和 1.8V P-diode 之间会形成 PNPN 的闩锁结构；

2）13.5V N-diode 和 13.5V P-diode 之间会形成 PNPN 的闩锁结构；

3）1.8V N-diode 和 13.5V P-diode 之间会形成 PNPN 的闩锁结构；

4）13.5V N-diode 和 1.8V P-diode 之间会形成 PNPN 的闩锁结构。

图 6-30 所示的是 1.8V N-diode 和 1.8V P-diode 的版图和剖面图。图 6-31 所示的是 13.5V N-diode 和 13.5V P-diode 的版图和剖面图。

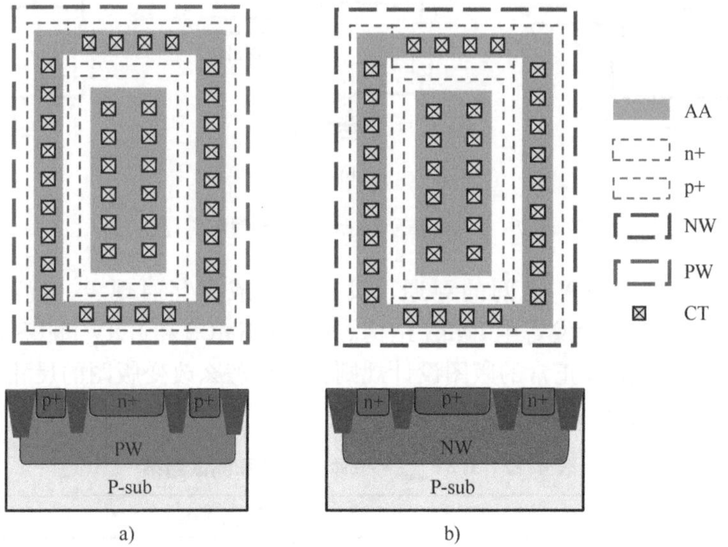

图 6-30　1.8V N-diode 和 1.8V P-diode 的版图和剖面图

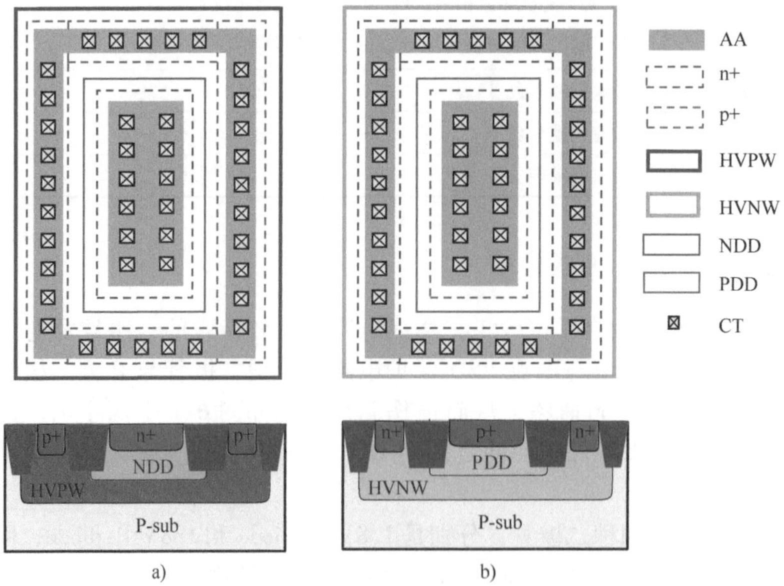

图 6-31　13.5V N-diode 和 13.5V P-diode 的版图和剖面图

1. 1.8V N-diode 和 1.8V P-diode 之间的闩锁结构

图 6-32 所示的是 1.8V N-diode 和 1.8V P-diode 形成 PNPN 结构的等效电路图。1.8V N-diode 的阴极有源区和 NW 之间会形成寄生横向的 NPN，1.8V P-diode 的阳极有源区和 PW 之间会形成寄生纵向的 PNP，它们通过 PW 电阻 R_p 和 NW 电阻 R_n 构成 PNPN 的闩锁结构。1.8V N-diode 的阴极 V_{n+} 可以接输入或者地 V_{SS1}，1.8V P-diode 阳极 V_{p+} 可以接输入或者电源 V_{DD1}。

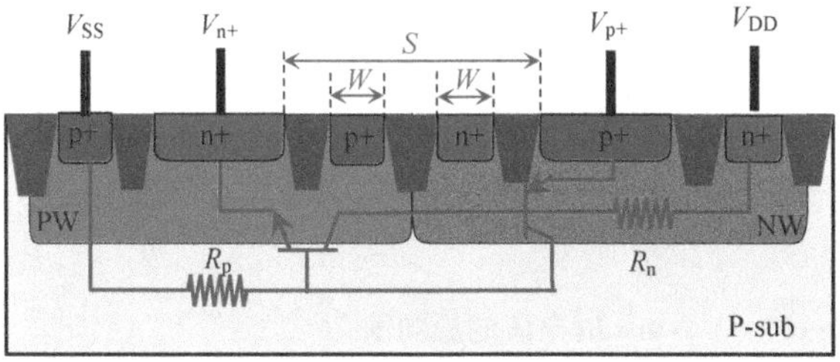

a)

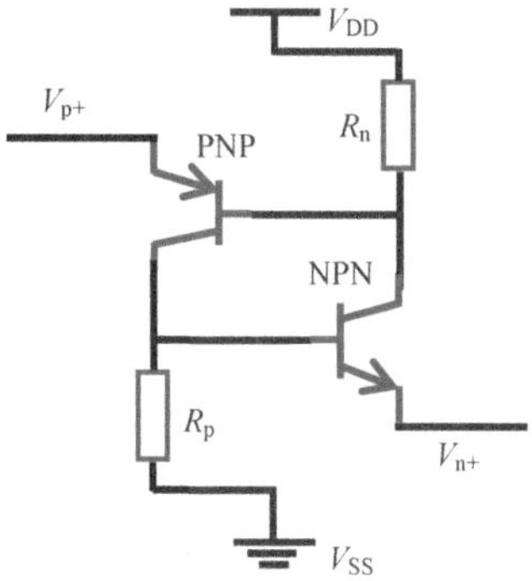

b)

图 6-32　1.8V N-diode 和 1.8V P-diode 形成 PNPN 结构的等效电路图

1.8V N-diode 的衬底 PW 接 V_{SS}，所以不用接受闩锁测试，其阴极 V_{n+} 可以接输入管脚，要接受 I-test。1.8V PMOS 的衬底 NW 接 VDD，其阳极 V_{p+} 可以电源 V_{DD1}，要接受 V-test，其阳极 V_{p+} 也可以接输入管脚，要接受 I-test。

表 6-13 是接受 +100mA I-test 测试的条件和测试结果，1.8V N-diode 阴极 V_{n+} 接 V_{SS}，1.8V P-diode 阳极 V_{p+} 分别接最大逻辑高电平和最小逻辑低电平进行测试，$S=2\mu m$ 和 $S=5\mu m$ 都没有发生闩锁现象。没有发生闩锁现象，说明在 1.8V 电源电压和 +100mA 电流的条件下，不足以触发这个版图的闩锁效应。因为二极管始终要求设计环型的阱接触，所以严格遵从设计规则的二极管几乎不会发生闩锁效应。

表 6-13　+100mA I-test 的条件和测试结果

测试类型	+100mA I-test	
测试条件	1）$V_{DD}=1.8V$，$V_{SS}=0V$ 2）电流激励加载在输出管脚 3）加载电流激励前后，输入管脚电压 $V_{p+}=1.8V$（最大高电平） 4）加载电流激励时，脉冲信号 $V_{p+}=1.5V_{max}=1.5\times1.8V=2.7V$	1）$V_{DD}=1.8V$，$V_{SS}=0V$ 2）电流激励加载在输出管脚 3）加载电流激励前后，输入管脚电压 $V_{p+}=0V$（最小低电平） 4）加载电流激励时，脉冲信号 $V_{p+}=1.5V_{max}=1.5\times1.8V=2.7V$
$S=2\mu m$（$W=0.4\mu m$）	没有闩锁现象	没有闩锁现象
$S=5\mu m$（$W=1.5\mu m$）	没有闩锁现象	没有闩锁现象

图 6-33 所示的是 +100mA I-test 时电流的流向图。+100mA I-test 时出现比 V_{DD} 高的电压脉冲信号在输入管脚 V_{p+}，会导通寄生 PNP，在 PW 衬底形成收集电流 I_p。

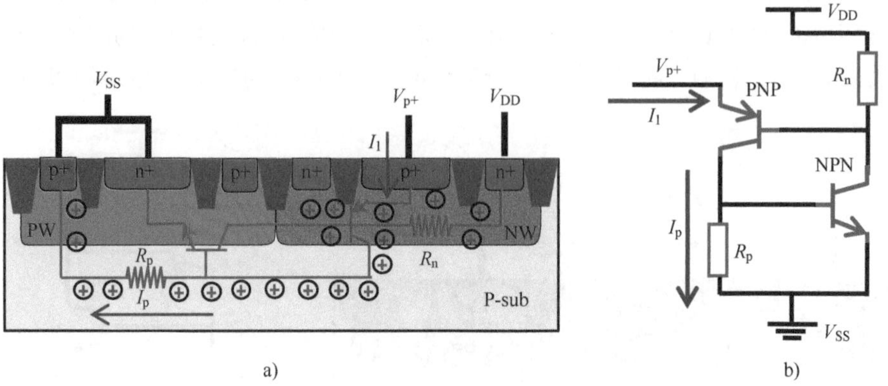

图 6-33　+100mA I-test 时电流的流向图

测试结果没有发生闩锁现象，说明 $I_pR_p<0.6V$ 或者 $I_nR_n<0.6V$，也就是 +100mA I-test 触发后，NPN 或者 PNP 没有导通，如果其中一个寄生双极型晶体管没有导通，也就不会发生闩锁现象。它的物理分析过程与图 6-7 +100mA I-test 没有发生闩锁现象的物理分析是一样的，这里不再重复。

表 6-14 是接受 -100mA I-test 的条件和测试结果，1.8V P-diode 阳极 V_{p+} 接 V_{DD1}，1.8V N-diode 阴极 V_{n+} 分别接最大逻辑高电平和最小逻辑低电平进行测试，$S=2\mu m$ 和 $S=5\mu m$ 都没有发生闩锁现象。没有发生闩锁现象，说明在 1.8V 电源电压和 -100mA 电流的条件下，不足以触发这个版图的闩锁效应。因为二极管始终要求设计环型的阱接触，所以严格遵从设计规则的二极管几乎不会发生闩锁效应。

表 6-14　-100mA I-test 的条件和测试结果

测试类型	-100mA I-test	
测试条件	1）$V_{DD}=V_{DD1}=1.8V$，$V_{SS}=0V$ 2）电流激励加载在输出管脚 3）加载电流激励前后，输出管脚电压 $V_{n+}=1.8V$（最大高电平） 4）加载电流激励时，脉冲信号 $V_{n+}=-0.5V_{max}=-0.5\times1.8V=-0.9V$	1）$V_{DD}=V_{DD1}=1.8V$，$V_{SS}=0V$ 2）电流激励加载在输出管脚 3）加载电流激励前后，输出管脚电压 $V_{n+}=0V$（最小低电平） 4）加载电流激励时，脉冲信号 $V_{n+}=-0.5V_{max}=-0.5\times1.8V=-0.9V$
$S=2\mu m$（$W=0.4\mu m$）	没有闩锁现象	没有闩锁现象
$S=5\mu m$（$W=1.5\mu m$）	没有闩锁现象	没有闩锁现象

图 6-34 所示的是 -100mA I-test 时电流的流向图。-100mA I-test 时出现比 V_{SS} 低的电压脉冲信号在输入管脚 V_{n+}，会导通寄生 NPN，在 NW 衬底形成收集电流 I_n。

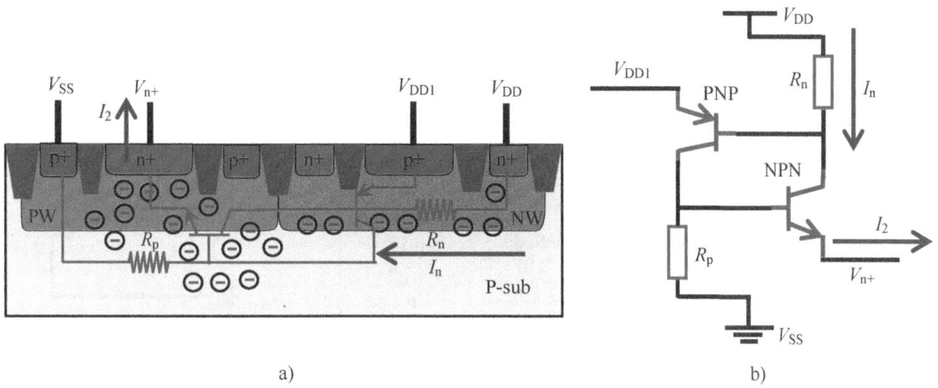

图 6-34　-100mA I-test 时电流的流向图

测试结果没有发生闩锁现象，说明 $I_pR_p<0.6V$ 或者 $I_nR_n<0.6V$，也就是 -100mA I-test 触发后，NPN 或者 PNP 没有导通，如果其中一个寄生双极型晶体管没有导通，也就不会发生闩锁现象。它的物理分析过程与图 6-10 -100mA I-test 没有发生闩锁现象的物理分析是一样的，这里不再重复。

表 6-15 是接受 $1.5V_{max}$ V-test 的条件和测试结果，1.8V P-diode 阳极 V_{p+} 接 V_{DD1}，1.8V N-diode 阴极 V_{n+} 分别 V_{SS} 进行测试，$S=2\mu m$ 和 $S=5\mu m$ 都没有发生闩锁现象。没有发生闩锁现象，说明在 $1.5V_{max}$ 的条件下，1.8V 电源电压小于其自持电压，1.8V 电源电压不足以触发这个版图的闩锁效应。因为二极管始终要求设计环型的阱接触，所以严格遵从设计规则的二极管几乎不会发生闩锁效应。

表 6-15　$1.5V_{max}$ V-test 的条件和测试结果

测试类型	$1.5V_{max}$ V-test
测试条件	1）$V_{DD}=V_{DD1}=1.8V$，$V_{SS}=0V$ 2）电压激励加载在 V_{DD1} 管脚 3）加载电压激励前后，$V_{DD1}=1.8V$（电源电压） 4）电压脉冲：$V_{DD1}=1.5V_{max}=1.5\times1.8V=2.7V$
$S=2\mu m$（$W=0.4\mu m$）	没有闩锁现象
$S=5\mu m$（$W=1.5\mu m$）	没有闩锁现象

图 6-35 所示的是 $1.5V_{max}$ V-test 时电流的流向图。$1.5V_{max}$ V-test 时出现比 V_{DD} 高的电压脉冲信号在 V_{DD1} 管脚，会导通寄生 PNP，在 PW 衬底形成收集电流 I_p。

图 6-36 所示的是 $1.5V_{max}$ V-test 没有发生闩锁现象的物理分析，是对图 6-35b 的分析过程。测试结果是没有发生闩锁现象，说明 $I_pR_p<0.6V$ 或者 $I_nR_n<0.6V$，也就是 $1.5V_{max}$ V-test 触发后，NPN 或者 PNP 没有导通，如果其中一个寄生双极型晶体管没有导通，也就不会发生闩锁现象。

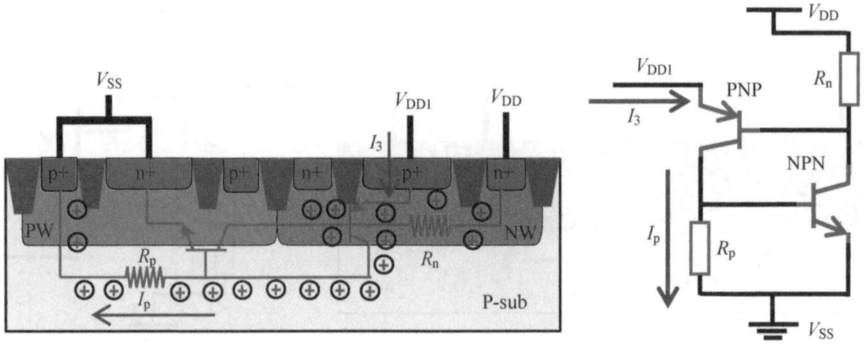

a) b)

图 6-35　1.5V_{max} V-test 时电流的流向图

图 6-36a 是 NPN 没有导通的情况，$I_pR_p<0.6V$，该电压不足以使 NPN 发射结正偏，NPN 没有导通，电流 I_n 几乎为 0，所以脉冲电流消失后，所以 PNP 重新工作在截止状态或者始终处于截止状态。图 6-36b 是 PNP 没有导通的情况，虽然 1.5V_{max} V-test 触发后，$I_pR_p \geq 0.6V$，NPN 被导通，但是 $I_nR_n<0.6V$，该电压不足以使 PNP 发射结正偏，PNP 没有导通，所以脉冲电流消失后，所以 PNP 重新工作在截止状态或者始终处于截止状态。

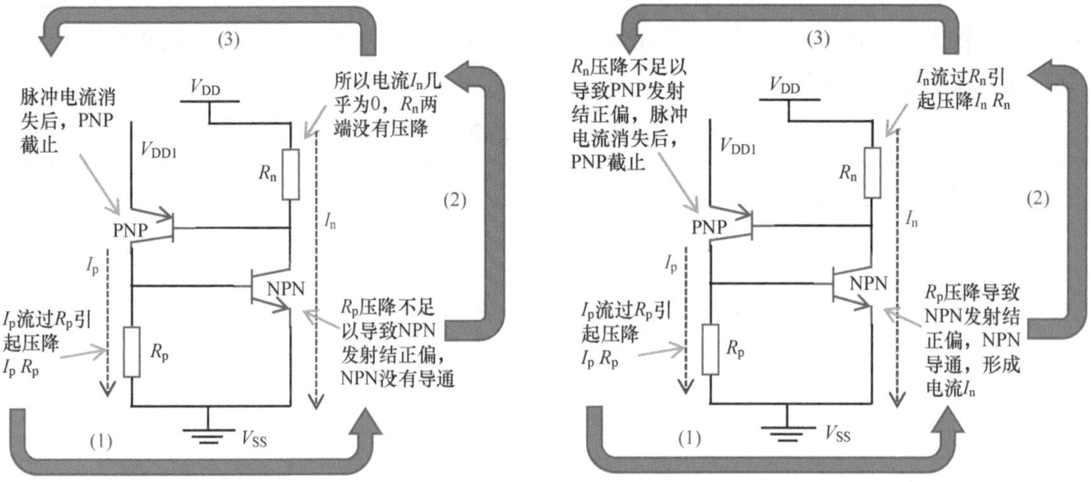

a) b)

图 6-36　1.5V_{max} V-test 没有发生闩锁现象的物理分析

2. 13.5V N-diode 和 13.5V P-diode 之间的闩锁结构

图 6-37 所示的是 13.5V N-diode 和 13.5V P-diode 形成 PNPN 结构的等效电路图。13.5V N-diode 的阴极有源区和 HVNW 之间形成寄生横向的 NPN，13.5V P-diode 的阳极有

源区和 HVPW 之间会形成寄生纵向的 PNP，它们通过 HVPW 电阻 R_p 和 HVNW 电阻 R_n 构成 PNPN 的闩锁结构。13.5V N-diode 的阴极 V_{n+} 可以接输入或者地 V_{SSA}，13.5V P-diode 阳极 V_{p+} 可以接输入或者电源 V_{DDA1}。

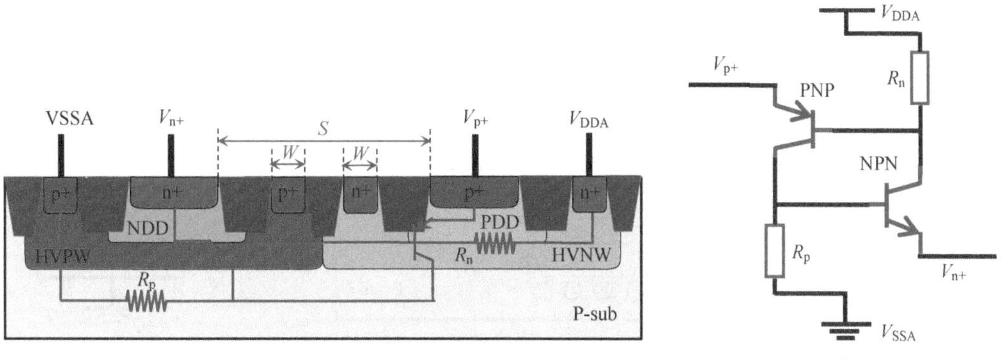

a) b)

图 6-37 13.5V N-diode 和 13.5V P-diode 形成 PNPN 结构的等效电路图

13.5V N-diode 的衬底 HVPW 接 V_{SSA}，所以不用接受闩锁测试，其阴极 V_n+ 可以接输入管脚，要接受 I-test。13.5V P-diode 的衬底接 V_{DDA}，其阳极 V_{p+} 可以电源 V_{DDA1}，要接受 V-test，其阳极 V_{p+} 也可以接输入管脚，要接受 I-test。

表 6-16 是接受 +100mA I-test 测试的条件和测试结果，13.5V N-diode 阴极 V_{n+} 接 V_{SSA}，13.5V P-diode 阳极 V_{p+} 分别接最大逻辑高电平和最小逻辑低电平进行测试，$S=10\mu m$ 或者更小的间距都会发生闩锁现象，$S=16\mu m$ 或者更大的间距没有发生闩锁现象。要提高 13.5V N-diode 和 13.5V P-diode 之间的寄生 PNPN 结构抵御闩锁效应的能力，必须使它们的间距大于 16μm。

表 6-16 +100mA I-test 的条件和测试结果

测试类型	+100mA I-test	
测试条件	1）$V_{DDA}=13.5V$，$V_{SSA}=0V$ 2）电流激励加载在输出管脚 3）加载电流激励前后，输出管脚电压 $V_{p+}=13.5V$（最大高电平） 4）加载电流激励时，脉冲信号 $V_{p+}=1.5V_{max}=1.5\times13.5V=20.25V$	1）$V_{DDA}=13.5V$，$V_{SSA}=0V$ 2）电流激励加载在输出管脚 3）加载电流激励前后，输出管脚电压 $V_{p+}=0V$（最小低电平） 4）加载电流激励时，脉冲信号 $V_{p+}=1.5V_{max}=1.5\times13.5V=20.25V$
$S=4\mu m$（$W=0.4\mu m$）	有闩锁现象	有闩锁现象
$S=10\mu m$（$W=3\mu m$）	有闩锁现象	有闩锁现象
$S=16\mu m$（$W=5\mu m$）	没有闩锁现象	没有闩锁现象
$S=22\mu m$（$W=5\mu m$）	没有闩锁现象	没有闩锁现象

图 6-38 所示的是 +100mA I-test 时电流的流向图。+100mA I-test 时出现比 V_{DDA} 高的电压脉冲信号在输出管脚，会导通寄生 PNP，在 HVPW 衬底形成收集电流 I_p。

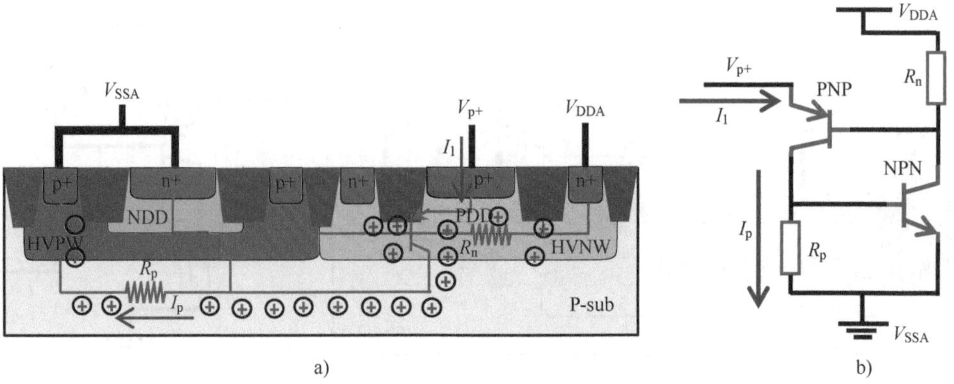

图 6-38　+100mA I-test 时电流的流向图

对于测试结果中 $S=10\mu m$ 或者更小的间距都会发生闩锁现象，说明 $I_pR_p>0.6V$，导致 NPN 发射结正偏，形成电流 I_n，同时 $I_nR_n>0.6V$，PNP 和 NPN 同时导通，PNPN 结构形成低阻通路。它的物理分析过程与图 6-14 +100mA I-test 发生闩锁现象的物理分析是一样的，这里不再重复。

对于测试结果中 $S=16\mu m$ 或者更大的间距没有发生闩锁现象，说明 $I_pR_p<0.6V$ 或者 $I_nR_n<0.6V$，也就是 +100mA I-test 触发后，NPN 或者 PNP 没有导通，如果其中一个寄生双极型晶体管没有导通，也就不会发生闩锁现象。它的物理分析过程与图 6-7 +100mA I-test 没有发生闩锁现象的物理分析是一样的，这里不再重复。

表 6-17 是接受 -100mA I-test 的条件和测试结果，13.5V P-diode 阳极 V_{p+} 接 V_{DDA1}，13.5V N-diode 阴极 V_{n+} 分别接最大逻辑高电平和最小逻辑低电平进行测试，$S=16\mu m$ 或者更小的间距都会发生闩锁现象，$S=22\mu m$ 或者更大的间距没有发生闩锁现象。要提高 13.5V NMOS 和 13.5V PMOS 之间的寄生 PNPN 结构抵御闩锁效应的能力，必须使它们的间距大于 $22\mu m$。

图 6-39 所示的是 -100mA I-test 时电流的流向图。-100mA I-test 时出现比 V_{SSA} 低的电压脉冲信号在输出管脚，会导通寄生 NPN，在 HVNW 衬底形成收集电流 I_n。

对于测试结果中 $S=16\mu m$ 或者更小的间距都会发生闩锁现象，说明 $I_nR_n>0.6V$，导致 PNP 发射结正偏，形成电流 I_p，同时 $I_pR_p>0.6V$，PNP 和 NPN 同时导通，PNPN 结构形成低阻通路。它的物理分析过程与图 6-17 -100mA I-test 发生闩锁现象的物理分析是一样的，这里不再重复。

表 6-17　－100mA I-test 的条件和测试结果

测试类型	－100mA I-test	
测试条件	1）$V_{DDA}=V_{DDA1}=13.5V$，$V_{SSA}=0V$ 2）电流激励加载在输出管脚 3）加载电流激励前后，输出管脚电压 $V_{out}=13.5V$（最大高电平） 4）加载电流激励时，脉冲信号 $V_{out}=-0.5V_{max}=-0.5\times13.5V=-6.75V$	1）$V_{DDA}=V_{DDA1}=13.5V$，$V_{SSA}=0V$ 2）电流激励加载在输出管脚 3）加载电流激励前后，输出管脚电压 $V_{out}=0V$（最小低电平） 4）加载电流激励时，脉冲信号 $V_{out}=-0.5V_{max}=-0.5\times13.5V=-6.75V$
$S=4\mu m$（$W=0.4\mu m$）	有闩锁现象	有闩锁现象
$S=10\mu m$（$W=3\mu m$）	有闩锁现象	有闩锁现象
$S=16\mu m$（$W=5\mu m$）	有闩锁现象	有闩锁现象
$S=22\mu m$（$W=5\mu m$）	没有闩锁现象	没有闩锁现象

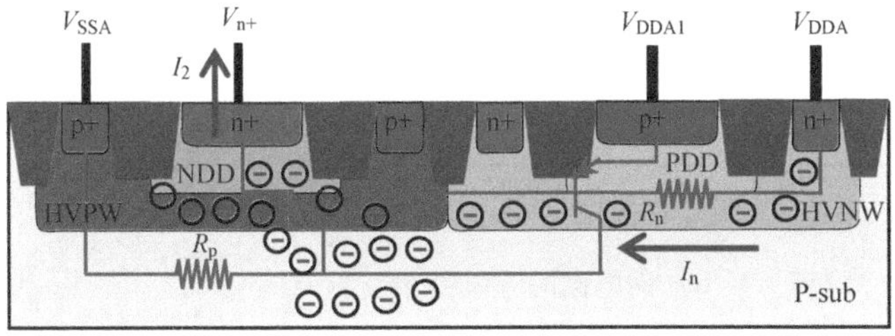

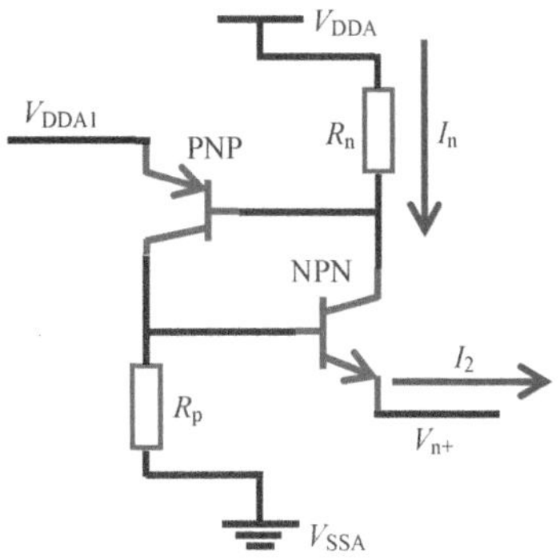

图 6-39　－100mA I-test 时电流的流向图

对于测试结果中 $S=22\mu m$ 或者更大的间距没有发生闩锁现象，说明 $I_pR_p<0.6V$ 或者 $I_nR_n<0.6V$，也就是－100mA I-test 触发后，NPN 或者 PNP 没有导通，如果其中一个寄生双极型晶体管没有导通，也就不会发生闩锁现象。它的物理分析过程与图 6-10 －100mA I-test 没有发生闩锁现象的物理分析是一样的，这里不再重复。

表 6-18 是接受 $1.5V_{max}$ V-test 测试的条件和测试结果，13.5V P-diode 阳极 V_{p+} 接 V_{DDA1}，13.5V N-diode 阴极 V_{n+} 分别 V_{SSA} 进行测试，$S=10\mu m$ 或者更小的间距都会发生闩锁现象，$S=16\mu m$ 或者更大的间距没有发生闩锁现象。要提高 13.5V N-diode 和 13.5V P-diode 之间的寄生 PNPN 结构抵御闩锁效应的能力，必须使它们的间距大于 $16\mu m$。

图 6-40 所示的是 $1.5V_{max}$ V-test 时电流的流向图。$1.5V_{max}$ V-test 时出现比 V_{DD} 高的电压脉冲信号在 V_{DDA1} 管脚，会导通寄生 PNP，在 PW 衬底形成收集电流 I_p。

表 6-18　1.5V_{max} V-test 的条件和测试结果

测试类型	1.5V_{max} V-test
测试条件	1）$V_{DDA}=V_{DDA1}=13.5V$，$V_{SSA}=0V$ 2）电压激励加载在 V_{DDA1} 管脚 3）加载电压激励前后，$V_{DDA1}=13.5V$（电源电压） 4）加载电压激励时，$V_{DDA1}=1.5V_{max}=1.5\times13.5V=20.25V$
$S=4\mu m$（$W=0.4\mu m$）	有闩锁现象
$S=10\mu m$（$W=3\mu m$）	有闩锁现象
$S=16\mu m$（$W=5\mu m$）	没有闩锁现象
$S=22\mu m$（$W=5\mu m$）	没有闩锁现象

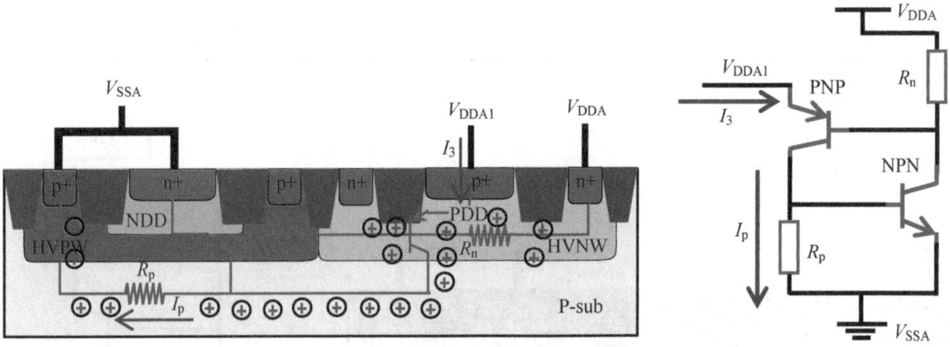

图 6-40　1.5V_{max} V-test 时电流的流向图

图 6-41 所示的是 1.5V_{max} V-test 发生闩锁现象的物理分析，是对图 6-40b 的分析过程。测试结果中 $S=10\mu m$ 或者更小的间距都会发生闩锁现象，说明图 6-41 中 $I_pR_p>0.6V$，导致 NPN 发射结正偏，形成电流 I_n，同时 $I_nR_n>0.6V$，PNP 和 NPN 同时导通，PNPN 结构形成低阻通路。

对于测试结果中 $S=16\mu m$ 或者更大的间距没有发生闩锁现象，说明 $I_pR_p<0.6V$ 或者 $I_nR_n<0.6V$，也就是 1.5V_{max} V-test 触发后，NPN 或者 PNP 没有导通，如果其中一个寄生双极型晶体管没有导通，也就不会发生闩锁现象。图 6-42a 是 NPN 没有导通的情况，$I_pR_p<0.6V$，该电压不足以使 NPN 发射结正偏，NPN 没有导通，电流 I_n 几乎为 0，所以脉冲电流消失后，所以 PNP 重新工作在截止状态。图 6-42b 是 PNP 没有导通的情况，虽然 1.5V_{max} V-test 触发后，$I_pR_p>0.6V$，NPN 被导通，但是 $I_nR_n<0.6V$，该电压不足以使 PNP 发射结正偏，PNP 没有导通，所以脉冲电流消失后，所以 PNP 重新工作在截止状态。

3. 1.8V N-diode 和 13.5V P-diode 之间的闩锁结构

图 6-43 所示的是 1.8V N-diode 和 13.5V P-diode 形成 PNPN 结构的等效电路图。1.8V

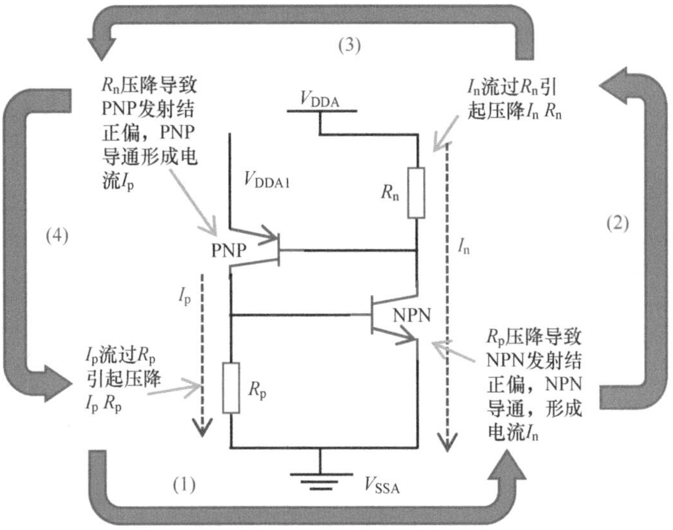

图 6-41　1.5V_{max} V-test 发生闩锁现象的物理分析

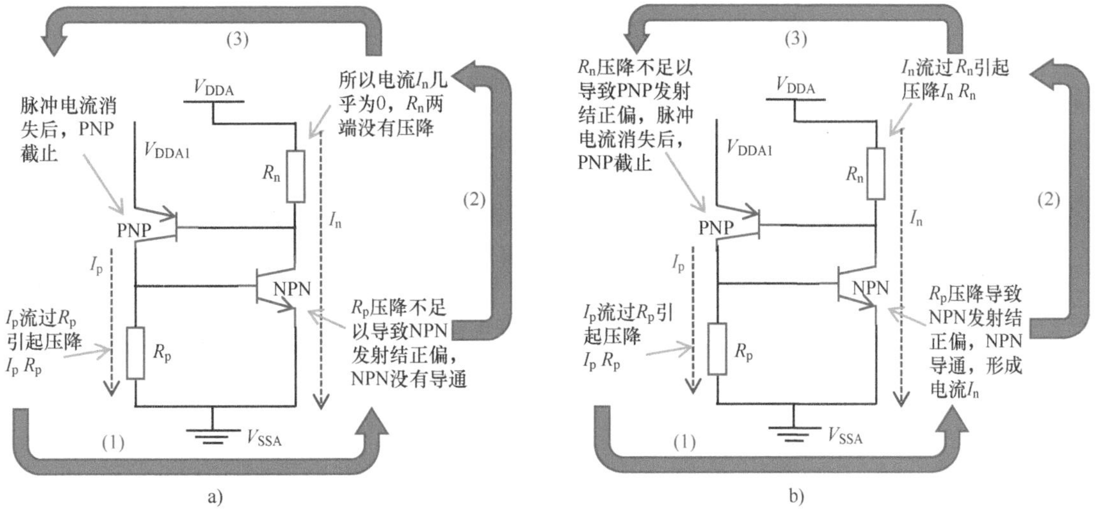

图 6-42　1.5V_{max} V-test 没有发生闩锁现象的物理分析

N-diode 的阴极有源区和 HVNW 之间会形成寄生横向的 NPN，13.5V P-diode 的阳极有源区和 PW 之间会形成寄生纵向的 PNP，它们通过 PW 电阻 R_p 和 HVNW 电阻 R_n 构成 PNPN 的闩锁结构。1.8V N-diode 的阴极 V_{n+} 可以接输入或者地 V_{SS}，13.5V P-diode 阳极 V_{p+} 可以接输入或者电源 V_{DDA1}。

1.8V N-diode 的衬底 PW 接 V_{SS}，所以不用接受闩锁测试，其阴极 V_{n+} 可以接输入管脚，要接受 I-test。13.5V P-diode 的衬底接 V_{DDA}，其阳极 V_{p+} 可以电源 V_{DDA1}，要接受 V-test，其

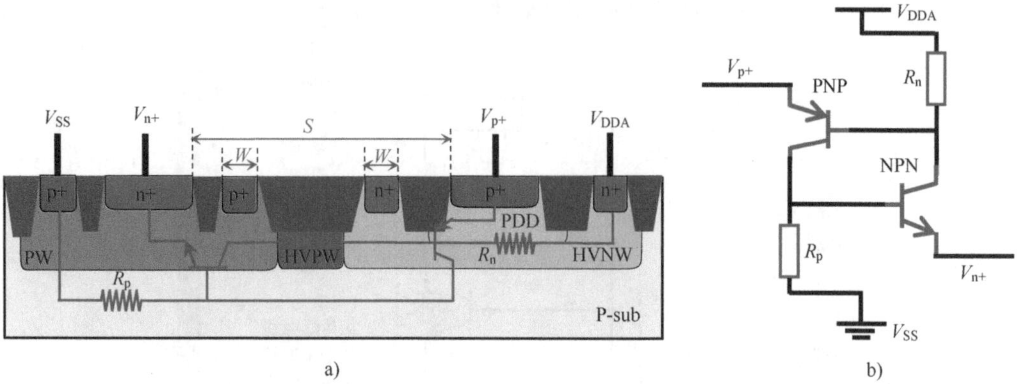

图 6-43　1.8V N-diode 和 13.5V P-diode 形成 PNPN 结构的等效电路图

阳极 V_{p+} 也可以接输入，要接受 I-test。

表 6-19 是接受 +100mA I-test 测试的条件和测试结果，1.8V N-diode 阴极 V_{n+} 接 V_{SS}，13.5V P-diode 阳极 V_{p+} 分别接最大逻辑高电平和最小逻辑低电平进行测试，$S=4\mu m$ 的间距都会发生闩锁现象，$S=10\mu m$ 或者更大的间距没有发生闩锁现象。要提高 1.8V N-diode 和 13.5V P-diode 之间的寄生 PNPN 结构抵御闩锁效应的能力，必须使它们的间距大于 10μm。

表 6-19　+100mA I-test 的条件和测试结果

测试类型	+100mA I-test	
测试条件	1）$V_{DDA}=13.5V$，$V_{SS}=0V$ 2）电流激励加载在输出管脚 3）加载电流激励前后，输出管脚电压 $V_{out}=13.5V$（最大高电平） 4）加载电流激励时，脉冲信号 $V_{out}=1.5V_{max}=1.5\times13.5V=20.25V$	1）$V_{DDA}=13.5V$，$V_{SS}=0V$ 2）电流激励加载在输出管脚 3）加载电流激励前后，输出管脚电压 $V_{out}=0V$（最小低电平） 4）加载电流激励时，脉冲信号 $V_{out}=1.5V_{max}=1.5\times13.5V=20.25V$
$S=4\mu m$（$W=0.4\mu m$）	有闩锁现象	有闩锁现象
$S=10\mu m$（$W=3\mu m$）	没有闩锁现象	没有闩锁现象
$S=16\mu m$（$W=5\mu m$）	没有闩锁现象	没有闩锁现象
$S=22\mu m$（$W=5\mu m$）	没有闩锁现象	没有闩锁现象

图 6-44 所示的是 +100mA I-test 时电流的流向图。+100mA I-test 时出现比 V_{DDA} 高的电压脉冲信号在输出管脚，会导通寄生 PNP，在 PW 衬底形成收集电流 I_p。

对于测试结果中 $S=4\mu m$ 或者更小的间距都会发生闩锁现象，说明 $I_pR_p>0.6V$，导致 NPN 发射结正偏，形成电流 I_n，同时 $I_nR_n>0.6V$，PNP 和 NPN 同时导通，PNPN 结构形成低阻通路。它的物理分析过程与图 6-21 +100mA I-test 测试发生闩锁现象的物理分析是一样的，这里不再重复。

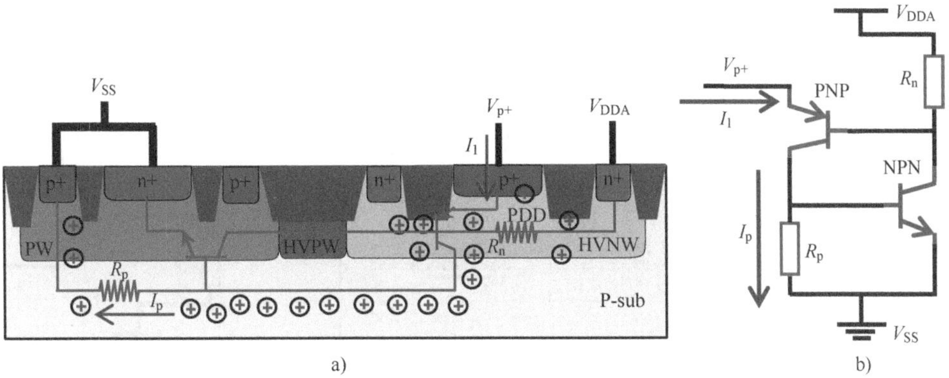

图 6-44　+100mA I-test 时电流的流向图

对于测试结果中 $S = 10\mu m$ 或者更大的间距没有发生闩锁现象，说明 $I_pR_p < 0.6V$ 或者 $I_nR_n < 0.6V$，也就是 +100mA I-test 触发后，NPN 或者 PNP 没有导通，如果其中一个寄生双极型晶体管没有导通，也就不会发生闩锁现象。它的物理分析过程与图 6-7　+100mA I-test 没有发生闩锁现象的物理分析是一样的，这里不再重复。

表 6-20 是接受 -100mA I-test 的条件和测试结果，13.5V P-diode 阳极 V_{p+} 接 V_{DDA1}，1.8V N-diode 阴极 V_{n+} 分别接最大逻辑高电平和最小逻辑低电平进行测试，$S = 10\mu m$ 或者更小的间距都会发生闩锁现象，$S = 16\mu m$ 或者更大的间距没有发生闩锁现象。要提高 1.8V N-diode 和 13.5V P-diode 之间的寄生 PNPN 结构抵御闩锁效应的能力，必须使它们的间距大于 16μm。

表 6-20　-100mA I-test 的条件和测试结果

测试类型	-100mA I-test	
测试条件	1) $V_{DDA} = V_{DDA1} = 13.5V$，$V_{SS} = 0V$ 2) 电流激励加载在输出管脚 3) 加载电流激励前后，输出管脚电压 $V_{out} = 1.8V$（最大高电平） 4) 加载电流激励时，脉冲信号 $V_{out} = -0.5V_{max} = -0.5 \times 1.8V = -0.9V$	1) $V_{DDA} = V_{DDA1} = 13.5V$，$V_{SS} = 0V$ 2) 电流激励加载在输出管脚 3) 加载电流激励前后，输出管脚电压 $V_{out} = 0V$（最小低电平） 4) 加载电流激励时，脉冲信号 $V_{out} = -0.5V_{max} = -0.5 \times 1.8V = -0.9V$
$S = 4\mu m$（$W = 0.4\mu m$）	有闩锁现象	有闩锁现象
$S = 10\mu m$（$W = 3\mu m$）	有闩锁现象	有闩锁现象
$S = 16\mu m$（$W = 5\mu m$）	没有闩锁现象	没有闩锁现象
$S = 22\mu m$（$W = 5\mu m$）	没有闩锁现象	没有闩锁现象

图 6-45 所示的是 -100mA I-test 时电流的流向图。-100mA I-test 时出现比 V_{SS} 低的电压脉冲信号在输出管脚，会导通寄生 NPN，在 HVNW 衬底形成收集电流 I_n。

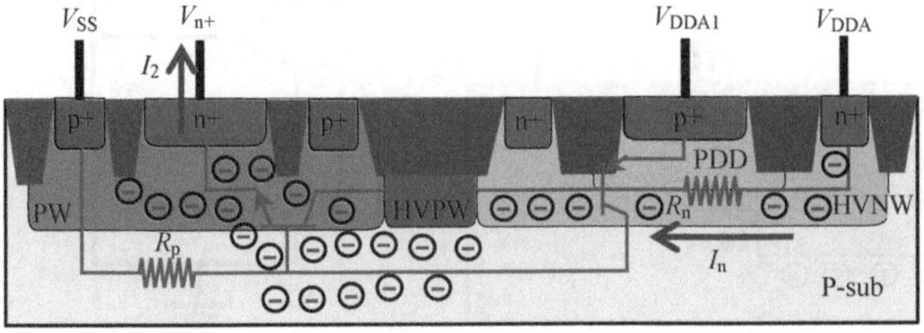

a)

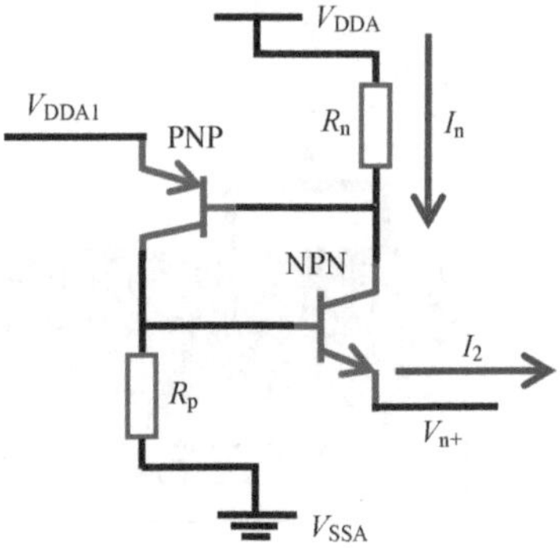

b)

图 6-45　-100mA I-test 时电流的流向图

对于测试结果中 $S = 10\mu m$ 或者更小的间距都会发生闩锁现象，说明 $I_nR_n > 0.6V$，导致 PNP 发射结正偏，形成电流 I_p，同时 $I_pR_p > 0.6V$，PNP 和 NPN 同时导通，PNPN 结构形成低阻通路。它的物理分析过程与图 6-24 -100mA I-test 发生闩锁现象的物理分析是一样的，这里不再重复。

对于测试结果中 $S = 16\mu m$ 或者更大的间距没有发生闩锁现象，说明 $I_pR_p < 0.6V$ 或者 $I_nR_n < 0.6V$，也就是 -100mA I-test 触发后，NPN 或者 PNP 没有导通，如果其中一个寄生双极型晶体管没有导通，也就不会发生闩锁现象。它的物理分析过程与图 6-10 -100mA I-test 没有发生闩锁现象的物理分析是一样的，这里不再重复。

表 6-21 是接受 $1.5V_{max}$ V-test 测试的条件和测试结果，13.5V P-diode 阳极 V_{p+} 接 V_{DDA1}，1.8V N-diode 阴极 V_{n+} 接 V_{SS} 进行测试，$S = 4\mu m$ 的间距都会发生闩锁现象，$S = 10\mu m$ 或者更大的间距没有发生闩锁现象。要提高 1.8V N-diode 和 13.5V P-diode 之间的寄生 PNPN 结构抵御闩锁效应的能力，必须使它们的间距大于 $10\mu m$。

表 6-21　$1.5V_{max}$ V-test 的条件和测试结果

测试类型	$1.5V_{max}$ V-test
测试条件	1）$V_{DDA} = V_{DDA1} = 13.5V$，$V_{SS} = 0V$ 2）电压激励加载在 V_{DDA1} 管脚 3）加载电压激励前后，$V_{DDA1} = 13.5V$（电源电压） 4）加载电压激励时，$V_{DDA1} = 1.5V_{max} = 1.5 \times 13.5V = 20.25V$
$S = 4\mu m$（$W = 0.4\mu m$）	有闩锁现象
$S = 10\mu m$（$W = 3\mu m$）	没有闩锁现象
$S = 16\mu m$（$W = 5\mu m$）	没有闩锁现象
$S = 22\mu m$（$W = 5\mu m$）	没有闩锁现象

图 6-46 所示的是 1.5V_{max} V-test 时电流的流向图。1.5V_{max} V-test 测试时出现比 V_{DDA} 高的电压脉冲信号在 V_{DDA1} 管脚，会导通寄生 PNP，在 PW 衬底形成收集电流 I_p。

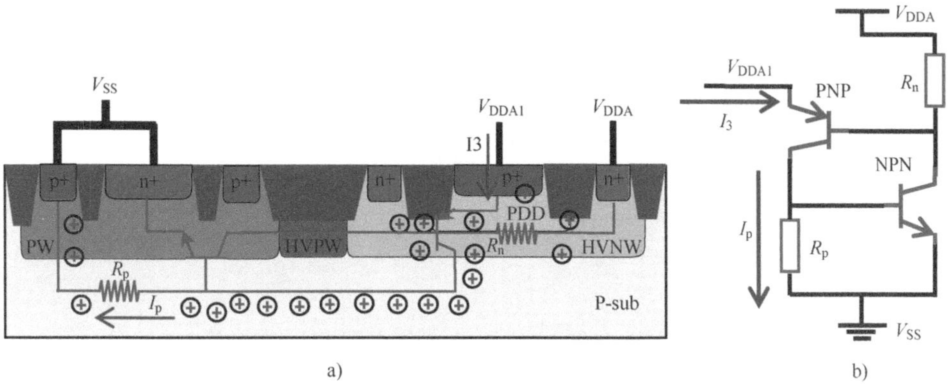

图 6-46　1.5V_{max} V-test 时电流的流向图

对于测试结果中 $S=4\mu m$ 的间距都会发生闩锁现象，说明 $I_pR_p>0.6V$，导致 NPN 发射结正偏，形成电流 I_n，同时 $I_nR_n>0.6V$，PNP 和 NPN 同时导通，PNPN 结构形成低阻通路。它的物理分析过程与图 6-41 1.5V_{max} V-test 测试发生闩锁现象的物理分析是一样的，这里不再重复。

对于测试结果中 $S=10\mu m$ 或者更大的间距没有发生闩锁现象，说明 $I_pR_p<0.6V$ 或者 $I_nR_n<0.6V$，也就是 1.5V_{max} V-test 触发后，NPN 或者 PNP 没有导通，如果其中一个寄生双极型晶体管没有导通，也就不会发生闩锁现象。它的物理分析过程与图 6-42 1.5V_{max} V-test 测试没有发生闩锁现象的物理分析是一样的，这里不再重复。

4. 13.5V N-diode 和 1.8V P-diode 之间的闩锁结构

图 6-47 所示的是 13.5V N-diode 和 1.8V P-diode 形成 PNPN 结构的等效电路图。13.5V N-diode 的阴极有源区和 NW 之间会形成寄生横向的 NPN，1.8V P-diode 的阳极有源区和 HVPW 之间会形成寄生纵向的 PNP，它们通过 HVPW 电阻 R_p 和 NW 电阻 R_n 构成 PNPN 的闩锁结构。13.5V N-diode 的阴极 V_{n+} 可以接输入或者地 V_{SSA}，1.8V P-diode 阳极 V_{p+} 可以接输入或者电源 V_{DD1}。

13.5V N-diode 的衬底 HVPW 接 V_{SSA}，所以不用接受闩锁测试，其阴极 V_{n+} 可以接输入管脚，要接受 I-test。1.8V P-diode 的衬底接 V_{DD}，其阳极 V_{p+} 可以电源 V_{DD1}，要接受 V-test，其阳极 V_{p+} 也可以接输入管脚，要接受 I-test。

表 6-22 是接受 +100mA I-test 的条件和测试结果，13.5V N-diode 阴极 V_{n+} 接 V_{SSA}，1.8V P-diode 阳极 V_{p+} 分别接最大逻辑高电平和最小逻辑低电平进行测试，$S=4\mu m$ 没有发生闩锁现象。没有发生闩锁现象，说明在 1.8V 电源电压和 +100mA 电流的条件下，不足以触发这个版图的闩锁效应。因为二极管始终要求设计环型的阱接触，所以严格遵从设计规则的二极管几乎不会发生闩锁效应。

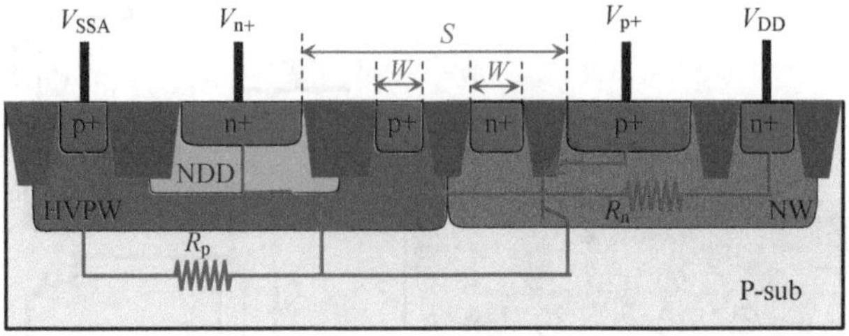

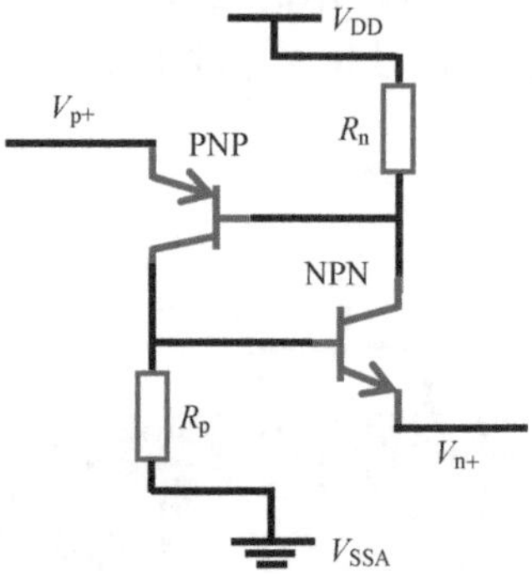

图 6-47　13.5V N-diode 和 1.8V P-diode 形成 PNPN 结构的等效电路图

表 6-22　+100mA I-test 的条件和测试结果

测试类型	+100mA I-test	
测试条件	1）V_{DD} = 1.8V，V_{SSA} = 0V 2）电流激励加载在输出管脚 3）加载电流激励前后，输出管脚电压 V_{out} = 1.8V（最大高电平） 4）加载电流激励时，脉冲信号 V_{out} = 1.5V_{max} = 1.5 × 1.8V = 2.7V	1）V_{DD} = 1.8V，V_{SSA} = 0V 2）电流激励加载在输出管脚 3）加载电流激励前后，输出管脚电压 V_{out} = 0V（最小低电平） 4）加载电流激励时，脉冲信号 V_{out} = 1.5V_{max} = 1.5 × 1.8V = 2.7V
S = 4μm（W = 0.4μm）	没有闩锁现象	没有闩锁现象
S = 10μm（W = 3μm）	没有闩锁现象	没有闩锁现象
S = 16μm（W = 5μm）	没有闩锁现象	没有闩锁现象

图 6-48 所示的是 +100mA I-test 时电流的流向图。+100mA I-test 时出现比 V_{DD} 高的电压脉冲信号在输出管脚，会导通寄生 PNP，在 HVPW 衬底形成收集电流 I_p。

测试结果没有发生闩锁现象，说明 $I_pR_p < 0.6V$ 或者 $I_nR_n < 0.6V$，也就是 +100mA I-test 触发后，NPN 或者 PNP 没有导通，如果其中一个寄生双极型晶体管没有导通，也就不会发生闩锁现象。它的物理分析过程与图 6-7 +100mA I-test 测试没有发生闩锁现象的物理分析是一样的，这里不再重复。

表 6-23 是接受 -100mA I-test 的条件和测试结果，1.8V P-diode 阳极 V_{p+} 接 V_{DD1}，13.5V 1.8V N-diode 阴极 V_{n+} 分别接最大逻辑高电平和最小逻辑低电平进行测试，S = 4μm 没有发生闩锁现象。没有发生闩锁现象，说明在 1.8V 电源电压和 -100mA 电流的条件下，不足以触发这个版图的闩锁效应。因为二极管始终要求设计环型的阱接触，所以严格遵从设计规则的二极管几乎不会发生闩锁效应。

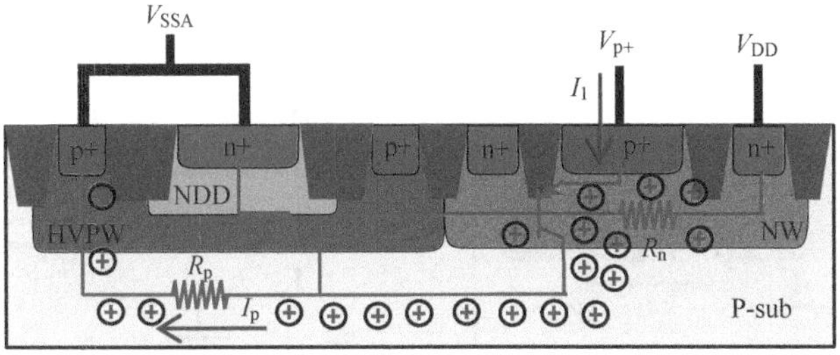

a)

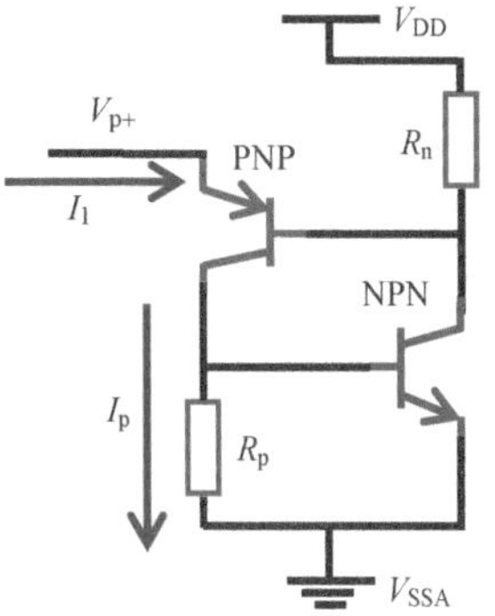

b)

图 6-48 +100mA I-test 时电流的流向图

表 6-23 −100mA I-test 的条件和测试结果

测试类型	−100mA I-test	
测试条件	1）$V_{DD}=V_{DD1}=1.8V$，$V_{SSA}=0V$ 2）电流激励加载在输出管脚 3）加载电流激励前后，输出管脚电压 $V_{n+}=1.8V$（最大高电平） 4）加载电流激励时，脉冲信号 $V_{n+}=-0.5V_{max}=-0.5\times1.8V=-0.9V$	1）$V_{DD}=V_{DD1}=1.8V$，$V_{SSA}=0V$ 2）电流激励加载在输出管脚 3）加载电流激励前后，输出管脚电压 $V_{n+}=0V$（最小低电平） 4）加载电流激励时，脉冲信号 $V_{n+}=-0.5V_{max}=-0.5\times1.8V=-0.9V$
$S=4\mu m$（$W=0.4\mu m$）	没有闩锁现象	没有闩锁现象
$S=10\mu m$（$W=3\mu m$）	没有闩锁现象	没有闩锁现象
$S=16\mu m$（$W=5\mu m$）	没有闩锁现象	没有闩锁现象

图 6-49 所示的是 −100mA I-test 时电流的流向图。−100mA I-test 时出现比 V_{SSA} 低的电压脉冲信号在输出管脚，会导通寄生 NPN，在 NW 衬底形成收集电流 I_n。

测试结果没有发生闩锁现象，说明 $I_pR_p<0.6V$ 或者 $I_nR_n<0.6V$，也就是 −100mA I-test 触发后，NPN 或者 PNP 没有导通，如果其中一个寄生双极型晶体管没有导通，也就不会发生闩锁现象。它的物理分析过程与图 6-10 −100mA I-test 测试没有发生闩锁现象的物理分析是一样的，这里不再重复。

表 6-24 是接受 $1.5V_{max}$ V-test 的条件和测试结果，1.8V P-diode 阳极 V_{p+} 接 V_{DD1}，13.5V N-diode 阴极 V_{n+} 接 V_{SSA} 进行测试，$S=4\mu m$ 没有发生闩锁现象。没有发生闩锁现象，说明在 $1.5V_{max}$ 的条件下，1.8V 电源电压小于其自持电压，1.8V 电源电压不足以触发这个版图的闩锁效应。因为二极管始终要求设计环型的阱接触，所以严格遵从设计规则的二极管几乎不会发生闩锁效应。

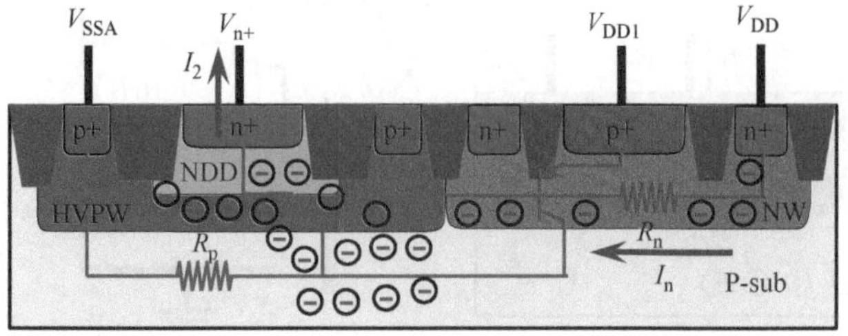

a)

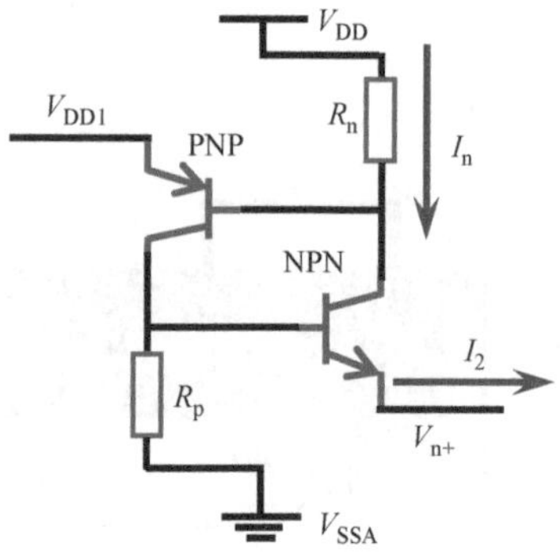

b)

图 6-49　-100mA I-test 时电流的流向图

表 6-24　1.5V_{max} V-test 的条件和测试结果

测试类型	1.5V_{max} V-test
测试条件	1）$V_{DD}=V_{DD1}=1.8V$，$V_{SSA}=0V$ 2）电压激励加载在 V_{DD1} 管脚 3）加载电压激励前后，$V_{DD1}=1.8V$（电源电压） 4）电压脉冲：$V_{DD1}=1.5V_{max}=1.5\times1.8V=2.7V$
$S=4\mu m$（$W=0.4\mu m$）	没有闩锁现象
$S=10\mu m$（$W=3\mu m$）	没有闩锁现象
$S=16\mu m$（$W=5\mu m$）	没有闩锁现象

图 6-50 所示的是 1.5V_{max} V-test 时电流的流向图。1.5V_{max} V-test 测试时出现比 V_{DD} 高的电压脉冲信号在 V_{DD1} 管脚，会导通寄生 PNP，在 PW 衬底形成收集电流 I_p。

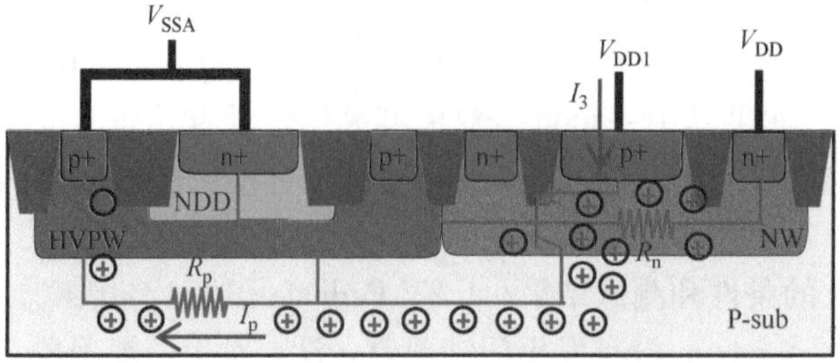

a)

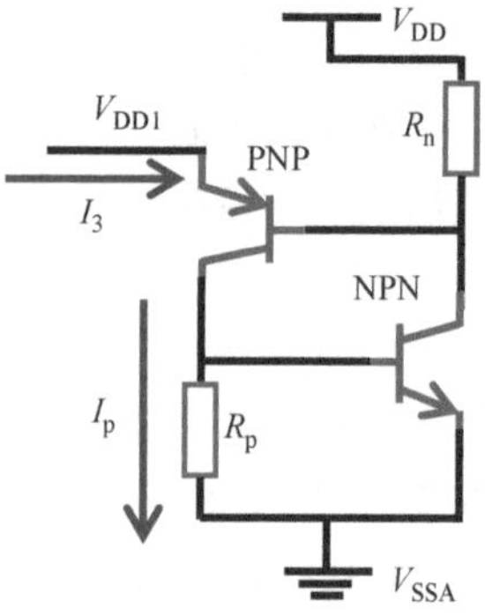

b)

图 6-50　1.5V_{max} V-test 时电流的流向图

测试结果没有发生闩锁现象，说明 $I_pR_p<0.6V$ 或者 $I_nR_n<0.6V$，也就是 $1.5V_{max}$ V-test 触发后，NPN 或者 PNP 没有导通，如果其中一个寄生双极型晶体管没有导通，也就不会发生闩锁现象。它的物理分析过程与图 6-36 $1.5V_{max}$ V-test 测试没有发生闩锁现象的物理分析是一样的，这里不再重复。

6.1.3 二极管与 MOS 器件之间的闩锁效应

二极管与 MOS 器件之间的闩锁效应在 CMOS 工艺集成电路中也比较常见，它是把二极管与 MOS 器件混合搭配形成的，例如图 6-1 中输入缓冲电路和输出缓冲电路包含 MOS 器件，输入二极管 ESD 保护电路、地之间用 B2B 做 ESD 保护、两个相同电压值的电源用二极管做 ESD 保护等包含二极管，这些 MOS 器件与二极管会形成 PNPN 闩锁结构，它们很容易被触发而形成低阻通路，从而损伤芯片。

13.5V 和 1.8V 输出电路包含四种 MOS 器件，分别是 1.8V NMOS 和 1.8V PMOS，以及 13.5V NMOS 和 13.5V PMOS。13.5V 和 1.8V 输出电路包含四种二极管，分别是 1.8V N-diode 和 1.8V P-diode，以及 13.5V N-diode 和 13.5V P-diode，它们有八种组合可以构成 PNPN 结构。

1）1.8V N-diode 和 1.8V PMOS 之间形成 PNPN 的闩锁结构；
2）1.8V N-diode 和 13.5V PMOS 之间形成 PNPN 的闩锁结构；
3）13.5V N-diode 和 1.8V PMOS 之间形成 PNPN 的闩锁结构；
4）13.5V N-diode 和 13.5V PMOS 之间形成 PNPN 的闩锁结构；
5）1.8V NMOS 和 1.8V P-diode 之间形成 PNPN 的闩锁结构；
6）1.8V NMOS 和 13.5V P-diode 之间形成 PNPN 的闩锁结构；
7）13.5V NMOS 和 1.8V P-diode 之间形成 PNPN 的闩锁结构；
8）13.5V NMOS 和 13.5V P-diode 之间形成 PNPN 的闩锁结构。

1. 1.8V N-diode 和 1.8V PMOS 之间的闩锁结构

图 6-51 所示的是 1.8V N-diode 和 1.8V PMOS 形成 PNPN 结构的等效电路图。1.8V N-diode 的阴极有源区和 NW 之间会形成寄生横向的 NPN，1.8V PMOS 的源漏有源区和 PW 之间会形成两个寄生纵向的 PNP，它们通过 PW 电阻 R_p 和 NW 电阻 R_n 构成 PNPN 的闩锁结构。1.8V N-diode 的阴极 V_{n+} 可以接输入或者地 V_{SS}，1.8V PMOS 的漏极有源区接输出和源极有源区接电源 V_{DD}。

为了使器件始终处于关闭状态，1.8V PMOS 的栅极接 V_{DD}。1.8V N-diode 的衬底接 V_{SS}，所以不用接受闩锁测试，其阴极 V_{n+} 可以接输入管脚，要接受 I-test。1.8V PMOS 的衬底和源接 V_{DD}，要接受 V-test，其漏极接输出管脚，要接受 I-test。

表 6-25 是接受 +100mA I-test 的条件和测试结果，1.8V N-diode 阴极 V_{n+} 接 V_{SS}，输出管脚分别接最大逻辑高电平和最小逻辑低电平进行测试，$S=2\mu m$ 和 $S=5\mu m$ 都没有发生闩锁现象。没有闩锁现象，说明在 1.8V 电源电压和 +100mA 电流的条件下，不足以触发这个版图的闩锁效应。如果把 1.8V PMOS 的环型阱接触拿掉，使阱等效电阻变大，并且减小这两个器件的间距，这样有可能触发闩锁效应。

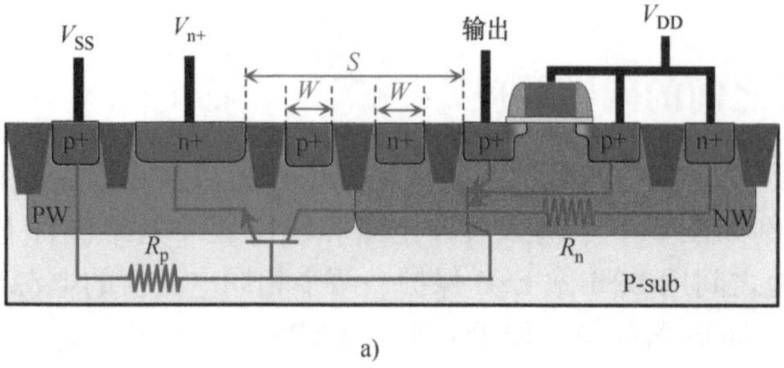

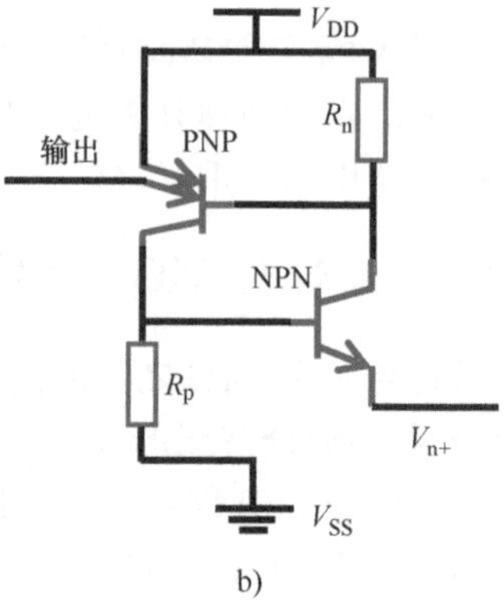

图 6-51　1.8V N-diode 和 1.8V PMOS 形成 PNPN 结构的等效电路图

表 6-25　+100mA I-test 的条件和测试结果

测试类型	+100mA I-test	
测试条件	1）V_{DD} = 1.8V，V_{SS} = 0V 2）电流激励加载在输出管脚 3）加载电流激励前后，输出管脚电压 V_{out} = 1.8V（最大高电平） 4）加载电流激励时，脉冲信号 V_{out} = $1.5V_{max}$ = 1.5 × 1.8V = 2.7V	1）V_{DD} = 1.8V，V_{SS} = 0V 2）电流激励加载在输出管脚 3）加载电流激励前后，输出管脚电压 V_{out} = 0V（最小低电平） 4）加载电流激励时，脉冲信号 V_{out} = $1.5V_{max}$ = 1.5 × 1.8V = 2.7V
S = 2μm（W = 0.4μm）	没有闩锁现象	没有闩锁现象
S = 5μm（W = 1.5μm）	没有闩锁现象	没有闩锁现象

图 6-52 所示的是 +100mA I-test 时电流的流向图。+100mA I-test 时出现比 V_{DD} 高的电压脉冲信号在输出管脚，会导通寄生 PNP，在 PW 衬底形成收集电流 I_p。图 6-53 所示的是 +100mA I-test 时的等效电路简图，图 6-53a 是一个寄生横向的 NPN 和两个寄生纵向的 PNP 组成的 PNPN 结构，假设注入电流 I_1，在 PW 衬底的收集电流是 I_p。为了使分析变得简单，把图 6-53a 拆分成图 6-53b 和图 6-53c 两种情况。图 6-53b 是拿掉接到 V_{DD} 的 1.8V PMOS 源极，PNP 由接到输出的 1.8V PMOS 漏极、NW 和 PW 组成，NPN 由接到 V_{SS} 的 1.8V N-diode 阴极、PW 和 NW 组成。图 6-53c 是拿

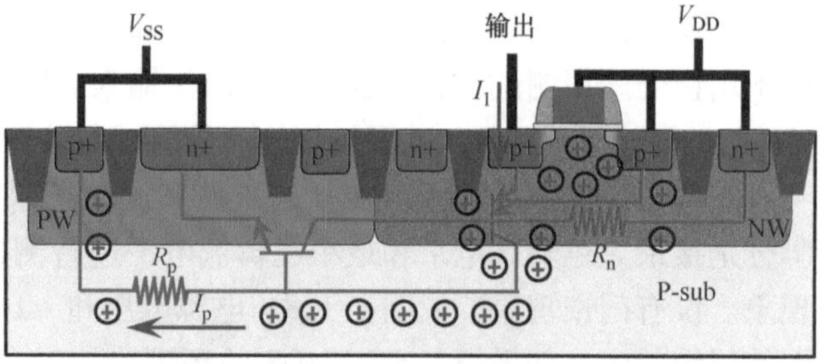

图 6-52　+100mA I-test 时电流的流向图

掉接到输出的 1.8V PMOS 漏极，PNP 由接到 V_{DD}的 1.8V PMOS 源极、NW 和 PW 组成，NPN 由接到 V_{SS}的 1.8V N-diode 阴极、PW 和 NW 组成。

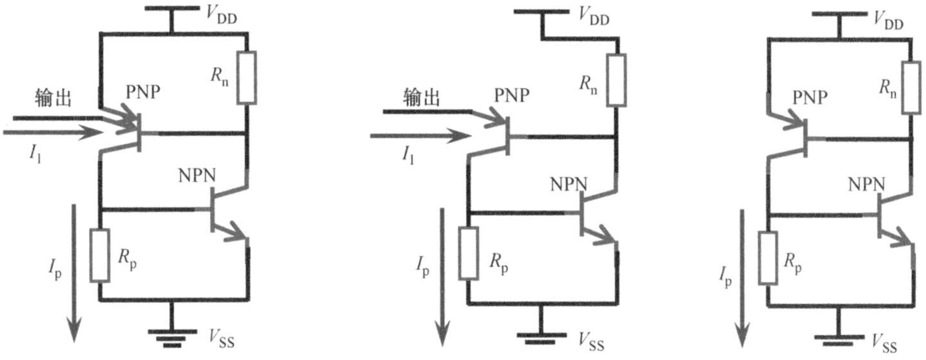

图 6-53　+100mA I-test 时的等效电路简图

测试结果没有发生闩锁现象，说明 $I_pR_p<0.6V$ 或者 $I_nR_n<0.6V$，也就是 +100mA I-test 触发后，NPN 或者 PNP 没有导通，如果其中一个寄生双极型晶体管没有导通，也就不会发生闩锁现象。它的物理分析过程与图 6-7 +100mA I-test 测试没有发生闩锁现象的物理分析是一样的，这里不再重复。

表 6-26 是接受 -100mA I-test 的条件和测试结果，1.8V PMOS 的漏极悬空，1.8V N-diode 阴极 V_{n+}分别接最大逻辑高电平和最小逻辑低电平进行测试，$S=2\mu m$ 和 $S=5\mu m$ 都没有发生闩锁现象。没有闩锁现象，说明在 1.8V 电源电压和 -100mA 电流的条件下，不足以触发这个版图的闩锁效应。如果把 1.8V PMOS 的环型阱接触拿掉，使阱等效电阻变大，并且减小这两个器件的间距，这样有可能触发闩锁效应。

表 6-26　-100mA I-test 的条件和测试结果

测试类型	-100mA I-test	
测试条件	1）$V_{DD}=1.8V$，$V_{SS}=0V$ 2）电流激励加载在输出管脚 3）加载电流激励前后，输出管脚电压 $V_{n+}=1.8V$（最大高电平） 4）加载电流激励时，脉冲信号 $V_{n+}=-0.5V_{max}=-0.5\times1.8V=-0.9V$	1）$V_{DD}=1.8V$，$V_{SS}=0V$ 2）电流激励加载在输出管脚 3）加载电流激励前后，输出管脚电压 $V_{n+}=0V$（最小低电平） 4）加载电流激励时，脉冲信号 $V_{n+}=-0.5V_{max}=-0.5\times1.8V=-0.9V$
$S=2\mu m$（$W=0.4\mu m$）	没有闩锁现象	没有闩锁现象
$S=5\mu m$（$W=1.5\mu m$）	没有闩锁现象	没有闩锁现象

图 6-54 所示的是 -100mA I-test 时电流的流向图。-100mA I-test 时出现比 V_{SS}低的电

压脉冲信号在输出管脚，会导通寄生 NPN，在 NW 衬底形成收集电流 I_n。

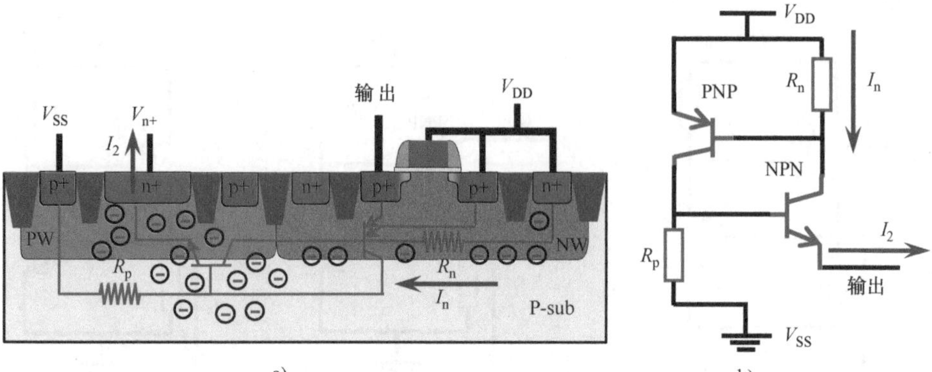

a) b)

图 6-54 −100mA I-test 时电流的流向图

测试结果没有发生闩锁现象，说明 $I_pR_p<0.6V$ 或者 $I_nR_n<0.6V$，也就是 −100mA I-test 触发后，NPN 或者 PNP 没有导通，如果其中一个寄生双极型晶体管没有导通，也就不会发生闩锁现象。它的物理分析过程与图 6-10 −100mA I-test 没有发生闩锁现象的物理分析是一样的，这里不再重复。

表 6-27 是接受 1.5V_{max} V-test 测试的条件和测试结果，1.8V PMOS 漏极悬空，1.8V N-diode 阴极 V_{n+} 接 V_{SS} 进行测试。$S=2\mu m$ 和 $S=5\mu m$ 都没有发生闩锁现象。没有闩锁现象，说明在 1.5V_{max} 的条件下，不足以击穿 NW 与 PW 之间的 PN 结，以及不足以使 n+ 到 NW 或者 p+ 到 PW 之间的穿通，没有击穿或者穿通现象，就不会在 NW 或者 PW 产生电流，也不会触发寄生 PNPN 结构。1.8V N-diode 和 1.8V PMOS 之间的击穿或者穿通高达 10V，所以在遵守正常的版图设计规则，无论怎么改变版图的尺寸，1.5V_{max} V-test 测试都不会触发闩锁现象。

表 6-27 1.5V_{max} V-test 的条件和测试结果

测试类型	1.5V_{max} V-test
测试条件	1）$V_{DD}=1.8V$，$V_{SS}=0V$ 2）电压激励加载在 V_{DD} 管脚 3）加载电压激励前后，$V_{DD}=1.8V$（电源电压） 4）电压脉冲：$V_{DD}=1.5V_{max}=1.5\times1.8V=2.7V$
$S=2\mu m$（$W=0.4\mu m$）	没有闩锁现象
$S=5\mu m$（$W=1.5\mu m$）	没有闩锁现象

2. 1.8V N-diode 和 13.5V PMOS 之间的闩锁结构

图 6-55 所示的是 1.8V N-diode 和 13.5V PMOS 形成 PNPN 结构的等效电路图。1.8V N-diode 的阴极有源区和 HVNW 之间会形成一个寄生横向的 NPN，13.5V PMOS 的源漏有源区

和 PW 之间会形成两个寄生纵向的 PNP，它们通过 PW 电阻 R_p 和 HVNW 电阻 R_n 构成 PNPN 的闩锁结构，1.8V N-diode 的阴极 V_{n+} 可以接输出或者 V_{SS}，13.5V PMOS 漏极接输出管脚，13.5V PMOS 源极接电源 V_{DDA}。

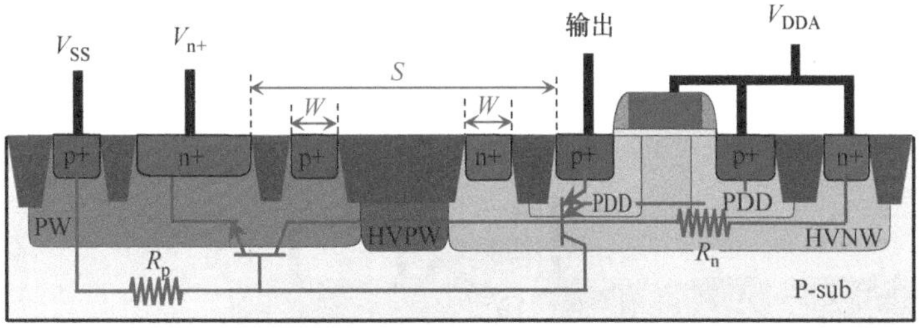

a)

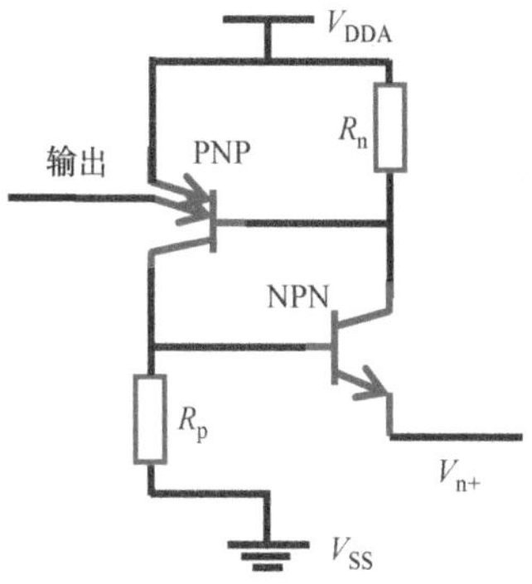

b)

图 6-55　1.8V N-diode 和 13.5V PMOS 形成 PNPN 结构的等效电路图

为了使器件始终处于关闭状态，13.5V PMOS 的栅极接 V_{DDA}。1.8V N-diode 的衬底 PW 接 V_{SS}，所以不用接受闩锁测试，其阴极 V_{n+} 可以接输入管脚，要接受 I-test。13.5V PMOS 的衬底和源接 V_{DDA}，要接受 V-test，其漏极接输出管脚，要接受 I-test。

表 6-28 是接受 +100mA I-test 的条件和测试结果，1.8V N-diode 阴极 V_{n+} 接 V_{SS}，13.5V HVPMOS 的漏极输出管脚分别接最大逻辑高电平和最小逻辑低电平进行测试，$S = 4\mu m$ 的间会发生闩锁现象，$S = 10\mu m$ 或者更大的间距没有发生闩锁现象。要提高 1.8V N-diode 和 13.5V PMOS 之间的寄生 PNPN 结构抵御闩锁效应的能力，必须使它们的间距大于 10μm。

表 6-28　+100mA I-test 的条件和测试结果

测试类型	+100mA I-test	
测试条件	1）$V_{DDA} = 13.5V$，$V_{SS} = 0V$ 2）电流激励加载在输出管脚 3）加载电流激励前后，输出管脚电压 $V_{out} = 13.5V$（最大高电平） 4）加载电流激励时，脉冲信号 $V_{out} = 1.5V_{max} = 1.5 \times 13.5V = 20.25V$	1）$V_{DDA} = 13.5V$，$V_{SS} = 0V$ 2）电流激励加载在输出管脚 3）加载电流激励前后，输出管脚电压 $V_{out} = 0V$（最小低电平） 4）加载电流激励时，脉冲信号 $V_{out} = 1.5V_{max} = 1.5 \times 13.5V = 20.25V$
$S = 4\mu m$（$W = 0.4\mu m$）	有闩锁现象	有闩锁现象
$S = 10\mu m$（$W = 3\mu m$）	没有闩锁现象	没有闩锁现象
$S = 16\mu m$（$W = 5\mu m$）	没有闩锁现象	没有闩锁现象
$S = 22\mu m$（$W = 5\mu m$）	没有闩锁现象	没有闩锁现象

图 6-56 所示的是 +100mA I-test 时电流的流向图。+100mA I-test 时出现比 V_{DDA} 高的电

压脉冲信号在输出管脚，会导通寄生 PNP，在 PW 衬底形成收集电流 I_p。图 6-57 所示为 +100mA I-test 时的等效电路简图，图 6-57a 是一个寄生横向的 NPN 和两个寄生纵向的 PNP 组成的 PNPN 结构，假设注入电流 I_1，在 PW 衬底的收集电流是 I_p。为了使分析变得简单，把图 6-57a 拆分成图 6-57b 和图 6-57c 两种情况。图 6-57b 是拿掉接到 V_{DDA} 的 13.5V PMOS 源极，PNP 由接到输出的 13.5V PMOS 漏极、HVNW 和 PW 组成，NPN 由接到 V_{SSA} 的 1.8V N-diode阴极、PW 和 HVNW 组成。图 6-57c 是拿掉接到输出的 13.5V PMOS 漏极，PNP 由接到 V_{DDA} 的 13.5V PMOS 源极、HVNW 和 PW 组成，NPN 由接到 V_{SSA} 的 1.8V N-diode 阴极、PW 和 HVNW 组成。

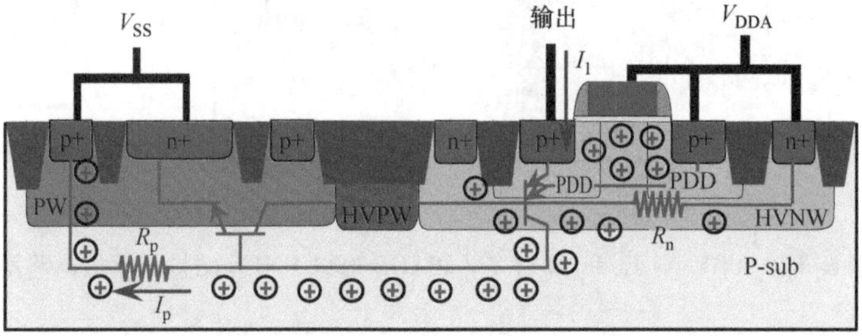

图 6-56　+100mA I-test 时电流的流向图

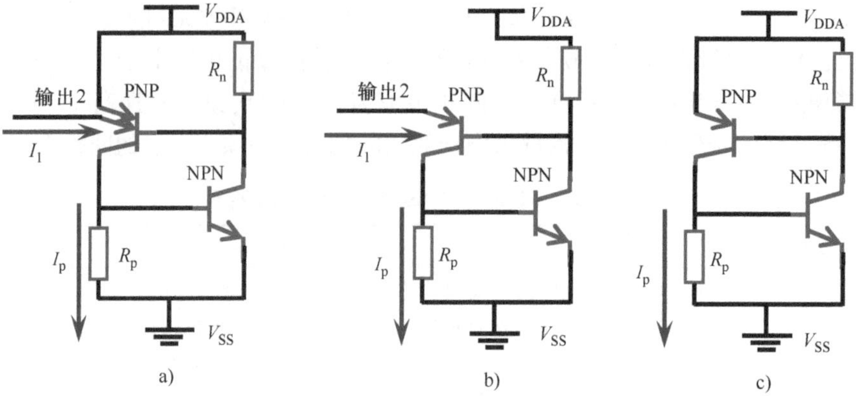

图 6-57　+100mA I-test 时的等效电路简图

对于测试结果中 $S=4\mu m$ 的间距都会发生闩锁现象，说明 $I_pR_p>0.6V$，也就是 +100mA I-test 触发后，导致 NPN 发射结正偏，形成电流 I_n，同时 $I_nR_n>0.6V$，PNP 和 NPN 同时导通，PNPN 结构形成低阻通路。它的物理分析过程与图 6-21 +100mA I-test 发生闩锁现象的物理分析是一样的，这里不再重复。

对于测试结果中 $S=10\mu m$ 或者更大的间距没有发生闩锁现象，说明 $I_pR_p<0.6V$ 或者 $I_nR_n<0.6V$，也就是 +100mA I-test 触发后，NPN 或者 PNP 没有导通，如果其中一个寄生双

极型晶体管没有导通，也就不会发生闩锁现象。它的物理分析过程与图 6-7　+100mA I-test 测试没有发生闩锁现象的物理分析是一样的，这里不再重复。

表 6-29 是接受 −100mA I-test 的条件和测试结果，13.5V PMOS 的漏极输出管脚悬空，1.8V N-diode 阴极 V_{n+} 分别接最大逻辑高电平和最小逻辑低电平进行测试，$S=10\mu m$ 或者更小的间距都会发生闩锁现象，$S=16\mu m$ 或者更大的间距没有发生闩锁现象。要提高 1.8V N-diode 和 13.5V PMOS 之间的寄生 PNPN 结构抵御闩锁效应的能力，必须使它们的间距大于 16μm。

表 6-29　−100mA I-test 的条件和测试结果

测试类型	−100mA I-test	
测试条件	1）$V_{DDA}=13.5V$，$V_{SS}=0V$ 2）电流激励加载在输出管脚 3）加载电流激励前后，输出管脚电压 $V_{out}=1.8V$（最大高电平） 4）加载电流激励时，脉冲信号 $V_{out}=-0.5V_{max}=-0.5\times1.8V=-0.9V$	1）$V_{DDA}=13.5V$，$V_{SS}=0V$ 2）电流激励加载在输出管脚 3）加载电流激励前后，输出管脚电压 $V_{out}=0V$（最小低电平） 4）加载电流激励时，脉冲信号 $V_{out}=-0.5V_{max}=-0.5\times1.8V=-0.9V$
$S=4\mu m$（$W=0.4\mu m$）	有闩锁现象	有闩锁现象
$S=10\mu m$（$W=3\mu m$）	有闩锁现象	有闩锁现象
$S=16\mu m$（$W=5\mu m$）	没有闩锁现象	没有闩锁现象
$S=22\mu m$（$W=5\mu m$）	没有闩锁现象	没有闩锁现象

图 6-58 所示的是 −100mA I-test 时电流的流向图。−100mA I-test 时出现比 V_{SS} 低的电压脉冲信号在输出管脚，会导通寄生 NPN，在 HVNW 衬底形成收集电流 I_n。

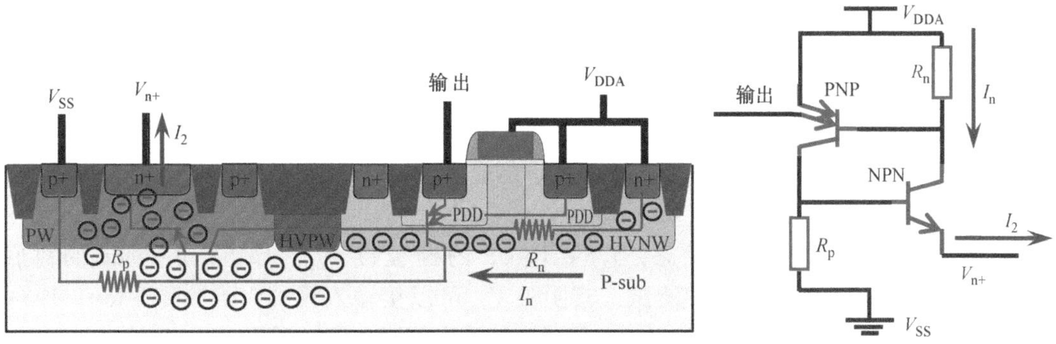

a)　　b)

图 6-58　−100mA I-test 时电流的流向图

对于测试结果中 $S=10\mu m$ 或者更小的间距都会发生闩锁现象，说明 $I_nR_n>0.6V$，也就是 +100mA I-test 触发后，导致 PNP 发射结正偏，形成电流 I_p，同时 $I_pR_p>0.6V$，PNP 和

NPN 同时导通，PNPN 结构形成低阻通路。它的物理分析过程与图 6-24 −100mA I-test 发生闩锁现象的物理分析是一样的，这里不再重复。

对于测试结果中 $S=16\mu m$ 或者更大的间距没有发生闩锁现象，说明 $I_pR_p<0.6V$ 或者 $I_nR_n<0.6V$，也就是 −100mA I-test 触发后，NPN 或者 PNP 没有导通，如果其中一个寄生双极型晶体管没有导通，也就不会发生闩锁现象。它的物理分析过程与图 6-10 −100mA I-test 没有发生闩锁现象的物理分析是一样的，这里不再重复。

表 6-30 是接受 $1.5V_{max}$ V-test 测试的条件和测试结果，13.5V PMOS 漏极悬空，1.8V N-diode 阴极 V_{n+} 接 V_{SS} 进行测试，最小的间距 $S=4\mu m$ 没有发生闩锁现象。1.8V N-diode 和 13.5V PMOS $1.5V_{max}$ V-test 测试没有闩锁现象的原因与 1.8V NMOS 和 13.5V PMOS 是一样的，所以在遵守正常的版图设计规则，无论怎么改变版图的尺寸，$1.5V_{max}$ V-test 测试都不会触发闩锁现象。

表 6-30　$1.5V_{max}$ V-test 的条件和测试结果

测试类型	$1.5V_{max}$ V-test
测试条件	1）$V_{DDA}=13.5V$，$V_{SS}=0V$ 2）电压激励加载在 V_{DDA} 管脚 3）加载电压激励前后，$V_{DDA}=13.5V$（电源电压） 4）加载电压激励时，$V_{DDA}=1.5V_{max}=1.5\times13.5V=20.25V$
$S=4\mu m$（$W=0.4\mu m$）	没有闩锁现象
$S=10\mu m$（$W=3\mu m$）	没有闩锁现象
$S=16\mu m$（$W=5\mu m$）	没有闩锁现象
$S=22\mu m$（$W=5\mu m$）	没有闩锁现象

3. 13.5V N-diode 和 1.8V PMOS 之间的闩锁结构

图 6-59 所示的是 13.5V N-diode 和 1.8V PMOS 形成 PNPN 结构的等效电路图。13.5V N-diode 的阴极有源区和 NW 之间会形成一个寄生横向的 NPN，1.8V PMOS 的源漏有源区和 PW 之间会形成两个寄生纵向的 PNP，它们通过 HVPW 电阻 R_p 和 NW 电阻 R_n 构成 PNPN 的闩锁结构。13.5V N-diode 的阴极 V_{n+} 可以接输出或者 V_{SSA}，1.8V PMOS 漏极接输出管脚，1.8V PMOS 源极接电源 V_{DD}。

为了使器件始终处于关闭状态，1.8V PMOS 的栅极接 V_{DD}。13.5V N-diode 的衬底 HVPW 接 V_{SSA}，所以不用接受闩锁测试，其阴极 V_{n+} 可以接输入管脚，要接受 I-test。1.8V PMOS 的衬底和源接 V_{DD}，要接受 V-test，其漏极接输出管脚，要接受 I-test。

表 6-31 是接受 +100mA I-test 的条件和测试结果，13.5V N-diode 阴极 V_{n+} 接 V_{SSA}，1.8V PMOS 漏极接输出管脚分别接最大逻辑高电平和最小逻辑低电平进行测试，$S=4\mu m$ 没有发生闩锁现象。没有发生闩锁现象，说明在 1.8V 电源电压和 +100mA 电流的条件下，不足以触发这个版图的闩锁效应。如果把 1.8V PMOS 环型阱接触拿掉，使阱等效电阻变大，并且减小这两个器件的间距，有可能触发闩锁效应。

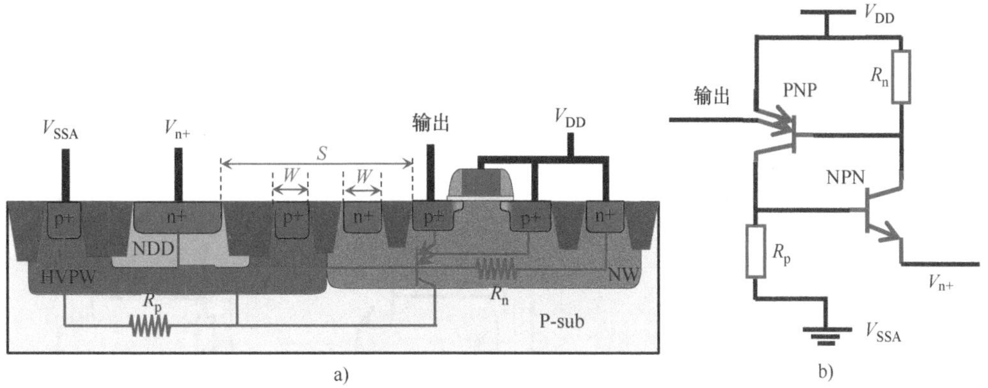

图6-59　13.5V N-diode 和1.8V PMOS 形成 PNPN 结构的等效电路图

表6-31　+100mA I-test 的条件和测试结果

测试类型	+100mA I-test	
测试条件	1）V_{DD} =1.8V，V_{SSA} =0V 2）电流激励加载在输出管脚 3）加载电流激励前后，输出管脚电压 V_{out} =1.8V（最大高电平） 4）加载电流激励时，脉冲信号 V_{out} = 1.5V_{max} =1.5×1.8V =2.7V	1）V_{DD} =1.8V，V_{SSA} =0V 2）电流激励加载在输出管脚 3）加载电流激励前后，输出管脚电压 V_{out} =0V（最小低电平） 4）加载电流激励时，脉冲信号 V_{out} = 1.5V_{max} =1.5×1.8V =2.7V
S =4μm（W =0.4μm）	没有闩锁现象	没有闩锁现象
S =10μm（W =3μm）	没有闩锁现象	没有闩锁现象
S =16μm（W =5μm）	没有闩锁现象	没有闩锁现象

图6-60所示的是+100mA I-test 时电流的流向图。+100mA I-test 时出现比 V_{DD}高的电压脉冲信号在输出管脚，会导通寄生 PNP，在 HVPW 衬底形成收集电流 I_p。图6-61所示的是+100mA I-test 时的等效电路简图，图6-61a 是一个寄生横向的 NPN 和两个寄生纵向的 PNP 组成的 PNPN 结构，假设注入电流 I_1，在 HVPW 衬底的收集电流是 I_p。为了使分析变得简单，把图6-61a 拆分成图6-61b 和图6-61c 两种情况。图6-61b 是拿掉接到 V_{DD}的1.8V PMOS 源极，PNP 由接到输出的1.8V PMOS 漏极、NW 和 HVPW 组成，NPN 由接到 V_{SSA}的13.5V N-diode 阴极、HVPW 和 NW 组成。图6-61c 是拿掉接到输出的1.8V PMOS 漏极，PNP 由接

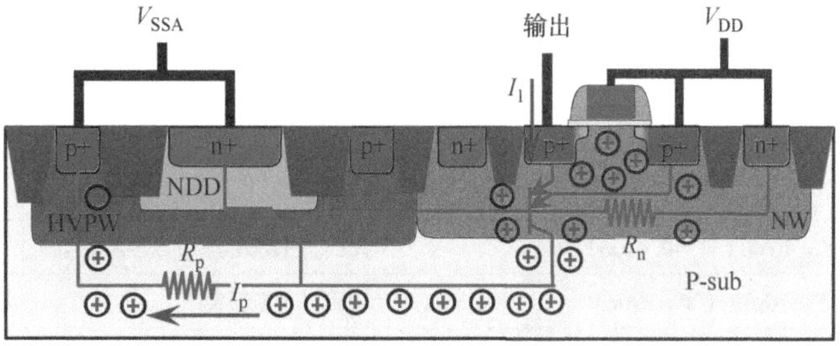

图6-60　+100mA I-test 时电流的流向图

到 V_{DD} 的 1.8V PMOS 源极、NW 和 HVPW 组成，NPN 由接到 V_{SSA} 的 13.5V N-diode 阴极、HVPW 和 NW 组成。

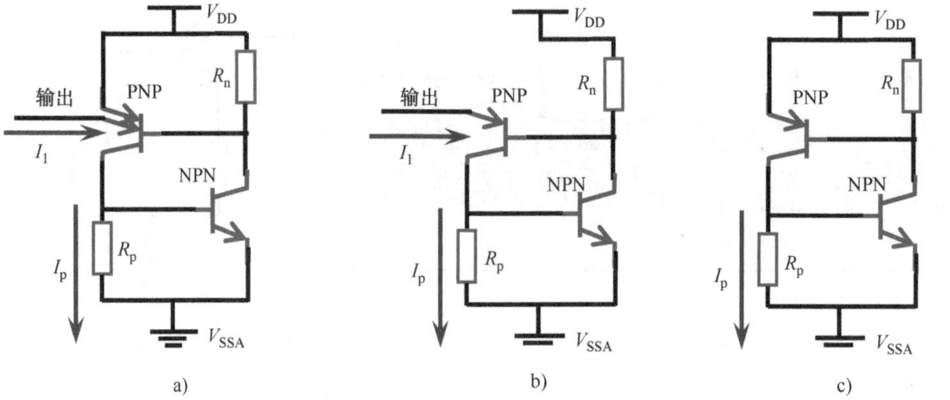

图 6-61　+100mA I-test 时的等效电路简图

测试结果没有发生闩锁现象，说明 $I_pR_p<0.6V$ 或者 $I_nR_n<0.6V$，也就是 +100mA I-test 触发后，NPN 或者 PNP 没有导通，如果其中一个寄生双极型晶体管没有导通，也就不会发生闩锁现象。它的物理分析过程与图 6-7　+100mA I-test 没有发生闩锁现象的物理分析是一样的，这里不再重复。

表 6-32 是接受 -100mA I-test 的条件和测试结果，1.8V PMOS 漏极接输出管脚悬空，13.5V N-diode 阴极 V_{n+} 分别接最大逻辑高电平和最小逻辑低电平进行测试，$S=4\mu m$ 没有发生闩锁现象。没有发生闩锁现象，说明在 1.8V 电源电压和 -100mA 电流的条件下，不足以触发这个版图的闩锁效应。如果把 1.8V PMOS 环型的阱接触拿掉，使阱等效电阻变大，并且减小这两个器件的间距，有可能触发闩锁效应。

表 6-32　-100mA I-test 的条件和测试结果

测试类型	-100mA I-test	
测试条件	1）$V_{DD}=1.8V$，$V_{SSA}=0V$ 2）电流激励加载在输出管脚 3）加载电流激励前后，输出管脚电压 $V_{out}=1.8V$（最大高电平） 4）加载电流激励时，脉冲信号 $V_{out}=-0.5V_{max}=-0.5\times1.8V=-0.9V$	1）$V_{DD}=1.8V$，$V_{SSA}=0V$ 2）电流激励加载在输出管脚 3）加载电流激励前后，输出管脚电压 $V_{out}=0V$（最小低电平） 4）加载电流激励时，脉冲信号 $V_{out}=-0.5V_{max}=-0.5\times1.8V=-0.9V$
$S=4\mu m$（$W=0.4\mu m$）	没有闩锁现象	没有闩锁现象
$S=10\mu m$（$W=3\mu m$）	没有闩锁现象	没有闩锁现象
$S=16\mu m$（$W=5\mu m$）	没有闩锁现象	没有闩锁现象

图 6-62 所示的是 −100mA I-test 时电流的流向图。−100mA I-test 时出现比 V_{SSA} 低的电压脉冲信号在输出管脚，会导通寄生 NPN，在 NW 衬底形成收集电流 I_n。

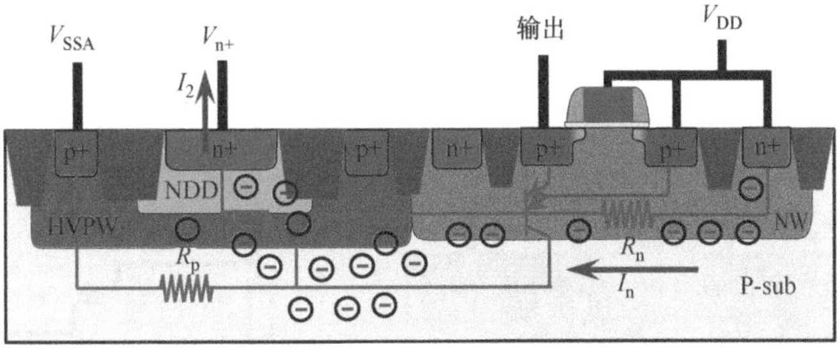

a)

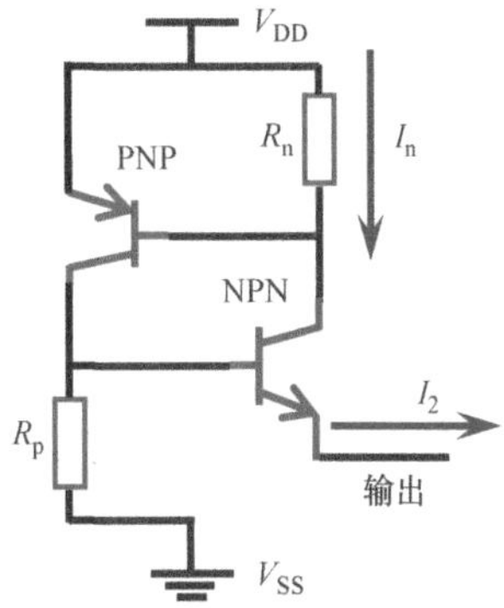

b)

图 6-62　−100mA I-test 时电流的流向图

测试结果没有发生闩锁现象，说明 $I_pR_p < 0.6V$ 或者 $I_nR_n < 0.6V$，也就是 −100mA I-test 触发后，NPN 或者 PNP 没有导通，如果其中一个寄生双极型晶体管没有导通，也就不会发生闩锁现象。它的物理分析过程与图 6-10 −100mA I-test 测试没有发生闩锁现象的物理分析是一样的，这里不再重复。

表 6-33 是接受 1.5V_{max} V-test 测试的条件和测试结果，1.8V PMOS 漏极接输出管脚悬空，13.5V N-diode 阴极 V_{n+} 接 V_{SSA}，最小的间距 $S = 4\mu m$ 没有发生闩锁现象。13.5V N-diode 和 1.8V PMOS 1.5V_{max} V-test 测试没有闩锁现象的原因与 13.5V NMOS 和 1.8V PMOS 是一样的，所以在遵守正常的版图设计规则，无论怎么改变版图的尺寸，1.5V_{max} V-test 测试都不会触发闩锁现象。

表 6-33　1.5V_{max} V-test 的条件和测试结果

测试类型	1.5V_{max} V-test
测试条件	1）$V_{DD} = 1.8V$，$V_{SSA} = 0V$ 2）电压激励加载在 V_{DD} 管脚 3）加载电压激励前后，$V_{DD} = 1.8V$（电源电压） 4）电压脉冲：$V_{DD} = 1.5V_{max} = 1.5 \times 1.8V = 2.7V$
$S = 4\mu m$（$W = 0.4\mu m$）	没有闩锁现象
$S = 10\mu m$（$W = 3\mu m$）	没有闩锁现象
$S = 16\mu m$（$W = 5\mu m$）	没有闩锁现象

4. 13.5V N-diode 和 13.5V PMOS 之间的闩锁结构

图 6-63 所示的是 13.5V N-diode 和 13.5V PMOS 形成 PNPN 结构的等效电路图。13.5V

N-diode 的阴极有源区和 HVNW 之间会形成一个寄生横向的 NPN，13.5V PMOS 的源漏有源区和 HVPW 之间会形成两个寄生纵向的 PNP，它们通过 HVPW 电阻 R_p 和 HVNW 电阻 R_n 构成 PNPN 的闩锁结构。13.5V N-diode 的阴极 V_{n+} 可以接输出或者 V_{SSA}，13.5V PMOS 漏极接输出管脚，13.5V PMOS 源极接电源 V_{DDA}。

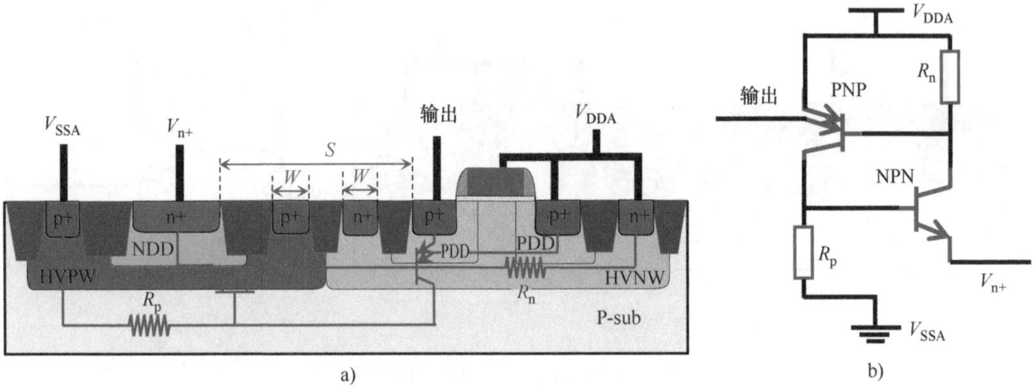

图 6-63　13.5V N-diode 和 13.5V PMOS 形成 PNPN 结构的等效电路图

为了使器件始终处于关闭状态，13.5V PMOS 的栅极接 V_{DDA}。13.5V N-diode 的衬底接 V_{SSA}，所以不用接受闩锁测试，其阴极 V_{n+} 可以接输入管脚，要接受 I-test。13.5V PMOS 的衬底和源接 V_{DDA}，要接受 V-test，其漏极接输出管脚，要接受 I-test。

表 6-34 是接受 +100mA I-test 的条件和测试结果，13.5V N-diode 阴极 V_{n+} 可以接 V_{SSA}，13.5V PMOS 漏极接输出管脚分别接最大逻辑高电平和最小逻辑低电平进行测试，$S=10\mu m$ 或者更小的间距都会发生闩锁现象，$S=16\mu m$ 或者更大的间距没有发生闩锁现象。要提高 13.5V N-diode 和 13.5V PMOS 之间的寄生 PNPN 结构抵御闩锁效应的能力，必须使它们的间距大于 $16\mu m$。

表 6-34　+100mA I-test 的条件和测试结果

测试类型	+100mA I-test	
测试条件	1）$V_{DDA}=13.5V$，$V_{SSA}=0V$ 2）电流激励加载在输出管脚 3）加载电流激励前后，输出管脚电压 $V_{out}=13.5V$（最大高电平） 4）加载电流激励时，脉冲信号 $V_{out}=1.5V_{max}=1.5\times13.5V=20.25V$	1）$V_{DDA}=13.5V$，$V_{SSA}=0V$ 2）电流激励加载在输出管脚 3）加载电流激励前后，输出管脚电压 $V_{out}=0V$（最小低电平） 4）加载电流激励时，脉冲信号 $V_{out}=1.5V_{max}=1.5\times13.5V=20.25V$
$S=4\mu m$（$W=0.4\mu m$）	有闩锁现象	有闩锁现象
$S=10\mu m$（$W=3\mu m$）	有闩锁现象	有闩锁现象
$S=16\mu m$（$W=5\mu m$）	没有闩锁现象	没有闩锁现象
$S=22\mu m$（$W=5\mu m$）	没有闩锁现象	没有闩锁现象

图 6-64 所示的是 +100mA I-test 时电流的流向图。+100mA I-test 时出现比 V_{DDA} 高的电压脉冲信号在输出管脚，会导通寄生 PNP，在 HVPW 衬底形成收集电流 I_p。图 6-65 所示的是 +100mA I-test 时的等效电路简图，图 6-65a 是一个寄生横向的 NPN 和两个寄生纵向的 PNP 组成的 PNPN 结构，假设注入电流 I_1，在 HVPW 衬底的收集电流是 I_p。为了使分析变得简单，把图 6-65a 拆分成图 6-65b 和图 6-65c 两种情况。图 6-65b 是拿掉接到 V_{DDA} 的 13.5V PMOS 源极，PNP 由接到输出的 13.5V PMOS 漏极、HVNW 和 HVPW 组成，NPN 由接到 V_{SSA} 的 13.5V N-diode 阴极、HVPW 和 HVNW 组成。图 6-65c 是拿掉接到输出的 13.5V PMOS 漏极，PNP 由接到 VDDA 的 13.5V PMOS 源极、HVNW 和 HVPW 组成，NPN 由接到 V_{SSA} 的 13.5V N-diode 阴极、HVPW 和 HVNW 组成。

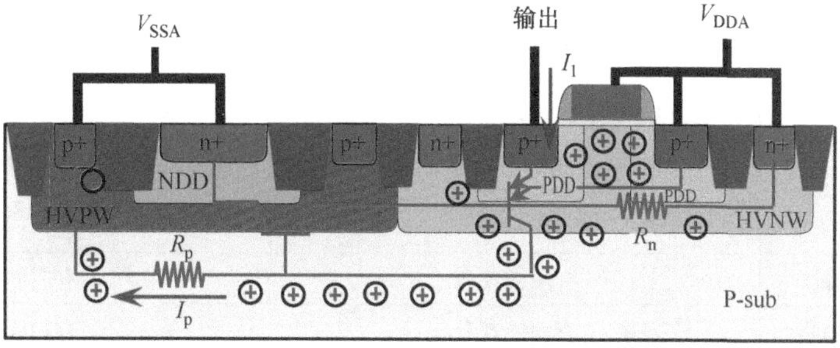

图 6-64　+100mA I-test 时电流的流向图

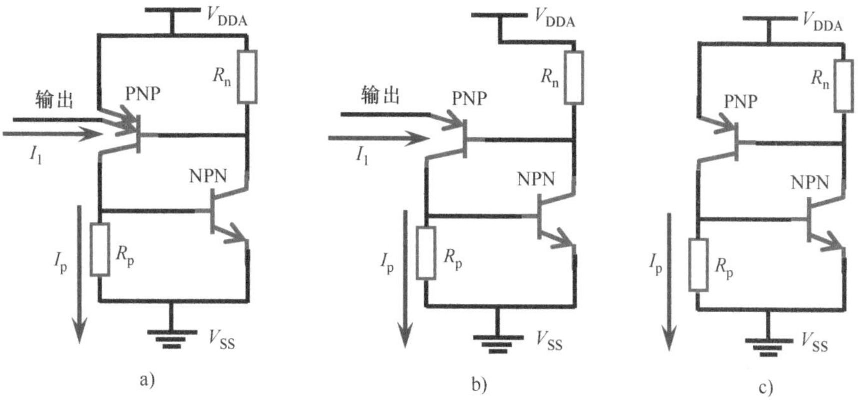

图 6-65　+100mA I-test 时的等效电路简图

对于测试结果中 $S = 10\mu m$ 或者更小的间距都会发生闩锁现象，说明 $I_pR_p > 0.6V$，+100mA I-test触发后，导致 NPN 发射结正偏，形成电流 I_n，同时 $I_nR_n > 0.6V$，PNP 和 NPN 同时导通，PNPN 结构形成低阻通路。它的物理分析过程与图 6-14 +100mA I-test 测试发生闩锁现象的物理分析是一样的，这里不再重复。

对于测试结果中 $S = 16\mu m$ 或者更大的间距没有发生闩锁现象，说明 $I_pR_p < 0.6V$ 或者 $I_nR_n < 0.6V$，也就是 +100mA I-test 触发后，NPN 或者 PNP 没有导通，如果其中一个寄生双极型晶体管没有导通，也就不会发生闩锁现象。它的物理分析过程与图 6-7 +100mA I-test

没有发生闩锁现象的物理分析是一样的，这里不再重复。

表6-35是接受 -100mA I-test 的条件和测试结果，13.5V PMOS 漏极接输出管脚悬空，13.5V N-diode 阴极 V_{n+}分别接最大逻辑高电平和最小逻辑低电平进行测试，$S=16\mu m$ 或者更小的间距都会发生闩锁现象，$S=22\mu m$ 或者更大的间距没有发生闩锁现象。要提高 13.5V NMOS 和 13.5V PMOS 之间的寄生 PNPN 结构抵御闩锁效应的能力，必须使它们的间距大于 22μm。

表6-35　-100mA I-test 的条件和测试结果

测试类型	-100mA I-test	
测试条件	1）$V_{DDA}=13.5V$，$V_{SSA}=0V$ 2）电流激励加载在输出管脚 3）加载电流激励前后，输出管脚电压 $V_{n+}=13.5V$（最大高电平） 4）加载电流激励时，脉冲信号 $V_{n+}=-0.5V_{max}=-0.5\times13.5V=-6.75V$	1）$V_{DDA}=13.5V$，$V_{SSA}=0V$ 2）电流激励加载在输出管脚 3）加载电流激励前后，输出管脚电压 $V_{n+}=0V$（最小低电平） 4）加载电流激励时，脉冲信号 $V_{n+}=-0.5V_{max}=-0.5\times13.5V=-6.75V$
$S=4\mu m$（$W=0.4\mu m$）	有闩锁现象	有闩锁现象
$S=10\mu m$（$W=3\mu m$）	有闩锁现象	有闩锁现象
$S=16\mu m$（$W=5\mu m$）	有闩锁现象	有闩锁现象
$S=22\mu m$（$W=5\mu m$）	没有闩锁现象	没有闩锁现象

图6-66所示的是 -100mA I-test 时电流的流向图。-100mA I-test 时出现比 V_{SSA}低的电压脉冲信号在输出管脚，会导通寄生 NPN，在 HVNW 衬底形成收集电流 I_n。

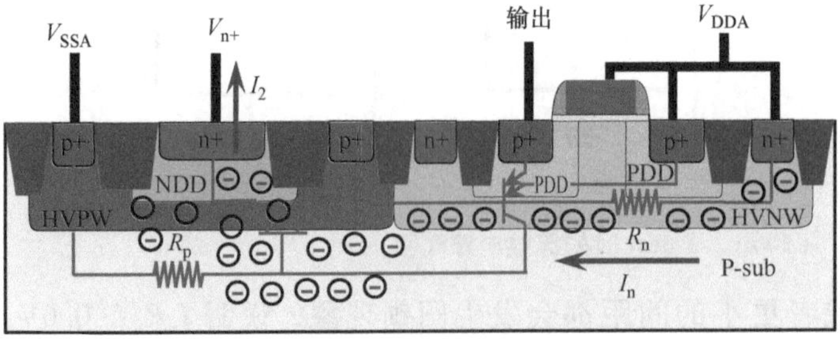

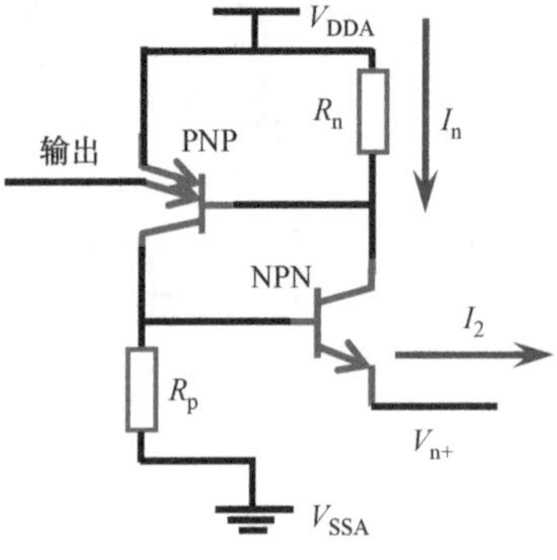

图6-66　-100mA I-test 时电流的流向图

对于测试结果中 $S=16\mu m$ 或者更小的间距都会发生闩锁现象，说明 $I_nR_n>0.6V$，-100mA I-test 触发后，导致 PNP 发射结正偏，形成电流 I_p，同时 $I_pR_p>0.6V$，PNP 和 NPN 同时导通，PNPN 结构形成低阻通路。它的物理分析过程与图6-17 -100mA I-test 发生闩锁现象的物理分析是一样的，这里不再重复。

对于测试结果中 $S=22\mu m$ 或者更大的间距没有发生闩锁现象，说明 $I_pR_p<0.6V$ 或者 $I_nR_n<0.6V$，也就是 -100mA I-test 触发后，NPN 或者 PNP 没有导通，如果其中一个寄生双极型晶体管没有导通，也就不会发生闩锁现象。它的物理分析过程与图 6-10 -100mA I-test 没有发生闩锁现象的物理分析是一样的，这里不再重复。

表 6-36 是接受 $1.5V_{max}$ V-test 测试的条件和测试结果，13.5V PMOS 漏极输出悬空，13.5V N-diode 阴极 V_{n+} 接 V_{SSA} 进行测试，最小的间距 $S=4\mu m$ 没有发生闩锁现象。13.5V N-diode 和 13.5V PMOS $1.5V_{max}$ V-test 测试没有闩锁现象的原因与 13.5V NMOS 和 13.5V PMOS 是一样的，所以在遵守正常的版图设计规则，无论怎么改变版图的尺寸，$1.5V_{max}$ V-test 测试都不会触发闩锁现象。

表 6-36　$1.5V_{max}$ V-test 的条件和测试结果

测试类型	$1.5V_{max}$ V-test
测试条件	1）$V_{DDA}=13.5V$，$V_{SSA}=0V$ 2）电压激励加载在 V_{DDA} 管脚 3）加载电压激励前后，$V_{DDA}=13.5V$（电源电压） 4）加载电压激励时，$V_{DDA}=1.5V_{max}=1.5\times13.5V=20.25V$
$S=4\mu m$（$W=0.4\mu m$）	没有闩锁现象
$S=10\mu m$（$W=3\mu m$）	没有闩锁现象
$S=16\mu m$（$W=5\mu m$）	没有闩锁现象
$S=22\mu m$（$W=5\mu m$）	没有闩锁现象

5. 1.8V NMOS 和 1.8V P-diode 之间的闩锁结构

图 6-67 所示的是 1.8V NMOS 和 1.8V P-diode 形成 PNPN 结构的等效电路图。1.8V NMOS 的源漏有源区和 NW 之间会形成两个寄生横向的 NPN，1.8V P-diode 的阳极有源区和 PW 之间会形成寄生纵向的 PNP，它们通过 PW 电阻 R_p 和 NW 电阻 R_n 构成 PNPN 的闩锁结构。1.8V NMOS 漏极接输出管脚，1.8V NMOS 源极接 V_{SS}，1.8V P-diode 的阳极 V_{p+} 可以接输出或者 V_{DD1}。

为了使器件始终处于关闭状态，1.8V NMOS 的栅极接 V_{SS}。1.8V NMOS 的衬底和源接 V_{SS}，所以不用接受闩锁测试，其漏极接输出管脚，要接受 I-test。1.8V P-diode 的衬底接 V_{DD}，其阳极 V_{p+} 可以电源 V_{DD1}，要接受 V-test，其阳极 V_{p+} 也可以接输入管脚，要接受 I-test。

表 6-37 是接受 +100mA I-test 的条件和测试结果，1.8V NMOS 输出管脚悬空，1.8V P-diode阳极 V_{p+} 分别接最大逻辑高电平和最小逻辑低电平进行测试，$S=2\mu m$ 和 $S=5\mu m$ 都没有发生闩锁现象。没有闩锁现象，说明在 1.8V 电源电压和 +100mA 电流的条件下，不足以触发这个版图的闩锁效应。如果把 1.8V NMOS 环型的阱接触拿掉，使阱等效电阻变大，并且减小这两个器件的间距，这样有可能触发闩锁效应。

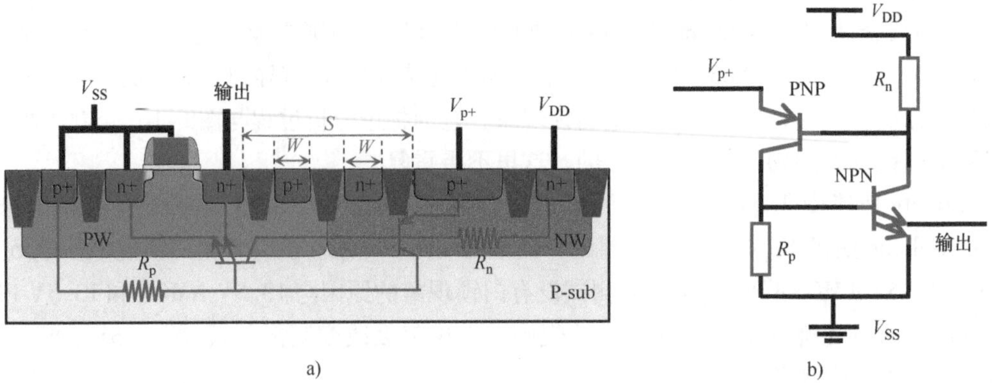

图 6-67　1.8V NMOS 和 1.8V P-diode 形成 PNPN 结构的等效电路图

表 6-37　+100mA I-test 的条件和测试结果

测试类型	+100mA I-test	
测试条件	1）$V_{DD}=1.8V$，$V_{SS}=0V$ 2）电流激励加载在输出管脚 3）加载电流激励前后，输出管脚电压 $V_{out}=1.8V$（最大高电平） 4）加载电流激励时，脉冲信号 $V_{out}=1.5V_{max}=1.5\times1.8V=2.7V$	1）$V_{DD}=1.8V$，$V_{SS}=0V$ 2）电流激励加载在输出管脚 3）加载电流激励前后，输出管脚电压 $V_{out}=0V$（最小低电平） 4）加载电流激励时，脉冲信号 $V_{out}=1.5V_{max}=1.5\times1.8V=2.7V$
$S=2\mu m$（$W=0.4\mu m$）	没有闩锁现象	没有闩锁现象
$S=5\mu m$（$W=1.5\mu m$）	没有闩锁现象	没有闩锁现象

图 6-68 所示的是 +100mA I-test 时电流的流向图。+100mA I-test 时出现比 V_{DD} 高的电压脉冲信号在输出管脚，会导通寄生 PNP，在 PW 衬底形成收集电流 I_p。

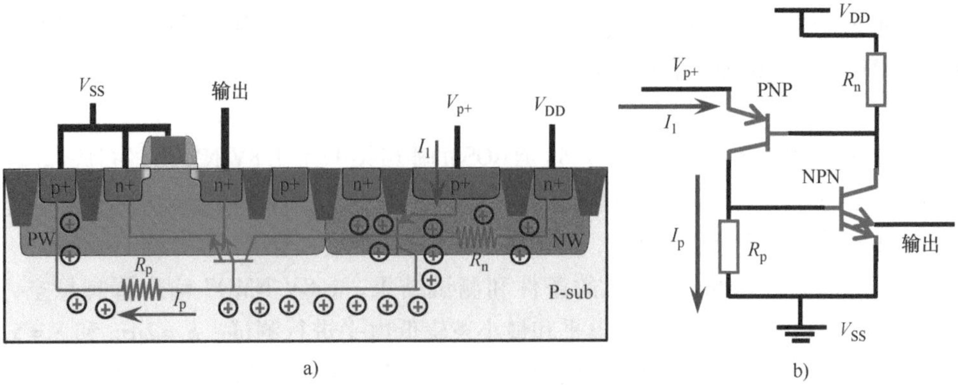

图 6-68　+100mA I-test 时电流的流向图

测试结果没有发生闩锁现象，说明 $I_pR_p<0.6V$ 或者 $I_nR_n<0.6V$，也就是 +100mA I-test 触发后，NPN 或者 PNP 没有导通，如果其中一个寄生双极型晶体管没有导通，也就不会发生闩锁现象。它的物理分析过程与图 6-7 +100mA I-test 没有发生闩锁现象的物理分析是一样的，这里不再重复。

表 6-38 是接受 -100mA I-test 的条件和测试结果，1.8V P-diode 阳极 V_{p+} 接 V_{DD1}，1.8V NMOS 输出管脚分别接最大逻辑高电平和最小逻辑低电平进行测试，$S=2\mu m$ 和 $S=5\mu m$ 都没有发生闩锁现象。没有闩锁现象，说明在 1.8V 电源电压和 -100mA 电流的条件下，不足以触发这个版图的闩锁效应。如果把 1.8V NMOS 环型的阱接触拿掉，使阱等效电阻变大，并且减小这两个器件的间距，这样有可能触发闩锁效应。

表 6-38 -100mA I-test 的条件和测试结果

测试类型	-100mA I-test	
测试条件	1) $V_{DD}=V_{DD1}=1.8V$，$V_{SS}=0V$ 2) 电流激励加载在输出管脚 3) 加载电流激励前后，输出管脚电压 $V_{out}=1.8V$（最大高电平） 4) 加载电流激励时，脉冲信号 $V_{out}=-0.5V_{max}=-0.5\times1.8V=-0.9V$	1) $V_{DD}=V_{DD1}=1.8V$，$V_{SS}=0V$ 2) 电流激励加载在输出管脚 3) 加载电流激励前后，输出管脚电压 $V_{out}=0V$（最小低电平） 4) 加载电流激励时，脉冲信号 $V_{out}=-0.5V_{max}=-0.5\times1.8V=-0.9V$
$S=2\mu m$（$W=0.4\mu m$）	没有闩锁现象	没有闩锁现象
$S=5\mu m$（$W=1.5\mu m$）	没有闩锁现象	没有闩锁现象

图 6-69 所示的是 -100mA I-test 时电流的流向图。-100mA I-test 时出现比 V_{SS} 低的电压脉冲信号在输出管脚，所以会导通寄生 NPN，在 NW 衬底形成收集电流 I_n。图 6-70 所示的是 -100mA I-test 时的等效电路简图，图 6-70a 是两个寄生横向的 NPN 和一个寄生纵向的 PNP 组成的 PNPN 结构，假设注入电流 I_2，在 NW 衬底的收集电流是 I_n。为了使分析变得简单，把图 6-70a 拆分成图 6-70b 和图 6-70c 两种情况。图 6-70b 是拿掉接到 V_{SS} 的 1.8V NMOS 源极，PNP 由接到 V_{DD1} 的 1.8V P-diode 阳极 V_{p+}、NW 和 PW 组成，NPN 由接到输出的 1.8V NMOS 漏极、PW 和 NW 组成。图 6-70c 是拿掉接到输出的 1.8V NMOS 漏极，PNP 由接到 V_{DD1} 的 1.8V P-diode 阳极 V_{p+}、NW 和 PW 组成，NPN 由接到 V_{SS} 的 1.8V NMOS 源极、PW 和 NW 组成。

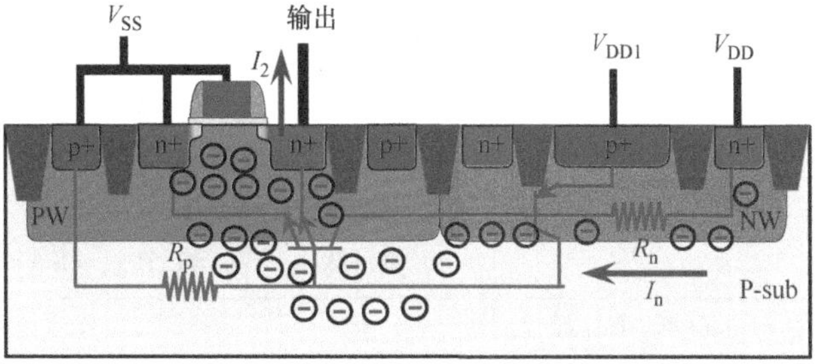

图 6-69 -100mA I-test 时电流的流向图

测试结果没有发生闩锁现象，说明 $I_pR_p<0.6V$ 或者 $I_nR_n<0.6V$，也就是 -100mA I-test 触发后，NPN 或者 PNP 没有导通，如果其中一个寄生双极型晶体管没有导通，也就不会发

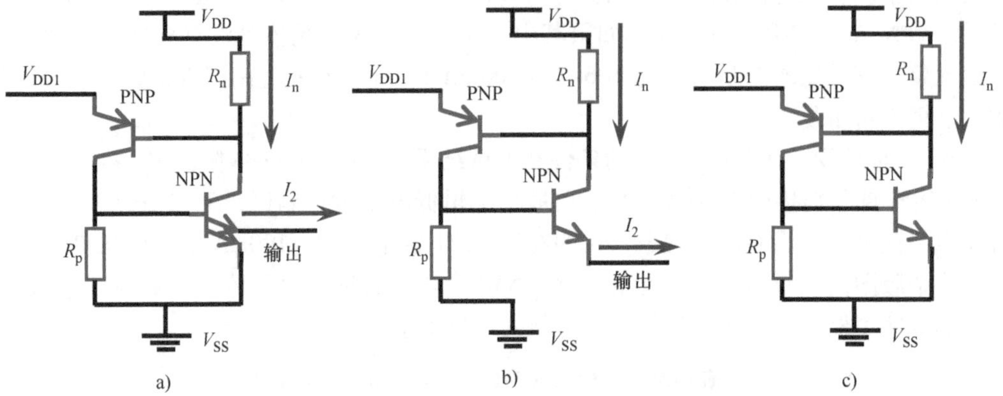

图 6-70　-100mA I-test 时的等效电路简图

生闩锁现象。它的物理分析过程与图 6-10　-100mA I-test 没有发生闩锁现象的物理分析是一样的，这里不再重复。

表 6-39 是接受 1.5V_{max} V-test 测试的条件和测试结果，1.8V P-diode 阳极 V_{p+} 接 V_{DD1}，1.8V NMOS 输出管脚 V_{SS}进行测试，S = 2μm 和 S = 5μm 都没有发生闩锁现象。1.8V NMOS 和 1.8V P-diode 1.5V_{max} V-test 测试没有闩锁现象的原因与 1.8V NMOS 和 1.8V PMOS 是一样的，所以在遵守正常的版图设计规则，无论怎么改变版图的尺寸，1.5V_{max} V-test 测试都不会触发闩锁现象。

表 6-39　1.5V_{max} V-test 的条件和测试结果

测试类型	1.5V_{max} V-test
测试条件	1) V_{DD} = V_{DD1} = 1.8V，V_{SS} = 0V 2) 电压激励加载在 V_{DD1} 管脚 3) 加载电压激励前后，V_{DD1} = 1.8V（电源电压） 4) 电压脉冲：V_{DD1} = 1.5V_{max} = 1.5 × 1.8V = 2.7V
S = 2μm（W = 0.4μm）	没有闩锁现象
S = 5μm（W = 1.5μm）	没有闩锁现象

6. 1.8V NMOS 和 13.5V P-diode 之间的闩锁结构

图 6-71 所示的是 1.8V NMOS 和 13.5V P-diode 形成 PNPN 结构的等效电路图。1.8V NMOS 的源漏有源区和 HVNW 之间会形成两个寄生横向的 NPN，13.5V P-diode 的阳极有源区和 PW 之间会形成一个寄生纵向的 PNP，它们通过 PW 电阻 R_p 和 HVNW 电阻 R_n 构成 PNPN 的闩锁结构。1.8V NMOS 漏极接输出管脚，1.8V NMOS 源极接 V_{SS}，13.5V P-diode 的阳极 V_{p+}可以接输出或者 V_{DDA1}。

为了使器件始终处于关闭状态，所以 1.8V NMOS 的栅极接 V_{SS}。1.8V NMOS 的衬底接 V_{SS}，所以不用接受闩锁测试，其漏极接输出管脚，要接受 I-test。13.5V P-diode 的衬底接 V_{DDA}，其

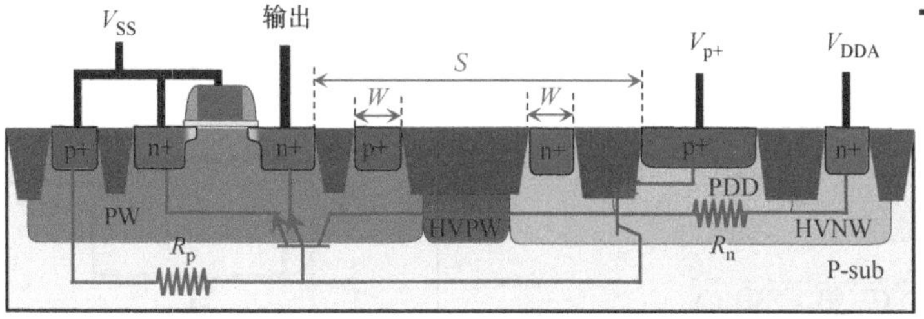

a)

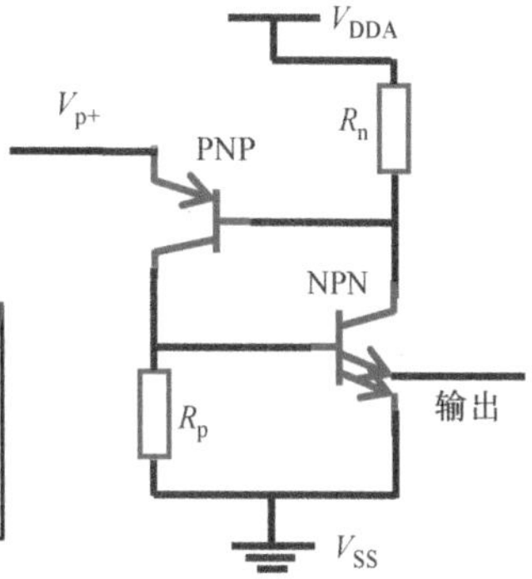

b)

图 6-71　1.8V NMOS 和 13.5V P-diode 形成 PNPN 结构的等效电路图

阳极 V_{p+} 可以电源 V_{DDA1}，要接受 V-test，其阳极 V_{p+} 也可以接输入管脚，要接受 I-test。

表 6-40 是接受 +100mA I-test 的条件和测试结果，1.8V NMOS 输出管脚悬空，13.5V P-diode 阳极 V_{p+} 分别接最大逻辑高电平和最小逻辑低电平进行测试，$S=4\mu m$ 的间距会发生闩锁现象，$S=10\mu m$ 或者更大的间距没有发生闩锁现象。要提高 1.8V NMOS 和 13.5V P-diode之间的寄生 PNPN 结构抵御闩锁效应的能力，必须使它们的间距大于 10μm。

表 6-40　+100mA I-test 的条件和测试结果

测试类型	+100mA I-test	
测试条件	1）$V_{DDA}=13.5V$，$V_{SS}=0V$ 2）电流激励加载在输出管脚 3）加载电流激励前后，输出管脚电压 $V_{out}=13.5V$（最大高电平） 4）加载电流激励时，脉冲信号 $V_{out}=1.5V_{max}=1.5\times13.5V=20.25V$	1）$V_{DDA}=13.5V$，$V_{SS}=0V$ 2）电流激励加载在输出管脚 3）加载电流激励前后，输出管脚电压 $V_{out}=0V$（最小低电平） 4）加载电流激励时，脉冲信号 $V_{out}=1.5V_{max}=1.5\times13.5V=20.25V$
$S=4\mu m$（$W=0.4\mu m$）	有闩锁现象	有闩锁现象
$S=10\mu m$（$W=3\mu m$）	没有闩锁现象	没有闩锁现象
$S=16\mu m$（$W=5\mu m$）	没有闩锁现象	没有闩锁现象
$S=22\mu m$（$W=5\mu m$）	没有闩锁现象	没有闩锁现象

图 6-72 所示的是 +100mA I-test 时电流的流向图。+100mA I-test 时出现比 V_{DDA} 高的电压脉冲信号在输出管脚，会导通寄生 PNP，在 PW 衬底形成收集电流 I_p。

对于测试结果中 $S=4\mu m$ 的间距会发生闩锁现象，说明 $I_pR_p>0.6V$，+100mA I-test 触发后，导致 NPN 发射结正偏，形成电流 I_n，同时 $I_nR_n>0.6V$，PNP 和 NPN 同时导通，PNPN 结构形成低阻通路。它的物理分析过程与图 6-21 +100mA I-test 发生闩锁现象的物理分析是一样的，这里不再重复。

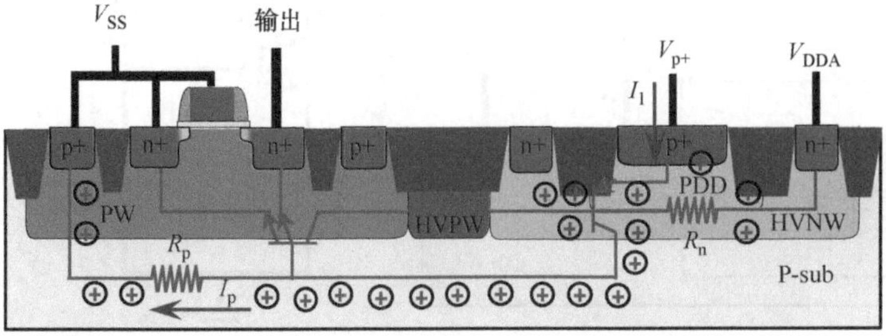

a)

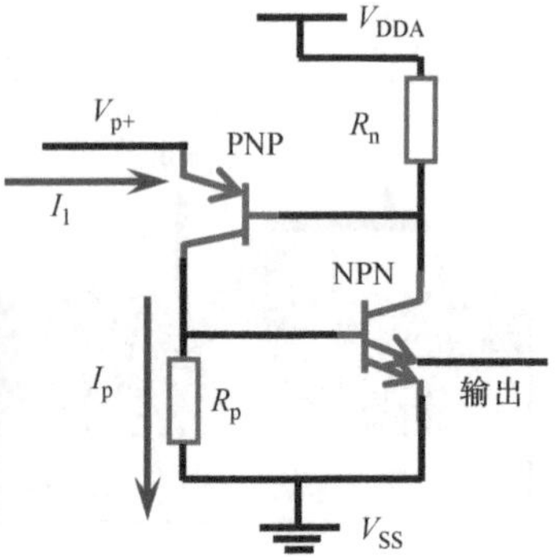

b)

图 6-72　+100mA I-test 时电流的流向图

对于测试结果中 $S=10\mu m$ 或者更大的间距没有发生闩锁现象，说明 $I_pR_p<0.6V$ 或者 $I_nR_n<0.6V$，也就是 +100mA I-test 触发后，NPN 或者 PNP 没有导通，如果其中一个寄生双极型晶体管没有导通，也就不会发生闩锁现象。它的物理分析过程与图 6-7 +100mA I-test 测试没有发生闩锁现象的物理分析是一样的，这里不再重复。

表 6-41 是接受 −100mA I-test 的条件和测试结果，13.5V P-diode 阳极 V_{p+} 接 V_{DDA1}，1.8V NMOS 输出管脚分别接最大逻辑高电平和最小逻辑低电平进行测试，$S=10\mu m$ 或者更小的间距都会发生闩锁现象，$S=16\mu m$ 或者更大的间距没有发生闩锁现象。要提高 1.8V NMOS 和 13.5V PMOS 之间的寄生 PNPN 结构抵御闩锁效应的能力，必须使它们的间距大于 $16\mu m$。

表 6-41　−100mA I-test 的条件和测试结果

测试类型	−100mA I-test	
测试条件	1）$V_{DDA}=V_{DDA1}=13.5V$，$V_{SS}=0V$ 2）电流激励加载在输出管脚 3）加载电流激励前后，输出管脚电压 $V_{out}=1.8V$（最大高电平） 4）加载电流激励时，脉冲信号 $V_{out}=-0.5V_{max}=-0.5\times1.8V=-0.9V$	1）$V_{DDA}=V_{DDA1}=13.5V$，$V_{SS}=0V$ 2）电流激励加载在输出管脚 3）加载电流激励前后，输出管脚电压 $V_{out}=0V$（最小低电平） 4）加载电流激励时，脉冲信号 $V_{out}=-0.5V_{max}=-0.5\times1.8V=-0.9V$
$S=4\mu m$（$W=0.4\mu m$）	有闩锁现象	有闩锁现象
$S=10\mu m$（$W=3\mu m$）	有闩锁现象	有闩锁现象
$S=16\mu m$（$W=5\mu m$）	没有闩锁现象	没有闩锁现象
$S=22\mu m$（$W=5\mu m$）	没有闩锁现象	没有闩锁现象

图 6-73 所示的是 −100mA I-test 时电流的流向图。−100mA I-test 时出现比 V_{SS} 低的电压脉冲信号在输出管脚，所以会导通寄生 NPN，在 HVNW 衬底形成收集电流 I_n。图 6-74 所

示为 -100mA I-test 时的等效电路简图，图 6-74a 是两个寄生横向的 NPN 和一个寄生纵向的 PNP 组成的 PNPN 结构，假设注入电流 I_2，在 HVNW 衬底的收集电流是 I_n。为了使分析变得简单，把图 6-74a 拆分成图 6-74b 和图 6-74c 两种情况。图 6-74b 是拿掉接到 V_{SS} 的 1.8V NMOS 源极，PNP 由接到 V_{DDA1} 的 13.5V P-diode 阳极 V_{p+}、HVNW 和 PW 组成，NPN 由接到输出的 1.8V NMOS 漏极、PW 和 HVNW 组成。图 6-74c 是拿掉接到输出的 1.8V NMOS 漏极，PNP 由接到 V_{DDA1} 的 13.5V P-diode 阳极 V_{p+}、HVNW 和 PW 组成，NPN 由接到 V_{SS} 的 1.8V NMOS 源极、PW 和 HVNW 组成。

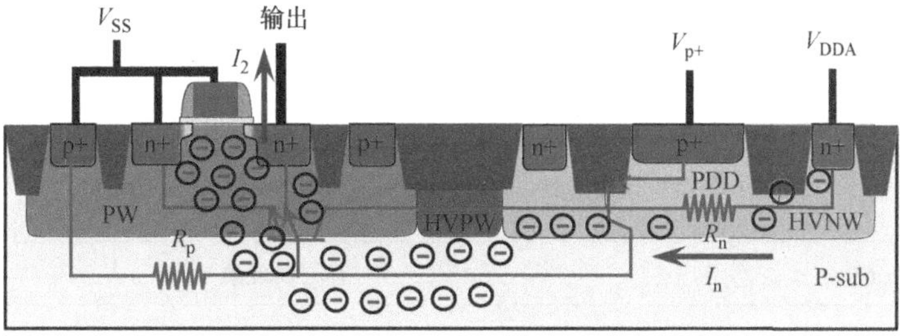

图 6-73　-100mA I-test 时电流的流向图

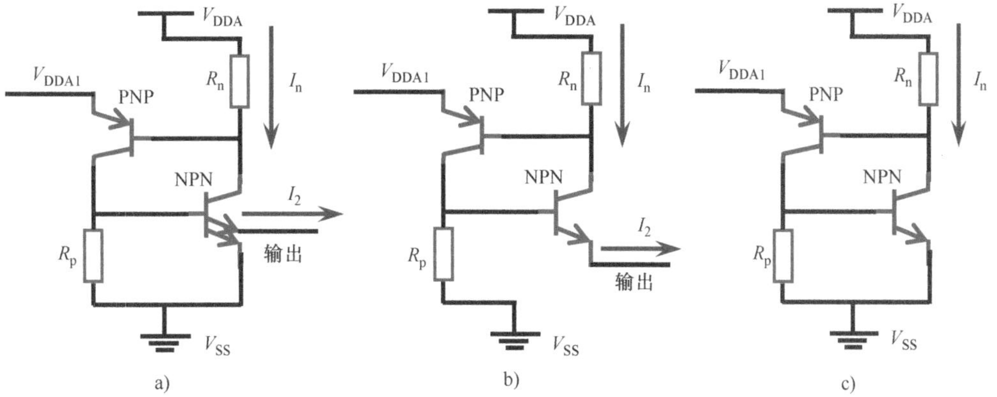

图 6-74　-100mA I-test 时的等效电路简图

对于测试结果中 $S = 10\mu m$ 或者更小的间距都会发生闩锁现象，说明 $I_nR_n > 0.6V$，-100mA I-test 触发后，导致 PNP 发射结正偏，形成电流 I_p，同时 $I_pR_p > 0.6V$，PNP 和 NPN 同时导通，PNPN 结构形成低阻通路。它的物理分析过程与图 6-24 -100mA I-test 发生闩锁现象的物理分析是一样的，这里不再重复。

对于测试结果中 $S = 16\mu m$ 或者更大的间距没有发生闩锁现象，说明 $I_pR_p < 0.6V$ 或者 $I_nR_n < 0.6V$，也就是 -100mA I-test 触发后，NPN 或者 PNP 没有导通，如果其中一个寄生双极型晶体管没有导通，也就不会发生闩锁现象。它的物理分析过程与图 6-10 -100mA I-test

没有发生闩锁现象的物理分析是一样的，这里不再重复。

表 6-42 是接受 1.5V_{max} V-test 的条件和测试结果，13.5V P-diode 阳极 V_{p+} 接 V_{DDA1}，1.8V NMOS 输出管脚悬空进行测试，$S=4\mu m$ 的间距会发生闩锁现象，$S=10\mu m$ 或者更大的间距没有发生闩锁现象。要提高 1.8V NMOS 和 13.5V P-diode 之间的寄生 PNPN 结构抵御闩锁效应的能力，必须使它们的间距大于 10μm。

表 6-42 1.5V_{max} V-test 的条件和测试结果

测试类型	1.5V_{max} V-test
测试条件	1) $V_{DDA}=V_{DDA1}=13.5V$，$V_{SS}=0V$ 2) 电压激励加载在 V_{DDA1} 管脚 3) 加载电压激励前后，$V_{DDA1}=13.5V$（电源电压） 4) 加载电压激励时，$V_{DDA1}=1.5V_{max}=1.5\times13.5V=20.25V$
$S=4\mu m$（$W=0.4\mu m$）	有闩锁现象
$S=10\mu m$（$W=3\mu m$）	没有闩锁现象
$S=16\mu m$（$W=5\mu m$）	没有闩锁现象
$S=22\mu m$（$W=5\mu m$）	没有闩锁现象

图 6-75 所示的是 1.5V_{max} V-test 时电流的流向图。1.5V_{max} V-test 时出现比 V_{DDA} 高的电压脉冲信号在 V_{DDA1} 管脚，会导通寄生 PNP，在 PW 衬底形成收集电流 I_p。

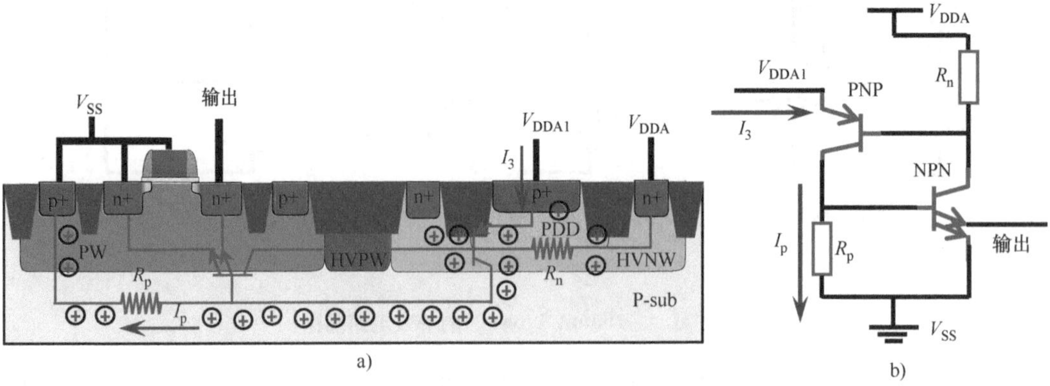

图 6-75 1.5V_{max} V-test 时电流的流向图

对于测试结果中 $S=4\mu m$ 的间距会发生闩锁现象，说明 $I_pR_p>0.6V$，导致 NPN 发射结正偏，形成电流 I_n，同时 $I_nR_n>0.6V$，PNP 和 NPN 同时导通，PNPN 结构形成低阻通路。它的物理分析过程与图 6-41 1.5V_{max} V-test 发生闩锁现象的物理分析是一样的，这里不再重复。

对于测试结果中 $S=10\mu m$ 或者更大的间距没有发生闩锁现象，说明 $I_pR_p<0.6V$ 或者 $I_nR_n<0.6V$，也就是 $1.5V_{max}$ V-test 触发后，NPN 或者 PNP 没有导通，如果其中一个寄生双极型晶体管没有导通，也就不会发生闩锁现象。它的物理分析过程与图 6-42 $1.5V_{max}$ V-test 没有发生闩锁现象的物理分析是一样的，这里不再重复。

7. 13.5V NMOS 和 1.8V P-diode 之间的闩锁结构

图 6-76 所示的是 13.5V NMOS 和 1.8V P-diode 形成 PNPN 结构的等效电路图。13.5V NMOS 的源漏有源区和 NW 之间会形成两个寄生横向的 NPN，1.8V P-diode 的阳极有源区和 HVPW 之间会形成一个寄生纵向的 PNP，它们通过 HVPW 电阻 R_p 和 NW 电阻 R_n 构成 PNPN 的闩锁结构。13.5V NMOS 的漏极接输出或者悬空，1.8V P-diode 阳极 V_{p+} 可以接输出或者电源 V_{DD1}。

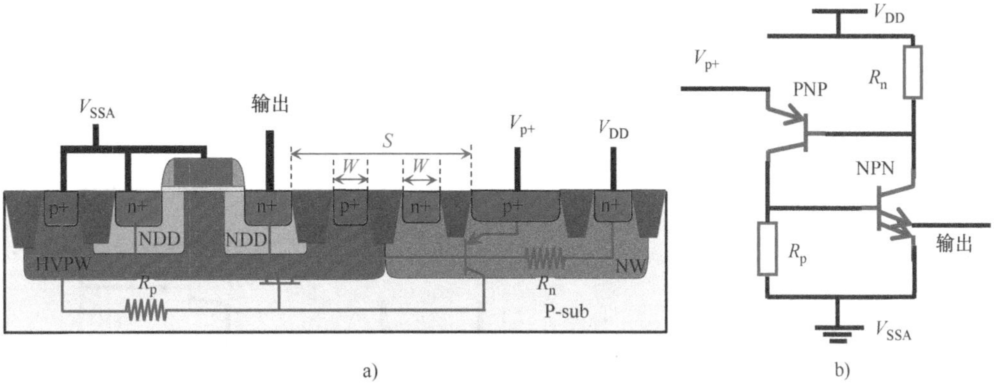

图 6-76　13.5V NMOS 和 1.8V P-diode 之间形成 PNPN 结构的等效电路图

为了使器件始终处于关闭状态，13.5V NMOS 的栅极接 V_{SSA}。13.5V NMOS 的衬底和源接 V_{SSA}，所以不用接受闩锁测试，其漏极接输出管脚，要接受 I-test。1.8V P-diode 的衬底接 V_{DD}，其阳极 V_{p+} 可以接电源 V_{DD1} 或者输出管脚，要接受 V-test 和 I-test。

表 6-43 是接受 +100mA I-test 的条件和测试结果，13.5V NMOS 输出管脚悬空，1.8V P-diode 阳极 V_{p+} 分别接最大逻辑高电平和最小逻辑低电平进行测试，$S=4\mu m$ 没有发生闩锁现象。没有发生闩锁现象，说明在 1.8V 电源电压和 +100mA 电流的条件下，不足以触发这个版图的闩锁效应。如果把 13.5V NMOS 环型的阱接触拿掉，使阱等效电阻会变大，并且减小这两个器件的间距，有可能触发闩锁效应。

图 6-77 所示的是 +100mA I-test 时电流的流向图。+100mA I-test 时出现比 V_{DD} 高的电压脉冲信号在输出管脚，会导通寄生 PNP，在 HVPW 衬底形成收集电流 I_p。

测试结果没有发生闩锁现象，说明 $I_pR_p<0.6V$ 或者 $I_nR_n<0.6V$，也就是 +100mA I-test 触发后，NPN 或者 PNP 没有导通，如果其中一个寄生双极型晶体管没有导通，也就不会发生闩锁现象。它的物理分析过程与图 6-7　+100mA I-test 测试没有发生闩锁现象的物理分析是一样的，这里不再重复。

表 6-43　+100mA I-test 的条件和测试结果

测试类型	+100mA I-test	
测试条件	1）V_{DD} =1.8V，V_{SSA} =0V 2）电流激励加载在输出管脚 3）加载电流激励前后，输出管脚电压 V_{out} =1.8V（最大高电平） 4）加载电流激励时，脉冲信号 V_{out} = 1.5V_{max} =1.5×1.8V =2.7V	1）V_{DD} =1.8V，V_{SSA} =0V 2）电流激励加载在输出管脚 3）加载电流激励前后，输出管脚电压 V_{out} =0V（最小低电平） 4）加载电流激励时，脉冲信号 V_{out} = 1.5V_{max} =1.5×1.8V =2.7V
S =4μm（W =0.4μm）	没有闩锁现象	没有闩锁现象
S =10μm（W =3μm）	没有闩锁现象	没有闩锁现象
S =16μm（W =5μm）	没有闩锁现象	没有闩锁现象

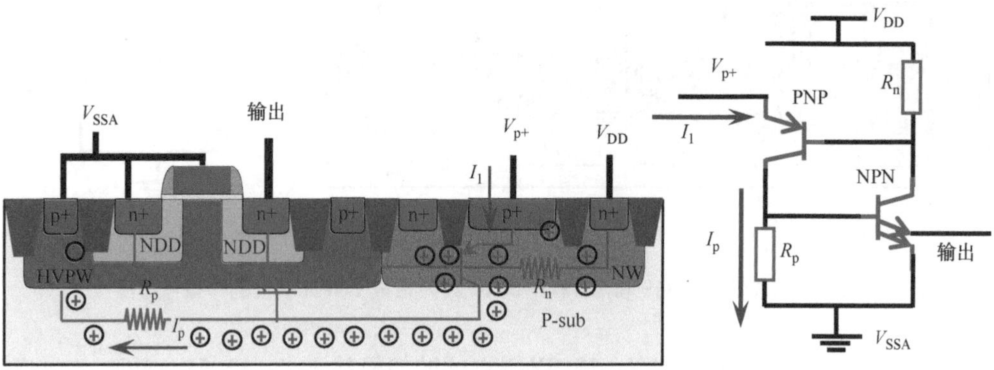

a)　　b)

图 6-77　+100mA I-test 时电流的流向图

表 6-44 是接受 -100mA I-test 的条件和测试结果，1.8V P-diode 阳极 V_{p+} 接 V_{DD1}，13.5V NMOS 输出管脚分别接最大逻辑高电平和最小逻辑低电平进行测试，S =4μm 没有发生闩锁现象。没有发生闩锁现象，说明在 1.8V 电源电压和 -100mA 电流的条件下，不足以触发这个版图的闩锁效应。如果把 13.5V NMOS 环型的阱接触拿掉，使阱等效电阻变大，并且减小这两个器件的间距，有可能触发闩锁效应。

图 6-78 所示的是 -100mA I-test 时电流的流向图。-100mA I-test 时出现比 V_{SSA} 低的电压脉冲信号在输出管脚，会导通寄生 NPN，在 NW 衬底形成收集电流 I_n。图 6-79 所示的是 -100mA I-test 时的等效电路简图，图 6-79a 是两个寄生横向的 NPN 和一个寄生纵向的 PNP 组成的 PNPN 结构，假设注入电流 I_2，在 NW 衬底的收集电流是 I_n。为了使分析变得简单，把图 6-79a 拆分成图 6-79b 和图 6-79c 两种情况。图 6-79b 是拿掉接到 V_{SS} 的 13.5V NMOS 源极，PNP 由接到 V_{DD1} 的 1.8V P-diode 阳极 V_{p+}、NW 和 HVPW 组成，NPN 由接到输出的

表 6-44 －100mA I-test 的条件和测试结果

测试类型	－100mA I-test	
测试条件	1）$V_{DD}=V_{DD1}=1.8V$，$V_{SSA}=0V$ 2）电流激励加载在输出管脚 3）加载电流激励前后，输出管脚电压 $V_{out}=13.5V$（最大高电平） 4）加载电流激励时，脉冲信号 $V_{out}=-0.5V_{max}=-0.5\times13.5V=-6.75V$	1）$V_{DD}=V_{DD1}=1.8V$，$V_{SSA}=0V$ 2）电流激励加载在输出管脚 3）加载电流激励前后，输出管脚电压 $V_{out}=0V$（最小低电平） 4）加载电流激励时，脉冲信号 $V_{out}=-0.5V_{max}=-0.5\times13.5V=-6.75V$
$S=4\mu m$（$W=0.4\mu m$）	没有闩锁现象	没有闩锁现象
$S=10\mu m$（$W=3\mu m$）	没有闩锁现象	没有闩锁现象
$S=16\mu m$（$W=5\mu m$）	没有闩锁现象	没有闩锁现象

13.5V NMOS 漏极、HVPW 和 NW 组成。图 6-79c 是拿掉接到输出的 13.5V NMOS 漏极，PNP 由接到 VDD 的 1.8V P-diode 阳极 V_{p+} 源极、NW 和 HVPW 组成，NPN 由接到 V_{SSA} 的 13.5V NMOS 源极、HVPW 和 NW 组成。

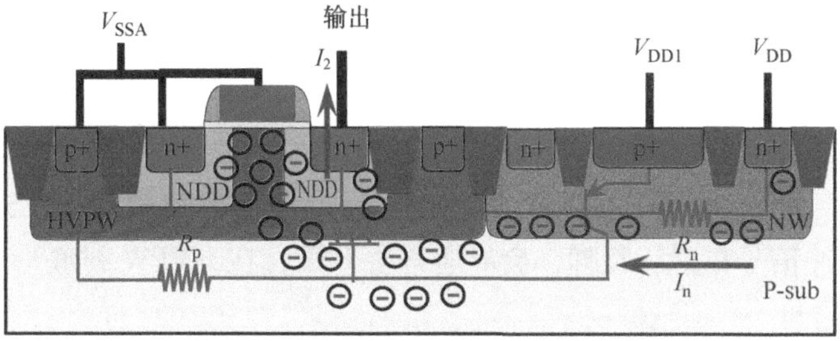

图 6-78 －100mA I-test 时电流的流向图

测试结果没有发生闩锁现象，说明 $I_pR_p<0.6V$ 或者 $I_nR_n<0.6V$，也就是－100mA I-test 触发后，NPN 或者 PNP 没有导通，如果其中一个寄生双极型晶体管没有导通，也就不会发生闩锁现象。它的物理分析过程与图 6-10 －100mA I-test 没有发生闩锁现象的物理分析是一样的，这里不再重复。

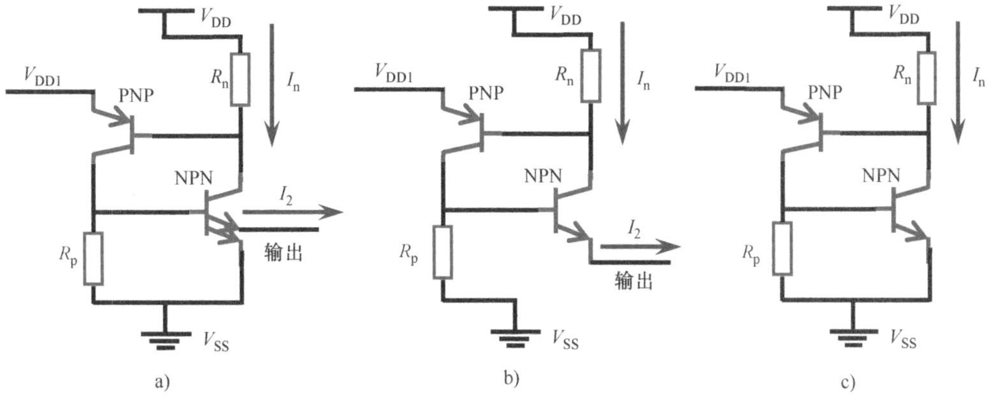

图 6-79 －100mA I-test 时的等效电路简图

表 6-45 是接受 $1.5V_{max}$ V-test 的条件和测试结果，13.5V NMOS 输出管脚悬空，1.8V P-diode 阳极 V_{p+} 接 V_{DD1} 进行测试，$S=4\mu m$ 没有发生闩锁现象。没有发生闩锁现象，说明在 $1.5V_{max}$ 的条件下，1.8V 电源电压小于其自持电压，1.8V 电源电压不足以触发这个版图的闩锁效应。如果把 13.5V NMOS 环型的阱接触拿掉，使阱等效电阻变大，并且减小这两个器件的间距，有可能触发闩锁效应。

表 6-45　$1.5V_{max}$ V-test 的条件和测试结果

测试类型	$1.5V_{max}$ V-test
测试条件	1）$V_{DD}=V_{DD1}=1.8V$，$V_{SSA}=0V$ 2）电压激励加载在 V_{DD1} 管脚 3）加载电压激励前后，$V_{DD1}=1.8V$（电源电压） 4）电压脉冲：$V_{DD1}=1.5V_{max}=1.5\times1.8V=2.7V$
$S=4\mu m$（$W=0.4\mu m$）	没有闩锁现象
$S=10\mu m$（$W=3\mu m$）	没有闩锁现象
$S=16\mu m$（$W=5\mu m$）	没有闩锁现象

图 6-80 所示的是 $1.5V_{max}$ V-test 时电流的流向图。$1.5V_{max}$ V-test 时出现比 V_{DD} 高的电压脉冲信号在 V_{DD1} 管脚，会导通寄生 PNP，在 HVPW 衬底形成收集电流 I_p。

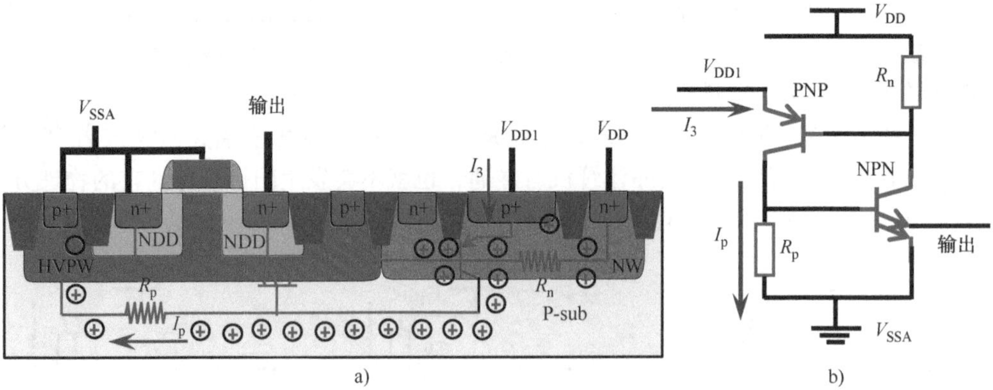

图 6-80　$1.5V_{max}$ V-test 时电流的流向图

测试结果没有发生闩锁现象，说明 $I_pR_p<0.6V$ 或者 $I_nR_n<0.6V$，也就是 $1.5V_{max}$ V-test 触发后，NPN 或者 PNP 没有导通，如果其中一个寄生双极型晶体管没有导通，也就不会发生闩锁现象。它的物理分析过程与图 6-36 $1.5V_{max}$ V-test 测试没有发生闩锁现象的物理分析是一样的，这里不再重复。

8. 13.5V NMOS 和 13.5V P-diode 之间的闩锁结构

图 6-81 所示的是 13.5V NMOS 和 13.5V P-diode 形成 PNPN 结构的等效电路图。13.5V

NMOS 的源漏有源区和 HVNW 之间会形成两个寄生横向的 NPN，13.5V P-diode 的阳极有源区和 HVPW 之间会形成一个寄生纵向的 PNP，它们通过 HVPW 电阻 R_p 和 HVNW 电阻 R_n 构成 PNPN 的闩锁结构。13.5V NMOS 的漏极接输出或者悬空，13.5V P-diode 阳极 V_{p+} 可以接输出或者电源 V_{DDA1}。

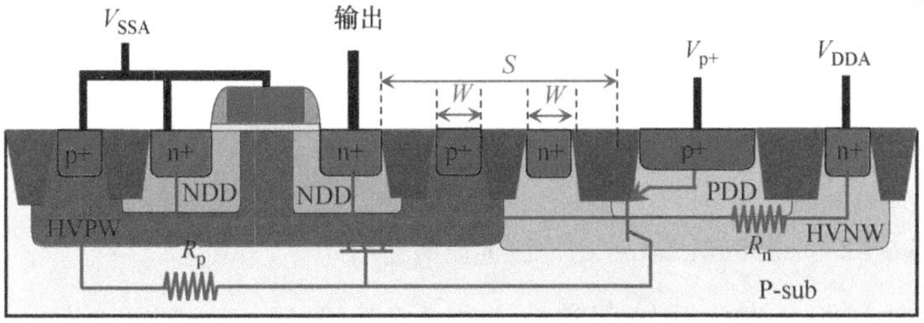

a)

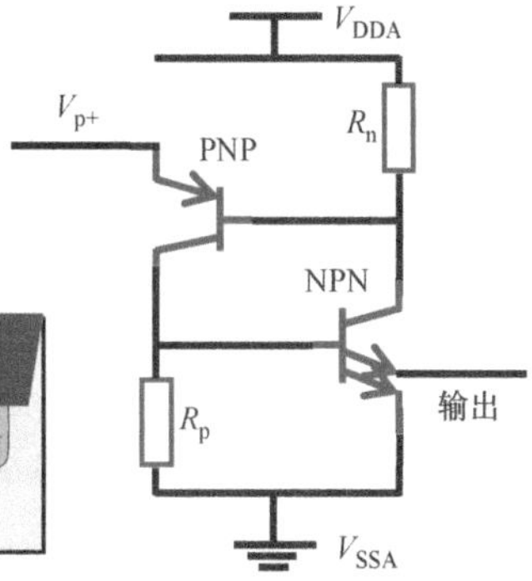

b)

图 6-81　13.5V NMOS 和 13.5V P-diode 形成 PNPN 结构的等效电路图

为了使器件始终处于关闭状态，13.5V NMOS 的栅极接 V_{SSA}。13.5V NMOS 的衬底和源接 V_{SSA}，所以不用接受闩锁测试，其漏极接输出管脚，要接受 I-test。13.5V P-diode 的衬底接 V_{DDA}，其阳极 V_{p+} 可以电源 V_{DDA1}，要接受 V-test，其阳极 V_{p+} 也可以接输入管脚，要接受 I-test。

表 6-46 是接受 +100mA I-test 的条件和测试结果，13.5V NMOS 的输出管脚悬空，13.5V P-diode 阳极分别接最大逻辑高电平和最小逻辑低电平进行测试，$S=4\mu m$ 的间距会发生闩锁现象，$S=10\mu m$ 或者更大的间距没有发生闩锁现象。要提高 13.5V NMOS 和 13.5V P-diode 之间的寄生 PNPN 结构抵御闩锁效应的能力，必须使它们的间距大于 $16\mu m$。

表 6-46　+100mA I-test 的条件和测试结果

测试类型	+100mA I-test	
测试条件	1）$V_{DDA}=13.5V$，$V_{SS}=0V$ 2）电流激励加载在输出管脚 3）加载电流激励前后，输出管脚电压 $V_{out}=13.5V$（最大高电平） 4）加载电流激励时，脉冲信号 $V_{out}=1.5V_{max}=1.5\times13.5V=20.25V$	1）$V_{DDA}=13.5V$，$V_{SS}=0V$ 2）电流激励加载在输出管脚 3）加载电流激励前后，输出管脚电压 $V_{out}=0V$（最小低电平） 4）加载电流激励时，脉冲信号 $V_{out}=1.5V_{max}=1.5\times13.5V=20.25V$
$S=4\mu m$（$W=0.4\mu m$）	有闩锁现象	有闩锁现象
$S=10\mu m$（$W=3\mu m$）	没有闩锁现象	没有闩锁现象
$S=16\mu m$（$W=5\mu m$）	没有闩锁现象	没有闩锁现象
$S=22\mu m$（$W=5\mu m$）	没有闩锁现象	没有闩锁现象

图 6-82 所示的是 +100mA I-test 时电流的流向图。+100mA I-test 时出现比 V_{DDA} 高的电

压脉冲信号在输出管脚，会导通寄生 PNP，在 HVPW 衬底形成收集电流 I_p。

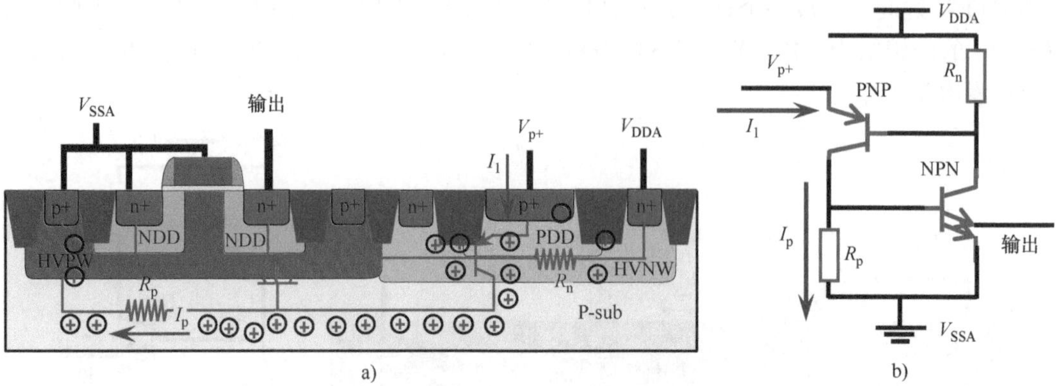

图 6-82　+100mA I-test 时电流的流向图

对于测试结果中 $S=4\mu m$ 的间距会发生闩锁现象，说明 $I_pR_p>0.6V$，+100mA I-test 触发后，导致 NPN 发射结正偏，形成电流 I_n，同时 $I_nR_n>0.6V$，PNP 和 NPN 同时导通，PNPN 结构形成低阻通路。它的物理分析过程与图 6-14 +100mA I-test 发生闩锁现象的物理分析是一样的，这里不再重复。

对于测试结果中 $S=10\mu m$ 或者更大的间距没有发生闩锁现象，说明 $I_pR_p<0.6V$ 或者 $I_nR_n<0.6V$，也就是 +100mA I-test 触发后，NPN 或者 PNP 没有导通，如果其中一个寄生双极型晶体管没有导通，也就不会发生闩锁现象。它的物理分析过程与图 6-7 +100mA I-test 没有发生闩锁现象的物理分析是一样的，这里不再重复。

表 6-47 是接受 -100mA I-test 的条件和测试结果，13.5V P-diode 阳极 V_{p+} 接 V_{DDA1}，13.5V NMOS 漏极分别接最大逻辑高电平和最小逻辑低电平进行测试，$S=16\mu m$ 或者更小的间距都会发生闩锁现象，$S=22\mu m$ 或者更大的间距没有发生闩锁现象。要提高 13.5V NMOS 和 13.5V PMOS 之间的寄生 PNPN 结构抵御闩锁效应的能力，必须使它们的间距大于 22μm。

表 6-47　-100mA I-test 的条件和测试结果

测试类型	-100mA I-test	
测试条件	1）$V_{DDA}=V_{DDA1}=13.5V$，$V_{SSA}=0V$ 2）电流激励加载在输出管脚 3）加载电流激励前后，输出管脚电压 $V_{out}=13.5V$（最大高电平） 4）加载电流激励时，脉冲信号 $V_{out}=-0.5V_{max}=-0.5\times13.5V=-6.75V$	1）$V_{DDA}=V_{DDA1}=13.5V$，$V_{SSA}=0V$ 2）电流激励加载在输出管脚 3）加载电流激励前后，输出管脚电压 $V_{out}=0V$（最小低电平） 4）加载电流激励时，脉冲信号 $V_{out}=-0.5V_{max}=-0.5\times13.5V=-6.75V$
$S=4\mu m$（$W=0.4\mu m$）	有闩锁现象	有闩锁现象
$S=10\mu m$（$W=3\mu m$）	有闩锁现象	有闩锁现象
$S=16\mu m$（$W=5\mu m$）	有闩锁现象	有闩锁现象
$S=22\mu m$（$W=5\mu m$）	没有闩锁现象	没有闩锁现象

图 6-83 所示的是 −100mA I-test 时电流的流向图。−100mA I-test 时出现比 V_{SSA} 低的电压脉冲信号在输出管脚，会导通寄生 NPN，在 HVNW 衬底形成收集电流 I_n。图 6-84 所示的是 −100mA I-test 时的等效电路简图，图 6-84a 是两个寄生横向的 NPN 和两个寄生纵向的 PNP 组成的 PNPN 结构，假设注入电流 I_2，在 HVNW 衬底的收集电流是 I_n。为了使分析变得简单，把图 6-84a 拆分成图 6-84b 和图 6-84c 两种情况。图 6-84b 是拿掉接到 V_{SSA} 的 13.5V NMOS 源极，PNP 由接到 V_{DDA1} 的 13.5V P-diode 阳极 V_{p+}、HVNW 和 HVPW 组成，NPN 由接到输出的 13.5V NMOS 漏极、HVPW 和 HVNW 组成。图 6-84c 是拿掉接到输出的 13.5V PMOS 漏极，PNP 由接到 V_{DDA1} 的 13.5V P-diode 阳极 V_{p+}、HVNW 和 HVPW 组成，NPN 由接到 V_{SSA} 的 13.5V NMOS 源极、HVPW 和 HVNW 组成。

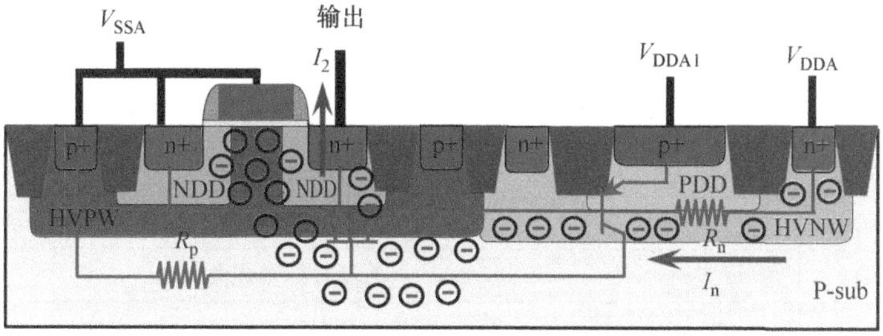

图 6-83　−100mA I-test 时电流的流向图

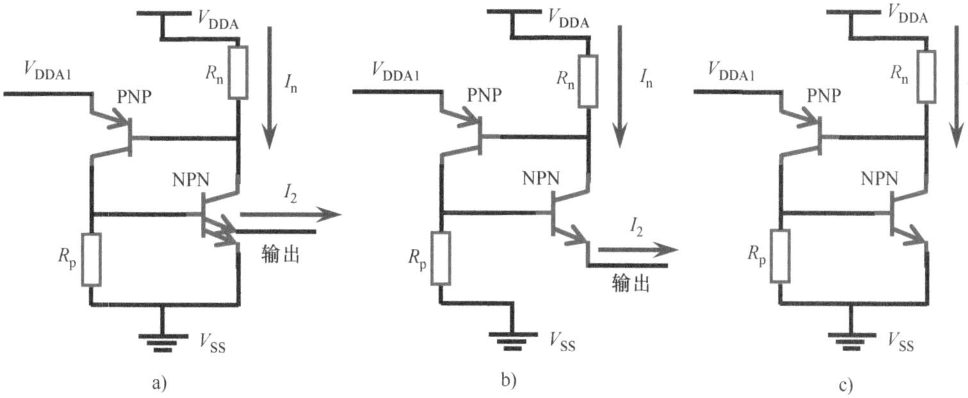

图 6-84　−100mA I-test 时的等效电路简图

对于测试结果中 $S=16\mu m$ 或者更小的间距都会发生闩锁现象，说明 $I_nR_n>0.6V$，−100mA I-test 触发后，导致 PNP 发射结正偏，形成电流 I_p，同时 $I_pR_p>0.6V$，PNP 和 NPN 同时导通，PNPN 结构形成低阻通路。它的物理分析过程与图 6-17 −100mA I-test 发生闩锁现象的物理分析是一样的，这里不再重复。

对于测试结果中 $S=22\mu m$ 或者更大的间距没有发生闩锁现象，说明 $I_pR_p<0.6V$ 或者 $I_nR_n<0.6V$，也就是 −100mA I-test 触发后，NPN 或者 PNP 没有导通，如果其中一个寄生双

极型晶体管没有导通，也就不会发生闩锁现象。它的物理分析过程与图 6-10 −100mA I-test 没有发生闩锁现象的物理分析是一样的，这里不再重复。

表 6-48 是接受 1.5V_{max} V-test 的条件和测试结果，13.5V P-diode 阳极 V_{p+} 接 V_{DDA1}，1.8V NMOS 输出管脚悬空进行测试，S = 10μm 或者更小的间距都会发生闩锁现象，S = 10μm 或者更大的间距没有发生闩锁现象。要提高 1.8V N-diode 和 13.5V P-diode 之间的寄生 PNPN 结构抵御闩锁效应的能力，必须使它们的间距大于 16μm。

表 6-48 1.5V_{max} V-test 的条件和测试结果

测试类型	1.5V_{max} V-test
测试条件	1）V_{DDA} = V_{DDA1} = 13.5V，V_{SS} = 0V 2）电压激励加载在 V_{DDA1} 管脚 3）加载电压激励前后，V_{DDA1} = 13.5V（电源电压） 4）加载电压激励时，V_{DDA1} = 1.5V_{max} = 1.5 × 13.5V = 20.25V
S = 4μm（W = 0.4μm）	有闩锁现象
S = 10μm（W = 3μm）	有闩锁现象
S = 16μm（W = 5μm）	没有闩锁现象
S = 22μm（W = 5μm）	没有闩锁现象

图 6-85 所示的是 1.5V_{max} V-test 时电流的流向图。1.5V_{max} V-test 测试时出现比 V_{DDA} 高的电压脉冲信号在 V_{DDA1} 管脚，所以会导通寄生 PNP，在 PW 衬底形成收集电流 I_p。

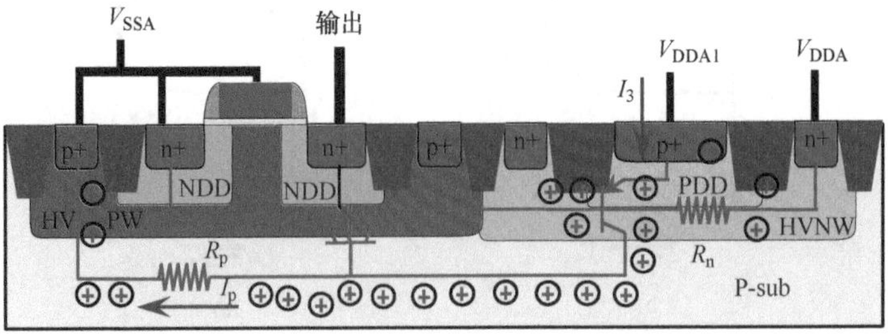

a)

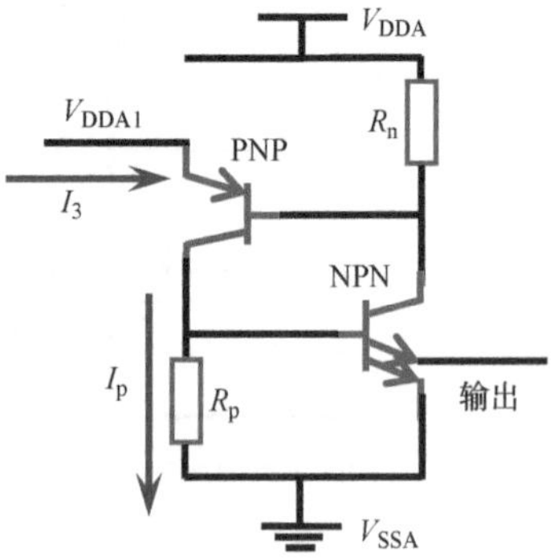

b)

图 6-85 1.5V_{max} V-test 时电流的流向图

对于测试结果中 S = 10μm 或者更小的间距都会发生闩锁现象，说明 I_pR_p > 0.6V，导致 NPN 发射结正偏，形成电流 I_n，同时 I_nR_n > 0.6V，PNP 和 NPN 同时导通，PNPN 结构形成低阻通路。它的物理分析过程与图 6-41 1.5V_{max} V-test 发生闩锁现象的物理分析是一样的，这里不再重复。

对于测试结果中 S = 16μm 或者更大的间距没有发生闩锁现象，说明 I_pR_p < 0.6V 或者

$I_nR_n<0.6V$，也就是 1.5V_{max} V-test 触发后，NPN 或者 PNP 没有导通，如果其中一个寄生双极型晶体管没有导通，也就不会发生闩锁现象。它的物理分析过程与图 6-42 1.5V_{max} V-test 没有发生闩锁现象的物理分析是一样的，这里不再重复。

6.1.4　N 型阱与 1.8V PMOS/13.5V PMOS 之间的闩锁效应

接地的 N 型阱与 PMOS 之间的闩锁效应在 CMOS 工艺集成电路中也比较常见，例如图 6-1 中输出缓冲电路包含 PMOS 器件，地之间用 B2B 做 ESD 保护、B2B 的 N 型阱接地，这些 PMOS 与接地的 N 型阱形成 PNPN 闩锁结构，它们很容易被触发而形成低阻通路，从而损伤芯片。

13.5V 和 1.8V 输出电路包含二种 PMOS，分别是 1.8V PMOS 和 1.8V PMOS，B2B ESD 保护电路的二极管包含两种 N 型阱，分别是 NW 和 HVNW，接地的 N 型阱与 PMOS 之间有四种组合可以构成 PNPN 结构。

1）NW 和 1.8V PMOS 之间形成 PNPN 的闩锁结构；

2）NW 和 13.5V PMOS 之间形成 PNPN 的闩锁结构；

3）HVNW 和 1.8V PMOS 之间形成 PNPN 的闩锁结构；

4）HVNW 和 13.5V PMOS 之间形成 PNPN 的闩锁结构。

1. NW 和 1.8V PMOS 之间的闩锁结构

图 6-86 所示的是 NW 和 1.8V PMOS 形成 PNPN 结构的等效电路图。NW 和 1.8V PMOS 的 NW 之间会形成一个寄生横向的 NPN，1.8V PMOS 的源漏有源区和 PW 之间会形成两个寄生纵向的 PNP，它们通过 PW 电阻 R_p 和 NW 电阻 R_n 构成 PNPN 的闩锁结构。NW 接 V_{SS}，1.8V PMOS 的漏有源区接输出和源有源区接电源 V_{DD}，1.8V PMOS 衬底 NW 接 V_{DD}。

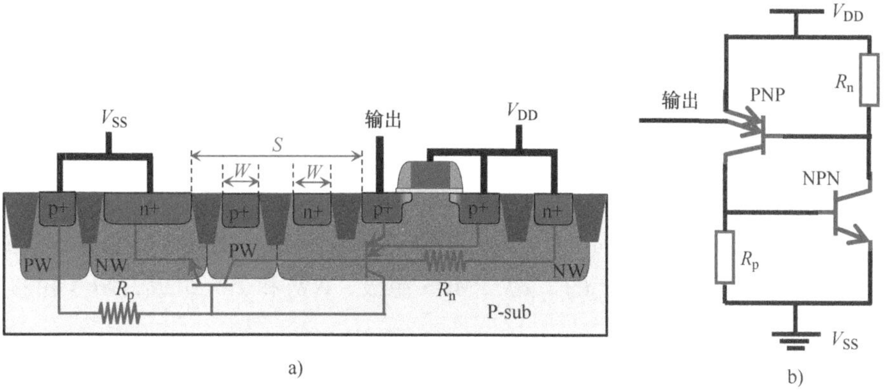

图 6-86　NW 和 1.8V PMOS 形成 PNPN 结构的等效电路图

为了使器件始终处于关闭状态，1.8V PMOS 的栅极接 V_{DD}。左边 NW 接 V_{SS}，所以不用接受闩锁测试，1.8V PMOS 的衬底和源接 V_{DD}，要接受 V-test 测试，其漏极接输出管脚，要接受 I-test。

表 6-49 是接受 +100mA I-test 的条件和测试结果，NW 接 V_{SS}，1.8V PMOS 漏极输出管脚分别接最大逻辑高电平和最小逻辑低电平进行测试，$S=2\mu m$ 和 $S=5\mu m$ 都没有发生闩锁现象。没有闩锁现象，说明在 1.8V 电源电压和 +100mA 电流的条件下，不足以触发这个版图的闩锁效应。如果把 PMOS 的环型阱接触拿掉，使阱等效电阻变大，并且减小这两个器件的间距，这样有可能触发闩锁效应。

表 6-49　+100mA I-test 的条件和测试结果

测试类型	+100mA I-test	
测试条件	1）$V_{DD}=1.8V$，$V_{SS}=0V$ 2）电流激励加载在输出管脚 3）加载电流激励前后，输出管脚电压 $V_{out}=1.8V$（最大高电平） 4）加载电流激励时，脉冲信号 $V_{out}=1.5V_{max}=1.5\times1.8V=2.7V$	1）$V_{DD}=1.8V$，$V_{SS}=0V$ 2）电流激励加载在输出管脚 3）加载电流激励前后，输出管脚电压 $V_{out}=0V$（最小低电平） 4）加载电流激励时，脉冲信号 $V_{out}=1.5V_{max}=1.5\times1.8V=2.7V$
$S=2\mu m$（$W=0.4\mu m$）	没有闩锁现象	没有闩锁现象
$S=5\mu m$（$W=1.5\mu m$）	没有闩锁现象	没有闩锁现象

图 6-87 所示的是 +100mA I-test 时电流的流向图。+100mA I-test 时出现比 V_{DD} 高的电压脉冲信号在输出管脚，会导通寄生 PNP，在 PW 衬底形成收集电流 I_p。图 6-88 所示的是 +100mA I-test 时的等效电路简图，图 6-88a 是一个寄生横向的 NPN 和两个寄生纵向的 PNP 组成的 PNPN 结构，假设注入电流 I_1，在 PW 衬底的收集电流是 I_p。为了使分析变得简单，把图 6-88a 拆分成图 6-88b 和图 6-88c 两种情况。图 6-88b 是拿掉接到 V_{DD} 的 1.8V PMOS 源极，PNP 由接到输出的 1.8V PMOS 漏极、NW 和 PW 组成，NPN 由接到 V_{SS} 的 NW、PW 和 NW 组成。图 6-88c 是拿掉接到输出的 1.8V PMOS 漏极，PNP 由接到 V_{DD} 的 1.8V PMOS 源极、NW 和 PW 组成，NPN 由接到 V_{SS} 的 NW、PW 和 NW 组成。

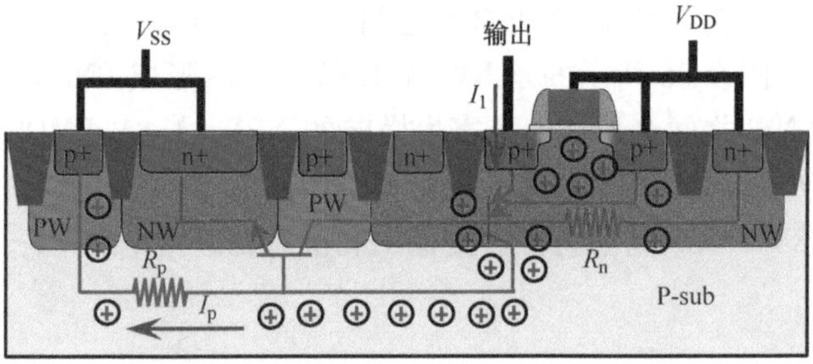

图 6-87　+100mA I-test 时电流的流向图

测试结果没有发生闩锁现象，说明 $I_pR_p<0.6V$ 或者 $I_nR_n<0.6V$，也就是 +100mA I-test 触发后，NPN 或者 PNP 没有导通，如果其中一个寄生双极型晶体管没有导通，也就不会发生闩锁现象。它的物理分析过程与图 6-7 +100mA I-test 没有发生闩锁现象的物理分析是一样的，这里不再重复。

表 6-50 是接受 $1.5V_{max}$ V-test 的条件和测试结果，1.8V PMOS 漏极输出管脚悬空进行测试。$S=2\mu m$ 和 $S=5\mu m$ 都没有发生闩锁现象。没有闩锁现象，说明在 $1.5V_{max}$ 的条件下，不

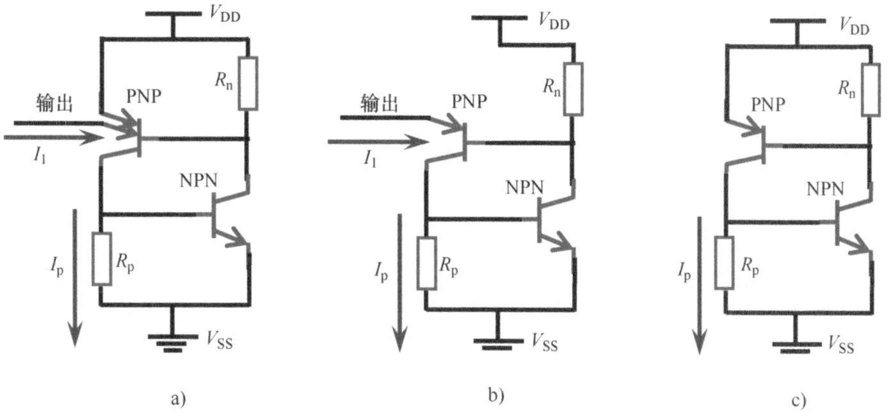

图 6-88　+100mA I-test 时的等效电路简图

足以击穿 NW 与 PW 之间的 PN 结，以及不足以使 NW 与 NW 或者 p+ 到 PW 之间的穿通，没有击穿或者穿通现象，就不会在 NW 或者 PW 产生电流，也不会触发寄生 PNPN 结构。NW 和 1.8V PMOS 之间的击穿或者穿通高达 10V，所以在遵守正常的版图设计规则，无论怎么改变版图的尺寸，1.5V_{max} V-test 测试都不会触发闩锁现象。

表 6-50　1.5V_{max} V-test 的条件和测试结果

测试类型	1.5V_{max} V-test
测试条件	1）V_{DD} = 1.8V，V_{SS} = 0V 2）电压激励加载在 V_{DD} 管脚 3）加载电压激励前后，V_{DD} = 1.8V（电源电压） 4）电压脉冲：V_{DD} = 1.5V_{max} = 1.5 × 1.8V = 2.7V
S = 2μm（W = 0.4μm）	没有闩锁现象
S = 5μm（W = 1.5μm）	没有闩锁现象

2. NW 和 13.5V PMOS 之间的闩锁结构

图 6-89 所示的是 NW 和 13.5V PMOS 形成 PNPN 结构的等效电路图。NW 和 HVNW 之间会形成一个寄生横向的 NPN，13.5V PMOS 的源漏有源区和 PW 之间会形成两个寄生纵向的 PNP，它们通过 PW 电阻 R_p 和 HVNW 电阻 R_n 构成 PNPN 的闩锁结构。NW 接 V_{SS}，13.5V PMOS 的漏有源区接输出和源有源区接电源 V_{DDA}，13.5V PMOS 衬底 HVNW 接 V_{DDA}。

为了使器件始终处于关闭状态，13.5V PMOS 的栅极接 V_{DDA}。NW 接 V_{SS}，所以不用接受闩锁测试，13.5V PMOS 的衬底和源接 V_{DDA}，要接受 V-test，其漏极接输出管脚，要接受 I-test。

表 6-51 是接受 +100mA I-test 的条件和测试结果，NW 接 V_{SS}，13.5V PMOS 的漏极输出管脚分别接最大逻辑高电平和最小逻辑低电平进行测试，S = 4μm 的间距会发生闩锁现象，

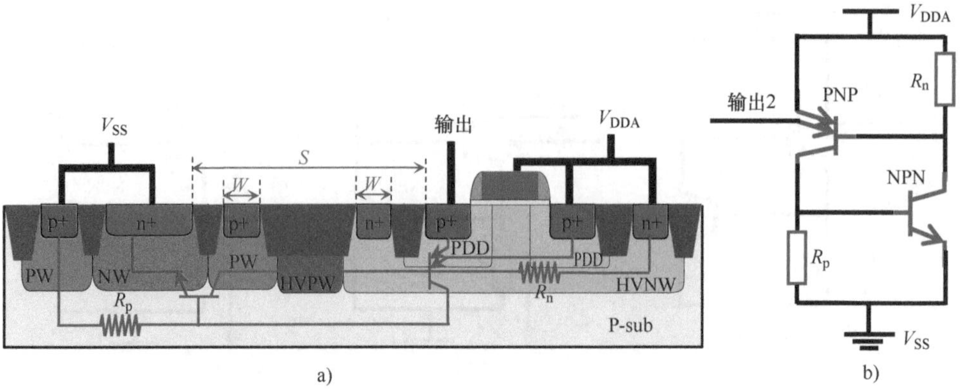

图 6-89　NW 和 13.5V PMOS 形成 PNPN 结构的等效电路图

$S=10\mu m$ 或者更大的间距没有发生闩锁现象。要提高 NW 和 13.5V PMOS 之间的寄生 PNPN 结构抵御闩锁效应的能力，必须使它们的间距大于 10μm 或者把 NW 接 1.8V。

表 6-51　+100mA I-test 的条件和测试结果

测试类型	+100mA I-test	
测试条件	1）$V_{DDA}=13.5V$，$V_{SS}=0V$ 2）电流激励加载在输出管脚 3）加载电流激励前后，输出管脚电压 $V_{out}=13.5V$（最大高电平） 4）加载电流激励时，脉冲信号 $V_{out}=1.5V_{max}=1.5\times13.5V=20.25V$	1）$V_{DDA}=13.5V$，$V_{SS}=0V$ 2）电流激励加载在输出管脚 3）加载电流激励前后，输出管脚电压 $V_{out}=0V$（最小低电平） 4）加载电流激励时，脉冲信号 $V_{out}=1.5V_{max}=1.5\times13.5V=20.25V$
$S=4\mu m$（$W=0.4\mu m$）	有闩锁现象	有闩锁现象
$S=10\mu m$（$W=3\mu m$）	没有闩锁现象	没有闩锁现象
$S=16\mu m$（$W=5\mu m$）	没有闩锁现象	没有闩锁现象
$S=22\mu m$（$W=5\mu m$）	没有闩锁现象	没有闩锁现象

图 6-90 所示的是 +100mA I-test 时电流的流向图。+100mA I-test 时出现比 V_{DDA} 高的电压脉冲信号在输出管脚，会导通寄生 PNP，在 PW 衬底形成收集电流 I_p。图 6-91 所示的是 +100mA I-test 时的等效电路简图，图 6-91a 是一个寄生横向的 NPN 和两个寄生纵向的 PNP 组成的 PNPN 结构，假设注入电流 I_1，在 PW 衬底的收集电流是 I_p。为了使分析变得简单，把图 6-91a 拆分成图 6-91b 和图 6-91c 两种情况。图 6-91b 是拿掉接到 V_{DDA} 的 13.5V PMOS 源极，PNP 由接到输出的 13.5V PMOS 漏极、HVNW 和 PW 组成，NPN 由接到 V_{SS} 的 NW、PW 和 HVNW 组成。图 6-91c 是拿掉接到输出的 13.5V PMOS 漏极，PNP 由接到 V_{DDA} 的 13.5V PMOS 源极、HVNW 和 PW 组成，NPN 由接到 V_{SS} 的 NW、PW 和 HVNW 组成。

对于测试结果中 $S=4\mu m$ 的间距会发生闩锁现象，说明 $I_pR_p>0.6V$，导致 NPN 发射结正

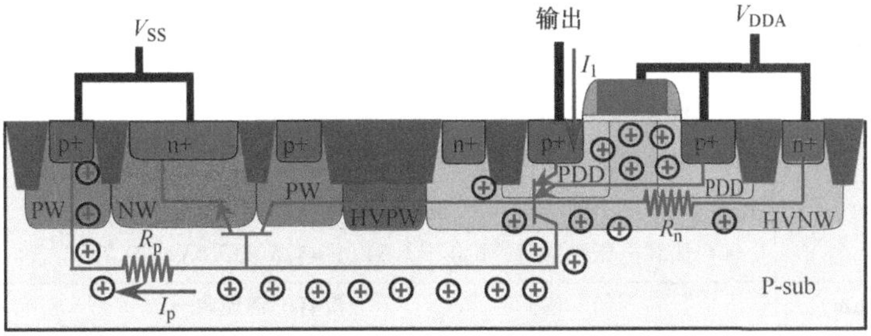

图 6-90　+100mA I-test 时电流的流向图

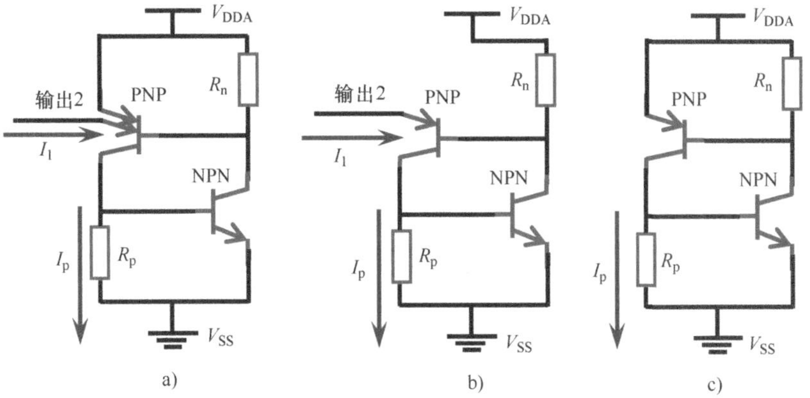

图 6-91　+100mA I-test 时的等效电路简图

偏，形成电流 I_n，同时 $I_nR_n>0.6V$，PNP 和 NPN 同时导通，PNPN 结构形成低阻通路。它的物理分析过程与图 6-21 +100mA I-test 发生闩锁现象的物理分析是一样的，这里不再重复。

对于测试结果中 $S=10\mu m$ 或者更大的间距没有发生闩锁现象，说明 $I_pR_p<0.6V$ 或者 $I_nR_n<0.6V$，也就是 +100mA I-test 触发后，NPN 或者 PNP 没有导通，如果其中一个寄生双极型晶体管没有导通，也就不会发生闩锁现象。它的物理分析过程与图 6-7 +100mA I-test 没有发生闩锁现象的物理分析是一样的，这里不再重复。

表 6-52 是接受 $1.5V_{max}$ V-test 的条件和测试结果，13.5V PMOS 漏极输出管脚悬空，NW 接 V_{SS}进行测试，最小的间距 $S=4\mu m$ 没有发生闩锁现象。NW 和 13.5V PMOS $1.5V_{max}$ V-test 没有闩锁现象的原因与 1.8V N-diode 和 13.5V PMOS 是一样的，所以在遵守正常的版图设计规则，无论怎么改变版图的尺寸，$1.5V_{max}$ V-test 都不会触发闩锁现象。

3. HVNW 和 1.8V PMOS 之间的闩锁结构

图 6-92 所示的是 HVNW 和 1.8V PMOS 形成 PNPN 结构的等效电路图。HVNW 和 NW 之间会形成一个寄生横向的 NPN，1.8V PMOS 的源漏有源区和 PW 之间会形成两个寄生纵向的 PNP，它们通过 HVPW 电阻 R_p 和 NW 电阻 R_n 构成 PNPN 的闩锁结构。HVNW 接 V_{SSA}，1.8V PMOS 的漏有源区接输出、源有源区接电源 V_{DD}，衬底 NW 接 V_{DD}。

表 6-52　1.5V_{max} V-test 的条件和测试结果

测试类型	1.5V_{max} V-test
测试条件	1）V_{DDA} = 13.5V，V_{SS} = 0V 2）电压激励加载在 V_{DDA} 管脚 3）加载电压激励前后，V_{DDA} = 13.5V（电源电压） 4）加载电压激励时，V_{DDA} = 1.5V_{max} = 1.5×13.5V = 20.25V
S = 4μm（W = 0.4μm）	没有闩锁现象
S = 10μm（W = 3μm）	没有闩锁现象
S = 16μm（W = 5μm）	没有闩锁现象
S = 22μm（W = 5μm）	没有闩锁现象

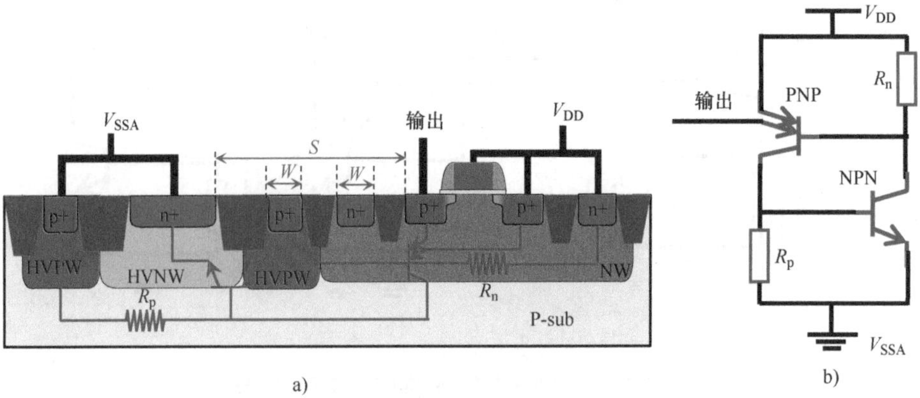

图 6-92　HVNW 和 1.8V PMOS 之间形成 PNPN 结构的等效电路图

为了使器件始终处于关闭状态，1.8V PMOS 的栅极接 V_{DD}。HVNW 接 V_{SSA}，所以不用接受闩锁测试，1.8V PMOS 的衬底和源接 V_{DD}，要接受 V-test，其漏极接输出管脚，要接受 I-test。

表 6-53 是接受 +100mA I-test 的条件和测试结果，HVNW 接 V_{SSA}，1.8V PMOS 漏极输

表 6-53　+100mA I-test 的条件和测试结果

测试类型	+100mA I-test	
测试条件	1）V_{DD} = 1.8V，V_{SSA} = 0V 2）电流激励加载在输出管脚 3）加载电流激励前后，输出管脚电压 V_{out} = 1.8V（最大高电平） 4）加载电流激励时，脉冲信号 V_{out} = 1.5V_{max} = 1.5×1.8V = 2.7V	1）V_{DD} = 1.8V，V_{SSA} = 0V 2）电流激励加载在输出管脚 3）加载电流激励前后，输出管脚电压 V_{out} = 0V（最小低电平） 4）加载电流激励时，脉冲信号 V_{out} = 1.5V_{max} = 1.5×1.8V = 2.7V
S = 4μm（W = 0.4μm）	没有闩锁现象	没有闩锁现象
S = 10μm（W = 3μm）	没有闩锁现象	没有闩锁现象
S = 16μm（W = 5μm）	没有闩锁现象	没有闩锁现象

出管脚分别接最大逻辑高电平和最小逻辑低电平进行测试，$S=4\mu m$ 没有发生闩锁现象。没有发生闩锁现象，说明在1.8V电源电压和+100mA电流的条件下，不足以触发这个版图的闩锁效应。如果把1.8V PMOS环型的阱接触拿掉，使阱等效电阻变大，并且减小这两个器件的间距，有可能触发闩锁效应。

图6-93所示的是+100mA I-test时电流的流向图。+100mA I-test时出现比 V_{DD} 高的电压脉冲信号在输出管脚，会导通寄生PNP，在HVPW衬底形成收集电流 I_p。图6-94所示的是+100mA I-test时的等效电路简图，图6-94a是一个寄生横向的NPN和两个寄生纵向的PNP组成的PNPN结构，假设注入电流 I_1，在HVPW衬底的收集电流是 I_p。为了使分析变得简单，把图6-94a拆分成图6-94b和图6-94c两种情况。图6-94b是拿掉接到 V_{DD} 的1.8V PMOS源极，PNP由接到输出的1.8V PMOS漏极、NW和HVPW组成，NPN由接到 V_{SSA} 的HVNW、HVPW和NW组成。图6-94c是拿掉接到输出的1.8V PMOS漏极，PNP由接到 V_{DD} 的1.8V PMOS源极、NW和HVPW组成，NPN由接到 V_{SSA} 的HVNW、HVPW和NW组成。

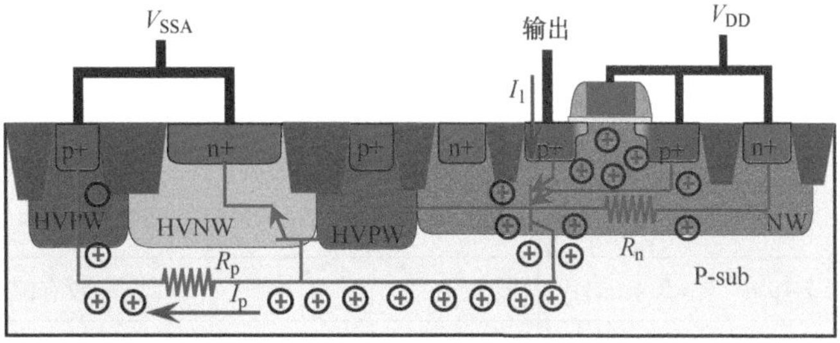

图6-93　+100mA I-test时电流的流向图

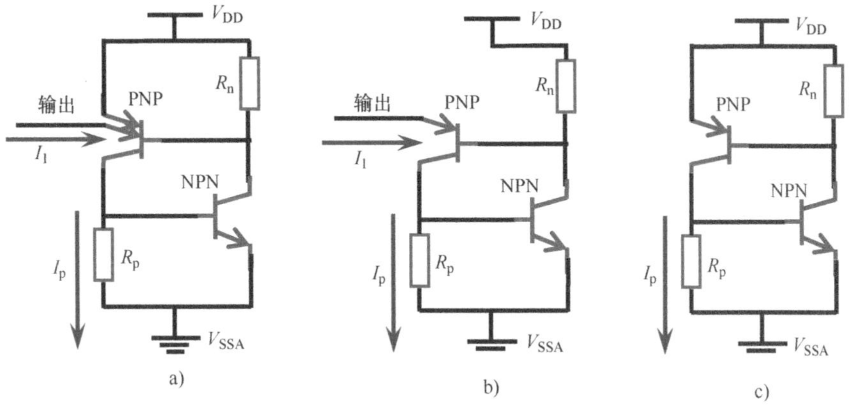

图6-94　+100mA I-test时的等效电路简图

测试结果没有发生闩锁现象，说明 $I_pR_p<0.6V$ 或者 $I_nR_n<0.6V$，也就是+100mA I-test触发后，NPN或者PNP没有导通，如果其中一个寄生双极型晶体管没有导通，也就不会发生闩锁现象。它的物理分析过程与图6-7 +100mA I-test测试没有发生闩锁现象的物理分析是一样的，这里不再重复。

表 6-54 是接受 1.5V_{max} V-test 的条件和测试结果，1.8V PMOS 漏极输出管脚悬空，HVNW 接 V_{SSA}，最小的间距 $S=4\mu m$ 没有发生闩锁现象。HVNW 和 1.8V PMOS 1.5V_{max} V-test 测试没有闩锁现象的原因与 13.5V N-diode 和 1.8V PMOS 是一样的，所以在遵守正常的版图设计规则，无论怎么改变版图的尺寸，1.5V_{max} V-test 测试都不会触发闩锁现象。

表 6-54　1.5V_{max} V-test 的条件和测试结果

测试类型	1.5V_{max} V-test
测试条件	1）$V_{DD}=1.8V$，$V_{SSA}=0V$ 2）电压激励加载在 V_{DD} 管脚 3）加载电压激励前后，$V_{DD}=1.8V$（电源电压） 4）电压脉冲：$V_{DD}=1.5V_{max}=1.5\times1.8V=2.7V$
$S=4\mu m$（$W=0.4\mu m$）	没有闩锁现象
$S=10\mu m$（$W=3\mu m$）	没有闩锁现象
$S=16\mu m$（$W=5\mu m$）	没有闩锁现象

4. HVNW 和 13.5V PMOS 之间的闩锁结构

图 6-95 所示的是 HVNW 和 13.5V PMOS 形成 PNPN 结构的等效电路图。HVNW 和 13.5V PMOS 的 HVNW 之间会形成一个寄生横向的 NPN，13.5V PMOS 的源漏有源区和 HVPW 之间会形成两个寄生纵向的 PNP，它们通过 HVPW 电阻 R_p 和 HVNW 电阻 R_n 构成 PNPN 的闩锁结构。HVNW 接 V_{SSA}，13.5V PMOS 的漏有源区接输出、源有源区接电源 V_{DDA}、衬底 HVNW 接 V_{DDA}。

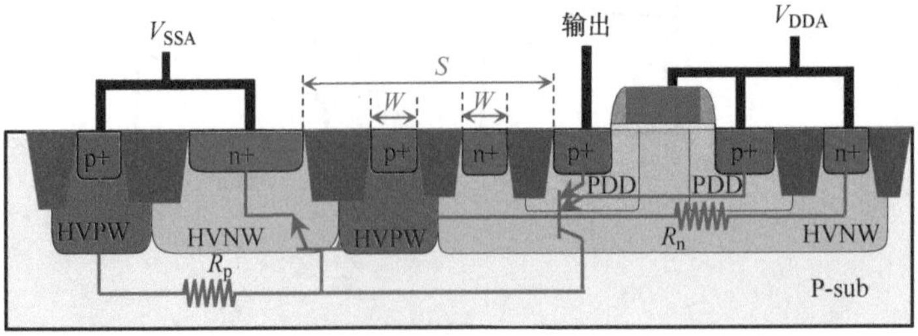

a)

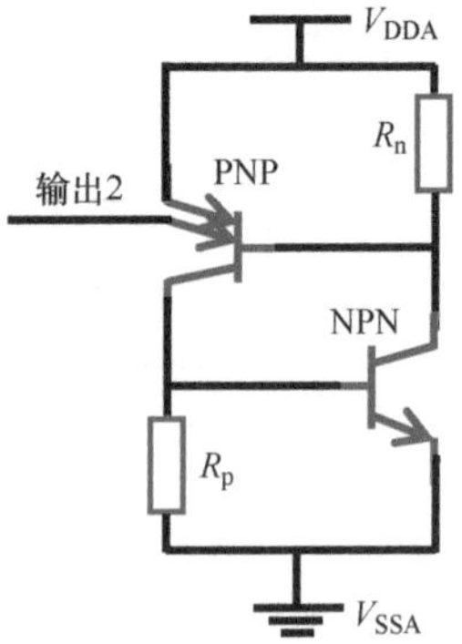

b)

图 6-95　HVNW 和 13.5V PMOS 形成 PNPN 结构的等效电路图

为了使器件始终处于关闭状态，13.5V PMOS 的栅极接 V_{DDA}。HVNW 接 V_{SSA}，所以不用接受闩锁测试，13.5V PMOS 的衬底和源接 V_{DDA}，要接受 V-test，其漏极接输出管脚，要接受 I-test。

表 6-55 是接受 +100mA I-test 的条件和测试结果，HVNW 接 V_{SSA}，13.5V PMOS 漏极输出管脚分别接最大逻辑高电平和最小逻辑低电平进行测试，$S = 10\mu m$ 或者更小的间距都会发生闩锁现象，$S = 16\mu m$ 或者更大的间距没有发生闩锁现象。要提高 HVNW 和 13.5V PMOS 之间的寄生 PNPN 结构抵御闩锁效应的能力，必须使它们的间距大于 16μm 或者提高左边 HVNW 的电压。

表 6-55 +100mA I-test 的条件和测试结果

测试类型	+100mA I-test	
测试条件	1）$V_{DDA}=13.5V$，$V_{SSA}=0V$ 2）电流激励加载在输出管脚 3）加载电流激励前后，输出管脚电压 $V_{out}=13.5V$（最大高电平） 4）加载电流激励时，脉冲信号 $V_{out}=1.5V_{max}=1.5\times13.5V=20.25V$	1）$V_{DDA}=13.5V$，$V_{SSA}=0V$ 2）电流激励加载在输出管脚 3）加载电流激励前后，输出管脚电压 $V_{out}=0V$（最小低电平） 4）加载电流激励时，脉冲信号 $V_{out}=1.5V_{max}=1.5\times13.5V=20.25V$
$S=4\mu m$（$W=0.4\mu m$）	有闩锁现象	有闩锁现象
$S=10\mu m$（$W=3\mu m$）	有闩锁现象	有闩锁现象
$S=16\mu m$（$W=5\mu m$）	没有闩锁现象	没有闩锁现象
$S=22\mu m$（$W=5\mu m$）	没有闩锁现象	没有闩锁现象

图 6-96 所示的是 +100mA I-test 时电流的流向图。+100mA I-test 时出现比 V_{DDA} 高的电压脉冲信号在输出管脚，会导通寄生 PNP，在 HVPW 衬底形成收集电流 I_p。图 6-97 所示的是 +100mA I-test 测试时的等效电路简图，图 6-97a 是一个寄生横向的 NPN 和两个寄生纵向的 PNP 组成的 PNPN 结构，假设注入电流 I_1，在 HVPW 衬底的收集电流是 I_p。为了使分析变得简单，把图 6-97a 拆分成图 6-97b 和图 6-97c 两种情况。图 6-97b 是拿掉接到 V_{DDA} 的 13.5V PMOS 源极，PNP 由接到输出的 13.5V PMOS 漏极、HVNW 和 HVPW 组成，NPN 由接到 V_{SSA} 的 HVNW、HVPW 和 HVNW 组成。图 6-97c 是拿掉接到输出的 13.5V PMOS 漏极，PNP 由接到 V_{DDA} 的 13.5V PMOS 源极、HVNW 和 HVPW 组成，NPN 由接到 V_{SSA} 的 HVNW、

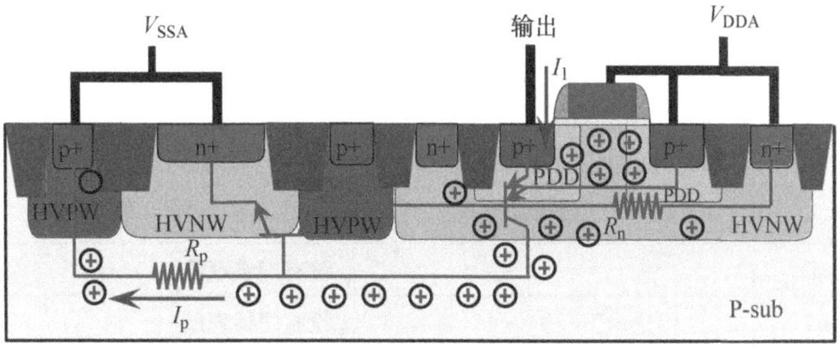

图 6-96 +100mA I-test 时电流的流向图

HVPW 和 HVNW 组成。

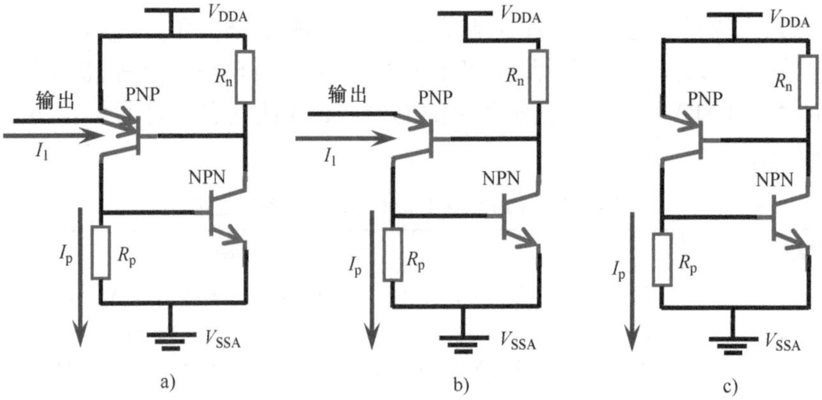

图 6-97　+100mA I-test 时的等效电路简图

对于测试结果中 $S=10\mu m$ 或者更小的间距都会发生闩锁现象，说明 $I_pR_p>0.6V$，+100mA I-test 触发后，导致 NPN 发射结正偏，形成电流 I_n，同时 $I_nR_n>0.6V$，PNP 和 NPN 同时导通，PNPN 结构形成低阻通路。它的物理分析过程与图 6-14 +100mA I-test 发生闩锁现象的物理分析是一样的，这里不再重复。

对于测试结果中 $S=16\mu m$ 或者更大的间距没有发生闩锁现象，说明 $I_pR_p<0.6V$ 或者 $I_nR_n<0.6V$，也就是 +100mA I-test 触发后，NPN 或者 PNP 没有导通，如果其中一个寄生双极型晶体管没有导通，也就不会发生闩锁现象。它的物理分析过程与图 6-7 +100mA I-test 测试没有发生闩锁现象的物理分析是一样的，这里不再重复。

表 6-56 是接受 $1.5V_{max}$ V-test 的条件和测试结果，13.5V PMOS 漏极输出悬空，HVNW 接 V_{SSA} 进行测试，最小的间距 $S=4\mu m$ 没有发生闩锁现象。HVNW 和 13.5V PMOS $1.5V_{max}$ V-test 没有闩锁现象的原因与 13.5V N-diode 和 13.5V PMOS 是一样的，所以在遵守正常的版图设计规则，无论怎么改变版图的尺寸，$1.5V_{max}$ V-test 都不会触发闩锁现象。

表 6-56　$1.5V_{max}$ V-test 的条件和测试结果

测试类型	$1.5V_{max}$ V-test
测试条件	1）$V_{DDA}=13.5V$，$V_{SSA}=0V$ 2）电压激励加载在 V_{DDA} 管脚 3）加载电压激励前后，$V_{DDA}=13.5V$（电源电压） 4）加载电压激励时，$V_{DDA}=1.5V_{max}=1.5\times13.5V=20.25V$
$S=4\mu m$（$W=0.4\mu m$）	没有闩锁现象
$S=10\mu m$（$W=3\mu m$）	没有闩锁现象
$S=16\mu m$（$W=5\mu m$）	没有闩锁现象
$S=22\mu m$（$W=5\mu m$）	没有闩锁现象

6.1.5　N 型阱与 1.8V P-diode/13.5V P-diode 之间的闩锁效应

接地的 N 型阱与 P-diode 之间的闩锁效应在 CMOS 工艺集成电路中也比较常见，例如图 6-1中输入缓冲电路包含 P-diode 器件，地之间用 B2B 做 ESD 保护、B2B 的 N 型阱接地，这些 P-diode 与接地的 N 型阱形成 PNPN 闩锁结构，它们很容易被触发而形成低阻通路，从而损伤芯片。

13.5V 和 1.8V 输出电路包含两种 P-diode，分别是 1.8V P-diode 和 1.8V P-diode，B2B ESD 保护电路的二极管包含两种 N 型阱，分别是 NW 和 HVNW，接地的 N 型阱与 P-diode 之间有四种组合可以构成 PNPN 结构。

1）NW 和 1.8V P-diode 之间形成 PNPN 的闩锁结构；

2）NW 和 13.5V P-diode 之间形成 PNPN 的闩锁结构；

3）HVNW 和 1.8V P-diode 之间形成 PNPN 的闩锁结构；

4）HVNW 和 13.5V P-diode 之间形成 PNPN 的闩锁结构。

1. NW 和 1.8V P-diode 之间的闩锁结构

图 6-98 所示的是 NW 和 1.8V P-diode 形成 PNPN 结构的等效电路图。NW 和 NW 之间会形成寄生横向的 NPN，1.8V P-diode 的阳极有源区和 PW 之间会形成寄生纵向的 PNP，它们通过 PW 电阻 R_p 和 NW 电阻 R_n 构成 PNPN 的闩锁结构。NW 接 V_{SS}，1.8V P-diode 阳极 V_{p+} 可以接输入或者电源 V_{DD1}。

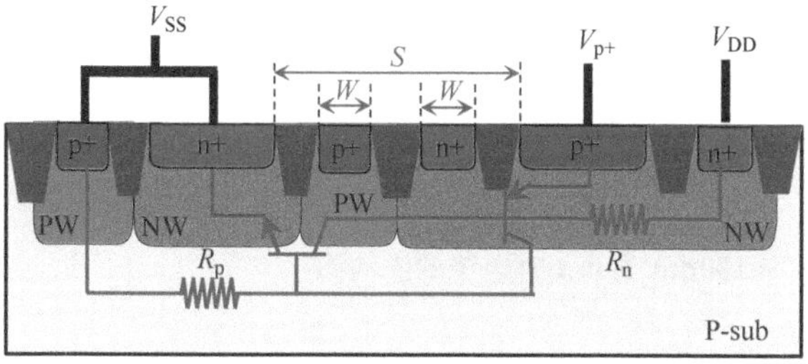

a)

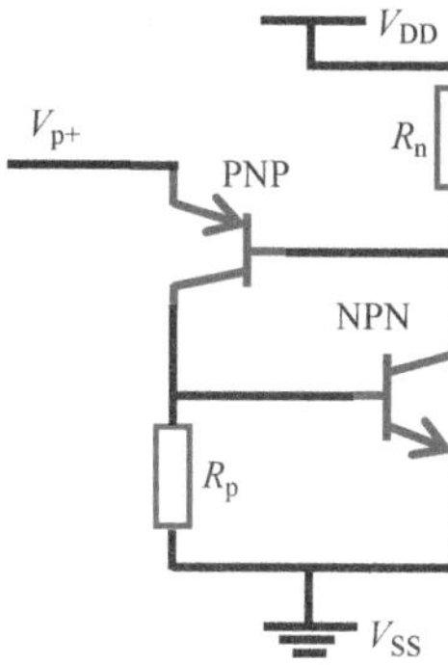

b)

图 6-98　NW 和 1.8V P-diode 形成 PNPN 结构的等效电路图

NW 接 V_{SS}，所以不用接受闩锁测试，1.8V PMOS 的衬底 NW 接 V_{DD}，其阳极 V_{p+} 可以电源 V_{DD1}，要接受 V-test，也可以接输入管脚，要接受 I-test。

表 6-57 是接受 +100mA I-test 的条件和测试结果，NW 接 V_{SS}，1.8V P-diode 阳极 V_{p+} 分别接最大逻辑高电平和最小逻辑低电平进行测试，$S=2\mu m$ 和 $S=5\mu m$ 都没有发生闩锁现象。没有发生闩锁现象，说明在 1.8V 电源电压和 +100mA 电流的条件下，不足以触发这个版图

的闩锁效应。因为二极管始终要求设计环型的阱接触，所以严格遵从设计规则的二极管几乎不会发生闩锁效应。

表 6-57　+100mA I-test 的条件和测试结果

测试类型	+100mA I-test	
测试条件	1）V_{DD} = 1.8V，V_{SS} = 0V 2）电流激励加载在输出管脚 3）加载电流激励前后，输入管脚电压 V_{p+} = 1.8V（最大高电平） 4）加载电流激励时，脉冲信号 V_{p+} = $1.5V_{max}$ = 1.5 × 1.8V = 2.7V	1）V_{DD} = 1.8V，V_{SS} = 0V 2）电流激励加载在输出管脚 3）加载电流激励前后，输入管脚电压 V_{p+} = 0V（最小低电平） 4）加载电流激励时，脉冲信号 V_{p+} = $1.5V_{max}$ = 1.5 × 1.8V = 2.7V
S = 2μm（W = 0.4μm）	没有闩锁现象	没有闩锁现象
S = 5μm（W = 1.5μm）	没有闩锁现象	没有闩锁现象

图 6-99 所示的是 +100mA I-test 时电流的流向图。+100mA I-test 时出现比 V_{DD} 高的电压脉冲信号在输入管脚 V_{p+}，会导通寄生 PNP，在 PW 衬底形成收集电流 I_p。

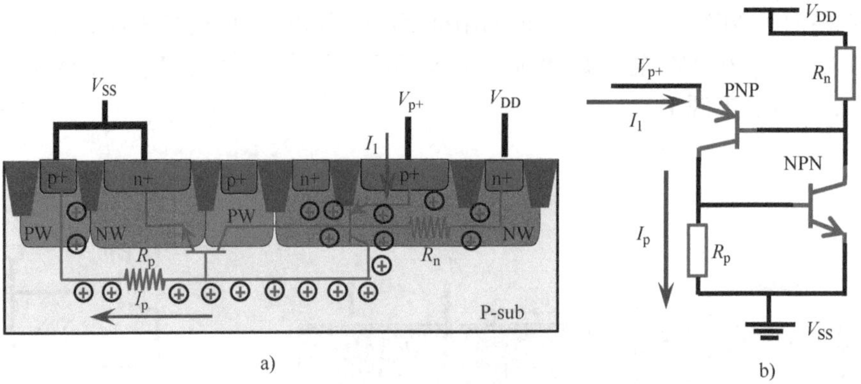

图 6-99　+100mA I-test 时电流的流向图

测试结果没有发生闩锁现象，说明 I_pR_p < 0.6V 或者 I_nR_n < 0.6V，也就是 +100mA I-test 触发后，NPN 或者 PNP 没有导通，如果其中一个寄生双极型晶体管没有导通，也就不会发生闩锁现象。它的物理分析过程与图 6-7 +100mA I-test 没有发生闩锁现象的物理分析是一样的，这里不再重复。

表 6-58 是接受 $1.5V_{max}$ V-test 的条件和测试结果，NW 接 V_{SS}，1.8V P-diode 阳极 V_{p+} 接 V_{DD1} 进行测试，S = 2μm 和 S = 5μm 都没有发生闩锁现象。没有发生闩锁现象，说明在 $1.5V_{max}$ 的条件下，1.8V 电源电压小于其自持电压，1.8V 电源电压不足以触发这个版图的闩锁效应。因为二极管始终要求设计环型的阱接触，所以严格遵从设计规则的二极管几乎不会发生闩锁效应。

表 6-58　$1.5V_{max}$ V-test 的条件和测试结果

测试类型	$1.5V_{max}$ V-test
测试条件	1）$V_{DD}=V_{DD1}=1.8V$，$V_{SS}=0V$ 2）电压激励加载在 V_{DD1} 管脚 3）加载电压激励前后，$V_{DD1}=1.8V$（电源电压） 4）电压脉冲：$V_{DD1}=1.5V_{max}=1.5\times1.8V=2.7V$
$S=2\mu m$（$W=0.4\mu m$）	没有闩锁现象
$S=5\mu m$（$W=1.5\mu m$）	没有闩锁现象

图 6-100 所示的是 $1.5V_{max}$ V-test 时电流的流向图。$1.5V_{max}$ V-test 时出现比 V_{DD} 高的电压脉冲信号在 V_{DD1} 管脚，会导通寄生 PNP，在 PW 衬底形成收集电流 I_p。

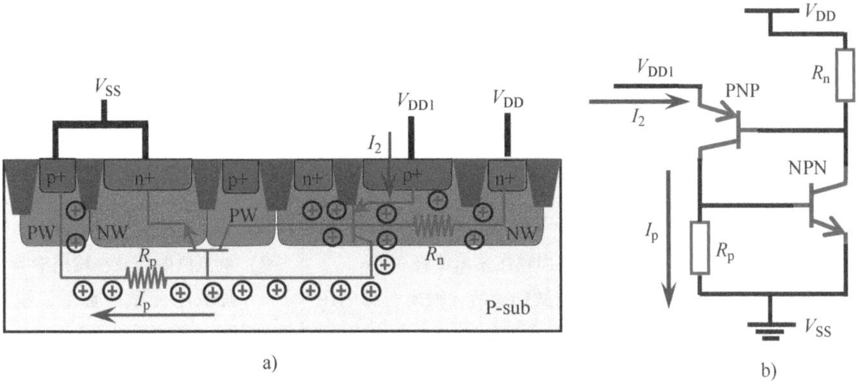

图 6-100　$1.5V_{max}$ V-test 时电流的流向图

对于测试结果中 $S=2\mu m$ 或者更大的间距没有发生闩锁现象，说明 $I_pR_p<0.6V$ 或者 $I_nR_n<0.6V$，也就是 $1.5V_{max}$ V-test 触发后，NPN 或者 PNP 没有导通，如果其中一个寄生双极型晶体管没有导通，也就不会发生闩锁现象。它的物理分析过程与图 6-36 $1.5V_{max}$ V-test 测试没有发生闩锁现象的物理分析是一样的，这里不再重复。

2. NW 和 13.5V P-diode 之间的闩锁结构

图 6-101 所示的是 NW 和 13.5V P-diode 形成 PNPN 结构的等效电路图。NW 和 HVNW 之间会形成一个寄生横向的 NPN，13.5V P-diode 的阳极有源区和 PW 之间会形成一个寄生纵向的 PNP，它们通过 PW 电阻 R_p 和 HVNW 电阻 R_n 构成 PNPN 的闩锁结构。NW 接 V_{SS}，13.5V P-diode 阳极 V_{p+} 可以接输入或者电源 V_{DDA1}。

NW 接 V_{SS}，所以不用接受闩锁测试，13.5V P-diode 的衬底接 V_{DDA}，其阳极 V_{p+} 可以电源 V_{DDA1}，要接受 V-test，其阳极 V_{p+} 也可以接输入管脚，要接受 I-test。

表 6-59 是接受 +100mA I-test 的条件和测试结果，NW 接 V_{SS}，13.5V P-diode 阳极 V_{p+} 分别接最大逻辑高电平和最小逻辑低电平进行测试，$S=4\mu m$ 的间距会发生闩锁现象，$S=10\mu m$

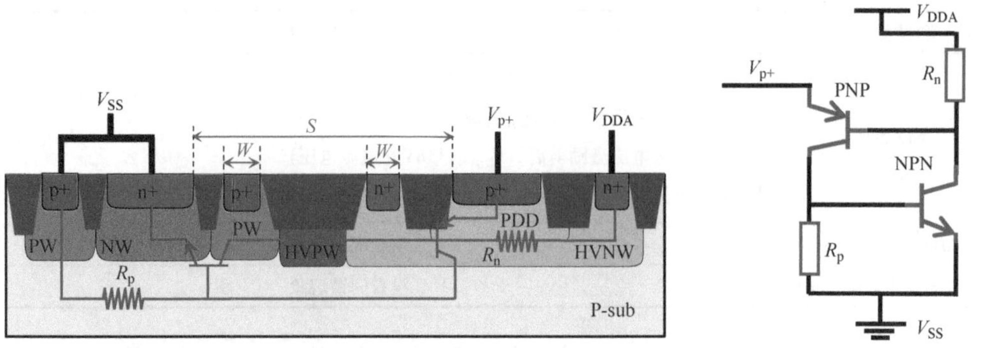

a) b)

图 6-101　NW 和 13.5V P-diode 形成 PNPN 结构的等效电路图

或者更大的间距没有发生闩锁现象。要提高 NW 和 13.5V P-diode 之间的寄生 PNPN 结构抵御闩锁效应的能力，必须使它们的间距大于 10μm 或者把 NW 接 1.8V。

表 6-59　+100mA I-test 的条件和测试结果

测试类型	+100mA I-test	
测试条件	1）V_{DDA} = 13.5V，V_{SS} = 0V 2）电流激励加载在输出管脚 3）加载电流激励前后，输出管脚电压 V_{out} = 13.5V（最大高电平） 4）加载电流激励时，脉冲信号 V_{out} = 1.5V_{max} = 1.5 × 13.5V = 20.25V	1）V_{DDA} = 13.5V，V_{SS} = 0V 2）电流激励加载在输出管脚 3）加载电流激励前后，输出管脚电压 V_{out} = 0V（最小低电平） 4）加载电流激励时，脉冲信号 V_{out} = 1.5V_{max} = 1.5 × 13.5V = 20.25V
S = 4μm（W = 0.4μm）	有闩锁现象	有闩锁现象
S = 10μm（W = 3μm）	没有闩锁现象	没有闩锁现象
S = 16μm（W = 5μm）	没有闩锁现象	没有闩锁现象
S = 22μm（W = 5μm）	没有闩锁现象	没有闩锁现象

图 6-102 所示的是 +100mA I-test 时电流的流向图。+100mA I-test 时出现比 V_{DDA} 高的电压脉冲信号在输出管脚，会导通寄生 PNP，在 PW 衬底形成收集电流 I_p。

对于测试结果中 S = 10μm 的间距会发生闩锁现象，说明 I_pR_p > 0.6V，+100mA I-test 触发后，导致 NPN 发射结正偏，形成电流 I_n，同时 I_nR_n > 0.6V，PNP 和 NPN 同时导通，PNPN 结构形成低阻通路。它的物理分析过程与图 6-21 +100mA I-test 发生闩锁现象的物理分析是一样的，这里不再重复。

对于测试结果中 S = 16μm 或者更大的间距没有发生闩锁现象，说明 I_pR_p < 0.6V 或者 I_nR_n < 0.6V，也就是 +100mA I-test 触发后，NPN 或者 PNP 没有导通，如果其中一个寄生双极型晶体管没有导通，也就不会发生闩锁现象。它的物理分析过程与图 6-7 +100mA I-test

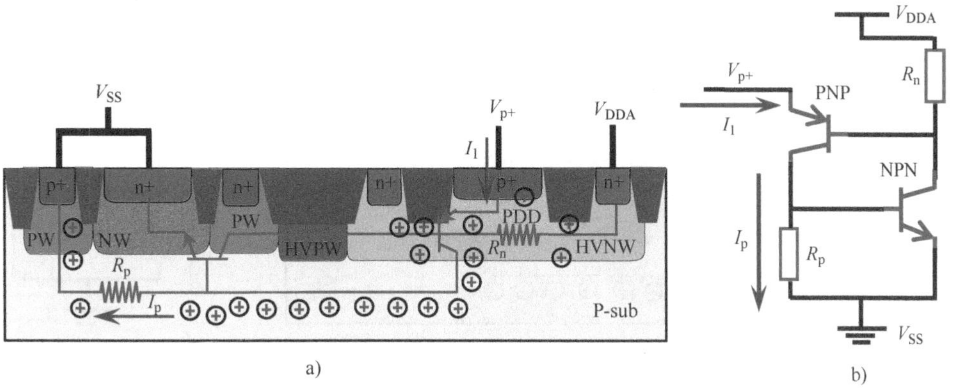

图 6-102　+100mA I-test 时电流的流向图

没有发生闩锁现象的物理分析是一样的，这里不再重复。

表 6-60 是接受 1.5V_{max} V-test 的条件和测试结果，13.5V P-diode 阳极 V_{p+} 接 V_{DDA1}，NW 接 V_{SS}进行测试，S=4μm 的间距会发生闩锁现象，S=10μm 或者更大的间距没有发生闩锁现象。要提高 NW 和 13.5V P-diode 之间的寄生 PNPN 结构抵御闩锁效应的能力，必须使它们的间距大于 10μm 或者把 NW 接 1.8V。

表 6-60　1.5V_{max} V-test 的条件和测试结果

测试类型	1.5V_{max} V-test
测试条件	1）V_{DDA} = V_{DDA1} = 13.5V，V_{SS} = 0V 2）电压激励加载在 V_{DDA1} 管脚 3）加载电压激励前后，V_{DDA1} = 13.5V（电源电压） 4）加载电压激励时，V_{DDA1} = 1.5V_{max} = 1.5×13.5V = 20.25V
S=4μm（W=0.4μm）	有闩锁现象
S=10μm（W=3μm）	没有闩锁现象
S=16μm（W=5μm）	没有闩锁现象
S=22μm（W=5μm）	没有闩锁现象

图 6-103 所示的是 1.5V_{max} V-test 时电流的流向图。1.5V_{max} V-test 时出现比 V_{DD}高的电压脉冲信号在 V_{DD1}管脚，会导通寄生 PNP，在 PW 衬底形成收集电流 I_p。

对于测试结果中 S=4μm 的间距会发生闩锁现象，说明 I_pR_p > 0.6V，导致 NPN 发射结正偏，形成电流 I_n，同时 I_nR_n > 0.6V，PNP 和 NPN 同时导通，PNPN 结构形成低阻通路。它的物理分析过程与图 6-41 1.5V_{max} V-test 发生闩锁现象的物理分析是一样的，这里不再重复。

对于测试结果中 S = 10μm 或者更大的间距没有发生闩锁现象，说明 I_pR_p < 0.6V 或者 I_nR_n < 0.6V，也就是 +100mA I-test 触发后，NPN 或者 PNP 没有导通，如果其中一个寄生双极型晶体管没有导通，也就不会发生闩锁现象。它的物理分析过程与图 6-42 1.5V_{max} V-test

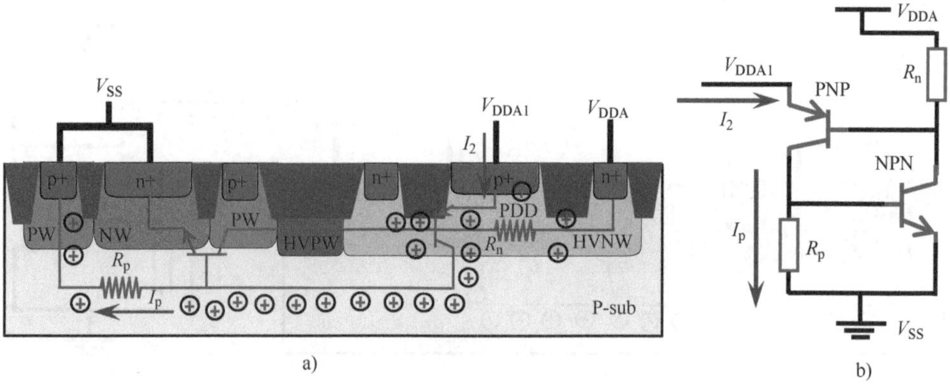

图 6-103　1.5V_{max} V-test 时电流的流向图

测试没有发生闩锁现象的物理分析是一样的，这里不再重复。

3. HVNW 和 1.8V P-diode 之间的闩锁结构

图 6-104 所示的是 HVNW 和 1.8V P-diode 形成 PNPN 结构的等效电路图。HVNW 和 NW 之间会形成一个寄生横向的 NPN，1.8V P-diode 的阳极有源区和 HVPW 之间会形成一个寄生纵向的 PNP，它们通过 HVPW 电阻 R_p 和 NW 电阻 R_n 构成 PNPN 的闩锁结构。HVNW 接 V_{SSA}，1.8V P-diode 阳极 V_{p+} 可以接输入或者电源 V_{DD1}。

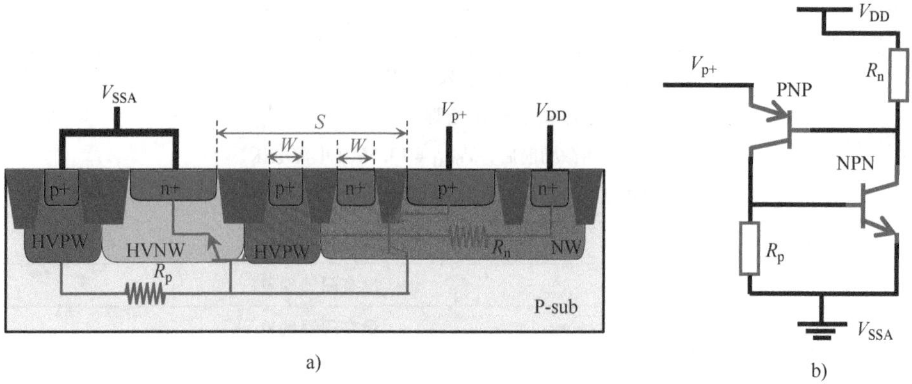

图 6-104　HVNW 和 1.8V P-diode 形成 PNPN 结构的等效电路图

HVNW 接 V_{SSA}，所以不用接受闩锁测试，1.8V P-diode 的衬底接 V_{DD}，其阳极 V_{p+} 可以电源 V_{DD1}，要接受 V-test，其阳极 V_{p+} 也可以接输入管脚，要接受 I-test。

表 6-61 是接受 +100mA I-test 的条件和测试结果，HVNW 接 V_{SSA}，1.8V P-diode 阳极 V_{p+} 分别接最大逻辑高电平和最小逻辑低电平进行测试，$S=4\mu m$ 没有发生闩锁现象。没有发生闩锁现象，说明在 1.8V 电源电压和 +100mA 电流的条件下，不足以触发这个版图的闩锁效应。因为二极管始终要求设计环型的阱接触，所以严格遵从设计规则的二极管几乎不会发生闩锁效应。

表 6-61　+100mA I-test 的条件和测试结果

测试类型	+100mA I-test	
测试条件	1）V_{DD}=1.8V，V_{SSA}=0V 2）电流激励加载在输出管脚 3）加载电流激励前后，输出管脚电压 V_{out}=1.8V（最大高电平） 4）加载电流激励时，脉冲信号 V_{out}=1.5V_{max}=1.5×1.8V=2.7V	1）V_{DD}=1.8V，V_{SSA}=0V 2）电流激励加载在输出管脚 3）加载电流激励前后，输出管脚电压 V_{out}=0V（最小低电平） 4）加载电流激励时，脉冲信号 V_{out}=1.5V_{max}=1.5×1.8V=2.7V
S=4μm（W=0.4μm）	没有闩锁现象	没有闩锁现象
S=10μm（W=3μm）	没有闩锁现象	没有闩锁现象
S=16μm（W=5μm）	没有闩锁现象	没有闩锁现象

图 6-105 所示的是 +100mA I-test 时电流的流向图。+100mA I-test 时出现比 V_{DD} 高的电压脉冲信号在输出管脚，会导通寄生 PNP，在 HVPW 衬底形成收集电流 I_p。

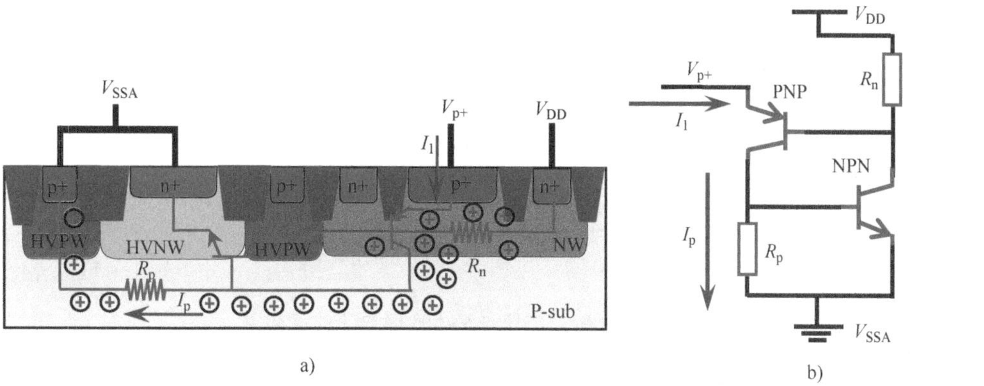

图 6-105　+100mA I-test 时电流的流向图

测试结果没有发生闩锁现象，说明 I_pR_p<0.6V 或者 I_nR_n<0.6V，也就是 +100mA I-test 触发后，NPN 或者 PNP 没有导通，如果其中一个寄生双极型晶体管没有导通，也就不会发生闩锁现象。它的物理分析过程与图 6-7 +100mA I-test 没有发生闩锁现象的物理分析是一样的，这里不再重复。

表 6-62 是接受 1.5V_{max} V-test 的条件和测试结果，1.8V P-diode 阳极 V_{p+} 接 V_{DD1}，HVNW 接 V_{SSA} 进行测试，S=4μm 没有发生闩锁现象。没有发生闩锁现象，说明在 1.5V_{max} 的条件下，1.8V 电源电压小于其自持电压，1.8V 电源电压不足以触发这个版图的闩锁效应。因为二极管始终要求设计环型的阱接触，所以严格遵从设计规则的二极管几乎不会发生闩锁效应。

表 6-62 $1.5V_{max}$ V-test 的条件和测试结果

测试类型	$1.5V_{max}$ V-test
测试条件	1）$V_{DD}=V_{DD1}=1.8V$，$V_{SSA}=0V$ 2）电压激励加载在 V_{DD1} 管脚 3）加载电压激励前后，$V_{DD1}=1.8V$（电源电压） 4）电压脉冲：$V_{DD1}=1.5V_{max}=1.5\times1.8V=2.7V$
$S=4\mu m$（$W=0.4\mu m$）	没有闩锁现象
$S=10\mu m$（$W=3\mu m$）	没有闩锁现象
$S=16\mu m$（$W=5\mu m$）	没有闩锁现象

图 6-106 所示的是 $1.5V_{max}$ V-test 时电流的流向图。$1.5V_{max}$ V-test 时出现比 V_{DD} 高的电压脉冲信号在 V_{DD1} 管脚，会导通寄生 PNP，在 PW 衬底形成收集电流 I_p。

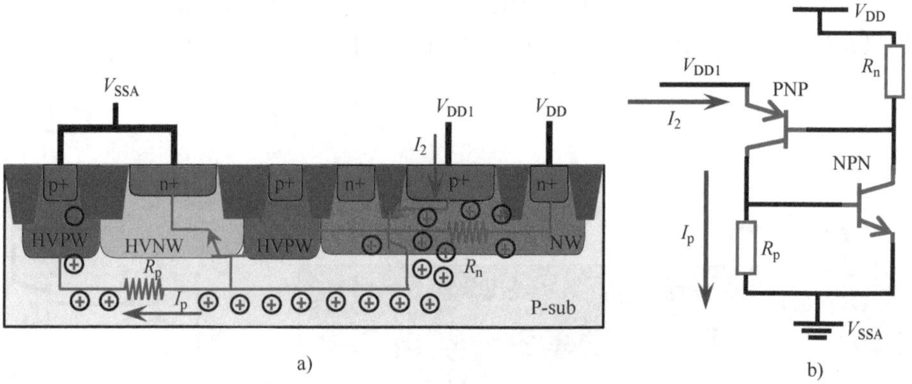

图 6-106 $1.5V_{max}$ V-test 时电流的流向图

测试结果没有发生闩锁现象，说明 $I_pR_p<0.6V$ 或者 $I_nR_n<0.6V$，也就是 $1.5V_{max}$ V-test 触发后，NPN 或者 PNP 没有导通，如果其中一个寄生双极型晶体管没有导通，也就不会发生闩锁现象。它的物理分析过程与图 6-36 $1.5V_{max}$ V-test 测试没有发生闩锁现象的物理分析是一样的，这里不再重复。

4. HVNW 和 13.5V P-diode 之间的闩锁结构

图 6-107 所示的是 HVNW 和 13.5V P-diode 形成 PNPN 结构的等效电路图。HVNW 和 HVNW 之间会形成一个寄生横向的 NPN，13.5V P-diode 的阳极有源区和 HVPW 之间会形成一个寄生纵向的 PNP，它们通过 HVPW 电阻 R_p 和 HVNW 电阻 R_n 构成 PNPN 的闩锁结构。HVNW 接 V_{SSA}，13.5V P-diode 阳极 V_{p+} 可以接输入或者电源 V_{DDA1}。

HVNW 接 V_{SSA}，所以不用接受闩锁测试，13.5V P-diode 的衬底接 V_{DDA}，其阳极 V_{p+} 可以电源 V_{DDA1}，要接受 V-test，其阳极 V_{p+} 也可以接输入管脚，要接受 I-test。

表 6-63 是接受 +100mA I-test 的条件和测试结果，HVNW 接 V_{SSA}，13.5V P-diode 阳极

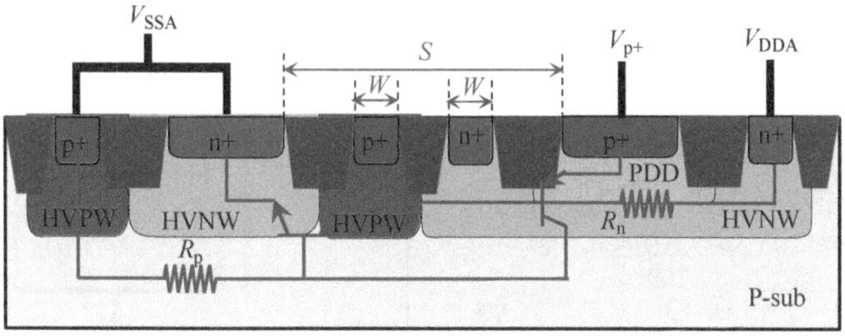

a)

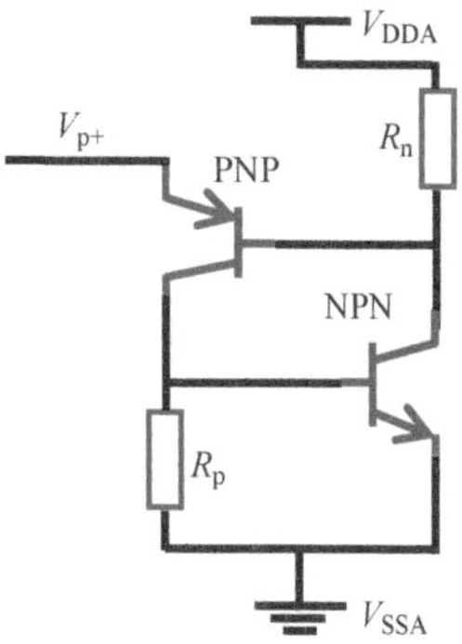

b)

图 6-107　HVNW 和 13.5V P-diode 形成 PNPN 结构的等效电路图

V_{p+}分别接最大逻辑高电平和最小逻辑低电平进行测试，$S=10\mu m$ 或者更小的间距都会发生闩锁现象，$S=16\mu m$ 或者更大的间距没有发生闩锁现象。要提高 HVNW 和 13.5V P-diode 之间的寄生 PNPN 结构抵御闩锁效应的能力，必须使它们的间距大于 16μm 或者提高左边 HVNW 的电压。

表 6-63　+100mA I-test 的条件和测试结果

测试类型	+100mA I-test	
测试条件	1）$V_{DDA}=13.5V$，$V_{SSA}=0V$ 2）电流激励加载在输出管脚 3）加载电流激励前后，输出管脚电压 $V_{p+}=13.5V$（最大高电平） 4）加载电流激励时，脉冲信号 $V_{p+}=1.5V_{max}=1.5\times13.5V=20.25V$	1）$V_{DDA}=13.5V$，$V_{SSA}=0V$ 2）电流激励加载在输出管脚 3）加载电流激励前后，输出管脚电压 $V_{p+}=0V$（最小低电平） 4）加载电流激励时，脉冲信号 $V_{p+}=1.5V_{max}=1.5\times13.5V=20.25V$
$S=4\mu m$（$W=0.4\mu m$）	有闩锁现象	有闩锁现象
$S=10\mu m$（$W=3\mu m$）	有闩锁现象	有闩锁现象
$S=16\mu m$（$W=5\mu m$）	没有闩锁现象	没有闩锁现象
$S=22\mu m$（$W=5\mu m$）	没有闩锁现象	没有闩锁现象

图 6-108 所示的是 +100mA I-test 时电流的流向图。+100mA I-test 时出现比 V_{DDA}高的电压脉冲信号在输出管脚，会导通寄生 PNP，在 HVPW 衬底形成收集电流 I_p。

对于测试结果中 $S=10\mu m$ 或者更小的间距都会发生闩锁现象，说明 $I_pR_p>0.6V$，+100mA I-test 触发后，导致 NPN 发射结正偏，形成电流 I_n，同时 $I_nR_n>0.6V$，PNP 和 NPN 同时导通，PNPN 结构形成低阻通路。它的物理分析过程与图 6-14 +100mA I-test 发生闩锁现象的物理分析是一样的，这里不再重复。

对于测试结果中 $S=16\mu m$ 或者更大的间距没有发生闩锁现象，说明 $I_pR_p<0.6V$ 或者

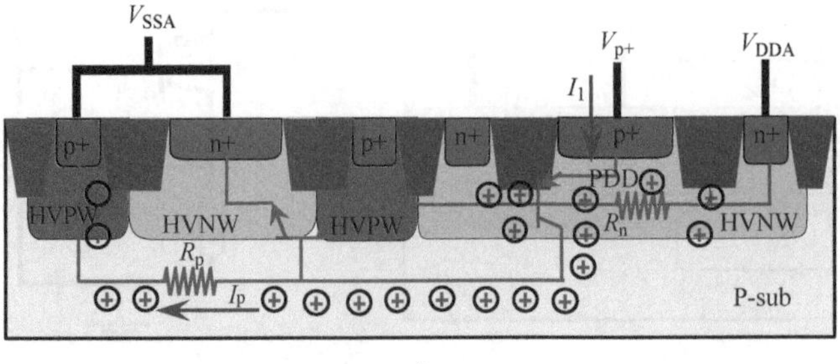

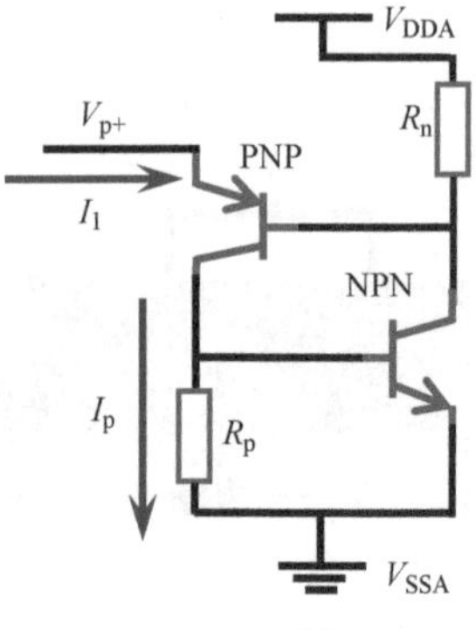

图 6-108　+100mA I-test 时电流的流向图

$I_nR_n<0.6V$，也就是 +100mA I-test 触发后，NPN 或者 PNP 没有导通，如果其中一个寄生双极型晶体管没有导通，也就不会发生闩锁现象。它的物理分析过程与图 6-7 +100mA I-test 没有发生闩锁现象的物理分析是一样的，这里不再重复。

表 6-64 是接受 1.5V_{max} V-test 的条件和测试结果，13.5V P-diode 阳极 V_{p+} 接 V_{DDA1}，HVNW 接 V_{SSA}进行测试，$S=10\mu m$ 或者更小的间距都会发生闩锁现象，$S=16\mu m$ 或者更大的间距没有发生闩锁现象。要提高 HVNW 和 13.5V P-diode 之间的寄生 PNPN 结构抵御闩锁效应的能力，必须使它们的间距大于 16μm 或者提高左边 HVNW 的电压。

表 6-64　1.5V_{max} V-test 的条件和测试结果

测试类型	1.5V_{max} V-test
测试条件	1）$V_{DDA}=V_{DDA1}=13.5V$，$V_{SSA}=0V$ 2）电压激励加载在 V_{DDA1} 管脚 3）加载电压激励前后，$V_{DDA1}=13.5V$（电源电压） 4）加载电压激励时，$V_{DDA1}=1.5V_{max}=1.5\times13.5V=20.25V$
$S=4\mu m$（$W=0.4\mu m$）	有闩锁现象
$S=10\mu m$（$W=3\mu m$）	有闩锁现象
$S=16\mu m$（$W=5\mu m$）	没有闩锁现象
$S=22\mu m$（$W=5\mu m$）	没有闩锁现象

图 6-109 所示的是 1.5V_{max} V-test 时电流的流向图。1.5V_{max} V-test 时出现比 V_{DDA}高的电压脉冲信号在 V_{DDA1}管脚，会导通寄生 PNP，在 HVPW 衬底形成收集电流 I_p。

对于测试结果中 $S=10\mu m$ 或者更小的间距都会发生闩锁现象，说明 $I_pR_p>0.6V$，导致 NPN 发射结正偏，形成电流 I_n，同时 $I_nR_n>0.6V$，PNP 和 NPN 同时导通，PNPN 结构形成低阻通路。它的物理分析过程与图 6-41 1.5V_{max} V-test 发生闩锁现象的物理分析是一样的，这里不再重复。

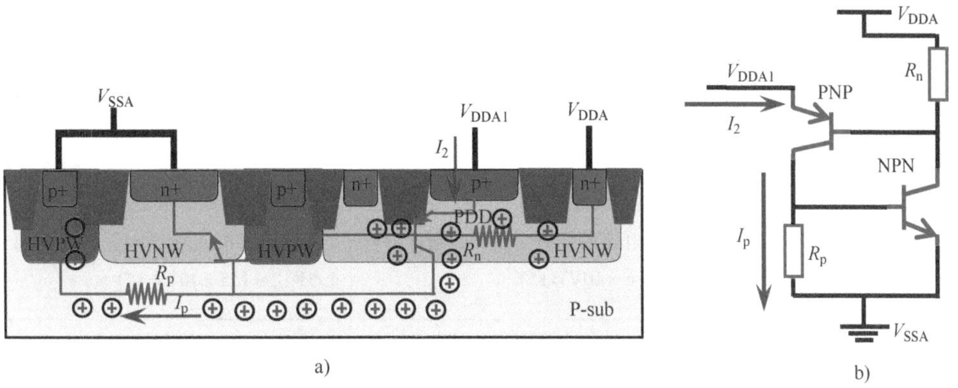

图 6-109　1.5V_{max} V-test 时电流的流向图

对于测试结果中 $S=16\mu m$ 或者更大的间距没有发生闩锁现象，说明 $I_pR_p<0.6V$ 或者 $I_nR_n<0.6V$，也就是 1.5V_{max} V-test 触发后，NPN 或者 PNP 没有导通，如果其中一个寄生双极型晶体管没有导通，也就不会发生闩锁现象。它的物理分析过程与图 6-42 1.5V_{max} V-test 没有发生闩锁现象的物理分析是一样的，这里不再重复。

6.2　特定条件定性分析

6.2.1　电压定性分析

对于每一个特定 CMOS 电路的寄生 PNPN 闩锁效应结构，它的电路版图决定了它的自持电压。当电源电压大于自持电压时，该结构的闩锁效应有可能被外部激励触发，当电源电压小于自持电压时，该结构的闩锁效应也不会被外部激励触发，所以可以通过降低电源电压来改善闩锁效应。

以上一节内容中的 13.5V NMOS 和 13.5V PMOS 之间形成 PNPN 结构为例进行分析说明。

首先把电源电压 V_{DDA} 从 13.5V 降低到 10V，表 6-65 是 $V_{DDA}=10V$ 时，该结构接受 +100mA I-test 的条件和测试结果，输出管脚分别接最大逻辑高电平和最小逻辑低电平进行测试，$S=4\mu m$ 的间距会发生闩锁现象，$S=10\mu m$ 或者更大的间距没有发生闩锁现象。在表 6-4的结果中，$V_{DDA}=13.5V$，$S=10\mu m$ 依然发生闩锁现象。可见降低电源电压可以改善该结构在 +100mA I-test 的闩锁问题。

把电源电压 V_{DDA} 从 13.5V 降低到 3.3V，表 6-66 是 $V_{DDA}=3.3V$ 时，该结构接受 +100mA I-test 的条件和测试结果，输出管脚分别接最大逻辑高电平和最小逻辑低电平进行测试，$S=4\mu m$ 的间距没有发生闩锁现象。可见降低电源电压到 3.3V，该结构在 +100mA I-test时不会发生闩锁现象。

表 6-65　+100mA I-test 的条件和测试结果

测试类型	+100mA I-test	
测试条件	1）V_{DDA} =10V，V_{SSA} =0V 2）电流激励加载在输出管脚 3）加载电流激励前后，输出管脚电压 V_{out} =10V（最大高电平） 4）加载电流激励时，脉冲信号 V_{out} = 1.5V_{max} =1.5×10V=15V	1）V_{DDA} =10V，V_{SSA} =0V 2）电流激励加载在输出管脚 3）加载电流激励前后，输出管脚电压 V_{out} =0V（最小低电平） 4）加载电流激励时，脉冲信号 V_{out} = 1.5V_{max} =1.5×10V=15V
S=4μm（W=0.4μm）	有闩锁现象	有闩锁现象
S=10μm（W=3μm）	没有闩锁现象	没有闩锁现象
S=16μm（W=5μm）	没有闩锁现象	没有闩锁现象
S=22μm（W=5μm）	没有闩锁现象	没有闩锁现象

表 6-66　+100mA I-test 的条件和测试结果

测试类型	+100mA I-test	
测试条件	1）V_{DDA} =3.3V，V_{SSA} =0V 2）电流激励加载在输出管脚； 3）加载电流激励前后，输出管脚电压 V_{out} =3.3V（最大高电平） 4）加载电流激励时，脉冲信号 V_{out} = 1.5V_{max} =1.5×3.3V=4.95V	1）V_{DDA} =3.3V，V_{SSA} =0V 2）电流激励加载在输出管脚 3）加载电流激励前后，输出管脚电压 V_{out} =0V（最小低电平） 4）加载电流激励时，脉冲信号 V_{out} = 1.5V_{max} =1.5×3.3V=4.95V
S=4μm（W=0.4μm）	没有闩锁现象	没有闩锁现象
S=10μm（W=3μm）	没有闩锁现象	没有闩锁现象
S=16μm（W=5μm）	没有闩锁现象	没有闩锁现象
S=22μm（W=5μm）	没有闩锁现象	没有闩锁现象

把电源电压 V_{DDA}从 13.5V 降低到 10V，表 6-67 是 V_{DDA} =10V 时，该结构接受 -100mA I-test 的条件和测试结果，输出管脚分别接最大逻辑高电平和最小逻辑低电平进行测试，S=10μm 或者更小的间距都会发生闩锁现象，S=16μm 或者更大的间距没有发生闩锁现象。在表 6-5 的结果中，V_{DDA} =13.5V，S=16μm 依然发生闩锁现象。可见降低电源电压可以改善该结构在 -100mA I-test 的闩锁问题。

把电源电压 V_{DDA} 从 13.5V 降低到 3.3V，表 6-68 是 V_{DDA} =3.3V 时，该结构接受 -100mA I-test 的条件和测试结果，输出管脚分别接最大逻辑高电平和最小逻辑低电平进行测试，S=4μm 的间距没有发生闩锁现象。可见降低电源电压到 3.3V，该结构在 -100mA I-test时不会发生闩锁现象。

表 6-67　-100mA I-test 的条件和测试结果

测试类型	-100mA I-test	
测试条件	1）$V_{DDA}=10V$，$V_{SSA}=0V$ 2）电流激励加载在输出管脚 3）加载电流激励前后，输出管脚电压 $V_{out}=10V$（最大高电平） 4）加载电流激励时，脉冲信号 $V_{out}=-0.5V_{max}=-0.5\times10V=-5V$	1）$V_{DDA}=10V$，$V_{SSA}=0V$ 2）电流激励加载在输出管脚 3）加载电流激励前后，输出管脚电压 $V_{out}=0V$（最小低电平） 4）加载电流激励时，脉冲信号 $V_{out}=-0.5V_{max}=-0.5\times10V=-5V$
$S=4\mu m$（$W=0.4\mu m$）	有闩锁现象	有闩锁现象
$S=10\mu m$（$W=3\mu m$）	有闩锁现象	有闩锁现象
$S=16\mu m$（$W=5\mu m$）	没有闩锁现象	没有闩锁现象
$S=22\mu m$（$W=5\mu m$）	没有闩锁现象	没有闩锁现象

表 6-68　-100mA I-test 的条件和测试结果

测试类型	-100mA I-test	
测试条件	1）$V_{DDA}=3.3V$，$V_{SSA}=0V$ 2）电流激励加载在输出管脚 3）加载电流激励前后，输出管脚电压 $V_{out}=3.3V$（最大高电平） 4）加载电流激励时，脉冲信号 $V_{out}=-0.5V_{max}=-0.5\times3.3V=-1.65V$	1）$V_{DDA}=3.3V$，$V_{SSA}=0V$ 2）电流激励加载在输出管脚 3）加载电流激励前后，输出管脚电压 $V_{out}=0V$（最小低电平） 4）加载电流激励时，脉冲信号 $V_{out}=-0.5V_{max}=-0.5\times3.3V=-1.65V$
$S=4\mu m$（$W=0.4\mu m$）	没有闩锁现象	没有闩锁现象
$S=10\mu m$（$W=3\mu m$）	没有闩锁现象	没有闩锁现象
$S=16\mu m$（$W=5\mu m$）	没有闩锁现象	没有闩锁现象
$S=22\mu m$（$W=5\mu m$）	没有闩锁现象	没有闩锁现象

除了降低电源电压可以改善闩锁效应，也可以通过提高 PNPN 阴极的电压，来改善闩锁效应，因为提高阴极的电压可以使寄生 NPN 发射结反偏，PNP 导通后的正反馈电压是 R_pI_p，而加载在 NPN 发射结的电压不再是 R_pI_p，而是 $R_pI_p-V_n$，V_n 是加载在 PNPN 阴极的电压，可见 V_n 越大，加载在 NPN 发射结的电压越小。

以上一节内容中的 HVNW 和 13.5V PMOS 之间形成 PNPN 结构为例进行分析说明。图 6-110所示的是 HVNW 和 13.5V PMOS 形成 PNPN 结构的等效电路图。HVNW 和 13.5V PMOS 的 HVNW 之间会形成一个寄生横向的 NPN，13.5V PMOS 的源漏有源区和 HVPW 之间会形成两个寄生纵向的 PNP，它们通过 HVPW 电阻 R_p 和 HVNW 电阻 R_n 构成 PNPN 的闩锁结构。HVNW 不再接 V_{SSA}，而是电源 V_n，13.5V PMOS 的漏有源区接输出、源有源区接电源 V_{DDA}、衬底 HVNW 接 V_{DDA}。

表 6-69 是 $V_n=1.8V$ 时，该结构接受 +100mA I-test 的条件和测试结果，13.5V PMOS

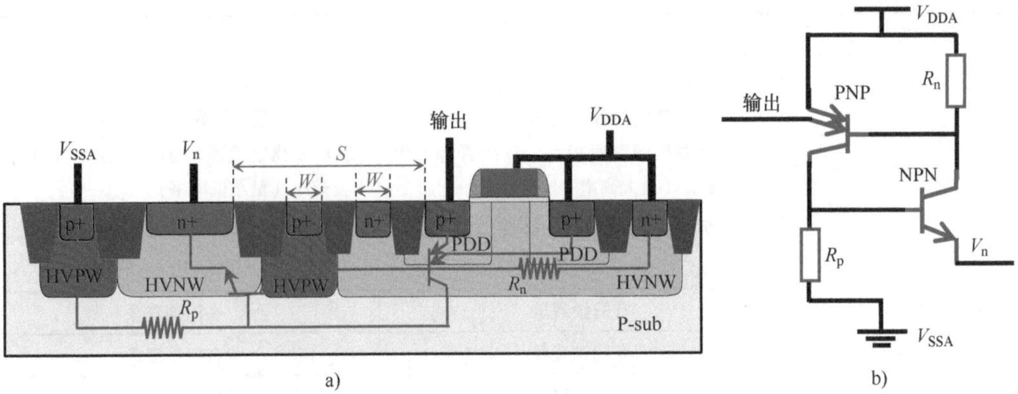

图 6-110　HVNW 和 13.5V PMOS 形成 PNPN 结构的等效电路图

漏极输出管脚分别接最大逻辑高电平和最小逻辑低电平进行测试，$S=4\mu m$ 的间距会发生闩锁现象，$S=10\mu m$ 或者更大的间距没有发生闩锁现象。在表 6-55 的结果中，$V_{DDA}=13.5V$，$S=10\mu m$ 依然发生闩锁现象。可见提高 PNPN 阴极的电压可以改善该结构在 +100mA I-test 的闩锁问题。

表 6-69　+100mA I-test 的条件和测试结果

测试类型	+100mA I-test	
测试条件	1）$V_{DDA}=13.5V$，$V_n=1.8V$，$V_{SSA}=0V$ 2）电流激励加载在输出管脚 3）加载电流激励前后，输出管脚电压 $V_{out}=13.5V$（最大高电平） 4）加载电流激励时，脉冲信号 $V_{out}=1.5V_{max}=1.5\times13.5V=20.25V$	1）$V_{DDA}=13.5V$，$V_n=1.8V$，$V_{SSA}=0V$ 2）电流激励加载在输出管脚 3）加载电流激励前后，输出管脚电压 $V_{out}=0V$（最小低电平） 4）加载电流激励时，脉冲信号 $V_{out}=1.5V_{max}=1.5\times13.5V=20.25V$
$S=4\mu m$（$W=0.4\mu m$）	有闩锁现象	有闩锁现象
$S=10\mu m$（$W=3\mu m$）	没有闩锁现象	没有闩锁现象
$S=16\mu m$（$W=5\mu m$）	没有闩锁现象	没有闩锁现象
$S=22\mu m$（$W=5\mu m$）	没有闩锁现象	没有闩锁现象

图 6-111 所示的是 +100mA I-test 时电流的流向图。+100mA I-test 时出现比 V_{DDA} 高的电压脉冲信号在输出管脚，会导通寄生 PNP，在 HVPW 衬底形成收集电流 I_p。图 6-112 所示的是 +100mA I-test 时的等效电路简图，图 6-112a 是一个寄生横向的 NPN 和两个寄生纵向的 PNP 组成的 PNPN 结构，假设注入电流 I_1，在 HVPW 衬底的收集电流是 I_p。为了使分析变得简单，把图 6-112a 拆分成图 6-112b 和图 6-112c 两种情况。图 6-112b 是拿掉接到 V_{DDA} 的 13.5V PMOS 源极，PNP 由接到输出的 13.5V PMOS 漏极、HVNW 和 HVPW 组成，NPN 由接到 V_{SSA} 的 HVNW、HVPW 和 HVNW 组成。图 6-112c 是拿掉接到输出的 13.5V PMOS 漏

极，PNP 由接到 V_{DDA} 的 13.5V PMOS 源极、HVNW 和 HVPW 组成，NPN 由接到 V_{SSA} 的 HVNW、HVPW 和 HVNW 组成。

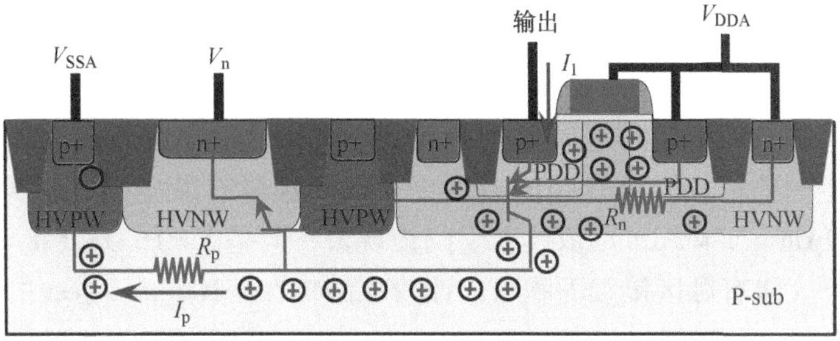

图 6-111　+100mA I-test 时电流的流向图

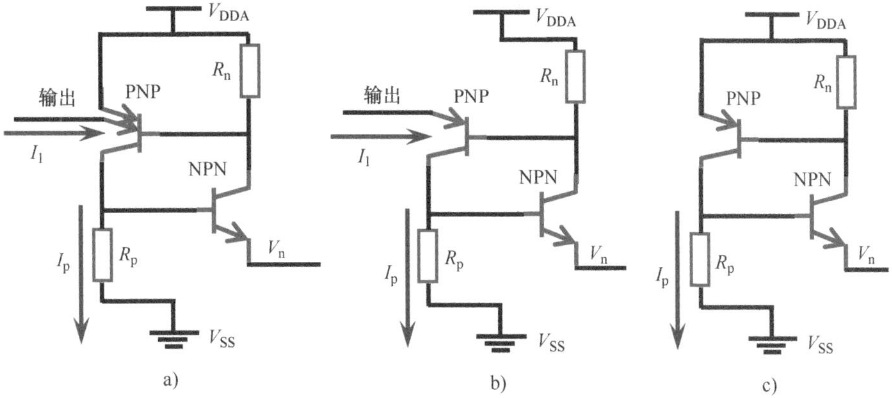

图 6-112　+100mA I-test 时的等效电路简图

对于测试结果中 $S=4\mu m$ 的间距会发生闩锁现象，说明 $I_pR_p-V_n>0.6V$，导致 NPN 发射结正偏，形成电流 I_n，同时 $I_nR_n>0.6V$，PNP 和 NPN 同时导通，PNPN 结构形成低阻通路。它的物理分析过程与图 6-14 +100mA I-test 发生闩锁现象的物理分析是一样的，这里不再重复。

对于测试结果中 $S=10\mu m$ 或者更大的间距没有发生闩锁现象，说明 $I_pR_p-V_n<0.6V$，也就是 +100mA I-test 触发后，NPN 或者 PNP 没有导通，如果其中一个寄生双极型晶体管没有导通，也就不会发生闩锁现象。它的物理分析过程与图 6-7 +100mA I-test 没有发生闩锁现象的物理分析是一样的，这里不再重复。

6.2.2　版图定性分析

CMOS 寄生 PNPN 结构是依靠等效电阻 R_p 和 R_n 上的正反馈电压来触发和维持闩锁效应的，所以电阻 R_p 和 R_n 起了非常关键的作用，可以通过降低等效电阻 R_p 和 R_n 的阻值来改善闩锁效应。等效电阻 R_p 和 R_n 的阻值主要由 N 型阱和 P 型阱有源区接触面积决定的，阱有源区接触面积越大，等效电阻越小，PNPN 被触发的概率越小。

依然以上一节内容中的 13.5V NMOS 和 13.5V PMOS 之间形成 PNPN 结构为例进行分析说明。

在测试结构中，保持 $W=0.4\mu m$ 不变，表 6-70 是该结构接受 +100mA I-test 的条件和测试结果，输出管脚分别接最大逻辑高电平和最小逻辑低电平进行测试，$S=16\mu m$ 或者更小的间距都会发生闩锁现象，$S=22\mu m$ 或者更大的间距没有发生闩锁现象。在表 6-4 的结果中，虽然 $S=10\mu m$ （$W=3\mu m$）依然发生闩锁现象，但是 $S=16\mu m$ （$W=5\mu m$）没有发生闩锁现象。可见增大阱有源区接触面积可以改善该结构在 +100mA I-test 的闩锁问题。

表 6-70　+100mA I-test 的条件和测试结果

测试类型	+100mA I-test	
测试条件	1）$V_{DDA}=13.5V$，$V_{SSA}=0V$ 2）电流激励加载在输出管脚 3）加载电流激励前后，输出管脚电压 $V_{out}=13.5V$（最大高电平） 4）加载电流激励时，脉冲信号 $V_{out}=1.5V_{max}=1.5\times13.5V=20.25V$	1）$V_{DDA}=13.5V$，$V_{SSA}=0V$ 2）电流激励加载在输出管脚 3）加载电流激励前后，输出管脚电压 $V_{out}=0V$（最小低电平） 4）加载电流激励时，脉冲信号 $V_{out}=1.5V_{max}=1.5\times13.5V=20.25V$
$S=4\mu m$（$W=0.4\mu m$）	有闩锁现象	有闩锁现象
$S=10\mu m$（$W=0.4\mu m$）	有闩锁现象	有闩锁现象
$S=16\mu m$（$W=0.4\mu m$）	有闩锁现象	有闩锁现象
$S=22\mu m$（$W=0.4\mu m$）	没有闩锁现象	没有闩锁现象

表 6-71　-100mA I-test 的条件和测试结果

测试类型	-100mA I-test	
测试条件	1）$V_{DDA}=13.5V$，$V_{SSA}=0V$ 2）电流激励加载在输出管脚 3）加载电流激励前后，输出管脚电压 $V_{out}=13.5V$（最大高电平） 4）加载电流激励时，脉冲信号 $V_{out}=-0.5V_{max}=-0.5\times13.5V=-6.75V$	1）$V_{DDA}=13.5V$，$V_{SSA}=0V$ 2）电流激励加载在输出管脚 3）加载电流激励前后，输出管脚电压 $V_{out}=0V$（最小低电平） 4）加载电流激励时，脉冲信号 $V_{out}=-0.5V_{max}=-0.5\times13.5V=-6.75V$
$S=4\mu m$（$W=0.4\mu m$）	有闩锁现象	有闩锁现象
$S=10\mu m$（$W=0.4\mu m$）	有闩锁现象	有闩锁现象
$S=16\mu m$（$W=0.4\mu m$）	有闩锁现象	有闩锁现象
$S=22\mu m$（$W=0.4\mu m$）	有闩锁现象	有闩锁现象
$S=28\mu m$（$W=0.4\mu m$）	没有闩锁现象	没有闩锁现象

表6-71 是该结构接受 -100mA I-test 的条件和测试结果，输出管脚分别接最大逻辑高电平和最小逻辑低电平进行测试，$S=22\mu m$ 或者更小的间距都会发生闩锁现象，$S=28\mu m$ 或者更大的间距没有发生闩锁现象。在表 6-5 的结果中，虽然 $S=16\mu m$（$W=5\mu m$）依然发生闩锁现象，但是 $S=22\mu m$（$W=5\mu m$）没有发生闩锁现象。可见增大阱有源区接触面积可以改善该结构在 -100mA I-test 的闩锁问题。

6.3 小 结

本章内容主要介绍了 CMOS 工艺集成电路闩锁效应的实际工艺定性分析和特定条件定性分析。

从实际工艺的闩锁效应定性分析的最终结果可知，寄生 PNPN 结构发生闩锁效应的概率与其工作电压成正比，电压越高，概率越高，而低压器件之间几乎不会发生闩锁效应，例如 1.8V 器件之间没有看到失效。

闩锁效应发生的概率也与 PNPN 结构阳极和阴极的电压差成正比，压差越大，概率越高，但是闩锁效应发生的概率与阱接触有源区的宽度成反比，阱接触有源区的宽度越大，反而不容易发生闩锁效应。

第 7 章　触发闩锁效应的必要条件

要触发 CMOS 工艺集成电路中寄生 PNPN 结构进入低阻闩锁态，除了物理条件，例如回路增益 $\beta_n\beta_p>1$、阱等效电阻 R_n 和 R_p 足够大和形成低阻通路等，还要考虑电路偏置条件，例如电源电压大于自持电压、瞬态激励足够大和适合的偏置条件等，合适的物理条件，再加上电路偏置条件才能触发 PNPN 结构的闩锁效应。

本章侧重介绍触发寄生 PNPN 结构闩锁效应的物理条件和电路偏置条件。

7.1 物理条件

7.1.1　回路增益 $\beta_n\beta_p>1$

CMOS 工艺集成电路中相关寄生 NPN 和 PNP 的回路增益 $\beta_n\beta_p>1$ 是寄生 PNPN 结构能否被外部激励触发进入低阻闩锁态的必要条件，β_n 是 NPN 的放大系数，β_p 是 PNP 的放大系数。$\beta_n\beta_p>1$ 是发生闩锁效应的必要条件，但不是充分条件，寄生 PNPN 结构是否会被触发进入低阻闩锁态，还要受到电源工作电压、整个回路的总电阻和是否存在触发源等条件的限制。例如电源电压值小于自持电压，或者在 PNPN 阳极与电源之间串联一个大电阻，或者在 PNPN 阴极与地之间串联一个大电阻，这些条件都可以阻止 PNPN 结构进入低阻闩锁态。

放大系数 β_n 主要由寄生 NPN 的基区宽度决定，放大系数 β_p 主要由寄生 PNP 的基区宽度决定。在 PNPN 结构中 NPN 的基区是 PNP 的收集区，而 NPN 的收集区是 PNP 的基区，所以 NPN 的基区宽度与 PNP 的基区宽度之和等于 PNPN 阴极与阳极的距离，也就是 PNPN 结构的回路增益 $\beta_n\beta_p$ 是由其阴极与阳极之间的距离决定的，可以通过增大它们之间的距离使 $\beta_n\beta_p<1$。

CMOS 工艺集成电路中整体的版图是非规则的，没有特别针对寄生 NPN 和 PNP 的仿真模型，并且寄生 NPN 和 PNP 的形状和类型复杂多样，仅仅只能通过实验和经验去预估多大的距离能使 $\beta_n\beta_p<1$。在实际的应用中，集成电路制造企业提供的工艺设计规则中仅仅会定义有闩锁效应风险的 PNPN 结构的阴极与阳极的最小距离来预防该结构发生闩锁现象，而不会约束 PNPN 结构中 NPN 和 PNP 的基区宽度。

7.1.2　阱等效电阻 R_n 和 R_p 足够大

CMOS 工艺集成电路中寄生 PNPN 结构是由寄生 NPN 和 PNP 通过 NW 等效电阻 R_n 和

PW 等效电阻 R_p 相互耦合形成的。外部激励使 PNP 导通后形成电流 I_p，电流流经 R_p 形成电压降 R_pI_p，该电压会加载在 NPN 的发射结，所以 R_pI_p 是 PNP 导通后正反馈，如果 $R_pI_p > 0.6V$，那么 NPN 就会导通，此时 PNP 和 NPN 同时导通，并使 PNPN 结构进入低阻闩锁态。类似的，外部激励使 NPN 导通后形成电流 I_n，也会形成正反馈电压 R_nI_n，如果 $R_nI_n > 0.6V$，那么 PNP 导通，PNPN 结构进入低阻闩锁态。

在正反馈的电路中，阱等效电阻 R_n 和 R_p 起了关键的作用，它直接决定了正反馈电压的大小，阱等效电阻 R_n 和 R_p 越大，正反馈电压越大。等效电阻 R_n 和 R_p 足够大是发生闩锁效应的必要条件。

以 13.5V NMOS 与 13.5V PMOS 为例，图 7-1 所示是 13.5V NMOS 与 13.5V PMOS 的版图和剖面图，W_1 和 S_1 决定 HVPW 等效电阻 R_p 的大小，W_2 和 S_2 决定 HVNW 等效电阻 R_n 的大小。可以通过增大 W_1 和 W_2 的宽度值，或者减小 S_1 和 S_2 距离值减小阱等效电阻 R_n 和 R_p。

电路中整体的版图是非规则的，并且集成电路制造企业没有提供提取等效电阻 R_n 和 R_p 的方法，仅仅只能通过试验和经验去预估阱等效电阻 R_n 和 R_p 对闩锁效应的贡献，从而给出 W_1、W_2、S_1 和 S_2 的预估值。

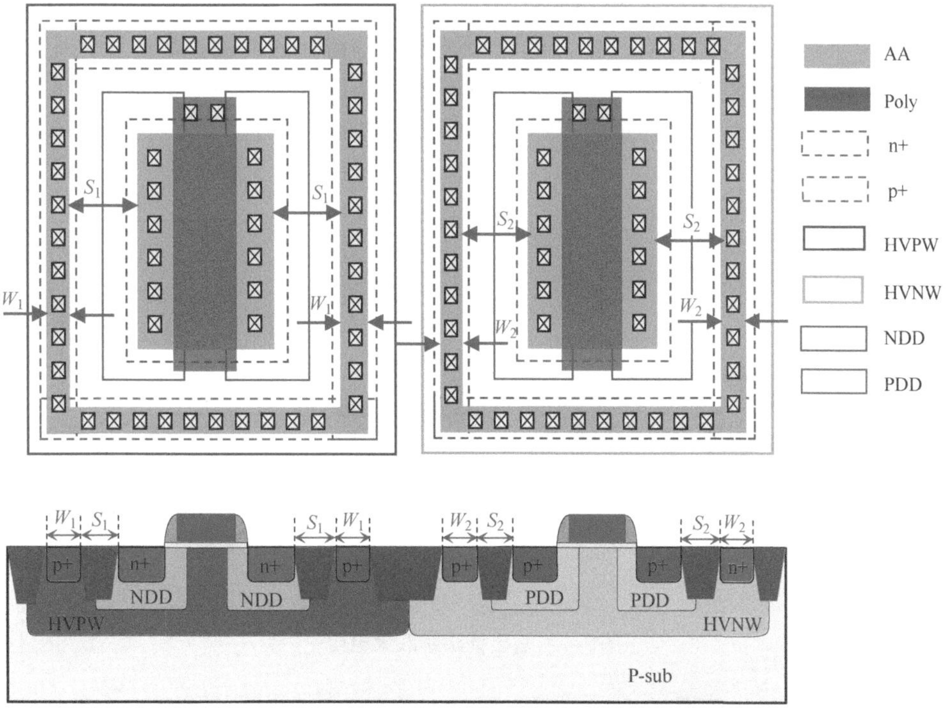

图 7-1　13.5V NMOS 与 13.5V PMOS 的版图和剖面图

7.1.3　形成低阻通路

PNPN 结构有两个状态：一个是高阻的阻塞态，一个是低阻的闩锁态。一般 CMOS 工艺集成电路中寄生 PNPN 结构都是处于高阻阻塞态，高阻阻塞态对芯片是没有危害的，主要危害来自低阻闩锁态，处于低阻闩锁态的 PNPN 结构是不能通过 MOS 的栅极来关闭它的，只能关闭电源才能关闭它。PNPN 结构进入低阻闩锁态的前提条件是低阻，如果在 PNPN 结构的主通路上出现了大电阻，它就不是低阻通路了，也就不具备产生大电流的条件了，也就不会进入低阻的闩锁态，因为它的导通电阻由主通路上串联的大电阻的阻值决定，所以形成低阻通路是发生闩锁效应的必要条件。

主通路上串联的大电阻分以下四种情况：

1）输出管脚串联大电阻；

2）PNPN 阳极串联大电阻；

3）PNPN 阴极串联大电阻；

4）PNPN 阳极和阴极同时串联大电阻。

图 7-2 所示是输出管脚串联大电阻，虽然“主闩锁结构”没有串联大电阻，但是输出管脚串联了限流电阻。假设 $R_1=200\Omega$，$V_{DD}=6V$，管脚输出电压范围 0 ~ 6V。对该输出管脚进行正向 100mA I-test，进行闩锁效应测试时可能产生的脉冲电流 = (1.5 × 6 − 6) V/200Ω = 0.015A，也就是注入的最大电流是 15mA。与常规注入 100mA 的测试电流相比，15mA 的触发电流是非常小的，并且还会有一部分电流会被基区分流，最终被 PW 收集的电流就更小了，所以在 PW 等效电阻 R_p 上的正反馈电压几乎不可能使 NPN 导通，也就不会形成低阻闩锁现象。如果对该输出管脚进行负向 100mA I-test，情况也是一样。

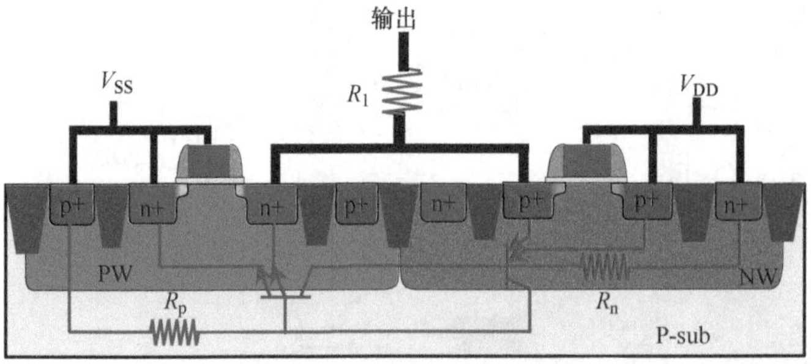

a)

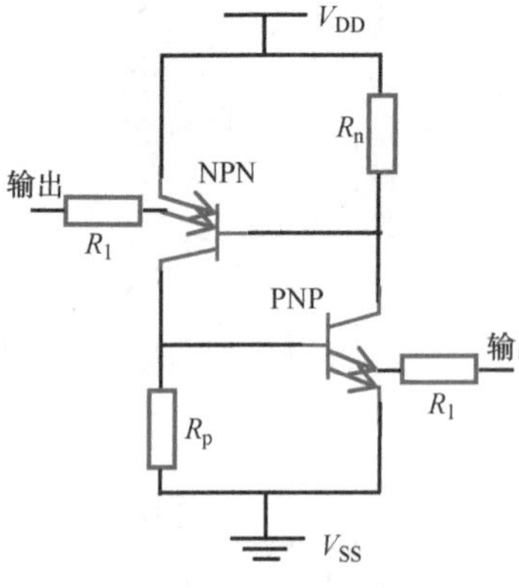

b)

图 7-2　输出管脚串联大电阻

图 7-3 所示是 PMOS 源极串联大电阻。图 7-4 所示是 PMOS 源极串联大电阻的等效电路简图。图 7-4a 是总的寄生 PNPN 的电路，它包含“主闩锁结构”和“输出闩锁结构”。图 7-4b是从图 7-4a 中分出来的“输出闩锁结构”，它的主通路依然会形成低阻通路，依然有闩锁效应风险。图 7-4c 也是从图 7-4a 中分出来的电路，它依然包含“主闩锁结构”和“输出闩锁结构”，PNPN 的阳极与电源之间串联了电阻 R_2，其导通电阻由 R_2 的阻值决定，

当 R_2 很大时，该电路几乎不会有闩锁效应风险。

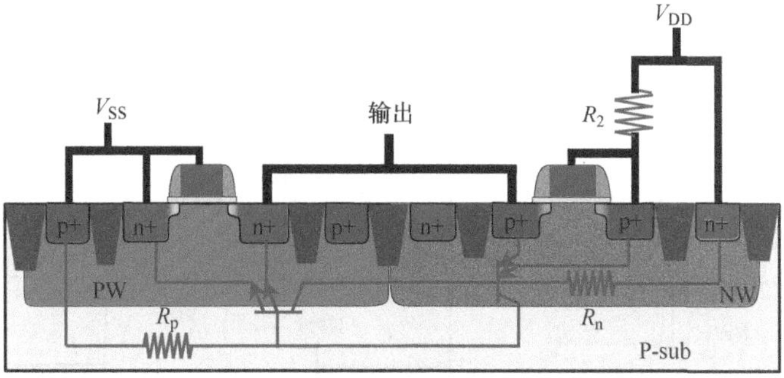

图 7-3　PMOS 源极串联大电阻

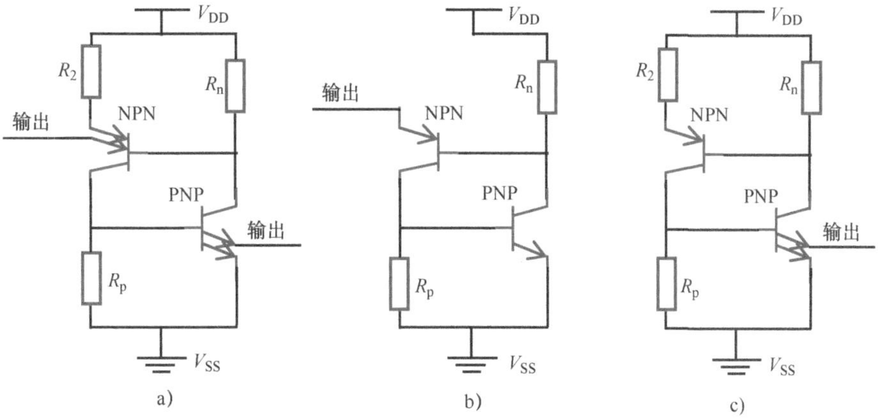

图 7-4　PMOS 源极串联大电阻的等效电路简图

图 7-5 所示是 NMOS 源极串联大电阻。图 7-6 所示是 NMOS 源极串联大电阻的等效电路简图。图 7-6a 是总的寄生 PNPN 的电路，它包含“主闩锁结构”和“输出闩锁结构”。图 7-6b是从图 7-6a 中分出来的电路，它依然包含“主闩锁结构”和“输出闩锁结构”，

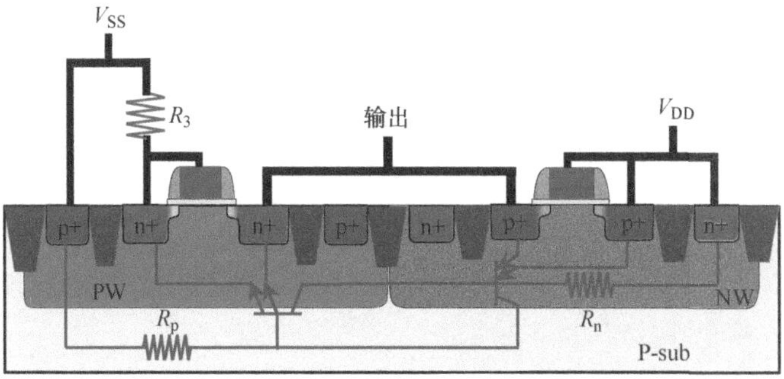

图 7-5　NMOS 源极串联大电阻

PNPN 的阴极与地之间串联了电阻 R_3，其导通电阻由 R_3 的阻值决定，当 R_3 很大时，该电路几乎不会有闩锁效应风险。图 7-6c 也是从图 7-6a 中分出来的“输出闩锁结构”，它的主通路依然会形成低阻通路，依然有闩锁效应风险。

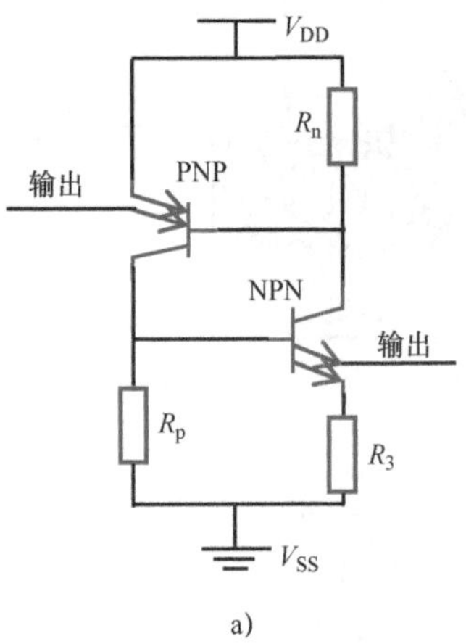

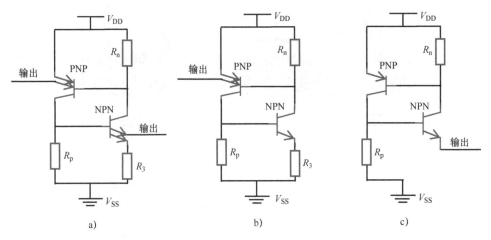

图 7-6　NMOS 源极串联大电阻的等效电路简图

图 7-7 所示是 NMOS 和 PMOS 源极都串联大电阻的等效电路简图，PNPN 的阳极与电源之间串联了电阻 R_4，PNPN 的阴极与地之间串联了电阻 R_5，其导通电阻由 R_5 和 R_4 阻值的和决定，当 R_5 和 R_4 都很大时，该电路几乎不会有闩锁效应风险。

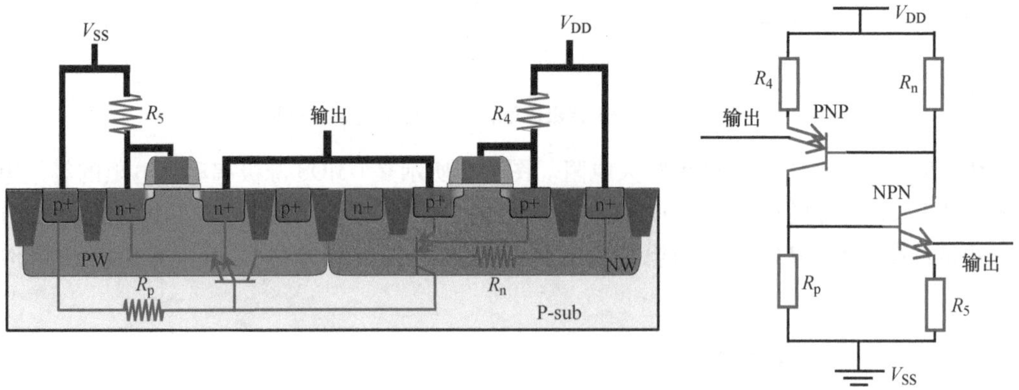

图 7-7　NMOS 和 PMOS 源极都串联大电阻的等效电路简图

7.2　电路偏置条件

7.2.1　电源电压大于自持电压

电源电压大于自持电压是发生闩锁效应的必要条件。外部激励触发 PNPN 结构进入低阻闩锁态后，要使它保持在低阻闩锁态，必须提供足够大的电流流过阱等效电阻 R_p 和 R_n，使它们的压降都大于等于 0.6V，从而使 NPN 和 PNP 的发射结都正偏，NPN 和 PNP 一直保持导通，所以要使 PNPN 结构保持在低阻闩锁态，必须能够提供至少等于 PNPN 结构脱离阻塞态所需的开关转换电流，或者必须能提供至少等于使其达到低阻闩锁态的保持电流。

根据双极型晶体管原理对 PNPN 结构的自持电压进行估算，假设闩锁触发后，PW 的电流是 I_p，NW 的电流是 I_n，PNPN 结构的自持电压应等于 R_nI_n 和 R_pI_p 之和，R_nI_n 和 R_pI_p 必须都大于等于 0.6V 才能使 PNP 和 NPN 同时导通，所以理论上闩锁的自持电压 $> R_nI_n + R_pI_p =$ 1.2V，但是考虑到 PNPN 结构阳极与电源之间的金属互连上也有电阻，以及 PNPN 结构阴极与地之间的金属互连上也有电阻，低阻闩锁态形成的大电流也会在金属电阻上形成压降，实际闩锁的自持电压必须比 1.2V 大。

例如以某芯片为例：顶层金属 M3 方块电阻 $=0.05\Omega/\square$，某 PNPN 结构的电源连线长度 500μm，宽度 20μm，方块个数是 $500/20=25$，那么 PNPN 结构阳极的串联电阻是 $25\times 0.05\Omega/\square=1.25\Omega$。地连线也一样，PNPN 结构阴极的串联电阻也是 1.25Ω。那么总电阻是 2.5Ω。假设 PNPN 结构处于低阻闩锁态的自持电流是 50mA，那么金属连线上的压降是 $2.5\Omega\times 0.05\text{A}=0.125\text{V}$，所以电源电压必须大于 $1.2+0.125=1.325\text{V}$ 才有可能使该 PNPN 结构保持在低阻闩锁态。

7.2.2　瞬态激励足够大

瞬态激励足够大是指加载在芯片管脚的浪涌电压信号或者其他激励足够大，从而产生的 PW 或者 NW 电流足够大，该电流的正反馈电压大于等于 0.6V，使 PNP 和 NPN 导通，从而使 PNPN 结构进入低阻闩锁态。

对于输入、输出、输入/输出电路等，它们最易受到浪涌电压信号等瞬态激励的影响，浪涌电压信号的上冲或者下冲，都可能导致连接到管脚的寄生 PNP 和 NPN 导通或者周围电路中寄生的 PNPN 结构导通，并发生闩锁效应，所以只要瞬态激励足够大，就有可能使输入、输出、输入/输出电路中的寄生 PNPN 结构发生闩锁效应。

对于内部电路，其几乎不会受外部瞬态激励的影响，不过内部电路也会受一些特别噪声的影响，例如 HCI，但是它们太小了，只要严格按照设计规则设计版图把阱等效电阻在安全的范围就可以防止内部电路 PNPN 结构进入低阻的闩锁态，所以通常内部电路遭受的瞬态激励太小了，几乎不会发生闩锁效应。

7.2.3　适合的偏置条件

适合的偏置条件是指把 PNPN 结构中的寄生 NPN 和寄生 PNP 偏置在合适的电位，例如寄生 NPN 的发射结是 PNPN 的阴极，必须把它接到最低电位，寄生 PNP 的发射结是 PNPN 的阳极，必须把它接到最高电位。

以下是不会发生闩锁效应的偏置条件：

1）PNPN 的阴极接到内部信号或者悬空；

2）PNPN 的阴极接的电压不是最低电压；

3）PNPN 的阳极接到内部信号或者悬空；

4）PNPN 的阳极接的电压不是最高电压。

图 7-8 所示的是 PNPN 的阴极接到内部信号或者悬空，NMOS 的源极有源区是悬空的，它的漏极有源区接到内部电路的内部信号，它们都不能提供大电流，连接到它们的寄生 PNPN 结构也就不会发生闩锁效应。

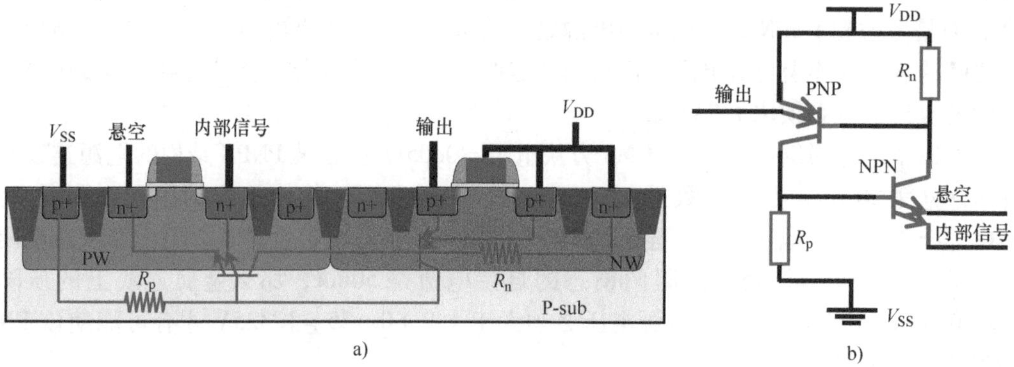

图 7-8　PNPN 的阴极接到内部信号或者悬空

图 7-9 所示的是 PNPN 的阴极接的电压不是最低电压，NMOS 的源极有源区接电源电压 V_{DD}，它的漏极有源区接到 $0.5V_{DD}$，它们都不是电路的最低电压，它们会使寄生 NPN 的发射结处于反偏状态，外部瞬态激励产生的电流几乎不能使 NPN 导通，所以连接到它们的寄生 PNPN 结构也就不会发生闩锁效应。

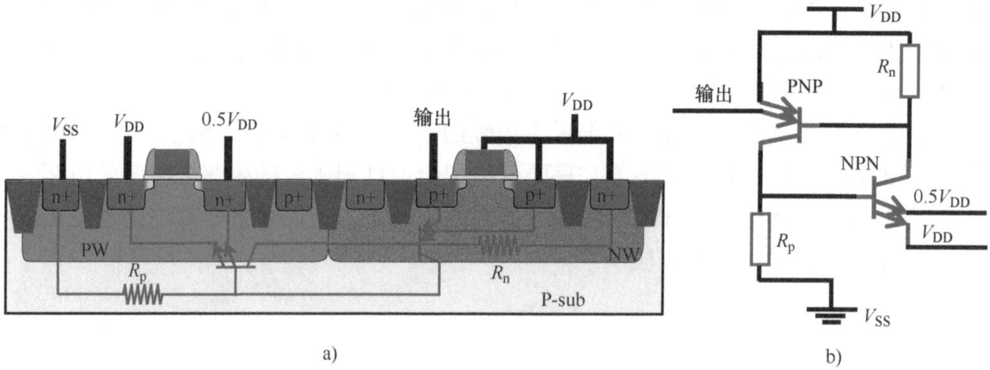

图 7-9　PNPN 的阴极接的电压不是最低电压

图 7-10 所示的是 PNPN 的阳极接到内部信号或者悬空，PMOS 的源极有源区是悬空的，它的漏极有源区接到内部电路的内部信号，它们都不能提供大电流，连接到它们的寄生的寄生 PNPN 结构也就不会发生闩锁效应。

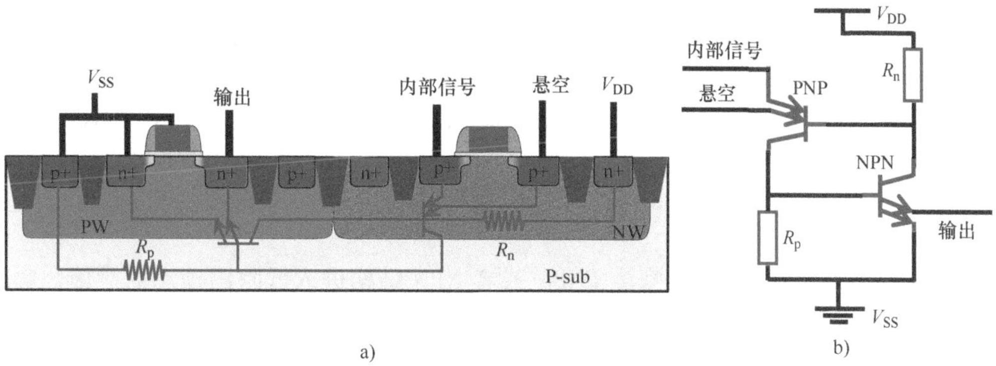

图 7-10　PNPN 的阳极接到内部信号或者悬空

图 7-11 所示的是 PNPN 的阳极接的电压不是最高电压，PMOS 的源极有源区接地 V_{SS}，它的漏极有源区接到 $0.5V_{DD}$，它们都不是电路的最高电压，它们会使寄生 PNP 的发射结处于反偏状态，外部瞬态激励产生的电流几乎不能使寄生 PNP 导通，所以连接到它们的寄生的寄生 PNPN 结构也就不会发生闩锁效应。

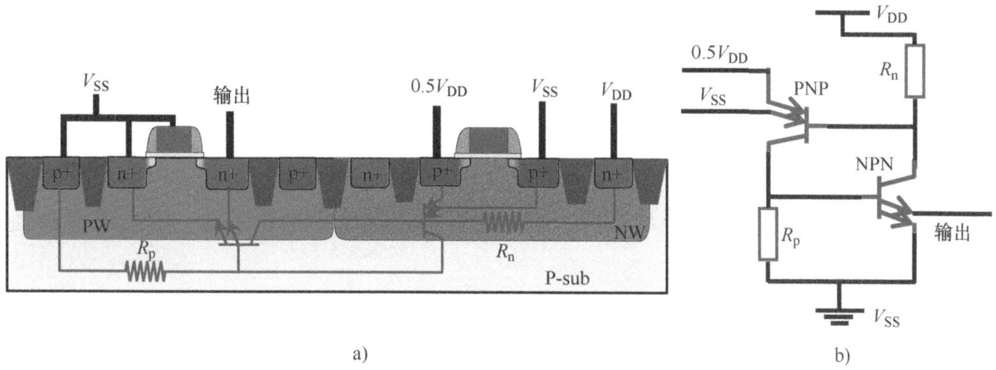

图 7-11　PNPN 的阳极接的电压不是最高电压

7.3　小　结

本章内容主要介绍了触发 CMOS 工艺集成电路闩锁效应的物理条件和电路偏置条件。

要触发 CMOS 中寄生 PNPN 结构闩锁效应，必须要有合适的物理条件和电路偏置条件，它们组成了触发寄生 PNPN 结构闩锁效应的必要和充分条件。如果要提高 CMOS 工艺集成电路抵御闩锁效应的能力，也可以以物理条件和电路偏置条件为突破口，制定可行的方案，同时也可以把物理条件和电路偏置条件结合起来判断实际的电路和版图是否存在闩锁风险。

第8章　闩锁效应的改善方法

避免触发 CMOS 集成电路中寄生 PNPN 或者 NPN 结构进入低阻闩锁态的措施，实际就是保持它们工作在高阻阻塞态的安全区。通常有三种方式实现这个目的：第一种是合理的版图布局设计；第二种是抗闩锁的工艺技术；第三种是合理的电路设计。

本章侧重介绍版图级、工艺级和电路级抗闩锁措施。

8.1　版图级抗闩锁措施[1]

芯片的实际版图是千变万化的不规则图形，制定一套完整的对所有工艺的避免闩锁效应的设计要求是不现实的，只能根据 CMOS 工艺技术的特点制定一些简单的通用的设计建议，但是这种通用的设计建议的精确性很差，没有数据支撑，也没有统一的要求，通常建议留足够的设计窗口，使芯片工作在高阻阻塞态的安全区。

8.1.1　减小 R_n 和 R_p

减小 R_n 和 R_p，从而减小由它们形成的正反馈回路的压降，避免寄生 NPN 和 PNP 导通，达到避免闩锁效应的目的。降低 R_n 和 R_p 的方法有紧邻设计或紧邻接触、增大阱接触有源区的面积和环状的阱接触有源区。

对于 PMOS，紧邻设计是用金属化互连线把 PMOS 源极 p+有源区和 NW 接触 n+有源区连接起来，并且 PMOS 源漏极 p+有源区和 n+有源区要用最小的设计规则，从而减小它们的距离，最终达到减小它们的寄生等效电阻 R_n 的目的。甚至在设计上允许的情况下，采用紧邻接触设计，把 PMOS 源极 p+有源区和 NW 接触 n+有源区紧贴在一起。

对于 NMOS，紧邻设计的设计要求也是类似的，用金属化互连线把 NMOS 源极 n+有源区和 PW 接触 p+有源区连接起来，并且 NMOS 源漏极 n+有源区和 p+有源区要用最小的设计规则，从而减小它们的距离，达到减小它们的寄生等效电阻 R_p 的目的。如果 NMOS 的源极与 PW 衬底的电位一样，采用紧邻接触设计，把 NMOS 源极 n+有源区和 PW 接触 p+有源区紧贴在一起。图 8-1 所示是 NMOS 和 PMOS 的版图设计要求，$S_1 \sim S_4$ 利用最小的设计规则设计版图。图 8-2 所示是 NMOS 和 PMOS 的剖面图。

增大阱接触有源区的面积可以实现增大阱等效电阻的横截面积，从而减小阱等效电阻 R_n 和 R_p 的目的。可以通过增大图 8-1 中阱接触有源区的宽度 $W_1 \sim W_4$，从而达到减小阱等效电阻 R_n 和 R_p 的目的。

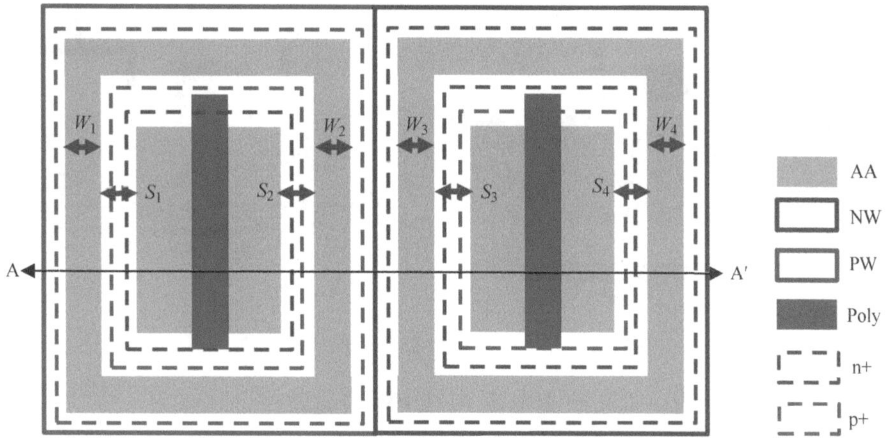

图 8-1　NMOS 和 PMOS 的版图设计要求

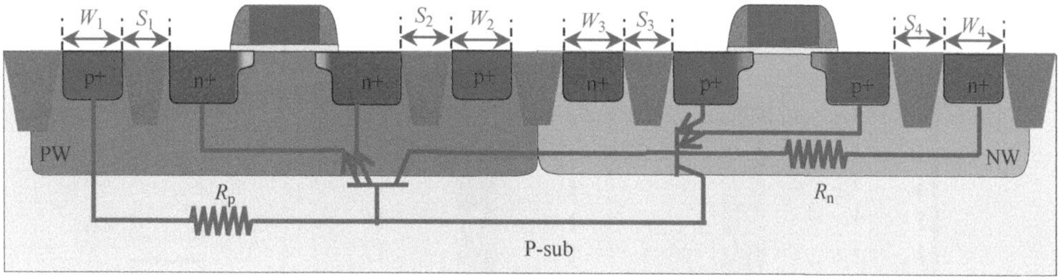

图 8-2　NMOS 和 PMOS 的剖面图

环状的阱接触有源区是用一个完整的环形阱接触有源区包围 NMOS 和 PMOS 的源漏有源区，这种设计不但可以增大阱接触有源区的面积，达到减小阱等效电阻 R_n 和 R_p 的目的，同时环形阱接触有源区可以有效吸收 NW 或者 PW 中少数在载流子，削弱衬底注入的载流子到达 PW 与 NW 边界的效率，另外环状的阱接触有源区也可以分流收集区电流，避免电流集中流向某一阱接触有源区，从而避免了阱局部电压过高，造成寄生双极型晶体管导通。例如 NW 环形阱接触有源区可以增强空穴在 NW 中复合，减小空穴到达 PW 边界和被 PW 收集形成电流 I_p 的可能，另外 NW 电流 I_n 也被分流成多个方向，避免 NW 局部电压过高。与 NW 环形阱接触有源区的情况类似，PW 环形阱接触有源区可以增强电子在 PW 中复合和分流 I_p。图 8-3 所示是环状的阱接触有源区和电流方向。

图 8-4 所示是 NMOS 和 PMOS 两边单条阱接触有源区的版图，图 8-5 所示是 NMOS 和 PMOS 两边单条阱接触有源区的电流方向。它是 PW 和 NW 收集电流的方向，NW 收集电流 I_{n1} 横跨整个 NW 里面的寄生 PNP 发射结，PW 收集电流 I_{p1} 横跨整个 PW 里面的寄生 NPN 发射结。图 8-6 所示是 NMOS 和 PMOS 之间单条阱接触扩散区的版图，图 8-7 所示是 NMOS 和 PMOS 之间单条阱接触有源区的电流方向。它是 PW 和 NW 收集电流的方向，NW 收集电流

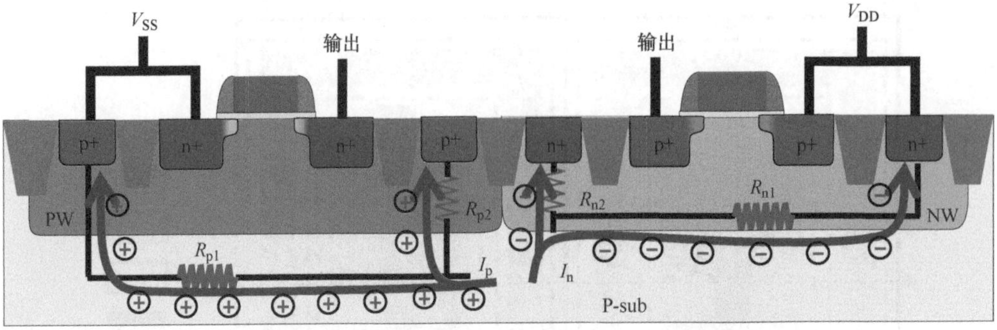

图 8-3　环状的阱接触有源区和电流方向

I_{n2}在 NW 边缘就被迅速收集，PW 收集电流 I_{p2}在 PW 边缘就被迅速收集，可以有效地削弱到达寄生 NPN 和寄生 PNP 发射极正下方的电流，同时 PW 和 NW 等效电阻 R_{p2}和 R_{n2}也小于 R_{p1}和 R_{n1}，最终反馈电压也会进一步减小，所以在改善闩锁效应方面图 8-6 的版图要优于图 8-4 的版图，但是图 8-6 的版图没有用环形阱接触有源区，它比图 8-1 的版图要差。

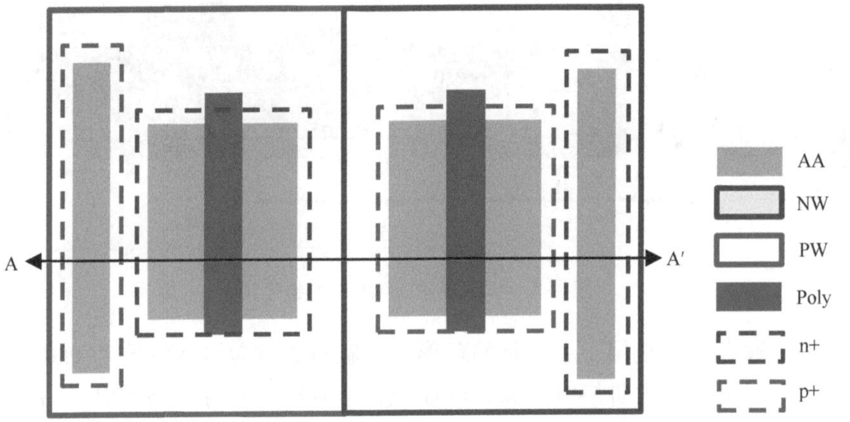

图 8-4　NMOS 和 PMOS 两边单条阱接触有源区的版图

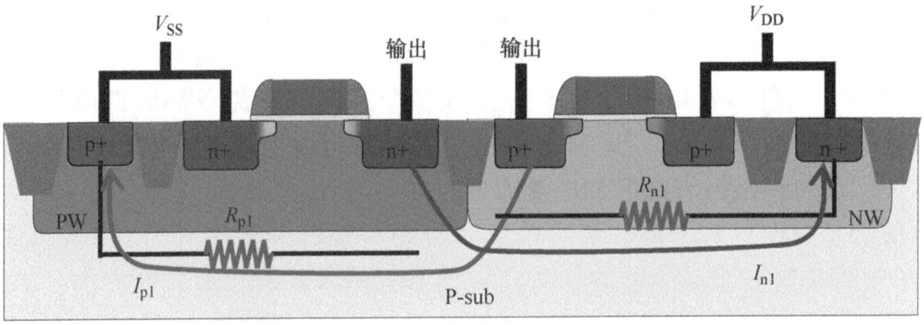

图 8-5　NMOS 和 PMOS 两边单条阱接触有源区的电流方向

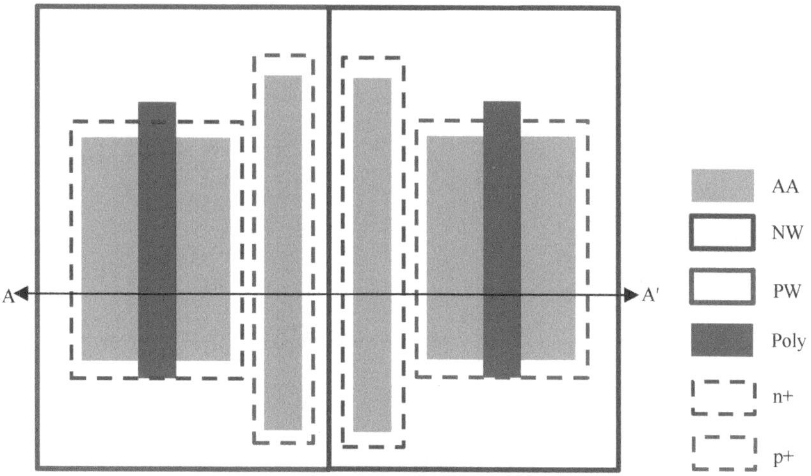

图 8-6　NMOS 和 PMOS 之间单条阱接触扩散区的版图

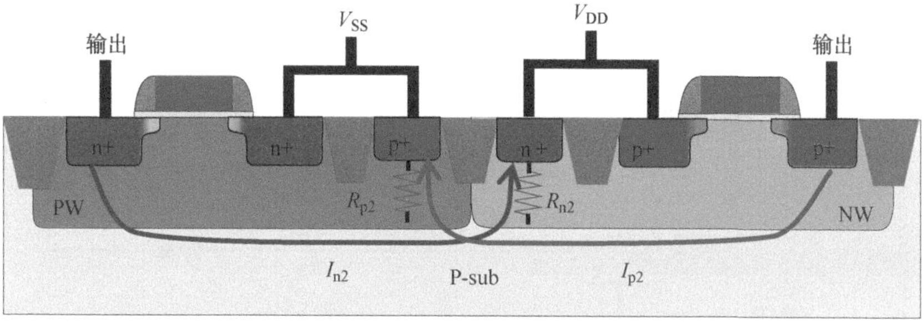

图 8-7　NMOS 和 PMOS 之间单条阱接触有源区的电流方向

8.1.2　减小 β_n 和 β_p

$\beta_n\beta_p<1$ 是防止 CMOS 寄生 PNPN 发生闩锁效应的必要和充分条件。最直接的减小 β_n 和 β_p 的方法是增大寄生双极型晶体管的基区宽度。

图 8-8 所示是 NMOS 和 PMOS 的版图，图 8-9 所示是 NMOS 和 PMOS 的剖面图。S_1 是 NMOS 源漏有源区到 NW 的间距，增大 S_1 可以增大寄生 NPN 的基区从而减小 β_n。S_2 是 PMOS 源漏有源区到 PW 的间距，增大 S_2 可以增大寄生 PNP 的基区从而减小 β_p，但是寄生 PNP 是纵向的，它的基区主要是由 NW 结深决定的。通常 NW 结深小于 3μm，当 $S_2>3\mu m$ 时，增大 S_2 对 PNP 的 β_p 的影响非常小，所以主要依靠增大 S_1 来减小 $\beta_n\beta_p$ 的值，实际上 $\beta_n\beta_p$ 的值主要由 NMOS 与 PMOS 之间的源漏有源区的间距决定的。

8.1.3　加少子和多子保护环

反偏少子和多子保护环可以提前收集衬底的少子和多子。图 8-10 所示的是加少子和多

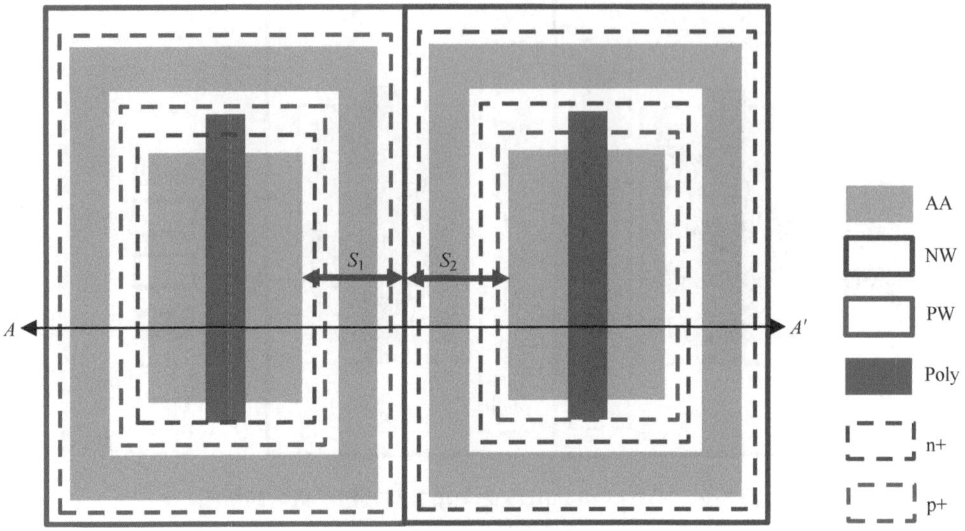

图 8-8　NMOS 和 PMOS 的版图

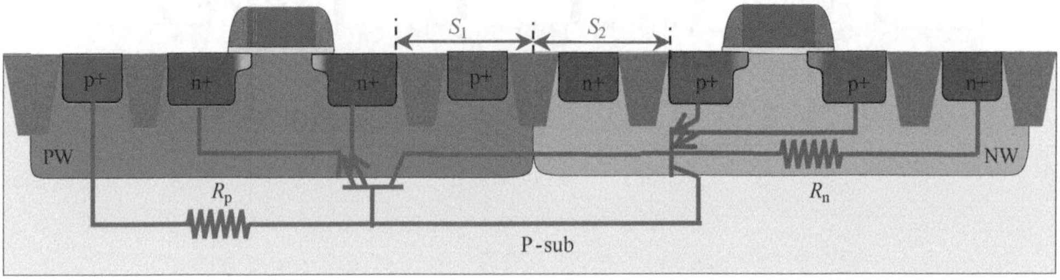

图 8-9　NMOS 和 PMOS 的剖面图

子保护环的版图。NW 保护环是 P-sub 的少子保护环，它作为伪收集区可以提前收集 P-sub 的少子电子，防止少子电子被附近的 PMOS 的衬底 NW 收集，被 PMOS 的衬底 NW 收集的电子会在寄生 PNP 的发射结形成正反馈电压，使寄生 PNP 导通，最终导致 PNPN 导通。PW 保护环是 P-sub 的多子保护环，它作为伪收集区可以提前收集 P-sub 的多子空穴，防止多子空穴被附近的 NMOS PW 接触有源区收集，被 NMOS PW 接触有源区收集的空穴会在寄生 NPN 的发射结形成正反馈电压，使寄生 NPN 导通，最终导致 PNPN 导通。图 8-11 所示是加少子和多子保护环分流衬底电流。多子保护环除了提前收集空穴，还可以增加 PW 接触有源区的横截面积，从而减小 PW 的等效电阻。

由于注入的载流子是向下运输到集电极的，而加少子和多子保护环只对表面的载流子起收集作用，所以加少子和多子保护环仅仅在一定程度上改善了闩锁效应。

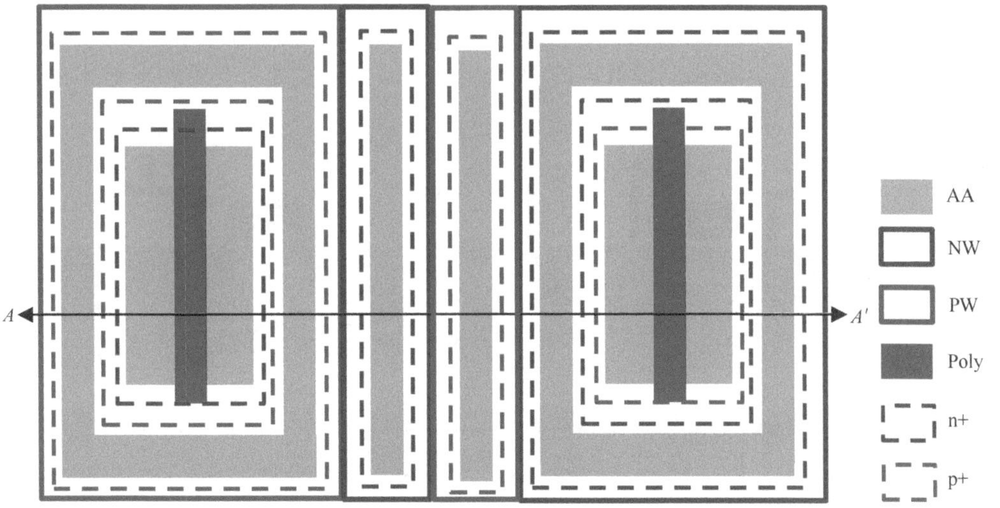

图 8-10　加少子和多子保护环的版图

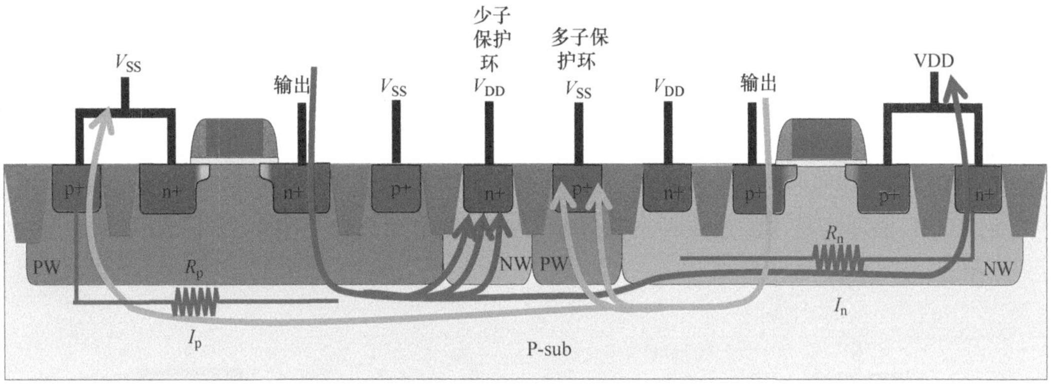

图 8-11　加少子和多子保护环分流衬底电流

8.2　工艺级抗闩锁措施[1]

8.2.1　外延 CMOS 技术

外延 CMOS 技术是在高掺杂的衬底上生长轻掺杂的 P 型外延层，把集成电路制造在这层轻掺杂的 P 型外延层上的。利用外延 CMOS 技术可以得到电阻率非常低的高掺杂衬底，所以它的等效电阻也非常低。因为电流更倾向于流向低电阻率的路径，利用高掺杂衬底提供的低电阻率的路径分流横向收集区电流是非常有效的。如果高掺杂衬底的等效电阻足够低，也就

是等效电阻 R_p 非常小，流经衬底的电流引起的横向压降就会非常小，整个衬底的电压几乎等于地，也就不会引起横向的寄生 NPN 导通，闩锁效应就不会发生。所以利用外延 CMOS 技术可以有效地提高芯片抵御闩锁效应的能力。图 8-12 所示的是外延 CMOS 技术的剖面图。

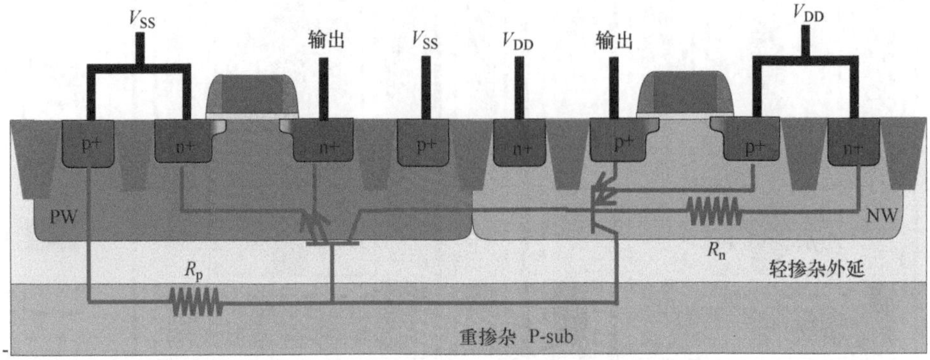

图 8-12　外延 CMOS 技术的剖面图

8.2.2　NBL 深埋层技术

与高掺杂的衬底提供低电阻率的路径分流横向收集区电流类似，高掺杂的 NBL 深埋层技术可以降低 NW 的等效电阻 R_n 和分流纵向的收集区电流，流经 NBL 深埋层的电流引起的压降就会相应变小。虽然 NBL 深埋层技术可以降低 NW 的等效电阻，但是与晶圆衬底的厚度相比，NBL 深埋层的厚度要小很多，利用 NBL 深埋层降低 NW 的等效电阻 R_n 是非常有限的，所以 NBL 深埋层技术的效果并不像外延 CMOS 技术那么大。图 8-13 是 NBL 深埋层技术的剖面图。

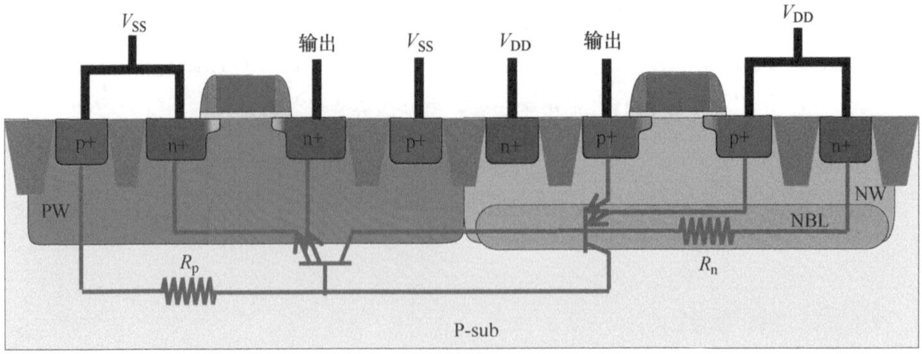

图 8-13　NBL 深埋层技术的剖面图

8.2.3　SoI CMOS 技术

SoI（Silicon-on-Insulator）称为绝缘层上硅，它是一种有别于体硅材料的结构。SoI 晶圆是通过工艺技术在体硅中嵌入一层绝缘层（通常是 SiO_2）把表面的单晶硅薄膜从硅衬底中隔离。利用 SoI 晶圆制造的集成电路，集成电路仅仅制造在表面的单晶硅薄膜，利用浅沟槽和深槽隔离器件，NMOS 和 PMOS 分别被氧化层包围，它们是完全隔离的，寄生 NPN 和寄生 PNP 的结构被打破，NMOS 和 PMOS 之间没有形成通路，形成闭锁效应的最基本条件不存在，所以 SoI CMOS 技术可以从根本上消除闭锁效应。图 8-14 所示是 SoI CMOS 技术的剖面图。

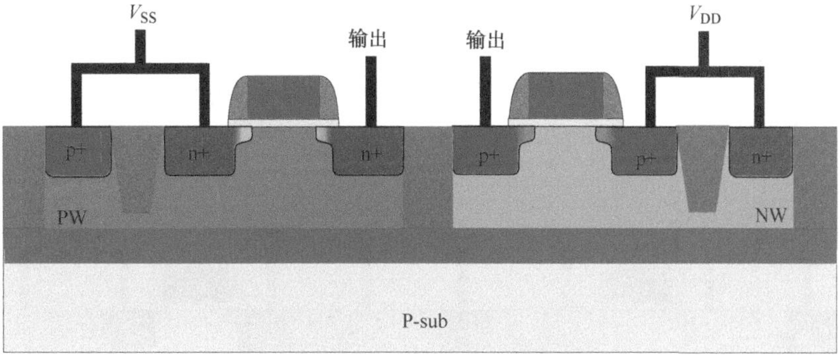

图 8-14　SoI CMOS 技术的剖面图

8.2.4　深沟槽隔离技术

深沟槽隔离技术是利用非等向反应离子溅射刻蚀，刻蚀出一个比阱结深还要深的隔离沟槽，接着在沟槽的底部和侧壁上生长一层热氧化层，然后利用 HDP 淀积一层二氧化硅填充沟槽，深沟槽隔离主要用于隔离 NMOS 与 PMOS。NMOS 或者 PMOS 内部依然用浅沟槽隔离。深沟槽可以隔离表面一定范围内的载流子，使部分注入的少数载流子被 NW 或者 PW 中的多少载流子复合，从使寄生 NPN 和 PNP 的性能变差，电流增益变差，深沟槽隔离技术只是在一定程度上改善了闩锁效应，并不能从根本上完全消除闭锁效应。图 8-15 利用深沟槽隔离技术的 CMOS 工艺剖面图。

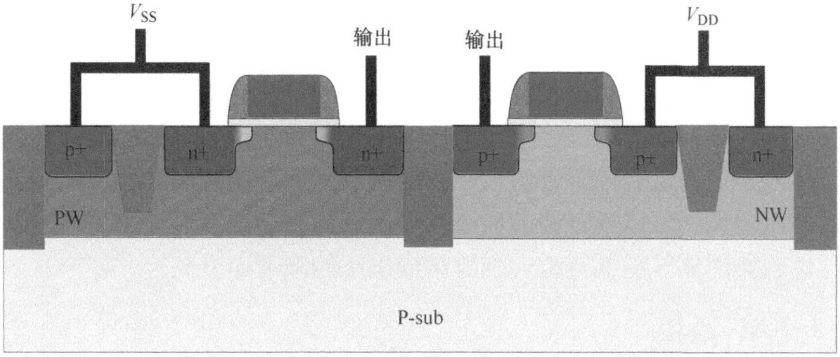

图 8-15　利用深沟槽隔离技术的 CMOS 工艺剖面图

8.2.5 倒阱工艺技术

倒阱工艺技术是指用高能离子注入将杂质注入阱底部，阱底部浓度最高，阱表面浓度最低，所以叫做倒掺杂阱。阱离子注入工艺利用三次离子注入：第一次是高能量和高浓度的阱离子注入，注入的深度最深，达到几微米；第二次是中等能量和中等浓度的防穿通沟道离子注入，离子注入到沟道及沟道下表面附近；第三次是低能量和低浓度的阈值电压调节离子注入，离子注入到晶圆表面附近。倒掺杂阱可以精确控制阱掺杂的深度和阱的横向扩散，有利于制造先进集成电路。掺杂浓度大的阱区可以降低阱的等效电阻，从而减小正反馈电压，避免寄生 NPN 和 PNP 导通，达到改善闩锁效应的目的。图 8-16 所示是利用倒阱工艺技术的 CMOS 工艺的剖面图。

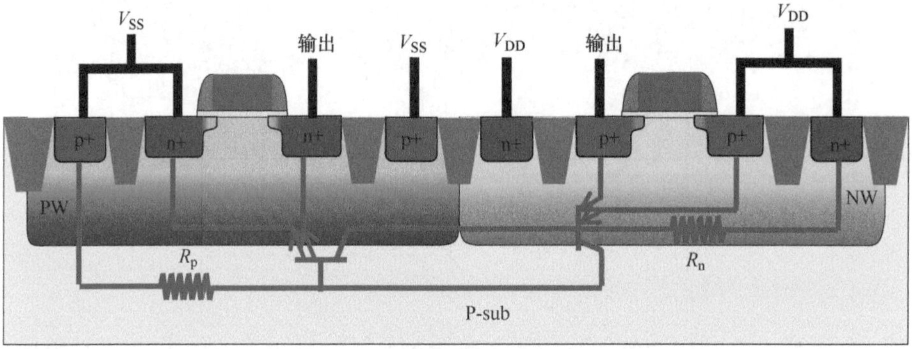

图 8-16 利用倒阱工艺技术的 CMOS 工艺的剖面图

对于倒掺杂阱，阱离子注入的峰值浓度出现在几微米的深度，掺杂浓度大的阱区可以改善闩锁效应和源漏穿通。掺杂浓度大的阱区不但可以降低阱的等效电阻，也可以提高 NW 和 PW 复合吸收少数载流子的能力，降低寄生 NPN 和 PNP 的放大系数。

倒掺杂阱中防穿通沟道离子注入的掺杂区域位于高掺杂的阱区上面的沟道区域，紧贴源和漏有源区，通过调节沟道离子注入的浓度可以减小源和漏耗尽区的宽度，从而改善由源漏穿通引起的漏电，达到改善 DIBL 效应的目的。因为对于短沟道器件，重掺杂的漏有源区与阱沟道区域的耗尽区会向源端延伸，形成穿通，所以对于沟道很短的深亚微米器件，中等掺杂的沟道是必需的，同时也要精确控制沟道离子注入的位置和掺杂浓度。

沟道表面附近的掺杂浓度对阈值电压的影响很大，为了得到合适的器件性能，需要进行阈值电压离子注入，把沟道表面附近的掺杂浓度调节到适合的范围。器件的阈值电压会随着掺杂浓度的提高而增大，可以通过调节沟道表面附近的掺杂浓度设计出高/中/低阈值电压的器件，同时器件的亚阈值区漏电流也会随着阈值电压的降低而升高。

8.2.6 增大 NW 结深

CMOS 集成电路中寄生 PNPN 结构的 PNP 是纵向的，它的基区主要由 NW 结深决定，增大 NW 结深可以在一定程度上削弱 PNP 的电流增益，改善闩锁效应。

8.3　电路级抗闩锁措施

8.3.1　串联电阻

在电路的闩锁主通路上串联大电阻可以改善相关路径的闩锁效应。图 8-17 所示是包含输入和输出电路的 ESD 保护电路。输出缓冲电路与输出 ESD 保护电路之间串联了大电阻，该电阻可以抑制输出管脚上冲或者下冲产生的电流流向输出缓冲电路的 PMOS 和 NMOS，避免它们与其他器件触发闩锁问题，所以版图设计上不用特别考虑它们与其他器件的间距。该电路仅仅需要考虑输出和输入 ESD 保护电路中的二极管触发闩锁的问题。

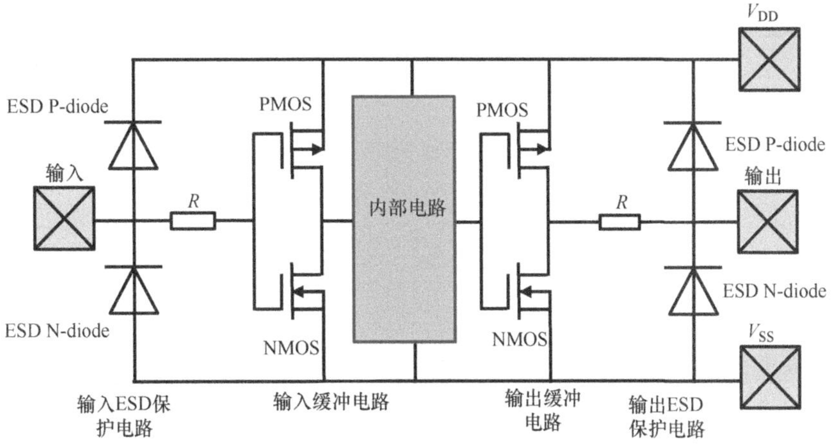

图 8-17　包含输入和输出电路的 ESD 保护电路

8.3.2　反偏阱

通常利用 DNW、ISO-DNW 或者 NBL 层形成隔离阱区隔离器件，这些 N 型阱可以作为寄生 PNPN 结构的阴极与周围的 PMOS 或者 P-diode 构成寄生 PNPN 结构。可以把这些 N 型阱偏置在 0V 或者正电压，图 8-18 所示的是由 DNW 与 PMOS 或者 P-diode 构成寄生 PNPN 结构的能带图，图 8-18a 是它们零偏时的能带图，图 8-18b 是 DNW 反偏时的能带图，DNW 与 P-sub 之间的势垒高度升高了。

当把 N 型阱偏置在 0V 时，这些 N 型阱与 P-sub 形成的势垒高度是 0.6V，很容易被衬底电流 I_p 在 P-sub 等效电阻 R_p 形成的正反馈电压 I_pR_p 正偏。当把它们偏置在正电压 V_{DD} 时，这些 N 型阱与 P-sub 之间的 PN 结是反偏的，它们形成的势垒高度更大，势垒高度是 $V_{DD}+0.6V$，要使它们与 P-sub 之间的 PN 结正偏，衬底电流 I_p 在 P-sub 等效电阻 R_p 形成的正反馈电压 I_pR_p 必须大于 $V_{DD}+0.6V$，也就是说需要更大的衬底电流，也就提高了寄生

PNPN 形成低阻通路的自持电流。发生闩锁效应的自持电流升高了，也就提高了自持电压。所以把 N 型阱偏置在正电压，使该 N 型阱与 P-sub 之间的 PN 结反偏可以有效地提高芯片抵御闩锁效应的能力。

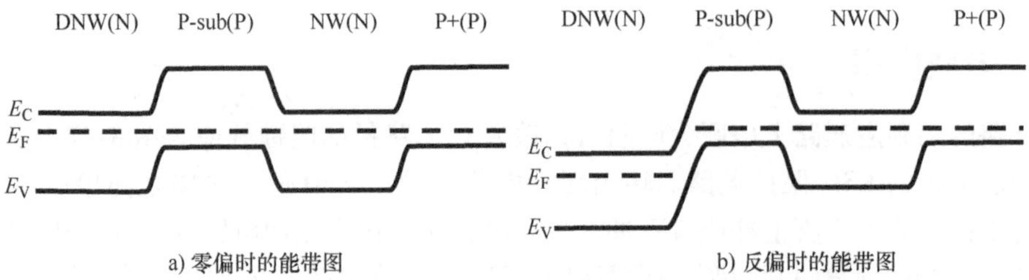

图 8-18 由 DNW 与 PMOS 或者 P-diode 构成寄生 PNPN 结构的能带图

8.4 小结

本章内容主要介绍了 CMOS 工艺集成电路版图级、工艺级和电路级抗闩锁措施。

虽然合理的版图布局设计、抗闩锁的工艺技术和合理的电路设计都可以改善闩锁效应，但是目前应用最广泛的是利用版图布局设计和电路设计的方式来改善闩锁效应，因为利用工艺技术方式来防改善闩锁效应会使工艺变得更复杂，同时也会增加成本，所以没有得到广泛应用。

参考文献

特劳特曼 R R. CMOS 技术中的闩锁效应—问题及其解决方法 [M]. 嵇光大，卢文豪，译. 北京：科学出版社，1996.

第 9 章　闩锁效应的设计规则

本章内容以某集成电路芯片制造企业 0.18μm 1.8V/3.3V CMOS 工艺技术平台的闩锁效应设计规则为例，通过简单分析这些设计规则的原理和作用，从而了解实际工艺中是如何制定闩锁效应设计规则的。闩锁效应设计规则可以分为两种：一种是针对 IO 电路（输入、输出和输入/输出电路）的设计规则，另一种是针对内部电路的设计规则。通过简单介绍这些闩锁效应的设计规则，希望读者能对设计工艺的闩锁效应设计规则有一个简单的认识。

9.1　IO 电路的设计规则[1]

9.1.1　减小寄生双极型晶体管放大系数

IO 电路中的 PNPN 结构最易被外部激励触发，所以针对 IO 电路中 NMOS 与 PMOS 的设计规则也最为典型，也是最基础的设计规则。

表 9-1 是 IO 电路中 NMOS 与 PMOS 之间间距的设计规则，这里只列举了两条设计规则，这两条设计规则是针对减小寄生双极型晶体管放大系数而制定的，在第 8 章中已经解释过了，可以通过增大 PNPN 结构阳极与阴极的间距来使 $\beta_n\beta_p$ 小于 1，从而改善闩锁效应。增大 NMOS 与 PMOS 之间的间距也就等同于增大 PNPN 结构阳极与阴极的间距。图 9-1 所示的是 IO 电路中 NMOS 和 PMOS 之间间距的设计规则图示。

设计规则 LU_A1 是为了使 3.3V IO NMOS/PMOS 与 1.8V PMOS/NMOS 之间寄生双极型晶体管的 $\beta_n\beta_p<1$。

设计规则 LU_A2 是为了使 3.3V NMOS 与 3.3V PMOS 之间寄生双极型晶体管的 $\beta_n\beta_p<1$。

表 9-1　IO 电路中 NMOS 和 PMOS 之间间距的设计规则

名　称	描　述	符　号	数　值
LU_A1	3.3V IO NMOS/PMOS 有源区与 1.8V PMOS/NMOS 有源区的最小间距	S_1	≥11 μm
LU_A2	3.3V IO NMOS 有源区与 3.3V IO PMOS 有源区的最小间距	S_1	≥11 μm

9.1.2　改善阱等效电阻

阱等效电阻在 PNPN 结构的闩锁效应中起了非常关键的作用，它直接影响了正反馈回路

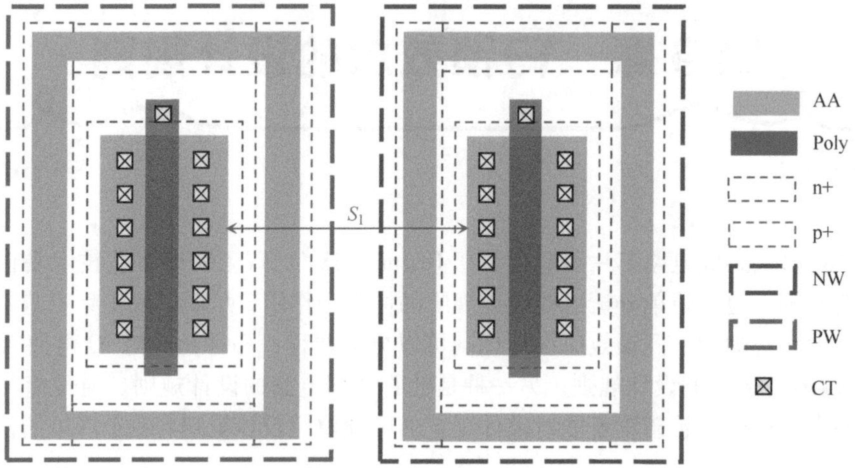

图 9-1　IO 电路中 NMOS 和 PMOS 之间间距的设计规则图示

中正反馈电压的大小。表 9-2 是 IO 电路中 NMOS 和 PMOS 保护环的设计规则。这几条设计规则是通过限制保护环的最小宽度来限制保护环的最小面积，也就是限制了阱等效电阻的横截面积，从而避免在设计过程中把保护环的宽度设计得过小，造成阱等效电阻超过预期。图 9-2所示的是 IO 电路中 NMOS 和 PMOS 保护环的设计规则图示。

表 9-2　IO 电路中 NMOS 和 PMOS 保护环的设计规则

名　称	描　述	符　号	数　值
LU_B1	每个 1.8V NMOS（3.3V IO NMOS）的 PW 接触保护环必须通过金属互连线连接到 V_{SS}（V_{SSA}），每个 1.8V PMOS（3.3V IO PMOS）的 NW 接触保护环必须通过金属互连线连接到电源 1.8V（3.3V）		
LU_B2	每个 1.8V NMOS（3.3V IO NMOS）的 PW 接触保护环必须是闭环的，每个 1.8V PMOS（3.3V IO PMOS）的 NW 接触保护环必须是闭环的		
LU_B3	1.8V NMOS（3.3V IO NMOS）的 PW 接触保护环的最小宽度	W_1	≥2 μm
LU_B4	1.8V PMOS（3.3V IO PMOS）的 NW 接触保护环的最小宽度	W_2	≥2 μm

设计规则 LU_B1 是为了减小阱与 V_{SS}（V_{SSA}）或者阱与电源 1.8V（3.3V）的串联电阻，在实际的等效电路中，这部分的串联电阻也归入了阱等效电阻的计算中，这部分串联电阻也直接影响了正反馈电压。同时保持 PW 的电位在 V_{SS}，防止 PW 受到噪声的影响而突然升高。以及保持 NW 的电位在电源 1.8V（3.3V），防止 NW 受到噪声的影响而突然降低。

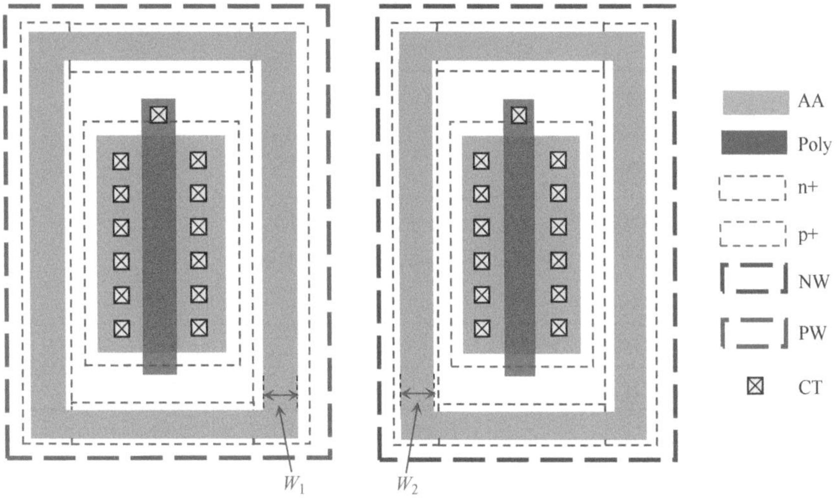

图 9-2　IO 电路中 NMOS 和 PMOS 保护环的设计规则图示

设计规则 LU_B2 是为了减小阱等效电阻和避免载流子到达 PNPN 结构的阴极或者阳极，完整的闭环保护环可以使阱接触保护环的有源区的面积最大化，也就是阱等效电阻的横截面积最大化，同时可以有效吸收载流子。

设计规则 LU_B3 限制 PW 接触保护环的宽度，也就限制了 PW 接触保护环的有源区的最小面积，PW 接触保护环的有源区的面积越大，PW 等效电阻越小。

设计规则 LU_B4 限制 NW 接触保护环的宽度，也就限制了 NW 接触保护环的有源区的最小面积，NW 接触保护环的有源区的面积越大，NW 等效电阻越小。

9.1.3　加少子和多子保护环

加少子和多子保护环可以提前收集载流子，从而减少载流子被反偏 PW 或者 NW 收集的可能，使阱等效电阻 R_p 和 R_n 上的正反馈电压降低。加反偏的少子保护环 NW 可以提前收集 PNPN 阴极注入的电子，而加多子保护环 PW 可以提前收集 PNPN 阳极注入的空穴。表 9-3 是 IO 电路中加少子和多子保护环的设计规则。这几条设计规则是关于加保护环，以及限制保护环的最小宽度来限制保护环的最小面积，避免在设计过程中把保护环的宽度设计得过小，从而造成少子和多子保护环收集载流子的效率不如预期。图 9-3 所示的是 IO 电路中加少子和多子保护环的设计规则图示。

设计规则 LU_C1 加 NW 保护环是为了提前收集电子，加 PW 保护环是为了提前收集空穴。

设计规则 LU_C2 是为了使 PW 保护环与 V_{SS}（V_{SSA}）形成有效的通路，从而有效地收集空穴，或者使 NW 保护环与电源 1.8V（3.3V）形成有效的通路，从而有效地收集电子。

设计规则 LU_C3 是为了限制 PW 保护环的宽度，目的是限制 PW 保护环的最小面积，因为 PW 保护环的面积越大，提前收集空穴的效率越高。

表 9-3　IO 电路中加少子和多子保护环的设计规则

名　称	描　述	符　号	数　值
LU_C1	必须加 PW 保护环包围每个 1.8V PMOS（3.3V IO PMOS），必须加 NW 保护环包围每个 1.8V NMOS（3.3V IO NMOS）		
LU_C2	每个 PW 保护环必须通过金属互连线连接到 V_{SS}（V_{SSA}），每个 NW 保护环必须通过金属互连线连接到电源 1.8V（3.3V）		
LU_C3	PW 保护环的最小宽度	W_3	≥2μm
LU_C4	NW 保护环的最小宽度	W_4	≥2μm

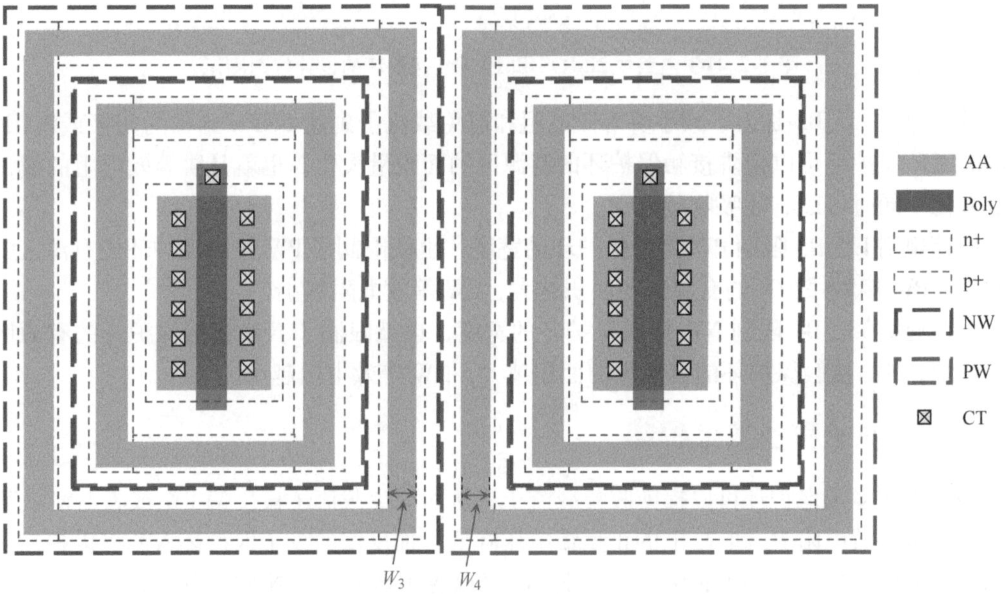

图 9-3　IO 电路中加少子和多子保护环的设计规则图示

设计规则 LU_C4 是为了限制 NW 保护环的宽度，目的是限制 NW 保护环的最小面积，因为 NW 保护环的面积越大，提前收集电子的效率越高。

9.2　内部电路的设计规则[1]

9.2.1　抑制瞬态激励

为了节省芯片的面积，芯片内部电路会设计得很紧凑，它没有像 IO 电路那样严格遵循很多预防闩锁效应的设计规则，内部电路的抗闩锁能力是非常差的。为了抑制 IO 电路产生的瞬态激励触发内部电路的 PNPN 结构，除了增大 IO 电路与内部电路的距离，还必须加少子和多子保护环收集 IO 电路注入衬底的载流子，防止它们流向内部电路。表 9-4 是内部电路抑制瞬态激励的设计规则。图 9-4 所示的是 IO 电路与内部电路之间的设计规则图示。

表 9-4　内部电路抑制瞬态激励的设计规则

名　称	描　述	符　号	数　值
LU_D1	IO 电路有源区与内部电路有源区的最小间距	S_2	≥30μm
LU_D2	IO 电路与内部电路之间必须加 PW 保护环和 NW 保护环		
LU_D3	每个 PW 保护环必须通过金属互连线连接到 V_{SS}（V_{SSA}），每个 NW 保护环必须通过金属互连线连接到电源 1.8V（3.3V）		
LU_D4	PW 保护环和 NW 保护环的最小宽度	W_5	≥5μm

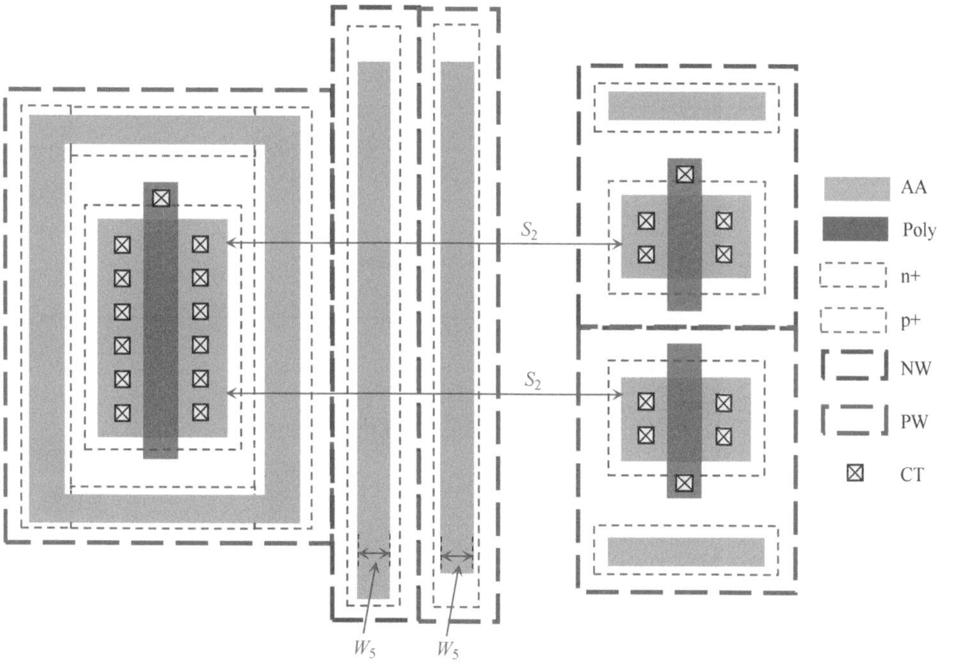

图 9-4　IO 电路与内部电路之间的设计规则图示

设计规则 LU_D1 是增大 IO 电路与内部电路的距离，防止 IO 电路产生的瞬态激励载流子进入内部电路。

设计规则 LU_D2 是为了提前收集 IO 电路产生的瞬态激励载流子，加 NW 保护环是为了提前收集电子，加 PW 保护环是为了提前收集空穴。

设计规则 LU_D3 是为了使 PW 保护环与 V_{SS}（V_{SSA}）形成有效的通路，从而有效地收集空穴，或者使 NW 保护环与电源 1.8V（3.3V）形成有效的通路，从而有效地收集电子。

设计规则 LU_D4 是为了限制 PW 保护环和 NW 保护环的最小宽度，目的是限制 PW 保护环和 NW 保护环的面积，因为 PW 保护环和 NW 保护环的面积越大，提前收集空穴和电子的效率就越高。

9.2.2 防止自身寄生双极型晶体管开启

NMOS 自身的源极、漏极和衬底会形成寄生 NPN，而 NMOS 衬底 PW 有源区的面积不会影响器件的正常功能，它只是作为衬底的连接，把衬底接到 V_{SS}。通常为了节省芯片的面积，大尺寸的 NMOS 才会设计一个很小的 PW 有源区，但是这样会造成 NMOS 中远离该 PW 有源区的点到 V_{SS}的等效电阻很大，当噪声或者瞬态激励产生的电流流过该 PW 等效电阻时，会产生很大压降，该压降会反馈到 NMOS 寄生 NPN 的发射结上，使 NPN 导通，导致电路失效。为了避免 NMOS 寄生 NPN 导通，必须限制 NMOS 中任何一点到 PW 有源区的间距。类似的情况也会出现在 PMOS。表 9-5 是防止 MOS 管自身寄生双极型晶体管开启的设计规则。图 9-5 所示的是阱接触有源区到 MOS 源漏有源区的设计规则图示。

表 9-5 防止自身寄生双极型晶体管开启的设计规则

名　称	描　述	符　号	数　值
LU_E1	PMOS 源漏有源区内的任何一点到 NW 阱接触有源区最近一点的最远间距	S_3	≤30μm
LU_E2	NMOS 源漏有源区内的任何一点到 PW 阱接触有源区最近一点的最远间距	S_3	≤30μm

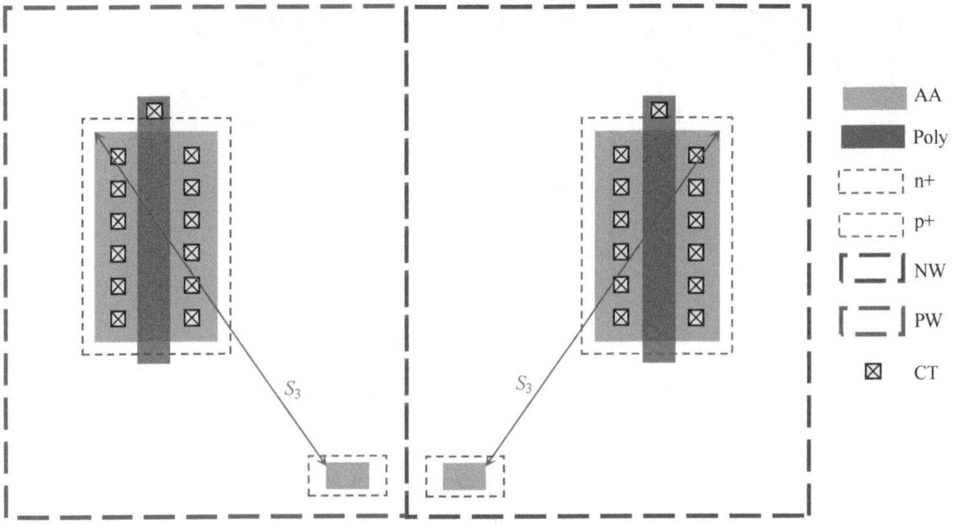

图 9-5 阱接触有源区到 MOS 源漏有源区的设计规则图示

设计规则 LU_E1 是为了降低 PMOS 衬底的等效电阻，限制 PMOS 源漏有源区内的任何一点到 NW 阱接触有源区最近一点的最远间距。

设计规则 LU_E2 是为了降低 NMOS 衬底的等效电阻，限制 NMOS 源漏有源区内的任何一点到 PW 阱接触有源区最近一点的最远间距。

9.3　小　　结

本章内容介绍了某集成电路芯片制造企业 0.18μm 1.8V/3.3V CMOS 工艺技术平台两种类型的闩锁效应设计规则，分别是 IO 电路的设计规则和内部电路的设计规则。设计规则中并没有严格考虑 PNPN 结构的阳极或者阴极的电压偏置情况，而仅仅考虑 IO 电路都需要遵守闩锁效应设计规则，另外也没有考虑电源管脚可能触发闩锁效应的情况。

参考文献

MING-DOU KER，SHENG-FU HSU. Transient-Induced Latchup in CMOS Integrated Circuit [M]. Singapore：Wiley，2009.

第 10 章　闩锁效应的实例分析

本章以 CMOS 工艺集成电路闩锁效应的实际案例入手，侧重介绍输出电路 18V PMOS 与 18V NMOS 之间的闩锁效应、内部电路 5V PMOS 与 5V NMOS 之间的闩锁效应、ISO_DNW 与 40V PMOS 之间的闩锁效应等，同时分析这些案例发生闩锁效应的物理机理。希望读者能对芯片发生闩锁效应的实际情况有一个初步了解，能把理论知识与实际案例结合起来。

10.1　器件之间的闩锁效应

10.1.1　输出电路 18V PMOS 与 18V NMOS 之间的闩锁效应

输出电路中寄生 PNPN 结构易受到外部瞬态激励的影响，当输出管脚出现足够大的浪涌电压信号时，PNPN 结构可能被触发形成低阻通路，从而形成大电流击毁电路。图 10-1 所示是 18V PMOS 与 18V NMOS 形成的输出电路，图 10-2 所示是它们的版图。因为源极和衬底的电位是一样的，为了节省芯片的面积，源极有源区和衬底接触有源区是紧靠在一起的，18V PMOS 与 18V NMOS 漏极有源区的间距 $S = 15\mu m$。图 10-3 所示是它们的剖面图。为了方便标识器件剖面图的结构和画出寄生电路，这个剖面图是分别把图 10-2 中的 18V PMOS 与 18V NMOS 都旋转了 90°后画出来的。

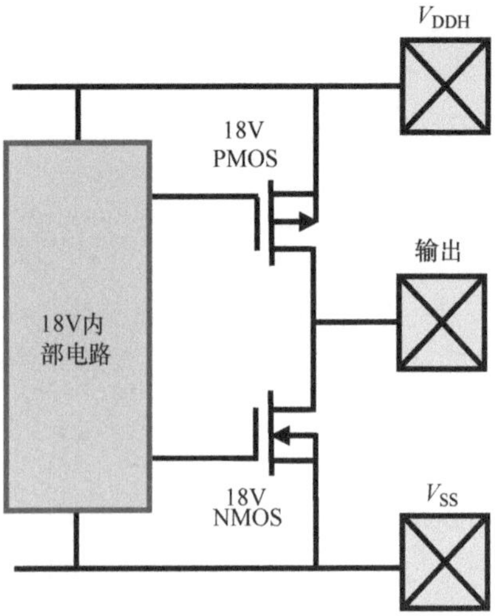

图 10-1　18V PMOS 与 18V NMOS 形成的输出电路

图 10-4 所示是寄生 PNPN 结构的等效电路，可以把图 10-4a 拆分成图 10-4b 和图 10-4c。在实际的芯片中，该输出管脚要接受 –100mA I-test 和 +100mA I-test，它能通过 +100mA I-test 的验证，而没有发生闩锁效应，但是在接受 –100mA I-test 测试时发生闩锁效应，并造成金属连线烧毁，根据测试结果可知图 10-4b和图 10-4c 的 PNPN 结构被触发。虽然该版图结构中 18V PMOS 和 18V NMOS 源极有源区与衬底接触有源区是紧靠在一起的，这样可以得到最小的等效电阻 R_n 和 R_p，但是根据闩锁效应的测试结果可知，等效电阻 R_n 和 R_p 并没有缩小到可以完全避免闩锁效应。因为器件源极有源区

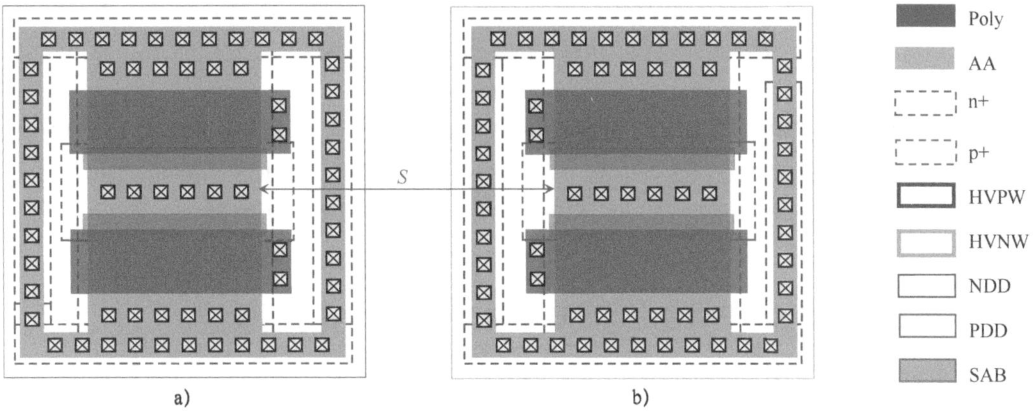

图 10-2　18V PMOS 与 18V NMOS 输出电路的版图

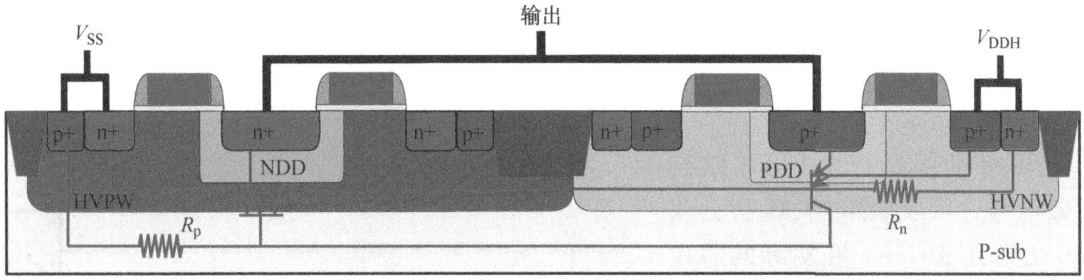

图 10-3　18V PMOS 与 18V NMOS 输出电路的剖面图

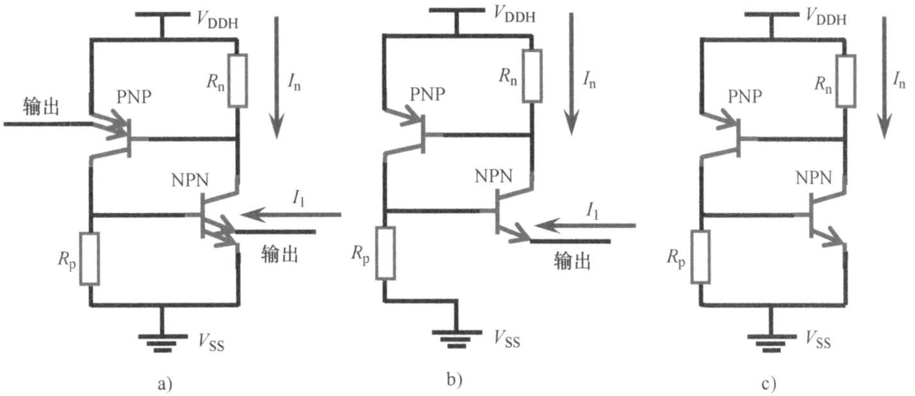

图 10-4　寄生 PNPN 结构的等效电路

是一个四边形，器件源极有源区和衬底接触有源区紧邻接触只能减小一个侧面的电阻，而其他两个侧面点与点之间的电阻会随着距离的增大而增大，例如靠近栅极下表面附近的点到衬底接触有源区的电阻是最大的，当大量电子流经该区域的时候，会造成该区域的电压降低，从而导致 PN 结导通，并触发寄生 PNP，最终导致形成 PNPN 低阻通路。关于 -100mA I-test 时发生闩锁现象的具体物理分析过程，可以参考第 6 章中图 6-17 的分析过程，这里不再详细论述。

为了改善该 18V PMOS 与 18V NMOS 输出电路的闩锁效应，可以通过增大 18V PMOS 与 18V NMOS 漏极有源区的间距（$S=20\mu m$），另外在 18V PMOS 与 18V NMOS 之间加少子和多子保护环，提前收集电子和空穴，破坏寄生 PNP 与寄生 NPN 之间的耦合，使$\beta_n\beta_p<1$，从而防止发生闩锁效应。

10.1.2 内部电路 5V PMOS 与 5V NMOS 之间的闩锁效应

内部电路也存在寄生 PNPN 结构，当它们直接连接到输出管脚时，PNPN 结构也可能被瞬态激励触发，从而形成大电流击毁电路。图 10-5 所示是包含内部电路和 ESD 保护电路的电路图。图 10-6 所示是内部电路 5V PMOS 与 5V NMOS 的版图。因为它们不是 IO 电路，为了节省芯片的面积，它们的衬底接触有源区不是环形的，5V PMOS 与 5V NMOS 漏极有源区的间距 $S=1.5\mu m$。图 10-7 所示是 5V PMOS 与 5V NMOS 的剖面图。为了方便标识器件剖面图的结构和画出寄生电路，这个剖面图是分别把图 10-6 中 5V PMOS 与 5V NMOS 都旋转了 90°后画出来的。

图 10-8 所示是寄生 PNPN 结构的等效电路，可以把图 10-8a 拆分成图 10-8b 和图 10-8c。在实际的芯片中，该输出管脚要接受 -100mA I-test 和 +100mA I-test。它能通过 -100mA I-test的验证，而不发生闩锁效应，但是在接受 +100mA I-test 测试时发生了闩锁效应，根据测试结果可知图 10-8b 和图 10-8c 的 PNPN 结构被触发。虽然在该电路结构中，在接受 +100mA I-test 时，有一部分电流会通过 5V P-diode 流到电源，但是还有一部分流经 5V PMOS 寄生的 PNP，这部分电流会在 PW 等效电阻 R_p 上形成压降，从而导致 PN 结导通，并触发寄生 PNP，最终导致 PNPN 形成低阻通路。关于 +100mA I-test 时发生闩锁现象的具体物理分析过程，可以参考第 6 章中图 6-14 的分析过程，这里不再详细论述。

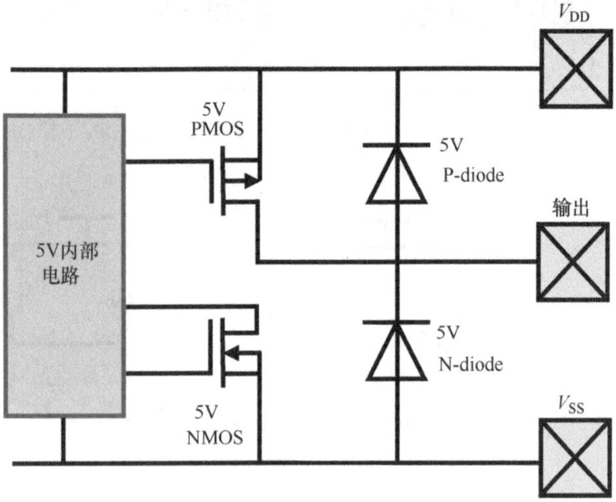

图 10-5 包含内部电路和 ESD 保护电路的电路图

为了改善该内部电路 5V PMOS 与 5V NMOS 输出电路的闩锁效应，可以通过增大 5V PMOS 与 5V NMOS 漏极有源区的间距（$S=8\mu m$），同时修改 5V PMOS 和 5V NMOS 衬底接触有源区为环形，另外还要在 5V PMOS 与 5V NMOS 之间直接加少子和多子保护环，提前收

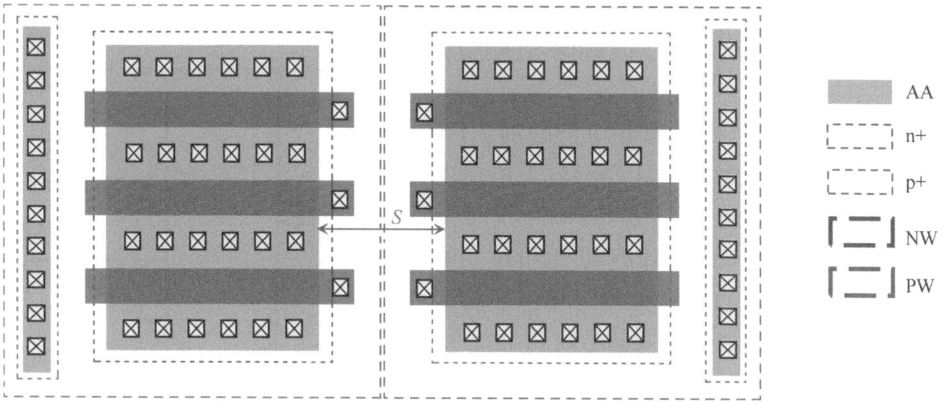

图 10-6　内部电路 5V PMOS 与 5V NMOS 的版图

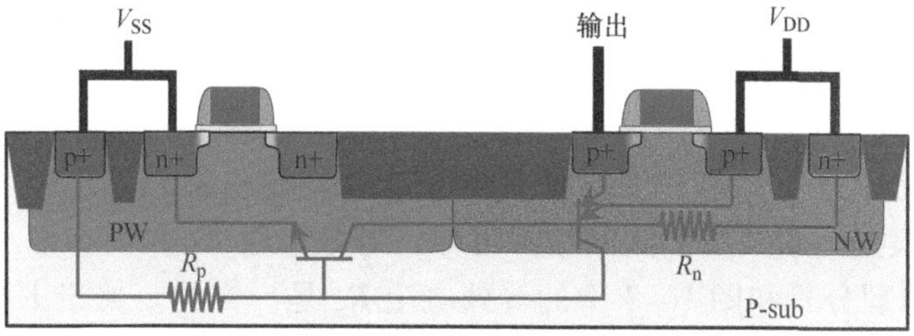

图 10-7　5V PMOS 与 5V NMOS 的剖面图

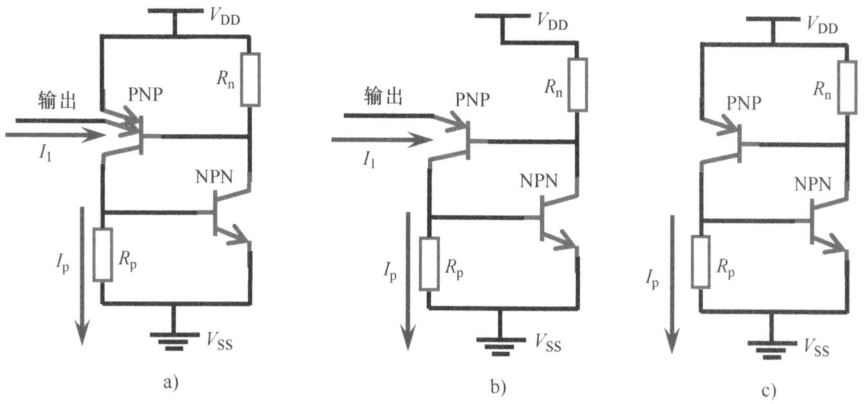

图 10-8　PNPN 结构的等效电路图

集电子和空穴，破坏 PNP 与 NPN 之间的耦合，使 $\beta_n\beta_p<1$，从而防止发生闩锁效应。

10.1.3　电源保护电路 13.5V P-diode 与 13.5V NMOS 之间的闩锁效应

通常可以利用 ESD GGNMOS 做电源 ESD 保护，而两个电源之间可以用二极管做 ESD 保护。图 10-9 所示是两个电源的 ESD 保护电路图。它们中的 13.5V P-diode 与 13.5V NMOS 之间会形成寄生 PNPN 结构，它们易受到外部瞬态激励的影响，当电源管脚出现足够大的浪涌电压信号时，PNPN 结构会被触发形成低阻通路，从而形成大电流击毁电路。图 10-10 所示是 13.5V P-diode 与 13.5V NMOS 的版图，因为 13.5V NMOS 源极和衬底的电位是一样的，所以把它的源极有源区和衬底接触有源区紧靠在一起，13.5V P-diode 阳极与 13.5V NMOS 源极有源区的间距 $S=8\mu m$。图 10-11 所示是 13.5V P-diode 与 13.5V NMOS 的剖面图和等效电路图。

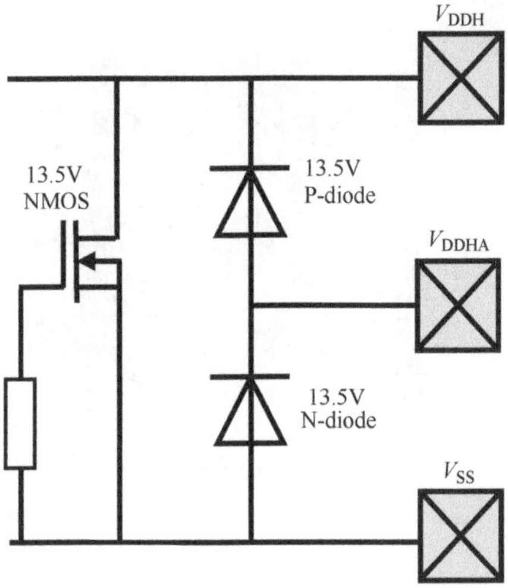

图 10-9　两个电源的 ESD 保护电路图

在实际的芯片中，这两个电源管脚都要接受 $1.5V_{DDH}$ V-test，V_{DDH}管脚能通过 $1.5V_{DDH}$ V-test 的验证，而没有发生闩锁效应，但是 V_{DDHA}在接受 $1.5V_{DDHA}$ V-test 时发生闩锁效应。虽然 13.5V NMOS 版图结构中源极有源区和衬底接触有源区是紧靠在一起的，这样可以得到最小的等效电阻 R_p，但是根据闩锁效应的测试结果可知，等效电阻 R_p 并没有缩小到可以完全避免闩锁效应，它的物理分析和图 10-3 中的等效电阻 R_p 是一样的。关于 $1.5V_{DDHA}$ V-test 时发生闩锁现象的具体物理分析过程，可以参考第 6 章中图 6-109 的分析过程，这里不再详细论述。

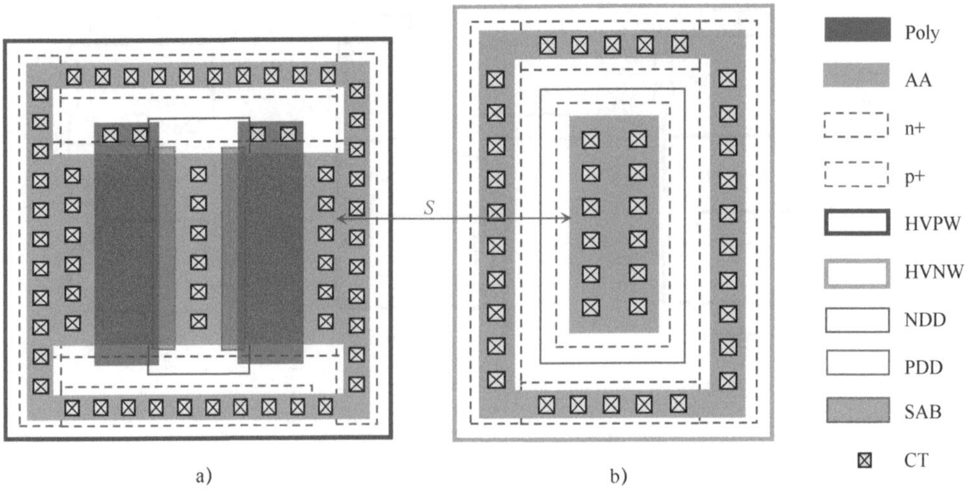

图 10-10　13.5V P-diode 与 13.5V NMOS 的版图

为了改善 13.5V P-diode 与 13.5V NMOS 之间的闩锁效应，可以通过增大 13.5V P-diode 阳极与 13.5V NMOS 源极有源区的间距（$S=20\mu m$），另外还要在 13.5V P-diode 与 13.5V

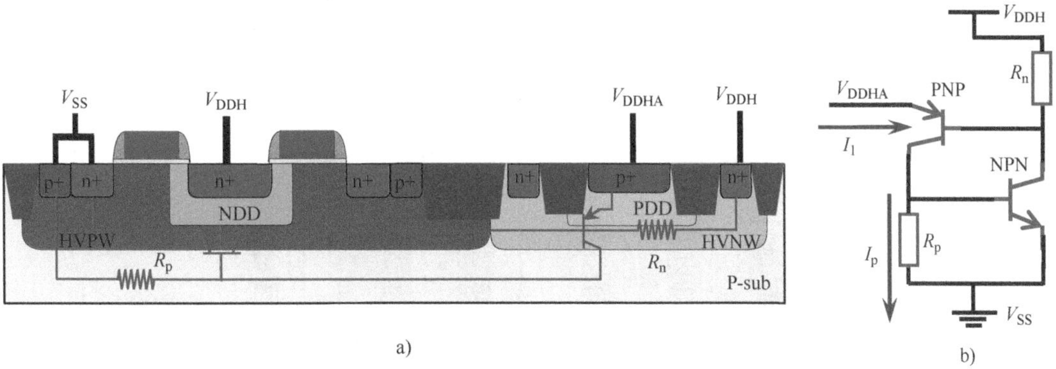

图 10-11　13.5V P-diode 与 13.5V NMOS 的剖面图和等效电路图

NMOS 之间加少子和多子保护环，提前收集电子和空穴，破坏 PNP 与 NPN 之间的耦合，使 $\beta_n\beta_p<1$，从而防止闩锁效应的发生。

10.2　器件与阱之间的闩锁效应

NW 与 18V P-diode 之间的闩锁效应

可以用 N-diode 和 P-diode 做输出管脚的 ESD 保护，而两个地之间可以用两个背靠背的 P-diode 做 ESD 保护。图 10-12 所示是输出电路和地的 ESD 保护电路图。输出电路中 18V P-diode与接地的 18V P-diode 的 NW 之间形成寄生 PNPN 结构，当输出管脚出现正的浪涌电

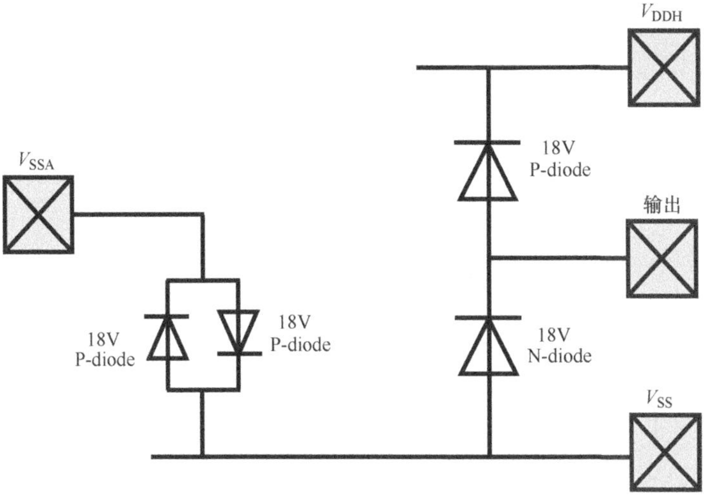

图 10-12　输出电路和地的 ESD 保护电路图

压信号时，PNPN 结构会被触发形成低阻通路，从而形成大电流击毁电路。图 10-13 所示是 18V P-diode 与 NW 的版图，18V P-diode 阳极与 NW 有源区的间距 $S=10\mu m$。图 10-14 所示是它们的剖面图和等效电路图。

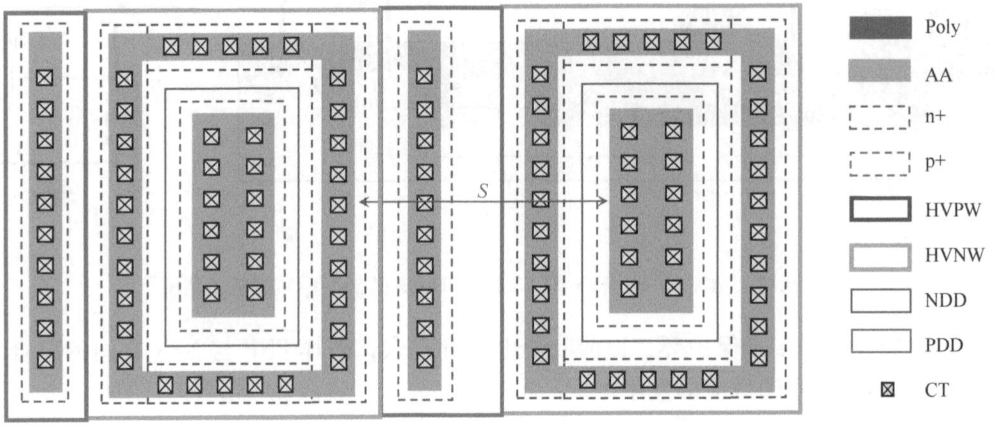

a)　　b)

图 10-13　18V P-diode 与 NW 的版图

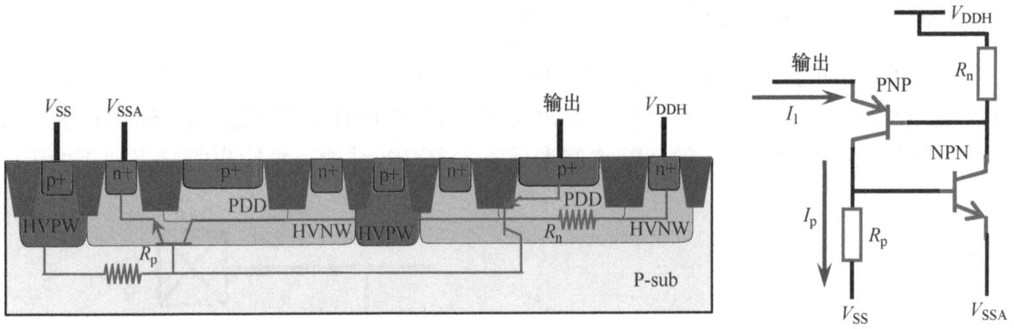

a)　　b)

图 10-14　18V P-diode 与 NW 的剖面图和等效电路图

在实际的芯片中，该输出管脚要接受 -100mA I-test 和 +100mA I-test，它能通过 -100mA I-test 的验证，而没有发生闩锁效应，但是在接受 +100mA I-test 时发生闩锁效应。关于输出管脚 +100mA I-test 时，发生闩锁现象的具体物理分析过程，可以参考第 6 章中图 6-14 的分析过程，这里不再详细论述。

为了改善 18V P-diode 与 NW 之间的闩锁效应，可以通过增大 18V P-diode 与 NW 有源区的间距 $S=20\mu m$，另外还要在 18V P-diode 与 NW 之间加少子和多子保护环，提前收集电子和空穴，破坏 PNP 与 NPN 之间的耦合，使 $\beta_n\beta_p<1$，从而防止闩锁效应的发生。

10.3　闩锁效应测试击毁 Poly 电阻

在有些电路中，输出电路会包含接低或者接高逻辑电平的电路，并且为了保护电路，电路中包含电阻，例如 Poly 电阻。如果在闩锁效应测试时，没能通过内部控制电路关闭这些电路通路，闩锁效应测试的电流会流经这些电路的电阻，闩锁效应 100mA I-test 的电流会烧毁这些电阻。

图 10-15 所示是输出电路的电路图，它包含一个接低的电路，从输出管脚到 V_{SSA}，它包含两个电阻 R_1 和 R_2，它们的阻值一共是 400Ω，电阻横向宽度是 4μm，根据设计规则它们可承受的最大电流只有 6mA 左右。

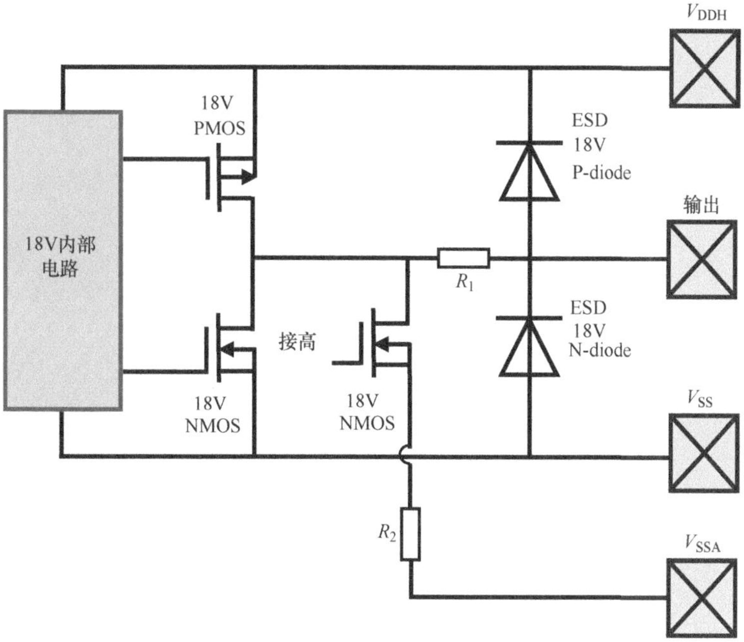

图 10-15　输出电路的电路图

在实际的芯片中，该输出管脚都要接受 -100mA I-test 和 +100mA I-test，它能通过 -100mA I-test 的验证，而没有出现烧毁现象，但是在接受 +100mA I-test 时电阻被烧毁。

在 -100mA I-test 时，输出管脚的瞬态激励电压达到 -2V 时，接到输出管脚的 ESD 18V N-diode 导通，闩锁测试的电流有 97mA 左右通过该 18V N-diode 从 V_{SS} 流向输出管脚，V_{SSA} 管脚与输出管脚的压差是 2V，所以只有 3mA 的电流出现在 V_{SSA} 管脚，电阻 R_1 没有被烧毁。

在 +100mA I-test 测试时，输出管脚的瞬态激励电压达到 19.6V 时，接到输出管脚的 ESD 18V P-diode 导通，闩锁测试的电流有 70mA 左右通过 18V P-diode 流向 V_{DDH}，V_{SSA} 管脚与输出管脚的压差是 19.6V，有 30mA 左右的大电流从输出管脚流向 V_{SSA} 管脚，电阻 R_1 和

R_2 被烧毁。

虽然闩锁效应测试烧毁了电阻，但是这个芯片并没有发生闩锁效应，芯片没有闩锁效应的风险。电阻被烧毁说明不能用静态的闩锁效应测试去测试该芯片，必须通过动态闩锁效应测试机台测试该芯片，在加载瞬态激励前通过时序信号关闭接低逻辑电平的电路通路，从而切断流向 R_1 和 R_2 的电流，使闩锁测试的电流流向 ESD 保护电路中的二极管通路，避免电阻被烧毁。

10.4 小　结

本章介绍了器件之间的闩锁效应、器件与阱之间的闩锁效应和闩锁效应测试击毁 Poly 电阻的实际案例。

第 11 章　寄生器件的 ESD 应用

CMOS 集成电路中的寄生 NPN 和寄生 PNPN 结构的低阻闩锁态可以提供低阻通路，通过合理的设计可以把寄生 NPN 和寄生 PNPN 结构用于 ESD 电路设计。ESD NMOS 主要依靠自身寄生 NPN 提供 ESD 电流泄放通路，而寄生 PNPN 结构具有最大单位面积的 ESD 通路能力。

本章侧重介绍寄生 NPN 和寄生 PNPN 的 ESD 应用。

11.1　寄生 NPN 的 ESD 应用

11.1.1　NMOS 寄生 NPN

NMOS 自身存在一个寄生的横向 NPN，该寄生 NPN 可以承受非常大的电流，当它导通时可以提供低阻旁路通路快速泄放大量的 ESD 静电电流，同时可以保护自身以及内部电路不被 ESD 电流损伤，所以 NMOS 通常被用于设计 IO 电路。

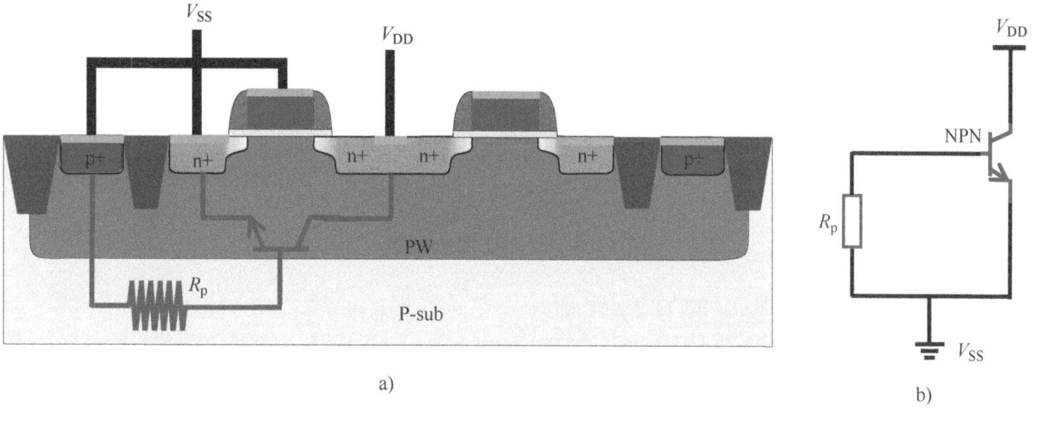

图 11-1　GGNMOS 的剖面图和等效电路

为了更好地理解 NMOS 寄生 NPN 的作用，以 ESD GGNMOS 为例，图 11-1 所示是 GGNMOS的剖面图和等效电路图，V_{SS}是接地管脚，V_{DD}是接电源管脚，R_p 是 PW 的等效电阻。该 NMOS 的栅、源和衬底 PW 都接 V_{SS}管脚，漏极接 V_{DD}管脚。栅极接地是为了使 NMOS 在正常工作电压条件下一直处于关闭状态。NMOS 源极是寄生 NPN 发射极，漏极是寄生

NPN 集电极，衬底 PW 是寄生 NPN 基极。在 NMOS 正常工作电压偏置条件下，寄生 NPN 处于截止状态，因为 I_b（衬底电流）几乎等于零，也就是它的反馈电压 $V_b = I_b R_p$ 几乎等于零，发射结是零偏，集电结是反偏。当 PN 结反偏时，PN 结反向漏电流主要是由耗尽区自由移动的热载流子和在中性区扩散的载流子组成。随着 V_{DD} 电压不断升高，加载在反偏漏极与衬底之间的 PN 结反向电场也不断升高，当反偏电场大于 10^5V/cm 时，漏极反偏的 PN 结发生雪崩击穿，并产生雪崩倍增效应，图 11-2 所示是雪崩倍增的机制。产生雪崩倍增效应时，耗尽区的热载流子可以从晶格碰撞获得足够的能量挣脱化学键的束缚，产生电子-空穴对形成自由电子和空穴，如图 11-2b 所示，自由电子在电场中被加速，再与晶格碰撞，产生更多的自由电子和空穴，如图 11-2c 所示。自由电子会沿着电场方向漂移到漏极，因为漏极的电位最高。空穴会流向衬底形成 I_b，因为衬底的电位最低。I_b 会随着 V_{DD} 的不断升高而增大，电场越大，自由电子经电场加速后的速度越高，与晶格碰撞会产生更多的自由电子和空穴，所以电场越大产生电子空穴对的概率也越大。I_b 增大，$V_b = R_p I_b$ 也增大，当 $V_b > 0.6$V 时，源极与衬底 PW 之间的 PN 结正向开启。依据双极型晶体管原理，此时 NPN 开启，漏极 V_{DD} 通过 NPN 对 V_{SS} 进行放电，源极有源区作为发射极把电子注入到基区衬底，漏极收集电子。NPN 的 ESD 鲁棒性是由寄生 NPN 的基区宽度、集电极和发射极的面积决定的，集电极和发射极的面积等于 NMOS 源极和漏极的面积，它们都是由 NMOS 的沟道宽度决定的，NPN 的基区宽度等于 NMOS 的沟道长度。

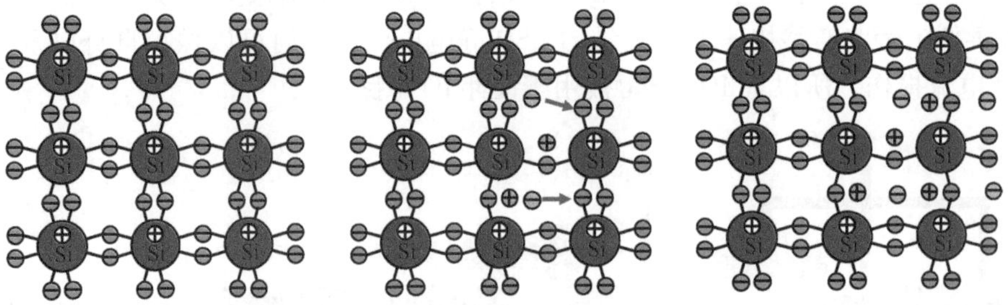

a)　　b)　　c)

图 11-2　雪崩倍增的机制

图 11-3 所示是 GGNMOS 的 TLP *I-V* 曲线，它是 S 形的曲线。

当加载在 V_{DD} 管脚的 ESD 脉冲电压小于 V_{t1} 时，寄生 NPN 会一直处于高阻阻塞态，其电流是二极管的反向偏置漏电流，高阻阻塞态的漏电流非常小，几乎可以忽略不计，*I-V* 曲线的电压几乎等于 ESD 脉冲电压。

当加载在 V_{DD} 管脚的 ESD 脉冲电压大于 V_{t1} 时，寄生 NPN 开启导通，从而进入 BC 段工作区间，形成低阻通路。AB 段的曲线实际上是不存在的，寄生 NPN 导通后直接进入 BC 段。BC 段工作区间对应的电流是寄生 NPN 的导通电流，电流非常大，其电压等于寄生 NPN 导通放电后剩余的 ESD 脉冲电压，所以 B 点的电压小于 A 点电压。V_{t1} 是 n + 有源区和 PW 之间的 PN 结（双极型晶体管的 C-B 结）产生雪崩击穿所需电压的临界点，雪崩击穿电流非常大，它流过 R_p 形成压降，使寄生 NPN 的发射结正偏，此时 NPN 导通。B 点为维持寄生 NPN 结构持续开启的最小电压 V_h，V_h 为自持电压，在 BC 段寄生 NPN 开启并且形成正反馈回路，寄生 NPN 工作在低阻闩锁态，电流随着电压升高而升高，BC 段实际是寄生 NPN 的稳定工作区间。BC 段的斜率就是 NPN 导通后的电阻，它主要是由源漏极电阻和接触电阻决定，漏极有源区电阻表现为正的温度系数，当 ESD 电流流向某一区域时该区域温度升高，电阻也升高，表现为阻碍电流向该方向流动，电流又会流向其他方向，这样各个方向的电阻都升高，最终电流向各个方向均匀流动。当寄生 NPN 工作在 BC 段，NMOS 处于热平衡状态，电流产生的热量大于等于它自身散失的热量。

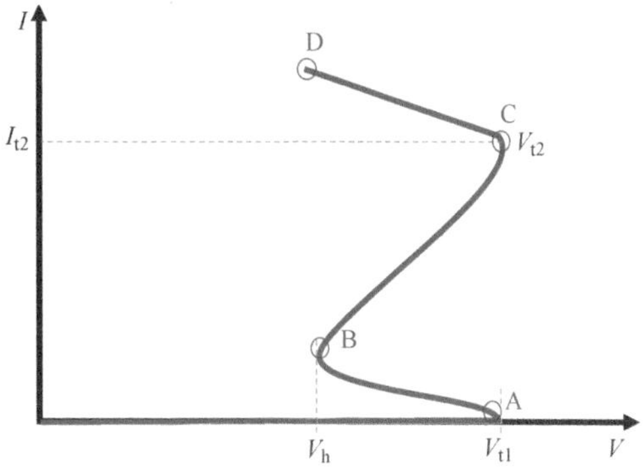

图 11-3　GGNMOS 的 TLP *I*-*V* 曲线

当加载在 V_{DD}管脚的 ESD 脉冲电压经大于 V_{t2}时，寄生 NPN 进入 CD 段，C 点 V_{t2}为热击穿的临界点，ESD 脉冲电压经过 NPN 放电后的电压不断升高到 C 点，它自身的温度不断升高使它进入热击穿，GGNMOS 进入热击穿状态，寄生 NPN 的电流非常大，电流产生的热量大于它自身散失的热量，电场中的介质从散热与发热的热平衡状态转入非热平衡状态，并激发大量热电子，电势能产生的热量比传递散失的要多，硅衬底的温度越来越高，硅电阻表现为负的温度系数，也就是当电流流向某一区域时该区域温度升高，电阻反而降低，*I*-*V* 曲线表现负阻态，负阻效应导致电流集中向某一方向流动，导致该方向的温度不断升高，电阻不断降低，直至出现永久性损坏，寄生 NPN 被烧毁形成开路。

ESD NMOS 寄生 NPN 的性能决定了 ESD NMOS 的 ESD 鲁棒性，目前有几种方法可以提高寄生 NPN 的 ESD 鲁棒性：第一种方法是增大衬底的等效电阻 R_p；第二种方法是增大衬底的衬底电流 I_b；第三种方法是增大寄生 NPN 的发射区和收集区的面积。图 11-4 所示是 ESD NMOS 的版图。

增大衬底的等效电阻 R_p：ESD NMOS 等效电路由寄生 NPN 和等效电阻 R_p 组成，衬底电流在 R_p 上的反馈电压 $V_b = I_b R_p$。当 $V_b > 0.6\text{V}$，寄生 NPN 的发射结正偏，NPN 导通并进行 ESD 静电放电。增大 V_b 可以提高 NPN 发射极的注入电流，从而提高寄生 NPN 的 ESD 鲁棒性。要增大 R_p，可以减小衬底接触有区的宽度 W_1，因为 W_1 直接影响衬底接触有源区的面积，也就是衬底电阻 R_p 的横截面积，所以 W_1 与 R_p 成反比。增大衬底与源极有源区的距离 S_2 也可以增加 R_p，因为增大 S_2，实际就是增大了 R_p 的有效长度。

增大衬底的衬底电流 I_b：当 NPN 导通后，I_b 不再是漏极雪崩击穿电流，而是 NPN 的基极复合电流。增大 I_b 可以提高反馈电压 $V_b = I_b R_p$，从而提高 NPN 发射极的注入电流，达到提高寄生 NPN 的 ESD 鲁棒性的目的。ESD NMOS 的沟道长度等效于寄生 NPN 的基区宽度，增大 ESD NMOS 的沟道长度可以增加 NPN 的复合电流 I_b。但是根据双极型晶体管原理，

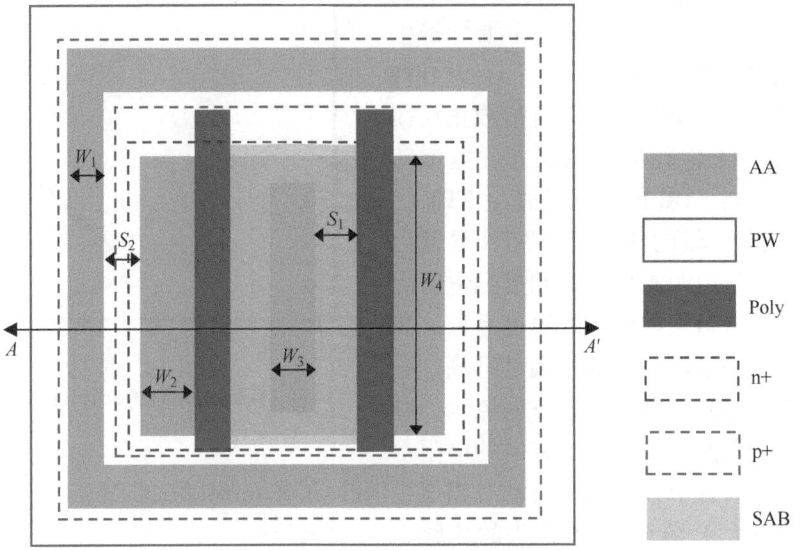

图 11-4　ESD NMOS 的版图

NPN 的基区宽度与 NPN 的放大系数β成反比，为了使寄生 NPN 的 ESD 鲁棒性最优，需要根据实验的具体数据确定基区的合理宽度。

增大寄生 NPN 的发射区和收集区的面积：通过增大 ESD NMOS 的总沟道宽度，可以增大寄生 NPN 的发射区和收集区的面积，从而增强寄生 NPN 的 ESD 鲁棒性。可以通过增大 ESD NMOS 的沟道宽度 W_4，以及增大源极和漏极宽度 W_2 和 W_3+S_1，从而增大寄生 NPN 发射区和收集区的面积。

11.1.2　寄生 NPN 非均匀导通问题

虽然可以通过增大单个 NMOS 的沟道宽度和并联多个 NMOS 来增大 NMOS 寄生 NPN 的发射区和收集区的面积，从而提升寄生 NPN 的 ESD 鲁棒性，但是这种并联多个 NMOS 的器件结构存在寄生 NPN 非均匀导通的问题。例如对于 ESD NMOS 的总沟道宽度大约 400 ~ 800μm，而单个 ESD NMOS 的沟道宽度只有 50μm，ESD NMOS 的版图布局是由 8 ~ 16 个这样大小的 ESD NMOS 互相并联在一起，图 11-5 所示是 8 个 ESD NMOS 的并联在同一个阱接触环里。当 ESD 静电放电发生时，这 8 个 ESD NMOS 的寄生 NPN 并不会同时导通，通常只有中心附近的几个 NPN 先导通进行 ESD 静电放电，因为在 PW 中心附近的总等效电阻 R_p 最大，越往阱接触环靠近等效电阻 R_p 越小，NPN 发射极的压降 $V_b=I_bR_p$，所以 R_p 越大 V_b 就越大，那么寄生的 NPN 越容易导通。而中心附近的几个 NPN 一旦导通，ESD 静电泄放电流便集中流向这几个 NPN，而其他的 NPN 仍然保持关闭状态，所以这 8 个 ESD NMOS 的 ESD 鲁棒性等效于只有中心附近的几个寄生 NPN 的 ESD 鲁棒性，而不是这 8 个 ESD NMOS 所有寄生 NPN 的防护能力。这也就是为什么 ESD NMOS 的 ESD 鲁棒性不会随着 ESD NMOS 总沟道宽度的增大而成正比地增大。

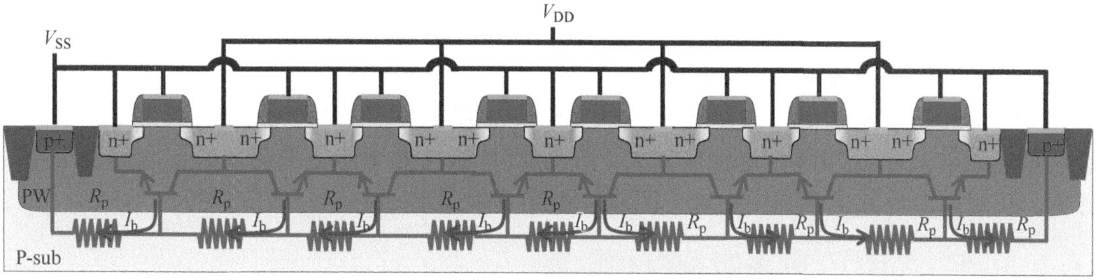

图 11-5　8 个 ESD NMOS 的并联在同一个阱接触环里

为了改善 ESD NMOS 寄生 NPN 非均匀导通的问题，尽量不要把很多并联的 ESD NMOS 设计在同一个阱接触环里面。另外可以利用 RC 栅触发 ESD 保护电路和衬底触发 ESD 保护电路改善非均匀导通的问题，以提升其 ESD 鲁棒性。

图 11-6 所示是 ESD NMOS 均匀导通和非均匀导通的 TLP *I-V* 曲线的比较。图 11-6a 是 ESD NMOS 均匀导通的 TLP *I-V* 曲线。ESD NMOS 的雪崩击穿电压 V_{t1} 小于它的热击穿电压 V_{t2}。当 ESD 脉冲电压大于 V_{t1} 时，ESD NMOS 寄生 NPN 开始导通泄放 ESD 电流，此时 ESD NMOS 中心附近的寄生 NPN 会首先导通，而边缘附近的寄生 NPN 还没有导通。TLP *I-V* 曲线 BC 段对应的电压值是经寄生 NPN 泄放后剩余的静电电压值，当 BC 段对应的电压大于 V_{t1} 时，首先导通的寄生 NPN 的 ESD 鲁棒性并不足以把 ESD 静电电压降到小于 V_{t1} 以下，此时 ESD NMOS 再次进入雪崩击穿状态，雪崩击穿电流会导通边缘附近的寄生 NPN，也就是 ESD NMOS 几乎所有的寄生 NPN 一起导通进行 ESD 静电放电。图 11-6b 是 ESD NMOS 非均匀导通的 TLP *I-V* 曲线。ESD NMOS 的雪崩击穿电压 V_{t1} 大于它的热击穿电压 V_{t2}。与均匀导通的

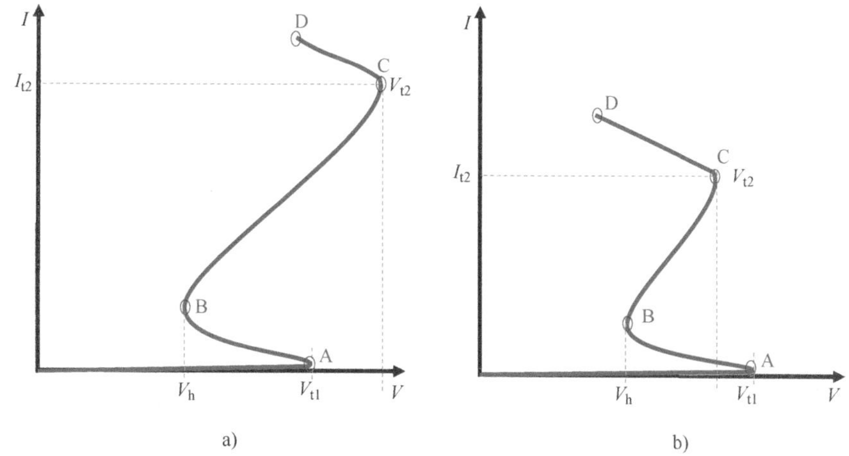

图 11-6　ESD NMOS 均匀导通和非均匀导通的 TLP *I-V* 曲线

情况类似，当 ESD 脉冲电压大于 V_{t1}时，ESD NMOS 中心附近的寄生 NPN 也会首先导通泄放 ESD 电流，而边缘附近的寄生 NPN 还没有导通。TLP I-V 曲线 BC 段对应的电压没有出现大于 V_{t1}的情况，说明 ESD NMOS 中心附近的寄生 NPN 会导通后直至进入热击穿都没有再出现雪崩击穿的情况，该 ESD NMOS 仅仅依靠中心附近的寄生 NPN 导通泄放 ESD 电流。最终加载在 ESD NMOS 两端的电压大于等于 V_{t2}，ESD NMOS 进入热击穿，利用热击穿 CD 段进行 ESD 静电放电，寄生 NPN 的电流非常大，导致 ESD 器件处于非热平衡状态，它的温度不断升高，负阻效应导致电流集中在某一区域，最终 ESD 器件被热击穿效应烧毁。

11.1.3　GTNMOS 电源钳位保护电路

GTNMOS（Gate Trigger NMOS）是 RC 栅触发 NMOS 电源钳位电路。图 11-7 所示是 RC 栅触发 NMOS 电源钳位 ESD 保护电路。该 ESD 保护电路由 ESD 瞬变探测电路和 ESD NMOS 组成，NMOS 栅电容、电阻 R_1 和反相器（由 NMOS 和 PMOS 组成）组成 ESD 瞬变探测电路，ESD NMOS 是 ESD 静电泄放器件。

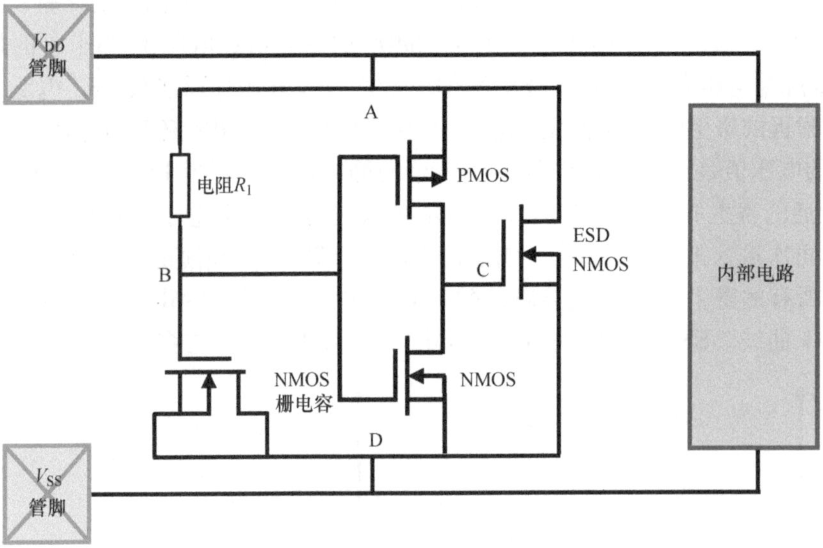

图 11-7　RC 栅触发 NMOS 电源钳制

电路加载电源电压正常工作时，A 点的电压等于 B 点的电压，反相器 C 点的电压等于 D 点的电压 V_{SS}，ESD NMOS 栅压 V_{gs}等于 0V，ESD NMOS 依然处于关闭状态。所以该电源钳位 ESD 保护电路一直工作在关闭状态。

电路没有加载电源电压时，V_{DD}管脚的电位为 0V。当正的 ESD 脉冲 $+V_{ESD}$发生在 V_{DD}管脚时，$+V_{ESD}$电压大于 0V，因为延时此时 B 点电位依然是 0V，A 点的电位是 $+V_{ESD}$，反相器 PMOS 栅压 V_{gs}等于 0V-($+V_{ESD}$) 小于 0V，所以 PMOS 开启，C 点电位等于 A 点电位，所以 ESD NMOS 栅压 V_{gs}等于 $+V_{ESD}$，此时 ESD NMOS 导通泄放 ESD 静电电流，ESD 静电是通过 ESD NMOS 的沟道泄放。如果 ESD 电压 $+V_{ESD}$ 大于 ESD NMOS 的雪崩击穿电压 V_{t1}，ESD NMOS 寄生 NPN 开启导通，通过 ESD NMOS 寄生 NPN 导通泄放 ESD 静电。当负的 ESD 脉冲 $-V_{ESD}$ 发生在 V_{DD} 管脚时，$-V_{ESD}$ 电压小于 0V，因为延时此时 B 点电位依然是 0V，A 点电位是 $-V_{ESD}$，反相器 PMOS 栅压 V_{gs} 大于 0V，所以 PMOS 关闭，反相器 NMOS 和 PMOS 都关闭，C 点电位等于 0V，ESD NMOS 栅压 V_{gs} 等于 0V，ESD NMOS 依然处于关闭状态，但是 ESD NMOS 寄生 N 型二极管开启泄放 ESD 静电电流。另外当负的 ESD 脉冲 $-V_{ESD}$ 发生在 V_{DD} 管脚时，电路中其他器件的 NW 和 PW 形成寄生 N 型二极管也会导通，通过这些 NW 和 PW 寄生 N 型二极管导通泄放 ESD 静电电流。

RC 栅触发 ESD 保护电路可以改善 ESD NMOS 寄生 NPN 非均匀导通的问题。因为 RC 栅触发 ESD 保护电路可以通过栅极的偏置电压使边缘附近的 ESD NMOS 形成沟道，利用沟道进行放电，以提升其 ESD 防护能力，但是 ESD NMOS 利用沟道进行 ESD 静电放电的能力比较差，需要的器件面积也很大。

RC 栅触发 ESD 保护电路可以降低 ESD NMOS 的 V_{t1}。与 GGNMOS 不同，当发生 ESD 现象时，RC 栅触发 ESD 保护电路中的 ESD NMOS 栅压 V_{gs} 升高，V_{gs} 导致 ESD NMOS 开启形成沟道，沟道中的电子通过电场加速，获得足够的能量撞击漏极耗尽区的电子空穴对，形成自由电子和空穴，自由电子被加速形成热电子，再与晶格碰撞，产生更多的自由电子和空穴，形成雪崩击穿效应。栅电压 V_{gs} 越大，ESD NMOS 沟道的宽度越宽，电流越大，形成更多的热电子撞击漏极耗尽区的电子空穴对，产生的雪崩电流也越大，雪崩电流流经 PW 的等效电阻 R_p 形成的反馈电压也越大。

图 11-8 所示是 3.3V ESD NMOS 直流 I-V 曲线。V_g 越大，ESD NMOS 的雪崩击穿电压越

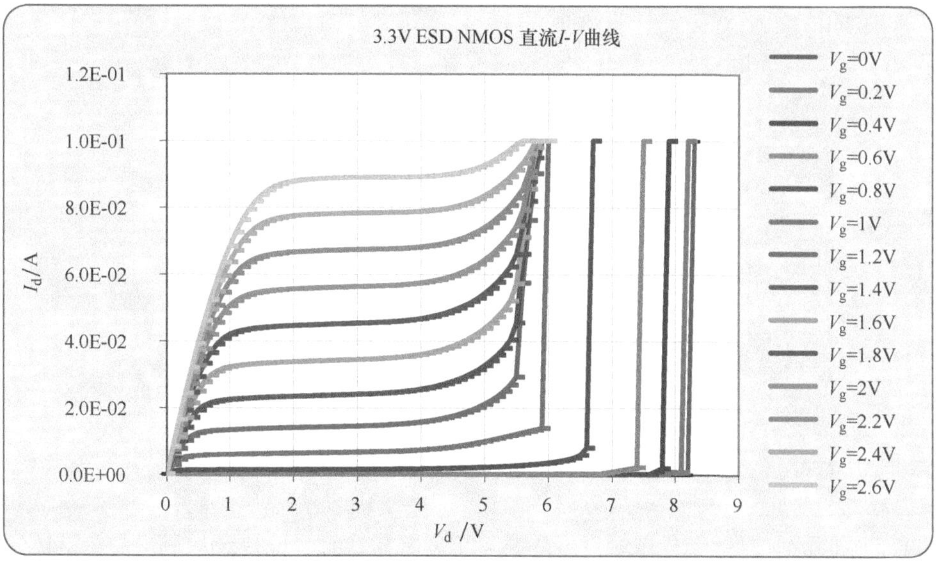

图 11-8　3.3V ESD NMOS 直流 I-V 曲线

小。图 11-9 所示是 ESD NMOS 的雪崩电流，ESD NMOS 开启后沟道电子被加速成热电子，热电子撞击电子空穴对形成雪崩电流，空穴被 PW 接触收集，形成电流 I_p，I_p 流经 PW 的等效电阻 R_p，形成压降 I_pR_p，当 I_pR_p 大于 0.6V，ESD NMOS 寄生的 NPN 开启导通。

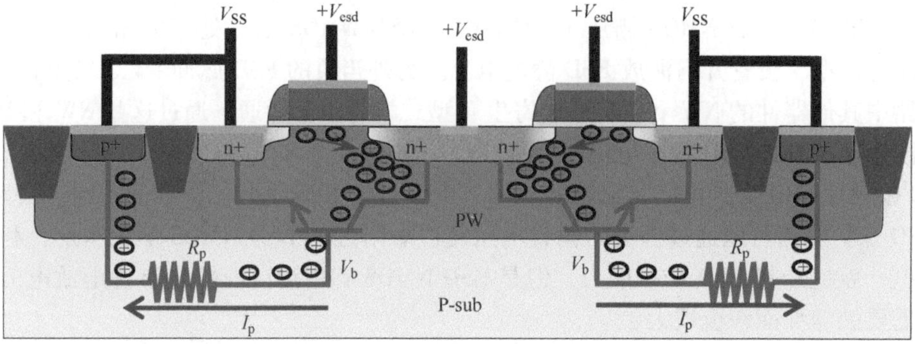

图 11-9　ESD NMOS 的雪崩电流

图 11-10 所示是 3.3V ESD NMOS 的 BV 随 V_g 变化的曲线。直流偏置条件下，雪崩击穿电压 BV 随 V_g 变化的曲线，ESD NMOS BV 随着栅压 V_g 的增大而降低。当栅压 V_g 大于 0.5 × 3.3V = 1.65V 时，BV 几乎不会随着 V_g 的变化而变化。也就是 V_g 小于器件电源电压的 1/2 时，BV 随着 V_g 的变化最明显。

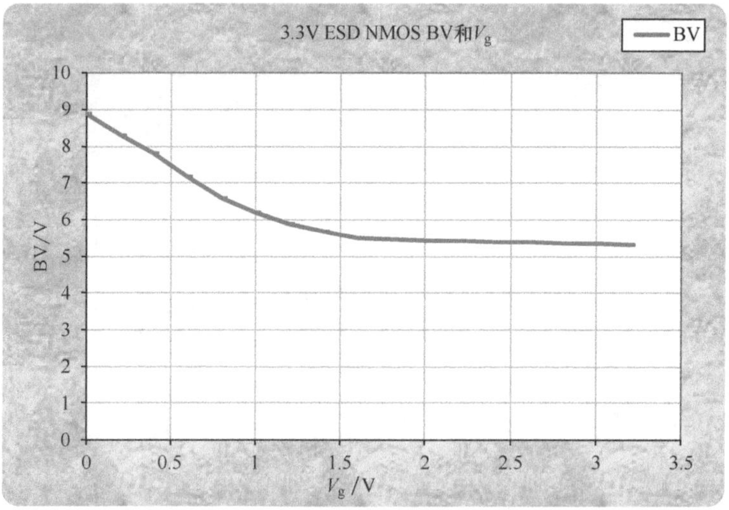

图 11-10　3.3V ESD NMOS 的 BV 随 V_g 变化的曲线

图 11-11 所示是 3.3V RC 栅触发 NMOS TLP *I-V* 曲线，I_Leakage 是测试的漏电流，I_tlp 是测量的电流，V_tlp 是测量的电压，ESD NMOS 的总沟道宽度是 800μm，V_{t1} 是 6.57V，I_{t2} 是 3.58A，它可以承受的 HBM ESD 电压是 I_{t2} × 1.5kΩ = 3.58A × 1.5kΩ = 5.37kV，其中

1.5kΩ 是 HBM 模型人体等效电阻。在测试时，该 3.3V RC 栅触发 NMOS 电路电源管脚没有接电源，ESD 电压到达 2.7V 时已经有电流通过该电路，此时是通过 ESD NMOS 的沟道泄放 ESD 电流。ESD 电压大于 6.57V 时，ESD NMOS 中心附近的寄生 NPN 导通，而边缘附近的 ESD NMOS 寄生 NPN 不会导通，边缘附近的依然通过 ESD NMOS 形成沟道泄放 ESD 电流。

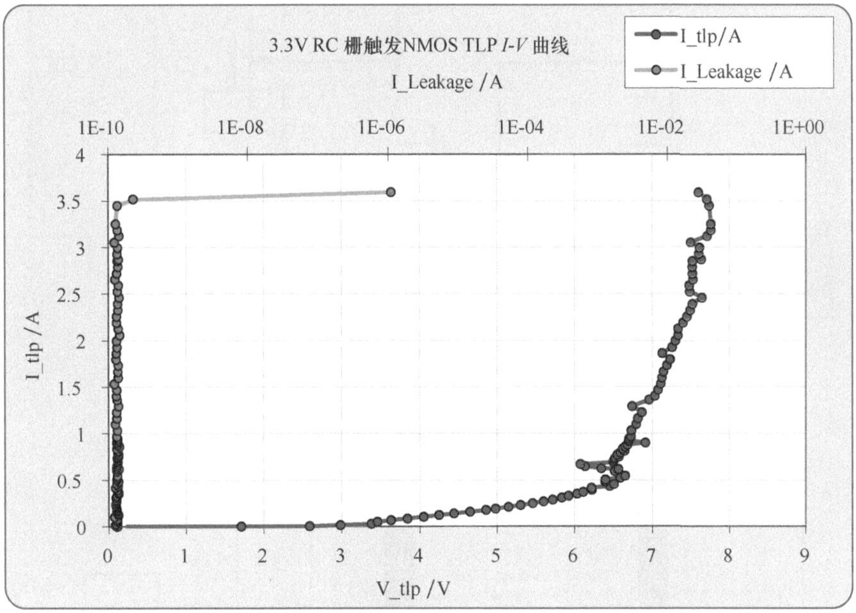

图 11-11　3.3V RC 栅触发 NMOS TLP *I*-*V* 曲线

11.1.4　STNMOS 电源钳位保护电路

STNMOS（Substrate Trigger NMOS）是衬底触发 NMOS 电源钳位电路。图 11-12 所示是衬底触发 NMOS 电源钳位 ESD 保护电路。该 ESD 保护电路由 NMOS 栅电容、电阻 R_1 和反相器（由 NMOS 和 PMOS 组成）组成的电路是 ESD 瞬变探测电路，ESD NMOS 是 ESD 静电泄放器件。

电路加载电源电压正常工作时，A 点的电压等于 B 点的电压，反相器 C 点的电压等于 D 点的电压 V_{SS}，ESD NMOS 栅压 V_{gs} 等于 0V，衬底的电压也等于 0V，此时 ESD NMOS 依然处于关闭状态，所以该电源钳位 ESD 保护电路一直工作在关闭状态。

图 11-13 所示是衬底触发 ESD NMOS 的版图，两个 ESD NMOS 漏极之间的 PW 阱接触 p+ 有源区会接到电路中 C 点，最外围的 PW 阱接触环 p+ 有源区接 V_{SS}。图 11-14 所示是衬底触发 ESD NMOS 的剖面图。当电路中 C 点的电位 V_b 与 V_{SS} 存在电势差，V_b 与 V_{SS} 之间产生电流 I_b，I_b 会在 PW 的等效电阻 R_p 上形成压降 I_bR_p，当 $I_bR_p > 0.6V$ 时，该反馈电压会使寄生 NPN 发射结正偏，从而导致寄生 NPN 导通。

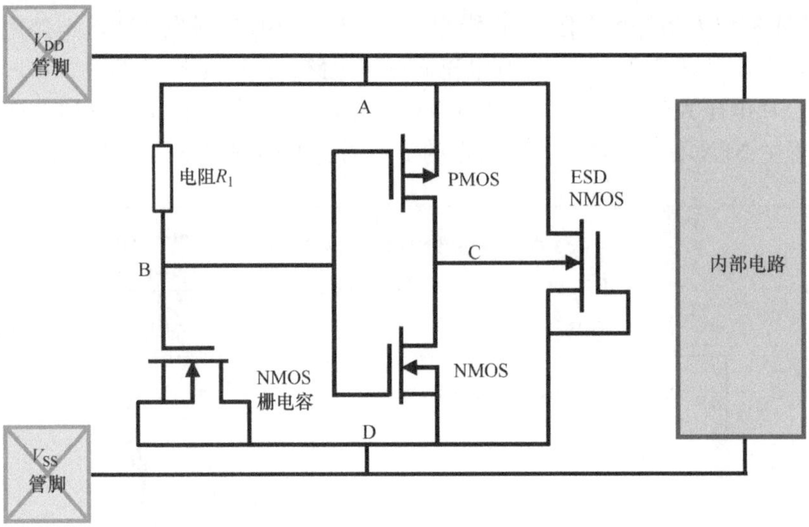

图 11-12　衬底触发 NMOS 电源钳位 ESD 保护电路

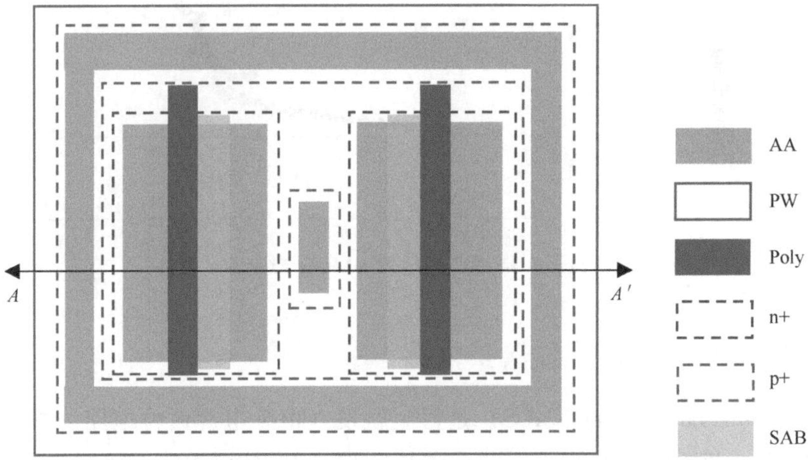

图 11-13　衬底触发 ESD NMOS 的版图

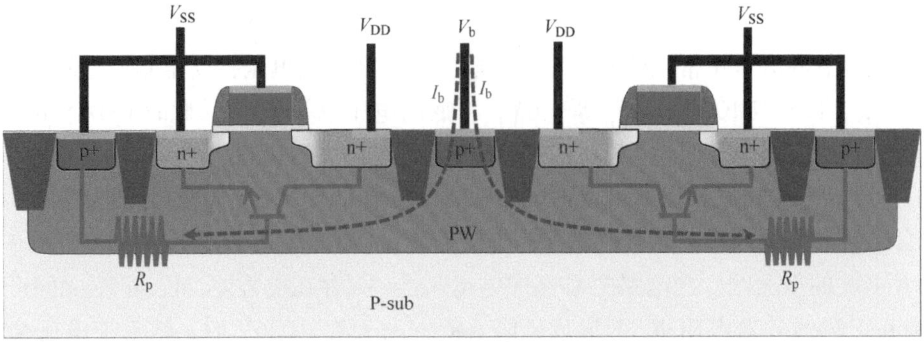

图 11-14　衬底触发 ESD NMOS 的剖面图

电路没有加载电源电压时，V_{DD}管脚的电位为 0V。当正的 ESD 脉冲 $+V_{ESD}$发生在 V_{DD}管脚时，$+V_{ESD}$电压大于 0V，因为存在延时，此时 B 点电位依然是 0V，A 点的电位是 $+V_{ESD}$，反相器 PMOS 栅压 V_{gs}等于 0V-（$+V_{ESD}$）小于 0V，所以 PMOS 开启，C 点的电位等于 A 点的电位，所以 ESD NMOS 衬底电压 V_b 等于 $+V_{ESD}$，V_b 与 V_{SS}之间产生电流 I_b，I_b 会在 PW 的等效电阻 R_p 上形成压降 I_bR_p，当 $I_bR_p>0.6V$，该反馈电压会使寄生 NPN 发射结正偏，从而导致寄生 NPN 导通，此时 ESD NMOS 寄生 NPN 导通泄放 ESD 静电电流。当负的 ESD 脉冲 $-V_{ESD}$发生在 V_{DD}管脚时，$-V_{ESD}$电压小于 0V，因为延时此时 B 点电位依然是 0V，A 点的电位是 $-V_{ESD}$，反相器 NMOS 和 PMOS 都关闭，ESD NMOS 衬底的电压 V_b 等于 0V，漏极电压等于 $-V_{ESD}$，ESD NMOS 衬底 PW 与漏极之间的寄生二极管正偏，所以 ESD NMOS 寄生的 NPN 导通泄放 ESD 静电电流。另外当负的 ESD 脉冲 $-V_{ESD}$发生在 V_{DD}管脚时，电路中 NW 和 PW 形成的寄生 N 型二极管也会导通，ESD 静电电流也会通过这个 NW 和 PW 寄生的 N 型二极管导通泄放掉的。

为提高 NPN 的 ESD 鲁棒性，ESD NMOS 沟道长度要尽量短。另外，可以在 ESD NMOS 的源极有源区增加一个环形的 NW 包围 ESD NMOS，迫使 V_b 与 V_{ss}的电流 I_b 流向电阻率更高的 P-sub，而不是集中在电阻率低的 PW。等效电阻 R_p 主要由 P-sub 决定，所以可以得到更高的 R_p。反馈电压 I_bR_p 也会相应更高，可以使寄生 NPN 在更低的 ESD 电压条件下开启导通，也就是降低了它的 V_{t1}。图 11-15 所示是 NW 包围 ESD NMOS 的版图。图 11-16 所示是改善后的衬底触发 ESD NMOS 的剖面图。

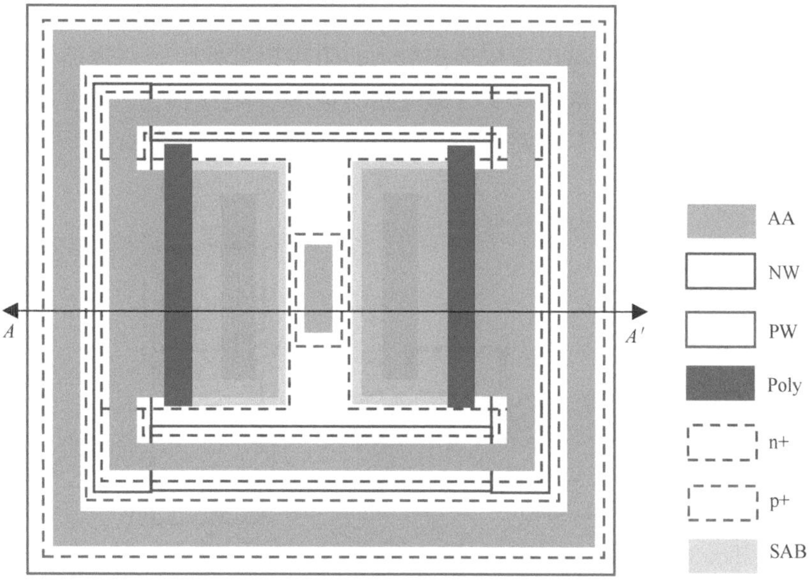

图 11-15　NW 包围 ESD NMOS 的版图

衬底触发 NMOS ESD 保护电路也可以改善 ESD NMOS 寄生 NPN 非均匀导通的问题。因为当正的 ESD 脉冲 $+V_{ESD}$发生时，ESD NMOS 衬底的电压 V_b 等于 $+V_{ESD}$，所有的 ESD NMOS

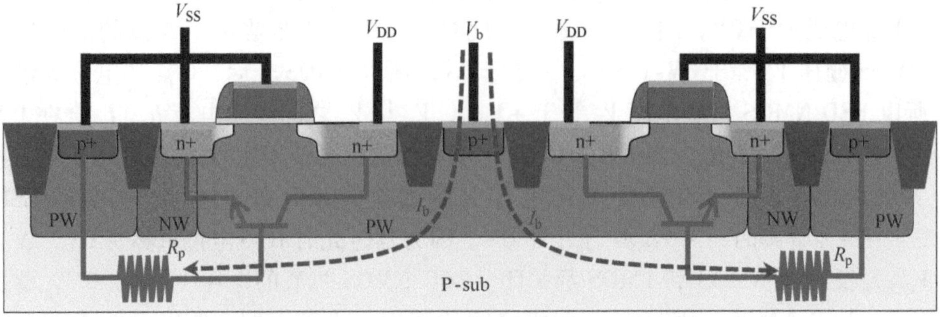

图 11-16　改善后的衬底触发 ESD NMOS 的剖面图

寄生的 NPN 一起导通泄放 ESD 静电电流。所以衬底触发 NMOS ESD 保护电路不存在 ESD NMOS 寄生 NPN 非均匀导通的问题。

11.2　寄生 PNPN 的 ESD 应用

11.2.1　CMOS 寄生 PNPN

CMOS 集成电路中寄生 PNPN 结构是由寄生的横向 NPN 和的纵向 PNP 通过 PW 的等效电阻 R_p 和 NW 电阻 R_n 耦合组成。图 11-17 所示是寄生 PNPN 结构的剖面图和电路简图。在导通的情况下，它具有非常大的单位面积通流能力，可以提供低阻旁路通路快速泄放大量的 ESD 静电电流，同时可以保护自身以及内部电路不被 ESD 电流损伤，寄生 PNPN 结构也被用于设计电源电压钳位 ESD 保护电路。

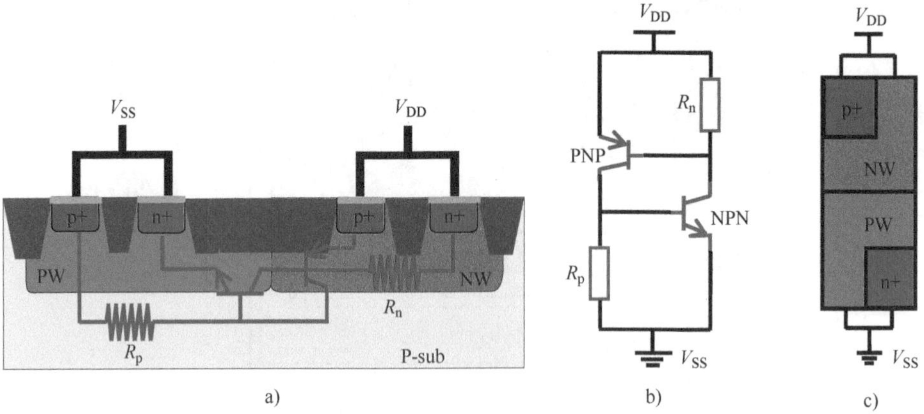

图 11-17　寄生 PNPN 结构的剖面图和电路简图

寄生 PNPN 结构的 TLP I-V 曲线与图 11-3 所示 GGNMOS 的 TLP I-V 曲线类似，它也是 S

形曲线。

当加载在 V_{DD}管脚的 ESD 脉冲电压小于 V_{t1}时，寄生 PNPN 结构会一直处于高阻阻塞态，其电流是二极管的反向偏置漏电流，高阻阻塞态的漏电流非常小，几乎可以忽略不计，*I*-*V* 曲线的电压几乎等于 ESD 脉冲电压。

当加载在 V_{DD}管脚的 ESD 脉冲电压大于 V_{t1}时，寄生 PNPN 开启导通，从而进入 BC 段工作区间，形成低阻通路。AB 段的曲线实际上是不存在的，寄生 PNPN 导通后直接进入 BC 段。BC 段工作区间对应的电流是寄生 PNPN 的导通电流，电流非常大，其电压等于寄生 PNPN 导通放电后剩余的 ESD 脉冲电压，所以 B 点的电压小于 A 点电压。V_{t1}是 NW 和 PW 之间的 PN 结产生雪崩击穿所需电压的临界点，雪崩击穿电流非常大，它流过等效电阻 R_p 和 R_n 形成压降，使寄生 NPN 和 PNP 的发射结正偏，此时寄生 NPN 和 PNP 导通并且形成正反馈回路，寄生 PNPN 工作在低阻闩锁态。B 点为维持寄生 PNPN 持续开启的最小电压 V_h，V_h 为自持电压，BC 段是寄生 PNPN 的稳定工作区间，电流随着电压升高而升高，BC 段的斜率就是寄生 PNPN 导通后的电阻，它主要是由源漏极电阻和接触电阻决定，漏极有源区电阻表现为正的温度系数，当 ESD 电流流向某一区域时该区域温度升高，电阻也升高，表现为阻碍电流向该方向流动，电流又会流向其他方向，这样各个方向的电阻都升高，最终电流向各个方向均匀流动。工作在 BC 段的寄生 PNPN 处于热平衡状态，电流产生的热量大于等于它自身散失的热量。

当加载在 V_{DD}管脚的电压经大于 V_{t2}时，寄生 NPN 进入 CD 段，C 点 V_{t2}为热击穿的临界点，该电压是 ESD 脉冲电压经过寄生 PNPN 放电后的剩余电压值不断升高到 C 点，寄生 PNPN 自身的温度不断升高使它进入热击穿，进入热击穿后的电流非常大，电流产生的热量大于它自身散失的热量，电场中的介质从散热与发热的热平衡状态转入非热平衡状态，并激发大量热电子，电势能产生的热量比传递散失的要多，硅衬底的温度越来越高，硅电阻表现为负的温度系数，*I*-*V* 曲线表现负阻态，负阻效应导致电流集中向某一方向流动，导致该方向的温度不断升高，电阻不断降低，直至出现永久性损坏，寄生 PNPN 被烧毁形成开路。

图 11-18 所示是 3.3V PNPN 结构的版图，它对应的剖面图是图 11-17。图 11-19 所示是 3.3V PNPN 结构的 TLP *I*-*V* 曲线图，它的 V_{t1}是 14.8V，V_h 是 4.17V，I_{t2}是 2.9A。如果用该 3.3V PNPN 结构设计电源电压钳位 ESD 保护电路，它的 V_{t1}那么大，当 ESD 发生时，PNPN 结构还未导通，ESD 静电放电可能已经击毁内部电路。虽然它的 V_h 只有 4.17V，它不会引起 3.3V 的电路发生闩锁效应，但是它并不适合作为 3.3V 电路的电源电压钳位 ESD 保护电路，因为它的 V_{t1}太高，必须降低 V_{t1}。

如何改善寄生 PNPN 的 ESD 鲁棒性呢？寄生 PNPN 是由寄生 PNP、寄生 NPN、PW 等效电阻 R_p 和 NW 等效电阻 R_n 组成的，有几种方式提高寄生 PNPN 的 ESD 鲁棒性：第一种方法是增大 PW 等效电阻 R_p 和 NW 等效电阻 R_n；第二种方法是降低它的雪崩击穿电压 V_{t1}；第三种方法是增大寄生 NPN 和寄生 PNP 的放大系数。

增大 PW 等效电阻 R_p 和 NW 等效电阻 R_n：衬底电流在 R_p 和 R_n 上的正反馈电压分别为 I_bR_p 和 I_bR_p。当 I_bR_p 和 I_bR_p 都大于 0.6V，寄生 NPN 和寄生 PNP 导通，寄生 PNPN 形成低

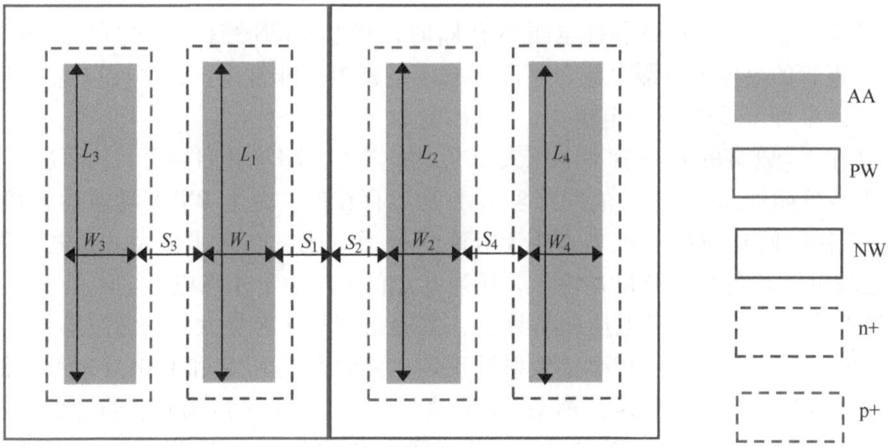

图 11-18　3.3V PNPN 结构的版图

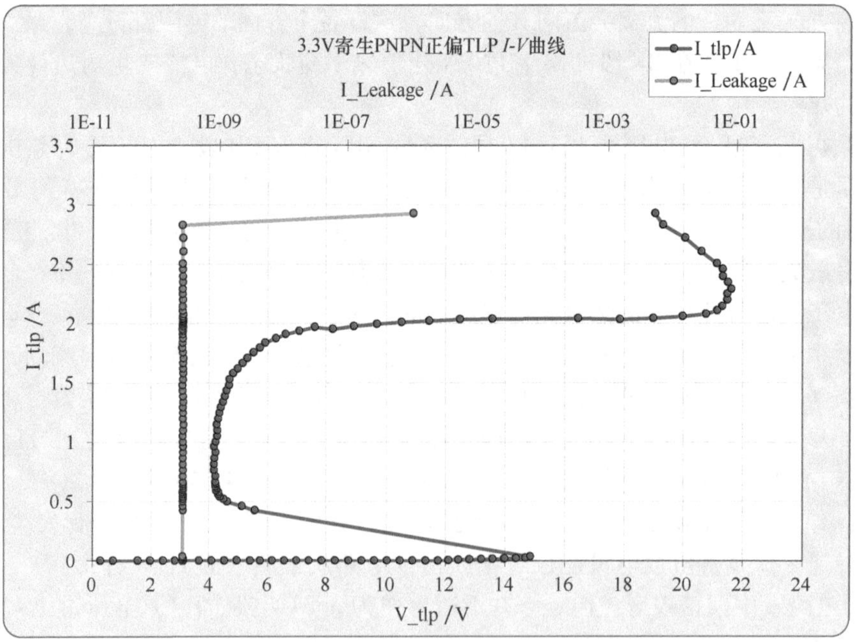

图 11-19　3.3V PNPN 结构的 TLP I-V 曲线图

阻通路并进行 ESD 静电放电。增大 R_p 和 R_n 可以提高正反馈电压，从而提高寄生 NPN 和寄生 PNP 发射极的注入电流，从而提高寄生 PNPN 的 ESD 鲁棒性。要增大 R_p 和 R_n，可以减小衬底接触有源区的宽度 W_3 和 W_4，以及减小衬底接触有源区的宽度 L_3 和 L_4，因为 W_3、W_4、L_3 和 L_4 直接影响衬底接触有源区的面积，也就是 R_p 和 R_n 的横截面积。增大衬底接触有源区与寄生 PNPN 阳极和阴极的距离 S_3 和 S_4 也可以增加 R_p 和 R_n，因为增大 S_3 和 S_4，实际就

是增大了 R_p 和 R_n 的有效长度。

降低它的雪崩击穿电压 V_{t1}：常规的寄生 PNPN 结构的 V_{t1} 是 NW 与 PW 的雪崩击穿电压，该电压高达几十伏，可以利用一个 n + 有源区横跨在 NW 与 PW 改善 V_{t1}，改善后的雪崩击穿电压是 n + 有源区与 PW 的击穿电压，它接近一个 ESD NMOS 的 V_{t1}，这种结构可以使 PNPN 结构的 V_{t1} 下降到 10V 左右。

提高寄生 NPN 和寄生 PNP 的放大系数：可以通过减小基区的宽度来提高 NPN 和 PNP 的放大系数，从而提高寄生 PNPN 结构的电流增益，达到改善寄生 PNPN 结构的 ESD 鲁棒性。也可以通过增大 NPN 和 PNP 发射区的面积，来提高 NPN 和 PNP 的放大系数。

11.2.2　寄生 PNPN 电源钳位 ESD 保护电路

常规的 CMOS 寄生 PNPN 结构的 V_{t1} 是 NW 与 PW 之间 PN 结的击穿电压，NW 和 PW 的掺杂浓度很低，其 PN 结的雪崩击穿电压高达 12 ~ 30V，当发生 ESD 静电放电时，寄生 PNPN 尚开启前，内部电路可能已经被 ESD 电流损伤。可以利用一个 n + 有源区横跨在 NW 与 PW 改善寄生 PNPN 的雪崩击穿电压 V_{t1}，使 PNPN 结构在比较低的电压导通，同时为了改善寄生 PNPN 的 ESD 鲁棒性，也对版图进行了优化，其结构图如图 11-20 所示。该结构的雪崩击穿电压是 n + 有源区与 PW 的击穿电压，所以 V_{t1} 也接近 n + 有源区与 PW 的雪崩击穿电压，它等于 NMOS 器件的 V_{t1}，这种结构可以使 PNPN 结构的 V_{t1} 下降到 10V 左右。寄生 PNPN 结构的 n + 有源区与 PW 雪崩击穿引起雪崩电流流经 PW 和 NW，在 R_n 和 R_p 上形成压降使 NPN 和 PNP 发射结正偏，从而触发寄生 PNPN 导通。图 11-21 所示是优化后的寄生 PNPN 结构的剖面图。图 11-22 所示是优化后的寄生 PNPN 结构的等效电路。

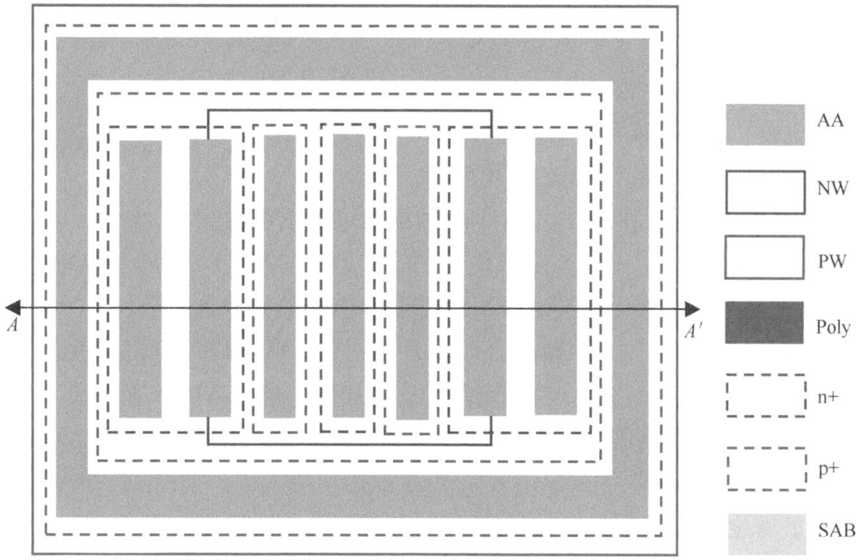

图 11-20　优化后的寄生 PNPN 结构的版图

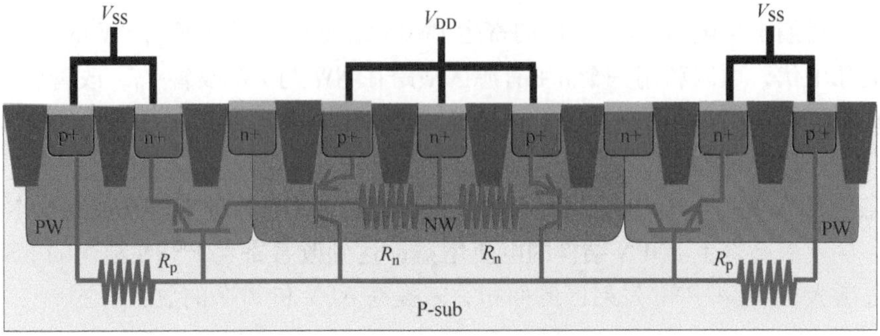

图 11-21　优化后的寄生 PNPN 结构的剖面图

图 11-23 所示是 3.3V 寄生 PNPN 反偏 TLP *I-V* 曲线，该 TLP *I-V* 曲线是利用 n + 有源区横跨在 NW 与 PW 优化后的测试结果。它的 V_{t1} 是 9.63V。它的 V_h 是 2.8V，如果把它用在实际电路中会导致闩锁效应，需要增大 PW 和 NW 接触有源区的面积来减小 R_n 和 R_p 阻值来提高 V_h。

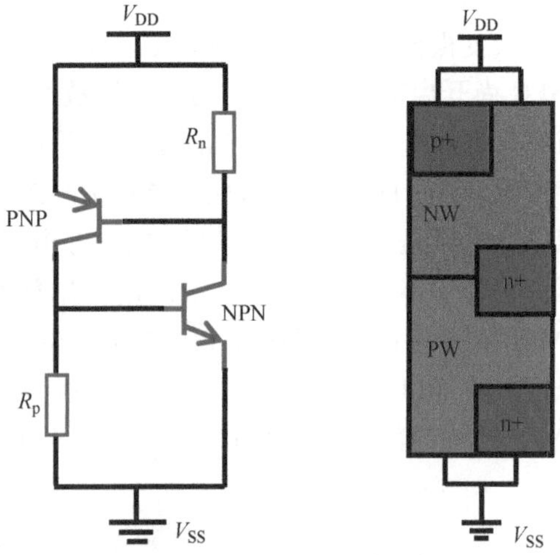

图 11-22　优化后的寄生 PNPN 结构的等效电路

从 TLP *I-V* 曲线的测试结果来看，图 11-20 的版图对 V_{t1} 的改善是有限的，V_{t1} 依然在 10V 左右，当发生 ESD 静电放电时，该结构依然不能及时泄放 ESD 静电电流，依然有一部分 ESD 静电有机会进入内部电路，烧毁内部电路器件。为了获得更低的 V_{t1}，可以在该结构中并联一个栅耦合 NMOS 电路，图 11-24 所示是寄生 PNPN 并联 NMOS 的版图。NMOS 的栅通过电阻 R_1 接到 V_{SS}，NMOS 的源极和衬底接到 V_{SS}，NMOS 的漏极通过 NW 接到 V_{DD} 管脚，C_1 是 NMOS 栅和 V_{DD} 金属之间的耦合电容。PNPN 是该电路的寄生器件，图 11-25 所示是寄生 PNPN 并联 NMOS 的剖面图，图 11-26 所示是寄生 PNPN 并联 NMOS 的等效电路图。

对于该寄生 PNPN 并联 NMOS 栅耦合电路，当正的 ESD 脉冲 + V_{ESD} 发生在 V_{DD} 管脚时，V_{DD} 管脚对耦合电容 C_1 充电，充电电流流过 R_1 产生压降，此时 NMOS 栅电压大于 V_{SS}，也就是耦合电容 C_1 会把一定比例的 ESD 电压耦合到 NMOS 栅，栅电压使 NMOS 正偏形成沟道导通，产生电流 I_n，I_n 流过 NW 等效电阻 R_n，产生欧姆压降 I_nR_n，如图 11-25 和图 11-27。当 I_nR_n >0.6V 时，寄生 PNP 发射结正偏，寄生 PNP 导通，PNP 导通后形成电流 I_p 流过 PW 电阻 R_p，并在 PW 电阻 R_p 上形成欧姆压降 I_pR_p，当 I_pR_p >0.6V 时，寄生 NPN 发射结正偏，寄生 NPN 导通，此时寄生 PNPN 形成低阻通路。寄生 PNPN 的 V_{t1} 是 I_nR_n 和 I_pR_p 同时大于

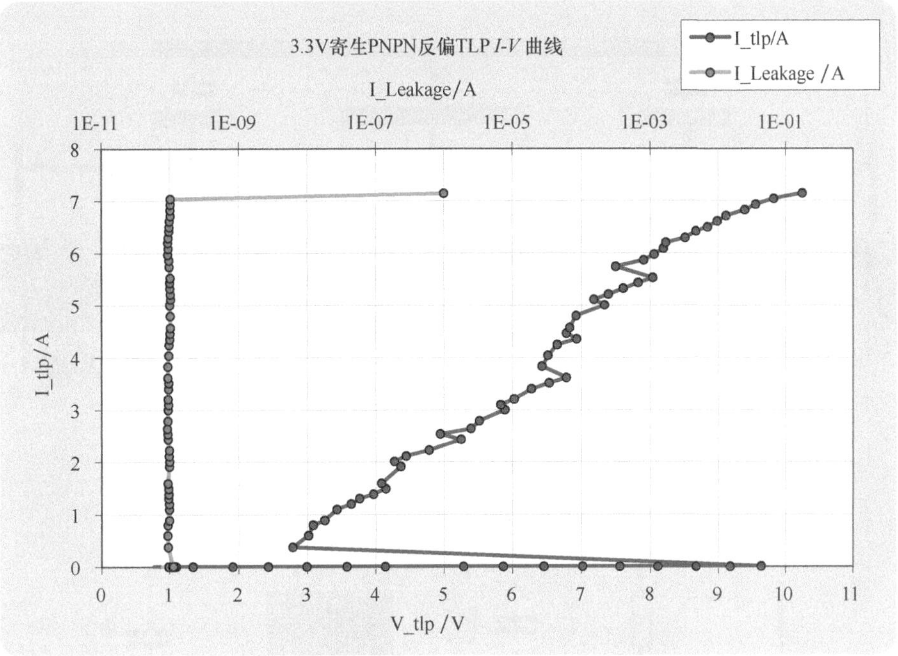

图 11-23　3.3V 寄生 PNPN 反偏 TLP *I*-*V* 曲线

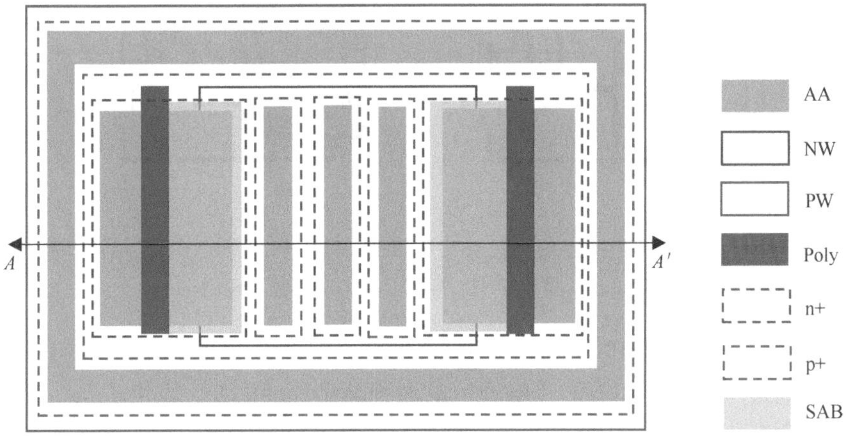

图 11-24　寄生 PNPN 并联 NMOS 的版图

0.6V 时对应的电压。当负的 ESD 脉冲 $-V_{ESD}$ 发生在 V_{DD} 管脚时，V_{DD} 管脚对对耦合电容 C_1 放电，放电电流流过 R_1 产生压降，NMOS 栅电压小于 V_{SS}，也就是耦合电容 C_1 会把一定比例的 ESD 电压耦合到 NMOS 的栅，并且电容 C_1 耦合到 ESD NMOS 栅的电压为负，ESD NMOS 栅与源的电压 V_{gs} 小于 V_{SS}，ESD NMOS 工作在关闭状态。但是 $-V_{ESD}$ 电压会使电路中 NW 和 PW 形成的寄生 N 型二极管导通，ESD 静电电流通过这个 NW 和 PW 寄生的 N 型二极管导通泄放掉。

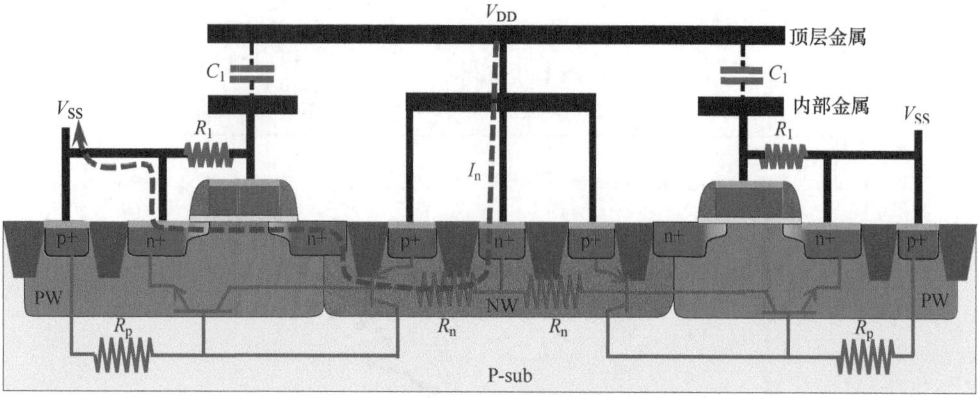

图 11-25 寄生 PNPN 并联 NMOS 的剖面图

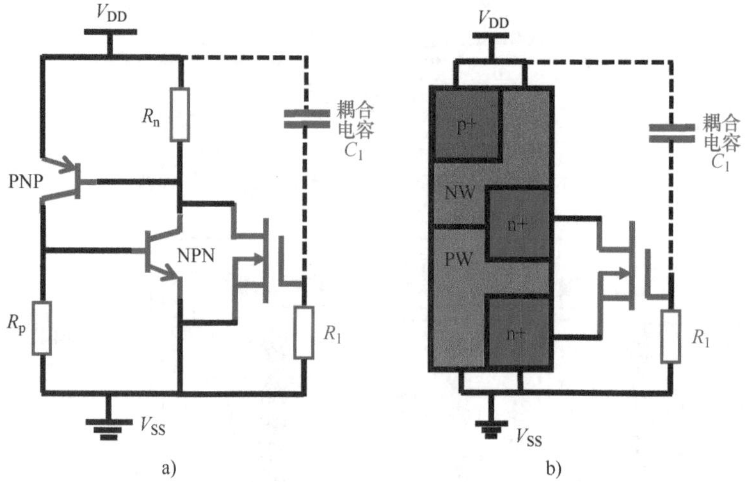

图 11-26 寄生 PNPN 并联 NMOS 的等效电路图

图 11-28 所示是寄生 PNPN 并联 NMOS 的 TLP *I-V* 曲线。该测试数据与图 11-23 相比，V_{t1}变小，同时通过增大 PW 和 NW 接触有区的面积减小 R_n 和 R_p，优化了 V_h。寄生 PNPN 并联 NMOS 栅耦合电路的 V_{t1} =7.9V，V_h =3.86V。另外当 ESD 电压大于3V 时，NMOS 已经导通通过沟道进行 ESD 放电。

寄生 PNPN 不需要额外的工艺处理步骤及光罩，但是它的缺点是不容易设计，它强烈依赖于版图，要依据测试结构的实际数据来提高寄生 PNPN 的特性，并且防止闩锁效应发生。

11.2.3 PNPN 结构的设计规则

表 11-1 是 PNPN 结构的 ESD 设计规则，表中列出来的设计规则都是直接影响 PNPN 结构的 R_{on}和 I_{t2}的关键设计规则，表中没有列出来的设计规则只要满足 Foundry 提供的常规设

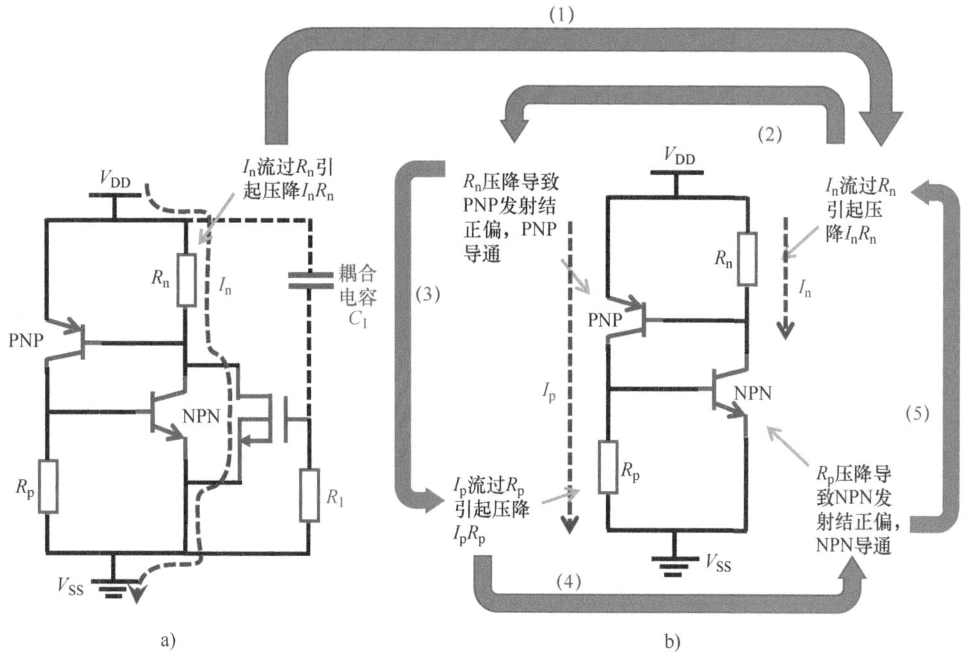

图 11-27　寄生 PNPN 并联 NMOS 的物理机理

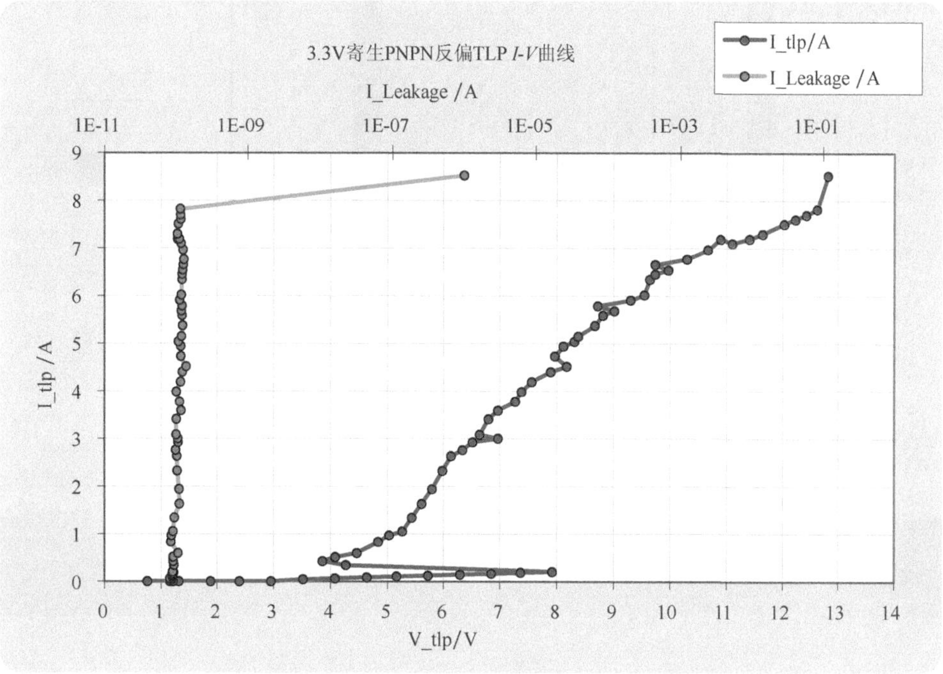

图 11-28　寄生 PNPN 并联 NMOS 的 TLP *I-V* 曲线

计就可以了，因为它们不是影响 PNPN 结构的 ESD 鲁棒性的主要因素。图 11-29 所示的是深亚微米 Salicide 工艺技术 PNPN 结构的版图，图 11-30 所示的是深亚微米 Salicide 工艺技术 PNPN 结构的剖面图，它是沿 *AA'* 方向的剖面图。图 11-31 所示的是亚微米 Polycide 工艺技术 PNPN 结构的版图，图 11-32 所示的是亚微米 Polycide 工艺技术 PNPN 结构的剖面图，它是沿 *AA'* 方向的剖面图。

表 11-1　PNPN 结构的 ESD 设计规则

符号	设计规则描述	应　　用
A	PW 接触有源区的最小宽度	亚微米 Polycide 和深亚微米 Salicide
B	NW 到 NMOS Poly 的距离	亚微米 Polycide 和深亚微米 Salicide
C	NW 覆盖 NMOS 漏极 n + 有源区的距离	亚微米 Polycide 和深亚微米 Salicide
D	NMOS 漏极有源区到 p + 有源区的距离	亚微米 Polycide 和深亚微米 Salicide
E	p + 有源区的最小宽度	亚微米 Polycide 和深亚微米 Salicide
F	p + 有源区到 NW 接触有源区的距离	亚微米 Polycide 和深亚微米 Salicide
W	NMOS 沟道的最大宽度	亚微米 Polycide 和深亚微米 Salicide

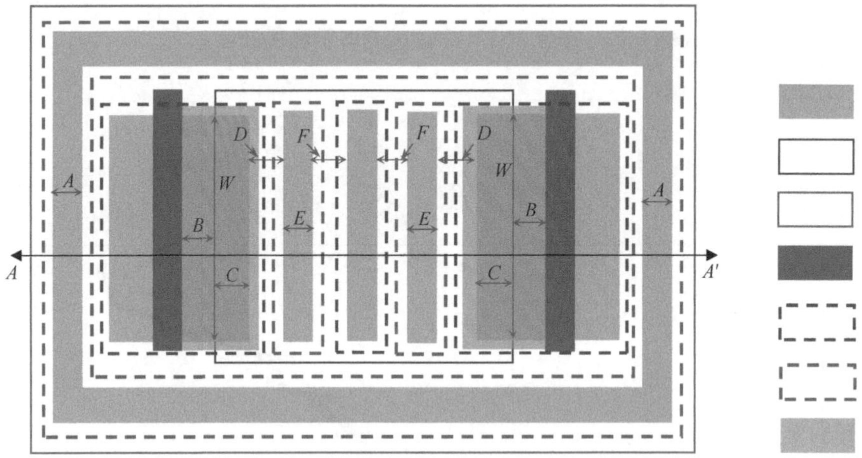

图 11-29　深亚微米 Salicide 工艺技术 PNPN 结构的版图

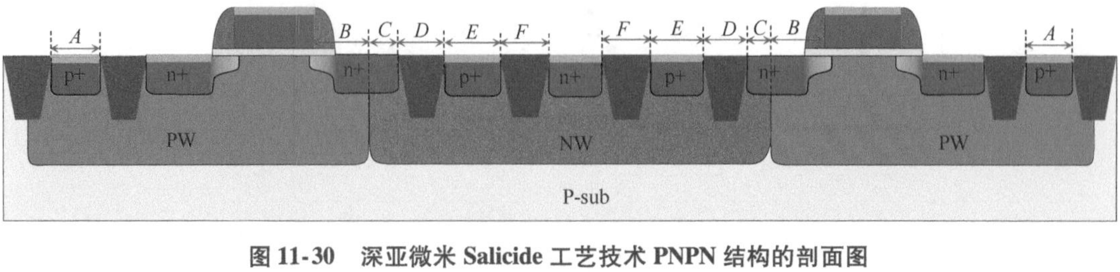

图 11-30　深亚微米 Salicide 工艺技术 PNPN 结构的剖面图

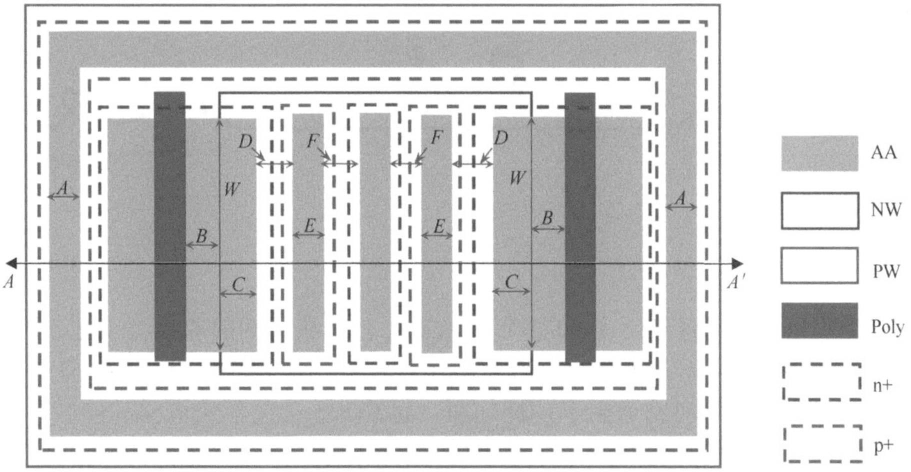

图 11-31　亚微米 Polycide 工艺技术 PNPN 结构的版图

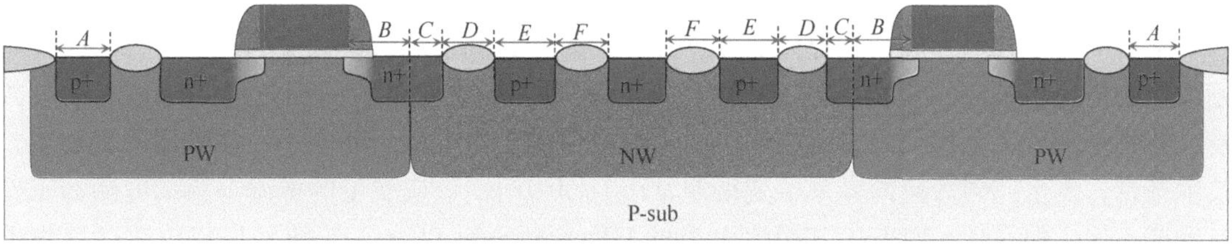

图 11-32　亚微米 Polycide 工艺技术 PNPN 结构的剖面图

11.3　小　　结

本章介绍了寄生 NPN 和寄生 PNPN 结构的 ESD 应用。

总 结

集成电路发展至今已经经历了 60 多年，制造工艺也从早期的双极型工艺、PMOS 工艺和 NMOS 工艺发展到 CMOS 工艺技术，因为双极型工艺、PMOS 工艺和 NMOS 工艺集成电路等发展到大规模集成电路时都遇到了功耗问题，而 CMOS 工艺集成电路的静态功耗几乎为零，能很好地解决大规模集成电路的功耗问题。正是因为 CMOS 工艺技术的低功耗特点，其成为发展大规模集成电路的基础，但是其自身固有的寄生双极型晶体管会在一定条件被触发，并形成低阻通路烧毁集成电路，这一致命缺陷限制了 CMOS 工艺技术早期在集成电路的应用。

随着半导体技术发展，半导体业界已经建立了一套基本的闩锁效应的理论，许多改善闩锁效应的措施也被应用于实际的 CMOS 工艺制程中，集成电路的闩锁效应问题也逐渐被改善，特别是随着工艺特征尺寸不断缩小，集成电路的工作电压不断变小，在低压的逻辑工艺技术平台，发生闩锁效应的概率也变得非常小，因为闩锁效应发生的概率与集成电路的工作电压成正比。但是从 CMOS 工艺衍生出来的 HV-CMOS 和 BCD 工艺技术集成电路，工作电压非常高，所以对于这些 HV-CMOS 和 BCD 工艺技术集成电路，闩锁效应依然是一个重要的潜在的威胁集成电路可靠性的因素。

为了改善闩锁效应，如果通过提取寄生双极型晶体管的参数和建立模型对闩锁效应进行仿真，是不现实的，因为这是一个非常庞大的工程，权衡商业价值利弊，该方案不可取。目前集成电路制造公司通常会制定一系列通用的改善闩锁效应的基本设计规则，但是这些设计规则都是通过牺牲芯片面积的方式来获得足够的改善闩锁效应的窗口，这与企业芯片追求芯片利润的最大化，希望把单个功能芯片的面积做到最小的目标相背离。另外，集成电路制造公司提供的通用的闩锁效应基本设计规则不能涵盖所有的可能组成闩锁效应的版图结构，例如这套设计规则仅仅包含一些简单的输入输出信号触发的结构，而没有包含电压触发的结构。而最行之有效的方法是设计公司根据自己的芯片产品特点在该芯片所用的工艺技术平台上设计开发一套闩锁效应测试结构，然后根据流片测试数据，制定一套有非常有针对性能覆盖该芯片产品的闩锁效应设计规则，并编写一套完整的检查闩锁效应设计规则的脚本。

CMOS 集成电路闩锁效应的专业知识涉及工艺、器件、版图、电路和工程应用等方面，所以工程人员必须具有这几个方向的丰富的半导体专业知识，才能胜任处理集成电路闩锁效应的问题。另外，由于设计公司不太重视集成电路闩锁效应方面的问题，高校也没有专门针对集成电路闩锁效应方面的研究，导致国内几乎没有集成电路闩锁效应方面的论文和学习材料，所以导致了进入集成电路闩锁效应领域的门槛极高，以及集成电路闩锁效应的人才匮乏。

CMOS 集成电路闩锁效应的问题远没有解决，它会一直存在，并成为集成电路失效的一大元凶，处理和解决 CMOS 集成电路闩锁效应依然任重道远。

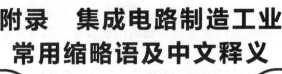

附录　集成电路制造工业常用缩略语及中文释义

A

AA	Active Area	有源区
ALD	Atomic Layer Deposition	原子层淀积
APCVD	Atmospheric Pressure Chemical Vapor Deposition	常压化学气相淀积
AR	Active Area Reverse	有源区反转

B

BARC	Bottom Anti-Reflective Coating	底部抗反射涂层
BCD	Bipolar CMOS DMOS	双极型-互补金属氧化物半导体-双扩散金属氧化物半导体
BESOI	Bond and Etch-back SOI	键合回蚀绝缘体上硅
BiCMOS	Bipolar CMOS	双极型-互补金属氧化物半导体
BOX	Buried Oxide	埋层氧化物
BPSG	Boro-Phospho-Silicate-Glass	硼磷硅玻璃
BTS	Body-Tied-to-Source	源极和体区相接
BV	Breakdown Voltage	击穿电压

C

CD	Critical Dimension	关键尺寸
CESL	Contact Etch Stop Layer	接触孔刻蚀阻挡层
CET	Capacitance Effective Thickness	电容的有效厚度
CMOS	Complementary Metal Oxide Semiconductor	互补金属氧化物半导体
CMP	Chemical Machine Polishing	化学机械抛光

D

DDD	Double Diffuse Drain	双扩散漏
DDDMOS	Double Drift Drain MOS	双扩散漏金属氧化物半导体
DELTA	Depleted Lean-Channel Transistor	耗尽侧向沟道晶体管
DIBL	Drain Induced Barrier Lowering	漏端导致势垒降低效应

DMOS	Double Diffused MOS	双扩散金属氧化物半导体
DNW	Deep N Type Well	深 N 型阱
DTI	Deep Trench Isolation	深槽隔离
DUV	Deep Ultra Violet	深紫外光

E

ECL	Emitter Couple Logic	射极耦合逻辑
ECP	Electro Chemical Plating	化学电镀
EDR	Electrical Design Rule	电性设计规则
EDV	Extreme Ultra Violet	极紫外光
EOT	Equivalent Oxide Thickness	等效氧化层厚度
ESD	Electro Static Discharge	静电放电
ESL	Etch Stop Layer	刻蚀阻挡层

F

FDMOS	Field Oxide Drift MOS	场氧化漂移金属氧化物半导体
FD-SOI	Fully Depleted Silicon On Insulator	全耗尽绝缘体上硅
FinFET	Fin Field-Effect Transistor	鳍式场效应晶体管
FSG	Fluorinated-Silicate-Glass	掺氟硅玻璃

G

GGNMOS	Gate Ground NMOS	栅极接地 NMOS
GIDL	Gate Induced Drain Leakage	栅感应漏极漏电流
GOI	Gate Oxide Integrity	栅氧化层的完整性

H

HCI	Hot Carrier Inject	热载流子注入效应
HDP CVD	High Density Plasma CVD	高密度等离子体化学气相淀积
HKMG	High K Metal Gate	高 K 金属栅极
HRP	High Resistance Poly	高阻值多晶硅电阻
HV-CMOS	High Voltage CMOS	高压-互补金属氧化物半导体
HVNW	High Voltage N-WELL	高压 N 型阱
HVPW	High Voltage P-WELL	高压 P 型阱

I

IGBT	Insulated Gate Bipolar Transistor	绝缘栅双极型晶体管
I^2L	Integrated Injection Logic	集成注入逻辑
ILD	Inter Layer Dielectric	层间介质
IMD	Inter Metal Dielectric	金属层间介质
ISSG	In-Situ Steam Generation	原位水汽生成

L

LDD	Lightly Doped Drain	轻掺杂漏
LDMOS	Lateral Double Diffused MOSFET	横向双扩散金属氧化物半导体场效应晶体管
LOCOS	Local Oxidation of Silicon	硅的局部氧化
LOD	Length of Diffusion effect	扩散区长度效应
LPCVD	Low Pressure Chemical Vapor Deposition	低压化学气相淀积
LPNP	Lateral PNP	横向 PNP

M

MIM	Metal Insulator Metal	金属-绝缘体-金属
MOCVD	Metal Organic Chemical Vapor Deposition	金属有机化合物化学气相淀积
MOM	Metal Oxide Metal	金属-氧化物-金属

N

NBL	N Type Buried Layer	N 型埋层
N-EPI	N Type Epitaxial	N 型外延
NLDD	N Type Lightly Doped Drain	N 型轻掺杂漏
NMOS	Negative channel Metal Oxide Semiconductor	N 沟道金属氧化物半导体
N-sub	N Type Substrate	N 型衬底
NW	N Type WELL	N 型阱

O

ONO	Oxide Nitride Oxide	氧化硅-氮化硅-氧化硅

P

PCM	Process Control Monitor	工艺控制监测
PECVD	Plasma Enhanced Chemical Vapor Deposition	等离子体增强化学气相淀积
PD-SOI	Partially Depleted SOI	部分耗尽绝缘体上硅
PIP	Poly Insulator Poly	多晶硅-绝缘体-多晶硅
PLDD	P Type Lightly Doped Drain	P 型轻掺杂漏
PMOS	Positive channel Metal Oxide Semiconductor	P 沟道金属氧化物半导体
P-sub	P Type Substrate	P 型衬底
PVD	Physical Vapor Deposition	物理气相淀积
PW	P Type WELL	P 型阱

R

RFPVD	Radio Frequency Physical Vapor Deposition	射频物理气相淀积
RSD	Raise Source and Drain	提高源和漏
RTA	Rapid Thermal Anneal	快速热退火

RTP	Rapid Thermal Processing	快速热处理
RPO	Resist Protection Oxide	电阻保护氧化层
SRO	Silicon Rich Oxide	富硅氧化物

S

Salicide	Self Aligned Silicide	自对准硅化物
SAB	Salicide Block	自对准硅化物阻挡层
SACVD	Sub-atmospheric Pressure Chemical Vapor Deposition	次常压化学气相淀积
SADP	Self-Aligned Double Patterning	自对准双图形
SCE	Short Channel Effect	短沟道效应
SEG	Selective Epitaxial Growth	选择外延生长
SFB	Silicon Fusion Bonding	硅熔融键合
SIMOX	Separation by Implanted Oxygen	注入氧分离
SMT	Stress Memorization Technique	应力记忆技术
SoC	System on a Chip	片上系统芯片
SoI	Silicon On Insulator	绝缘体上硅
SoI FinFET	Silicon On Insulator FinFET	绝缘体上硅鳍式场效应晶体管
SoS	Silicon-on-Sapphire	硅蓝宝石
STI	Shallow Trench Isolation	浅沟槽隔离
STTL	Schottky Transistor Transistor Logic	肖特基晶体管-晶体管逻辑

T

TDDB	Time Dependent Dielectric Breakdown	与时间相关的电介质击穿/经时击穿
TEOS	Tetraethylor Thosilicate	正硅酸乙酯
TM	Top Metal	顶层金属
TMV	Top Metal VIA	顶层金属通孔
TTL	Transistor Transistor Logic	晶体管-晶体管逻辑

U

ULK	Ultra Low K	超低介电常数 K
ULSI	Ultra Large Scale Integration	特大规模集成电路
USG	Un-Doped Silicate Glass	硅玻璃
UTBO	Ultra Thin Body Oxide	超薄体氧化物
UTB-SOI	Ultra Thin Body-SOI	超薄绝缘体上硅

V

VDMOS	Vertical Double Diffused MOSFET	垂直双扩散金属氧化物半导体场效应晶体管
VLSI	Very Large Scale Integration	超大规模集成电路
VNPN	Vertical NPN	纵向 NPN

W

WAT	Wafer Acceptance Test	晶圆接受测试
WCVD	Tungsten Chemical Vapor Deposition	钨化学气相淀积
WPE	Well Proximity Effect	阱邻近效应